Katechismus für die Ankerwickelei

Leitfaden für die Herstellung der Ankerwicklungen an Gleich- und Drehstrom-Motoren

Von Zivilingenieur

Fritz Raskop

Neunte Auflage

Mit 218 Abbildungen und Wicklungs-Schaltbildern

27.—30. Tausend

Technischer Verlag Herbert Cram, Berlin

1948

Druck: Langenscheidt K.G., Berlin-Schöneberg
ICB 481 · V. 48 · 4400 · 9883

Inhaltsverzeichnis

III.

Die praktischen Arbeitsvorgänge beim Bau elektrischer Maschinen

IV.

Wissenswerte theoretische Einzelheiten konstruktiver Natur

V.

VI.

VII.

VIII.

IX.

Vorwort zur 6.—9. Auflage.

Der „Katechismus“ war ursprünglich lediglich als eine Ergänzung des vom Verfasser herausgegebenen Fachbuches:

„Die Instandsetzungen an elektrischen Maschinen und Transformatoren, insbesondere die Herstellung von Wicklungen, Kollektorenbau, Fehlerbestimmung und Prüfung instandgesetzter elektrischer Maschinen“

(neuer Titel: „Das Elektromaschinenbauer-Handwerk“) gedacht.

Mit den steigenden Anforderungen, die im Rahmen der Wirtschaft an die Instandsetzungswerkstätten elektrischer Maschinen gestellt werden, erwies sich eine ständige Erweiterung und Ergänzung der einzelnen Stoffgebiete als notwendig.

Der „Katechismus“ hat hierdurch als Fachbuch eine gewisse Selbständigkeit erlangt, aber an seiner ursprünglichen Bestimmung hat sich nichts geändert.

Gelegentlich des Erscheinens der 6.—9. Auflage wurden umfassende Neubearbeitungen wichtiger Abschnitte vorgenommen und neue Abschnitte ergänzend hinzugefügt.

Der „Katechismus für die Ankerwickelei“ hat in den Händen vieler tausend Fachleute sowohl in Deutschland, als auch im Ausland an der Aufwärtsentwicklung des Elektromaschinenbauer-Handwerkes mitgeholfen. Dieses Bewußtsein veranlaßt den Verfasser, dem großen Kreis der Freunde des vorliegenden Fachbuches für das entgegengebrachte Vertrauen und Interesse zu danken.

Der außergewöhnlich große Erfolg des „Katechismus“, der sinnfällig durch das Erscheinen der 9. Auflage erneut unter Beweis gestellt wird, ist dem Verfasser eine Verpflichtung, an der weiteren Ausgestaltung und Verbesserung des Werkes zum Nutzen und zum Wohle des gesamten Elektromaschinenbauer-Handwerkes unentwegt zu arbeiten.

Leipzig, 1940—44. 6.—8. Auflage.
Friesenried/Allgäu, 1947. 9. Auflage.

Der Verfasser

Vorwort zur 1.—5. Auflage.

Das vorliegende Fachbuch enthält eine Sammlung praktischer Erfahrung und Winke für den

Elektromaschinenbauer-Beruf.

Es wendet sich daher insbesondere an die in der Praxis stehenden Handwerker, die sich mit der Instandsetzung und Neuwicklung elektrischer Maschinen befassen, um Meister, Geselle und Lehrling Berater und Wegweiser zu sein.

Bei der Bearbeitung des Lehrstoffes hielt der Verfasser es für zweckmäßig, neben den rein praktischen Ausführungen auch theoretische Einzelheiten zu bringen, die unmittelbar mit den praktischen Arbeitsvorgängen im Zusammenhang stehen.

Um hierbei dem Grundsatz „Aus der Praxis — für die Praxis" entsprechen zu können, wurden die in dem Text eingeschlossenen Berechnungsformeln vereinfacht und so angeschrieben, daß der Handwerker ohne Schwierigkeiten folgen kann.

Die vorliegende 5. Auflage wurde durch Einfügung wichtiger Abschnitte über die Instandsetzung und Neuwicklung von Kleinmotoren, über das dynamische Auswuchten umlaufender Wicklungskörper und über die Werbung im Elektromaschinenbauer-Handwerk erweitert. Der übrige Text wurde neubearbeitet und ergänzt.

Damit entspricht die 5. Auflage des „Katechismus" den Bestrebungen nach Leistungssteigerung im Elektromaschinenbauer-Handwerk und den Belangen der Praxis, die sich aus dem entwicklungsmäßigen Fortschritt im Elektromaschinenbau und aus den Leistungswettbewerben für Lehrlinge, Gesellen und Meister zwangsläufig ergeben.

Durch die Neubearbeitung, welche die 5. Auflage erfuhr, bietet der „Katechismus" auch für die Besitzer älterer Auflagen viel Neues und Wissenswertes.

Der Verlag verlieh dem Fachbuch eine vorzügliche Ausstattung, so daß sich der „Katechismus" viele neue Freunde erwerben wird.

Leipzig, im März 1937. **Der Verfasser**

Einleitung.

Der Beruf des Elektromaschinenbauer-Handwerkers hat infolge des gewaltigen Aufschwunges, den die Elektromaschinenindustrie in dem letzten Jahrzehnt zu verzeichnen hat, an Bedeutung zugenommen.

Die Zukunft unseres wirtschaftlichen Lebens wird bei der fast unbegrenzten Verwendungsmöglichkeit der elektrischen Maschinen in Industrie, Verkehrs- und Landwirtschaft dem Elektromaschinenbauer ein Betätigungsfeld bieten, welches zu den besten Aussichten berechtigt.

Die Eigenart des Elektromaschinenbauerberufes bringt es mit sich, daß neben den praktischen Kenntnissen eine nicht unbedeutende theoretische Schulung erforderlich ist, um eine wirklich ersprießliche Tätigkeit auf diesem Gebiete entfalten zu können.

Bei der Bedeutung, die der theoretischen Ausbildung beizumessen ist, bleiben jedoch die praktischen Kenntnisse in dem Ausbildungsgrundsatz als wichtigster Punkt bestehen, und demgemäß erheischt die Wiedergabe der praktischen Erfahrungen in der dem Elektromaschinenbauer zweckdienlichen Literatur den größten Raum. Die Behandlung theoretischer Einzelheiten ist nur dann als geeignet zu betrachten, wenn dieselben unmittelbar mit dem praktischen Arbeitsvorgang zusammenhängen.

Allerdings findet man nur wenige Berufe, wo die Voraussetzungen für die praktischen und theoretischen Kenntnisse so in die Erscheinung treten, wie gerade bei dem Elektromaschinenbauerberuf. Diese Tatsache gibt daher besondere Veranlassung, den Erfordernissen bei der Bearbeitung des Lehrstoffes nach bester Möglichkeit Rechnung zu tragen.

Nicht allein die Wiedergabe der praktischen Arbeitsvorgänge, sondern auch die Arbeitsmethoden, die gebräuchlichen Maschinen, Hilfsmittel und Werkzeuge sowie die wirtschaftliche Verarbeitung der Werkstoffe sollen in dem vorliegenden Werk gewürdigt werden.

Die mit dem Beruf zusammenhängenden maschinentechnischen Kenntnisse lassen eine Besprechung verschiedener Motoren deutscher Hersteller als zweckmäßig erscheinen, um hierbei gleichzeitig auf einige theoretische Einzelheiten, die für den Praktiker von Bedeutung sind, im bedingten Maße eingehen zu können.

Auch der Elektromaschinenbauer, insbesondere wenn sich seine Tätigkeit in einem Instandsetzungswerk vollzieht, wird häufig vor Aufgaben gestellt, deren Lösung die Kenntnis bestimmter Konstruktionsbedingungen voraussetzt.

Manche Störung, die nach vollzogener Instandsetzung in Erscheinung tritt, hat als Ursache einen kaum sichtbaren Fehler, der auf die Unkenntnis gewisser Voraussetzungen mechanischer oder elektrischer Art zurückzuführen ist, und dessen Beseitigung demzufolge Schwierigkeiten in den Weg treten.

In dem vorliegenden Werk wird daher in einem besonderen Abschnitt auf diejenigen Bedingungen elektrischer und mechanischer Art aufmerksam gemacht, die bei einer Instandsetzung der Maschine durch unsachgemäße Arbeit aufgehoben oder vernichtet werden können und somit später zu Störungen kleineren oder größeren Umfanges Anlaß geben.

Diese auch in dem Grundtext eingeschlossenen Abhandlungen haben daher vornehmlich den Zweck, die sachliche Urteilskraft des Praktikers zu stärken und das Verständnis für exakte saubere Arbeit zu fördern.

I. Teil.

Die Ausnutzung des Wickelraumes bei Gleichstromanker und Drehstromständer.

Die Konstruktion und Ausführung der elektrischen Maschinen kann nach dem heutigen Stand als vollendet bezeichnet werden. Mit dieser Tatsache darf sich der Handwerker abfinden und sein Interesse vornehmlich dem praktischen Arbeitsvorgang bei der Herstellung der Maschine zuwenden, wo Verbesserungen in der heutigen Zeit nicht nur möglich, sondern auch sehr erwünscht sind.

Um jedoch für die verschiedenen Ausführungsarten bei dem Handwerker Verständnis zu finden, ist es erforderlich, mit einigen Worten die Gesichtspunkte, nach welchen der Erbauer die Entwürfe, Berechnungen und Konstruktionen der Maschinen durchzuführen hat, zu beleuchten.

Bei einer elektrischen Maschine unterscheidet man das aktive und das passive Material. Das aktive Material finden wir bei der Gleichstrommaschine in dem Ankerkörper, den Polkernen, Magnetgestell und Wicklungen usw., während bei Drehstrommaschinen nur das Blechpaket des Läufers und des Ständers neben den Wicklungen usw. als solches bezeichnet werden kann.

Das aktive Material ist dasjenige, welches elektrisch oder magnetisch beansprucht wird, wo hingegen das passive Material aus den nur mechanisch beanspruchten Konstruktionsteilen gebildet wird. Das magnetisch beanspruchte aktive Material besteht aus hochwertigem Eisenblech von ca. 0,5 mm Stärke, einseitig mit Papier beklebt oder mit Isolierlack lackiert. Das passive Material besteht, soweit Gehäuseteile in Frage kommen, fast ausschließlich aus Gußeisen, Stahlguß oder Leichtmetall.

Der Raum zur Aufnahme der Wicklung.

Der Erbauer hat nun die Aufgabe, das passive Material, welches zum Aufbau der Maschine erforderlich ist, auf das geringste Maß zu beschränken, damit die Ausführung klein und das Gewicht gering ausfällt.

Indem er dieser Anforderung entspricht, ist er vielfach gezwungen, die Wicklung in einem **engen Raum** unterzubringen. Bei der Herstellung solcher Wicklungen ist besondere Sorgfalt am Platze, um zu verhüten, daß Berührungen zwischen dem Eisenkörper und der Wicklung sowie zwischen den einzelnen Wicklungselementen vorkommen.

Während die Wickler in den Großbetrieben der Hersteller durch Serienherstellung bestimmter Wicklungsarten mit den Raumverhältnissen in solchen Fällen schnell vertraut werden, bedarf es bei einer Neuwicklung in einem Instandsetzungswerk besonderer Aufmerksamkeit und sorgfältigster Arbeit. Vor allen Dingen ist Wert darauf zu legen, daß die Abmessungen des Wickeldrahtes **im blanken** und **isolierten Zustand** genau so gewählt werden, wie bei der Ursprungswicklung und daß die Gesamtform einer Spule bzw. der ganzen Wicklungen der erprobten Ursprungsform ähnlich wird.

Eine Änderung in den vorliegenden Abmessungen an dem aktiven Material durch Vergrößerung der Nuten und Nutenschlitze oder Verringerung des Drahtquerschnittes usw. hat einen nachteiligen Einfluß auf die Leistung und den Wirkungsgrad der Maschine.

Solche Versuche sind jedenfalls gewagt und müssen möglichst vermieden werden, da dieselben unliebsame Störungen zur Folge haben.

Sind die Raumverhältnisse in den Nuten als beengt erkannt, welches bei dem Abbau der beschädigten Wicklung leicht festgestellt werden kann, so ist besonderer Wert auf **die Stärke der Nutenisolation** und Umspinnung **des Wickeldrahtes** zu legen. Die einzelnen Drähte müssen sauber gerichtet neben- und übereinander in die Nuten eingelegt und mit geeigneten Holzstäbchen oder Stemmern zusammengedrückt werden. Außerhalb der Nuten sind die Drahtbündel der einzelnen Wicklungselemente unter bestmöglichster Ausnutzung des vorhandenen Wickelraumes anzuordnen. Es kommt hierbei vielfach auf bestimmte Knicke und Biegungen an, um die gesamte Form der Wicklung den Raumverhältnissen entsprechend fertigstellen zu können.

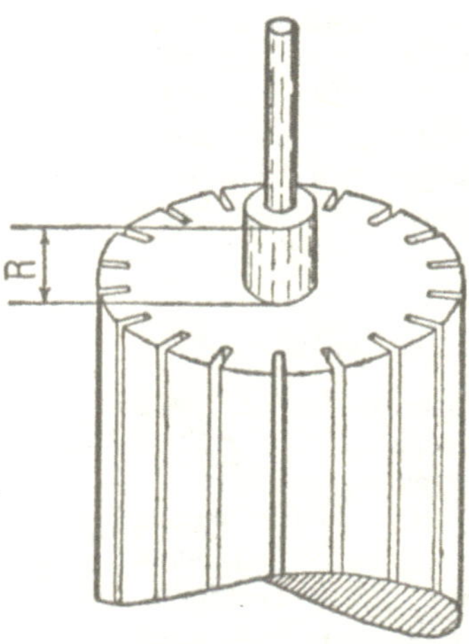

Abb. 1. Gleichstromanker für Handwicklung.

Während man die Raumverhältnisse der Nuten durch Einpassen der erforderlichen Drahtzahl (Spulen) leicht untersuchen kann, treten die entsprechenden Verhältnisse des Wickelraumes außerhalb der Nuten, gewöhnlich erst nach Herstellung eines Teiles der Wicklung in Erscheinung.

So kommt es z. B. beim **Gleichstromanker mit Handwicklung** vor, daß der Raum **R** in Abb. 1 nicht ausreicht, um die Wicklung sachgemäß anzuordnen, während bei der Ursprungswicklung diese Erscheinung nicht zu bemerken war.

Der Wickler kommt in solchen Fällen mit dem vorhandenen Platz für die Wicklung nicht aus und würde bei Fertigstellung mit dem Wickelkopf bis auf die Lagerstelle geraten. Auch kann der Fall eintreten, daß infolge unsachgemäßer Anordnung der einzelnen Wicklungselemente auf der Stirnfläche des Ankers eine Wulst entsteht, die sich etwa über die Hälfte einer Stirnfläche erhebt, während die andere Hälfte merklich hiergegen abfällt. Der Wickelkopf erhält hierdurch einen Schwerpunkt, der durch **Auswuchten** des Ankers (ausbalanzieren) wieder ausgeglichen werden muß. In den meisten Fällen wird ein Auswuchten aber gar nicht möglich sein, weil die Befestigung eines ausgleichenden Gegengewichtes bei dieser Ausführung ausgeschlossen ist.

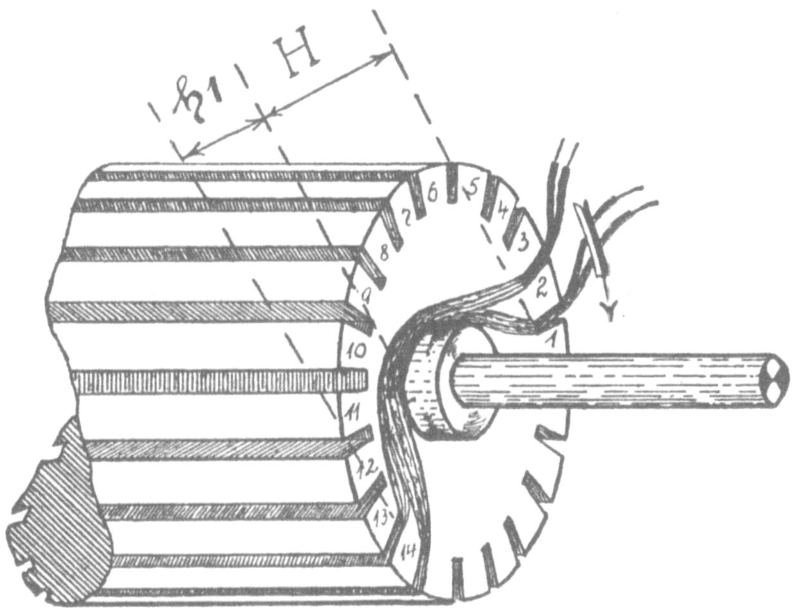

Abb. 2. Gleichstromanker für Handwicklung, mit 2 eingewickelten Spulen.

Nimmt man nun den Anker mit der nicht ausgewuchteten Wicklung in Betrieb, so können **Störungen** eintreten, die sich **durch Vibration der ganzen Maschine** und **Feuern der Bürsten** bemerkbar machen.

Da in Instandsetzungswerken auch vielfach schon von anderer Hand ausgebesserte oder neugewickelte Anker bearbeitet werden müssen, so ist dem Handwerker in solchen Fällen nicht die Möglichkeit gegeben, die Ursprungswicklung in ihren Einzelheiten als Muster zu verwenden. Es ist daher zweckmäßig, einige Gesichtspunkte, deren Beachtung für die sachgemäße Herstellung solcher Wicklungen von ausschlaggebender Bedeutung ist, näher zu erörtern.

Im allgemeinen kann man zunächst sagen, daß die Stärke der Drahtumspinnung und die Isolation zwischen jeder Spule auf der Stirnfläche des Ankers nicht zu stark sein darf. Die Windungen einer Spule müssen bei **Vermeidung von Überkreuzungen möglichst nebeneinander** auf den Stirnflächen angeordnet und so fest als angängig, evtl. durch sorgfältiges Klopfen mit geeigneten Holz- oder Preßstoffkeilen aufeinandergelegt werden. Hierbei ist zu beachten, daß bei Halbmesser- und Sehnenwicklungen mit fortlaufend eingewickelten Spulen der Teil **H** der Spule (Abb. 2) fest auf die bereits eingewickelte Spule angedrückt werden muß, während der Teil $\mathbf{h_1}$ lockerer liegen bleibt.

Die Wickelarbeit schreitet entgegen der Pfeilrichtung Nute 1, 2, 3 usw. vorwärts, bis in Nute 13 die erste Nute vollgewickelt ist. Während das in Abb. 1 angedeutete Maß **R** mit dem Einwickeln jeder Spule zunimmt, darf das

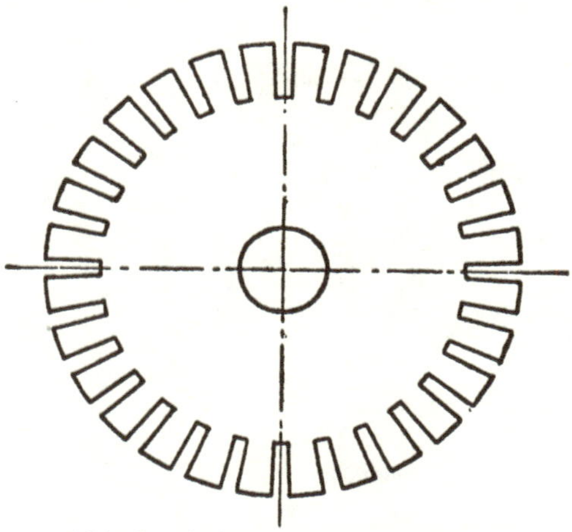

Abb. 3. Anker mit offenen Nuten.

bei Nute 13 erreichte Höchstmaß im weiteren Verlauf der Wickelarbeit nicht mehr überschritten, sondern dieses Maß muß bis zur Vollendung der Wicklung beibehalten werden. Um die obere von der unteren Spulenlage in geeigneter Weise voneinander zu isolieren, legt man nach Einwickeln der halben Spulenzahl eine kreisrunde Scheibe aus starkem Leinen, die eine dem Durchmesser des isolierten Wellenansatzes entsprechende Lochung erhält, über den Wickelkopf. Der äußere Durchmesser dieser Scheibe muß so groß sein, daß dieser bis vor die Ankernuten reicht. Die aus den Ankernuten hervorgehende Streifenisolation zwischen der oberen und unteren Spulenlage muß von dieser überdeckt werden. Die eben genannte Isolationsscheibe wird, da sie als eine ebene Fläche angesehen werden muß, sich nicht ohne Falten an die Wölbung der Wicklung anlegen. Man zieht daher nach dem Einwickeln einer oberen Spule das Leinen glatt, schneidet die zum

Schluß entstehende Falte etwa bei der vorletzten Spule auf und wickelt die zurückbleibenden Lappen unter der letzten Spule fest.

Bei Gleichstromankern, die ausschließlich für diese Wicklungsart aus-

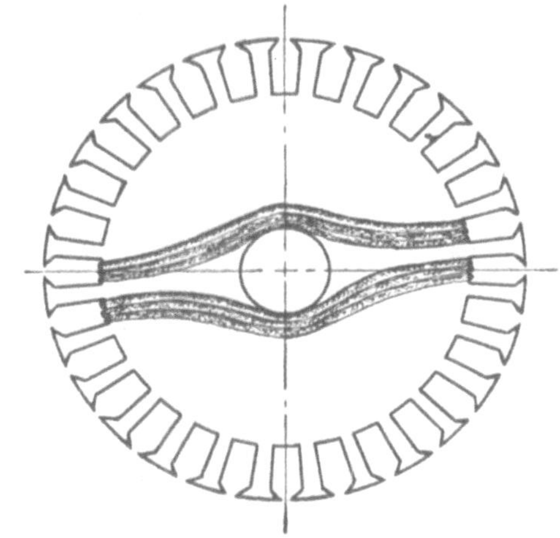

Abb. 4 u. 5. Anker mit halbgeschlossenen Nuten.

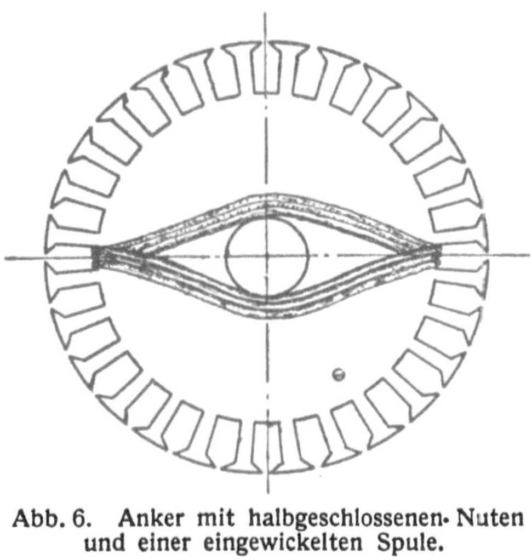

Abb. 6. Anker mit halbgeschlossenen Nuten und einer eingewickelten Spule.

gelegt sind (z. B. Fabrikate der Bergmann-Elektr.-Werke) hat der Erbauer den Raum **R** und die Stirnfläche des Ankers so bemessen, daß bei einiger

Übung die Wicklung verhältnismäßig leicht fertiggestellt werden kann. Der Ankerdurchmesser ist entsprechend, die Nuten sind schmaler als die Zähne. Man kann also, wenn diese Anzeichen vorhanden sind, einen Schluß ziehen, ob diese Wicklungsart ohne Bedenken hergestellt werden kann.

Gleichstromanker in der Ausführung Abb. 3 sind demnach geeignet, hingegen dürfte bei Ausführung nach Abb. 4 die Wicklungsart Abb. 5 oder 6 vorteilhaft sein.

In Abb. 6 ist also die Hälfte einer Spule nach vorwärts, die eine Hälfte nach rückwärts eingewickelt, die Wicklung wird aber auch, wie in Abb. 5 fortlaufend hergestellt. Es liegt lediglich an der Ansicht des Erbauers, ob er um den erforderlichen Eisenquerschnitt zu erhalten, den Ankerdurchmesser im Verhältnis zu seiner Länge größer (Abb. 3) als (bei Abb. 4) einen geringeren Durchmesser und größere Länge für einen bestimmten Motor wählt. Ganz abgesehen davon, daß bei gegebener Umlaufzahl der größtmögliche Ankerdurchmesser durch die Grenze der zulässigen Umfangsgeschwindigkeit gegeben ist, hängt die Ausführungsart auch vielfach mit vereinfachten Herstellungsmethoden zusammen. Man wählt z. B., um die Kosten für Modelle, für Schnitte zum Stanzen der Bleche usw. auf ein Mindestmaß zu beschränken, für 2- und 3-PS-Motoren dasselbe Gehäuse.

Desgleichen erhalten beide Anker denselben Durchmesser, Nutenzahl und Nutenform, nur die Breite des aktiven Eisenkörpers und die Wicklungen ändern sich entsprechend.

Bei Ankern mit Formspulenwicklung findet man beengte Raumverhältnisse außerhalb der Nuten verhältnismäßig selten. Im allgemeinen kann auch hier wieder gelten, daß bei kleinem Ankerdurchmesser, breiten Nuten

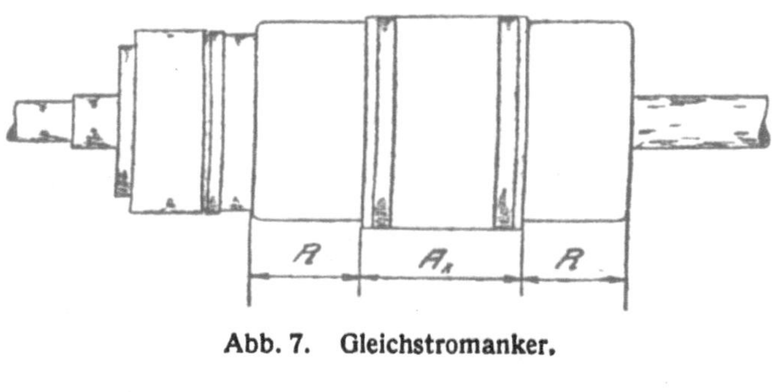

Abb. 7. Gleichstromanker.

und schmalen Zähnen sorgfältige Ausnutzung des Wickelraumes erforderlich ist. Ganz besonders gilt dieses bei größeren zweipoligen Maschinen älterer Bauart mit dieser Wicklung. Neuzeitliche Maschinen werden von etwa 5 PS ab fast ausnahmslos vierpolig gebaut. Der Ankerdurchmesser ist im Verhältnis zu seiner Länge, auf Grund bewährter Rechnungsformeln, fast immer größer. Durch das geringere Maß der Polteilung gegenüber einer zweipoligen Maschine wird der Wickelschnitt kürzer und das Maß **R** in Abb. 7 geringer.

Bei gleicher Spulengröße, aber verschiedener Spulenform, kann dieses Maß zum Nachteil geändert werden.

Nimmt man z. B. zwei Spulen, die auf derselben Schablone hergestellt sind, formt diese aber so, daß das Maß **B** in Abb. 8 verschieden ausfällt, so werden folgerichtig auch die Maße **R** geändert. Die Wickelköpfe werden entweder zu lang und streifen bei geringer Ausbuchtung der Lagerschilde an das Gehäuseeisen, oder bei zu groß gewähltem Maß **B** wird das Maß **R** von

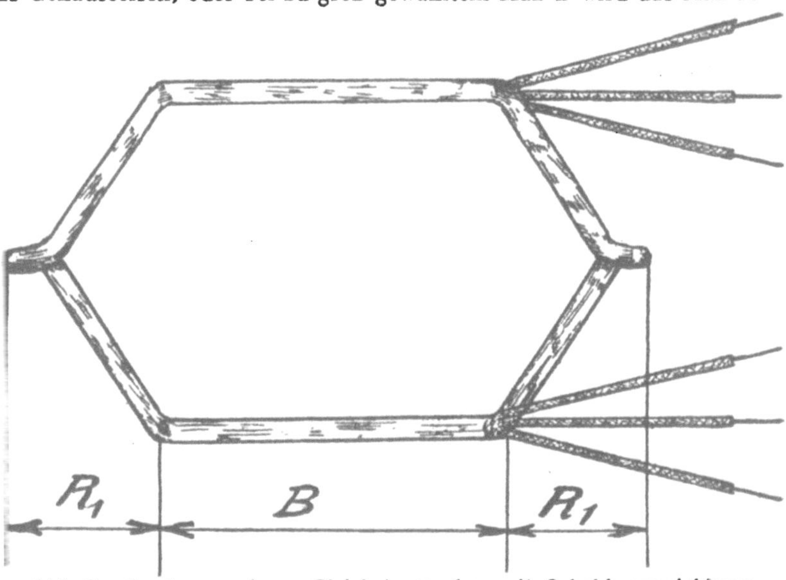

Abb. 8. Spule aus einem Gleichstromanker mit Schablonenwicklung.

der 4. bis 6. Spule an immer kleiner, so daß eine Fertigstellung der Wicklung überhaupt ausgeschlossen ist.

Wie groß nun das Maß **B** gewählt werden darf, um den störungslosen Verlauf der Wickelarbeit zu gewährleisten, hängt im allgemeinen mit dem zur Verfügung stehenden Raum **R** zusammen.

Bei den meisten mehrpoligen Maschinen kann dieses Maß, falls erforderlich, ohne Bedenken einige Millimeter größer oder kleiner gewählt werden als bei der Ursprungswicklung. Es ist aber ratsam, sich stets an das Ursprungsmaß zu halten.

Ist der Raum **R** schon durch den Erbauer auf ein Mindestmaß festgelegt, so muß wieder auf richtigen Wickelschritt, Drahtstärke, Umspinnung und Bandumwicklung geachtet werden. Die Drahtwindungen müssen **auch**

außerhalb der Nuten bei jeder Spule sauber über- und nebeneinander angeordnet sein, und das Maß **B** in Abb. 8 darf nicht größer als das Ursprungsmaß werden.

Es bedarf natürlich keiner Frage, daß die richtigen Grundabmessungen der Formspulenzwischenlage (Abb. 9) für die sachgemäße Herstellung der Wicklung von ausschlaggebender Bedeutung sind. Wie schon erwähnt, kann bei normalen mehrpoligen Maschinen durch die Größe des Raumes **R** der ordnungsmäßige Verlauf der Wickelarbeit für die allgemeinen Fälle angenommen werden.

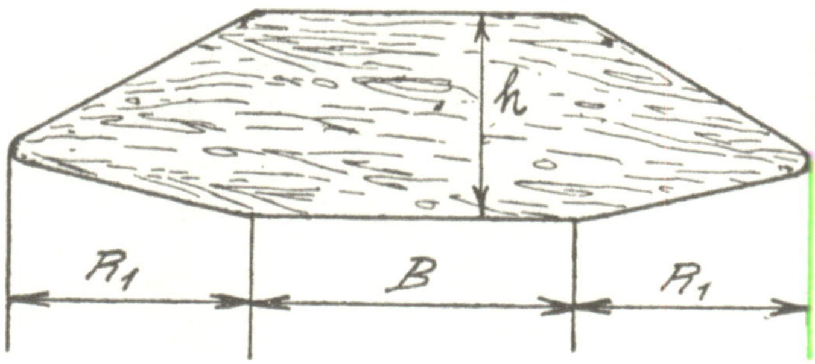

Abb. 9. Zwischenlage aus einer Spulenform.

Schwieriger liegen die Verhältnisse bei Sondermotoren, wo Ausführung und Berechnung dem Verwendungszweck entsprechend eine gedrängte Gesamtform erheischen.

Bei Grubenbahnankern z. B. ist der Raum **R** gewöhnlich knapp bemessen.

Die Fertigstellung der Wicklung erfordert, vorzugsweise wenn der Motor für 500 Volt Betriebsspannung ausgeführt ist, eine recht sorgfältige Anfertigung der Spulen und zweckentsprechende Raumausnutzung.

Es ist in solchen Fällen ratsam, die Spulen auf einer Metallschablone herzustellen, die vermöge ihrer sinnreichen Ausführung ohne weitere Behandlung ein gebrauchsfertiges Formen jeder Spule ermöglicht, so daß sämtliche Wicklungselemente die gleichen Abmessungen erhalten. Die Spulen haben also bei Entnahme aus der Schablone schon die Form in Abb. 10.

Besonderer Wert ist auch auf die Wölbung der Spulenschenkel zu legen, die dem Durchmesser des Spulenträgers entsprechend sein muß.

Bei kurzem Wickelschritt — großen Ankerdurchmesser und dünnen Drähten — läßt sich diese Wölbung allerdings auch beim Einlegen der Spulen, während der Wickelarbeit, in zweckentsprechender Weise nachholen.

Die Metallspulenformen für den obenerwähnten Zweck lassen sich für gewölbte Spulenschenkel gewöhnlich nur für eine bestimmte Größe anfertigen.

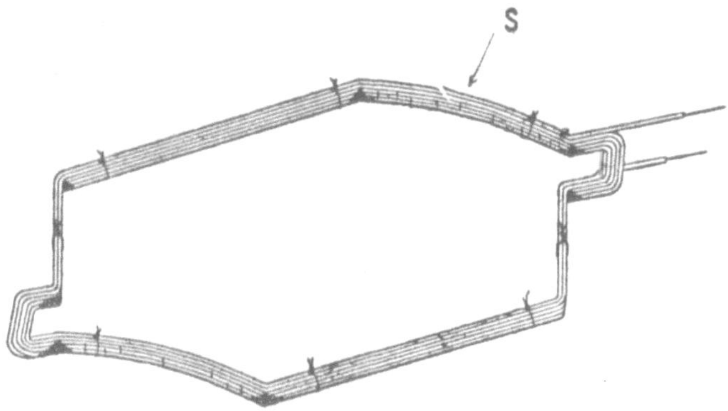

Abb. 10. Formspule.

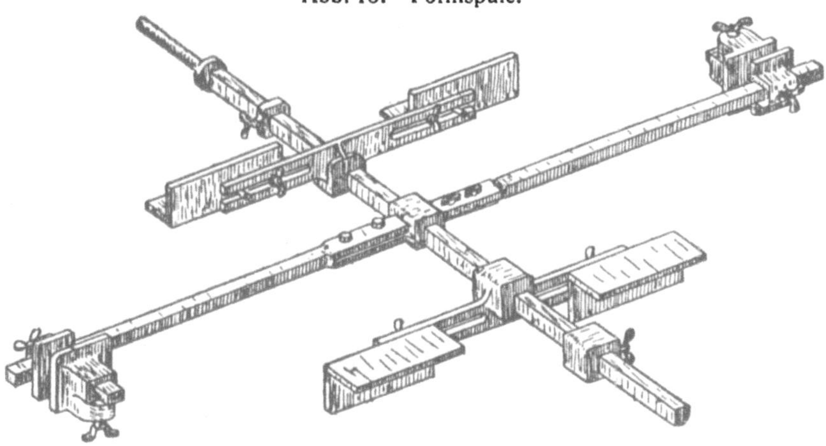

Abb. 11. Spulenform mit verstellbarer Anordnung der Formteile.

Diese Tatsache setzt voraus, daß die Anschaffungskosten durch laufende Aufträge wettgemacht werden. Eine für mehrere Größen verwendbare Spulenform zeigt Abb. 11.

Die auf dieser Spulenform angefertigten Spulen haben keine gewölbten Schenkel, besitzen jedoch den Vorteil der Gleichmäßigkeit und ergeben einen vorzüglich aussehenden Wickelkopf.

Liegen bei einer Spule mehrere Drähte nebeneinander, so erfordert die Herstellung wesentliche Übung und Zeitaufwand. Für Spulen mit gewölbten Schenkeln fertigt man eine Form an, die im wesentlichen derjenigen in Abb. 11 entspricht. Die Gesamtform ist jedoch dem Durchmesser des Ankers entsprechend kreisbogenförmig hergestellt, und für die Schenkel werden gewölbte Anlagebleche angeschraubt. Um ein störungsloses Entfernen der Spule aus der Form sicherzustellen, müssen die Nasenbolzen und ein Seitenteil auswechselbar angeordnet werden.

Mit einer derartigen Spulenform wird der Zweck erreicht, den Ankerspulen diejenige Form zu geben, die dieselben bei fertiggestellter, betriebsfertiger Wicklung haben müssen. Es wird eine Formspulenwicklung wohl kaum hergestellt werden können, ohne die einzelnen Spulen bei der Wickelarbeit durch sorgfältiges Biegen und Klopfen in die endgültige Lage zu

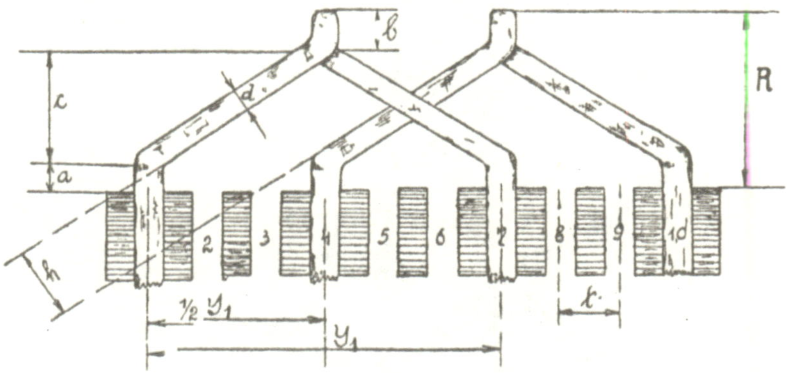

Abb. 12. Darstellung für die Ausnutzung des Winkelraumes.

bringen. Erfahrungsgemäß bedürfen die auf eben erwähnter Art hergestellten Spulen nur geringe Verbesserungen in ihrer ursprünglichen Form. Die Wickelarbeit wird daher wesentlich erleichtert und beschleunigt, und die sachgemäße Herstellung der Wicklung wird gewährleistet, wenn die Grundmaße der Spulen richtig gewählt wurden.

Neben den vorstehenden Ausführungen sind noch einige Gesichtspunkte zu erwähnen, deren Beachtung für die richtige Ermittlung der Spulengrundmaße von Bedeutung ist. Die Größe des Raumes **R** in Abb. 12 bei Ankern ohne Wicklung ist leicht festzustellen, wenn man bei der zusammengebauten Maschine den Abstand zwischen Ankerkörper und Lagerschild ermittelt.

Unter Berücksichtigung des erforderlichen Spielraumes für den Anker in wagerechter Richtung ist das erhaltene Maß noch um einen angemessenen Luftabstand zwischen Wicklung und Lagerschild zu kürzen (etwa 20—30 mm).

Ob die Spulen in der erwünschten Art in dem Raum **R** untergebracht werden können, hängt bei normalen Platzverhältnissen lediglich von der Größe der Maße a und b (Abb. 12) ab. Bei **normalen** Gleichstrommaschinen der Siemens-Schuckert-Werke und der A. E. G. sind diese Abmessungen reichlicher wie bei anderen Erzeugnissen. Es erhellt hieraus, daß man bei den erstgenannten Ausführungen selten Schwierigkeiten mit der Wickelarbeit hat, weil die Raumverhältnisse reichlich bemessen sind. Sind die Grundmaße (Abb. 9 oder 10) tatsächlich etwas knapp genommen worden, so kann man bei den erstgenannten Erzeugnissen durch Verkürzen der Maße **B** (Abb. 8) noch einen Ausgleich schaffen. Wenn die Platzverhältnisse ungeklärt sind, so muß man die Maße **a** und **b** auf ein zulässiges Mindestmaß halten. Bestimmte Abmessungen lassen sich hierfür ohne weiteres nicht angeben. Es wird aber bei einiger Kenntnis der Ausführungsarten unserer bekannten Erzeugnisse kaum schwer fallen, die richtigen Maße durch praktische Erfahrung herauszufinden.

Da der Raum **R** sich aus den Abmessungen **a, b, c** und **d** und dem Teilschritt Y_1 bei der Auslegung des Ankers ergeben hat, so lassen sich diese Größen natürlich auch wieder rechnerisch ermitteln. Von einer Wiedergabe des Berechnungsganges muß hier jedoch abgesehen werden, weil derartige Abhandlungen über den Rahmen des Buches hinausgehen und den Bedürfnissen auch ohne Anschreiben der Formeln Rechnung getragen werden kann.

Man nimmt zunächst einen Kupferdraht und formt denselben nach dem Wickelschritt und den Maßen **R** der Spule entsprechend so, daß das Gebilde etwa der eingezeichneten Spule in Abb. 12 (bzw. Abb. 10) entspricht. Für das Maß a nehmen wir bei einer 5-PS-Maschine etwa 15—20 mm an. Nach dieser Form wird nun die Form Abb. 11 eingestellt, oder nach Zurückbiegen des Musters nach Abb. 9 fertigt man die Zwischenlage für die Holzform an. Die Maße **d** werden durch sorgfältige Anordnung der Drähte über- und nebeneinander und durch sachgemäße Bewicklung der Spulen mit Leinenband auf ein Mindestmaß gehalten. Sind zwei Spulen fertiggestellt, so baut man dieselben in gebrauchsfertiger Form ein, und zwar eine Spule dem Wickelschritt Y_1 (Abb. 12, Nute 1—7) entsprechend, die zweite Spule von $\frac{1}{2}Y_1$ ausgehend, ebenfalls dem Wickelschritt entsprechend (in Abb. 12, Nute 4—10).

Nachdem beide Spulen in ihrer Lage verbessert worden sind, entnimmt man das Maß **h** und stellt fest, ob die Spulen der noch offenen Nuten in diesem Raum untergebracht werden können, ohne daß das Maß **c** geändert wird. In unklaren Fällen fertigt man die erforderliche Anzahl Spulen an und macht diese Probe durch Einbauen der Spulen.

Falls es ratsam erscheint und die Möglichkeit vorliegt, kann man nach der erstgenannten Probe Verbesserungen in der Gesamtform (Grundmaße) oder der Maße **a** und **b** vornehmen. Die Höhe der Spulennase muß kleiner sein als das Maß **r** in Abb. 13, damit der Durchmesser des Wickelkopfes nicht größer wird als der Ankerdurchmesser.

Diejenigen Spulenteile, die der Stromwenderseite zugekehrt sind, werden zu einem Wickelkopf vereinigt, dessen Durchmesser kleiner werden muß als derjenige an der Riemenscheibenseite. Diese Bedingung hat allerdings nur Gültigkeit, wenn die Schaltenden zur Herstellung einer Reihen- oder Reihenparallelschaltung, der Abb. 8 entsprechend, aus den Spulen austreten.

Bei Parallelschaltungen führt man die Schaltenden im allgemeinen bis an die Spulennase und läßt hier den Austritt stattfinden (Abb. 10).

In dem erwähnten ersten Falle wird die Höhe der einen Spulenhälfte um das Maß der Schaltdrähte geringer. Aus diesem Grunde wird also auch der Durchmesser des Wickelkopfes schon kleiner werden. Es bleibt jedoch zu berücksichtigen, daß die Schaltenden besonders gut isoliert werden müssen, da dieselben nach Fertigstellung der Schaltung mit Nachbarspulen

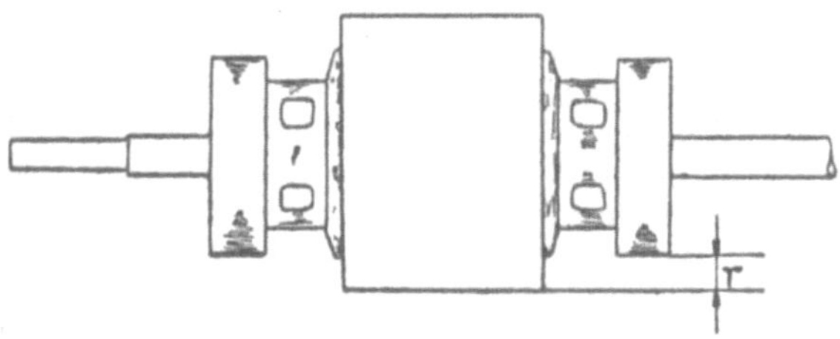

Abb. 13. Unbewickelter Gleichstromanker mit Wickelträger.

in Berührung kommen, die volle Betriebsspannung führen. Um diese Isolation in zweckentsprechender Weise durchzuführen, werden die Schaltenden mit Glanzgarn- oder Baumwollschlauch überzogen und außerdem zwischen der oberen und unteren Schaltlage Preßspanstreifen oder Leinenbandpackungen eingefügt.

Hierdurch erfährt der Gesamtdurchmesser des Wickelkopfes natürlich eine Vergrößerung, die bei Nichteinhaltung der Mindestmaße zu unliebsamen Störungen Anlaß geben kann. Ist der Wickelträger verhältnismäßig hoch, das Maß r in Abb. 13 also gering bemessen, so empfiehlt es sich, die Höhe der Spulennasen an der Schaltseite etwas kleiner zu halten als an der Riemenscheibenseite.

Weiter ist vor dem Schalten der oberen Schaltdrähte durch Anlegen eines Lineals auf den Ankerkörper die Höhe des Wickelkopfes zu untersuchen.

Es muß bei Abschätzung dieses Maßes darauf Rücksicht genommen werden, daß die Drahtbandagen auch noch Platz beanspruchen.

Legt man auf die Beachtung der erwähnten Punkte kein Gewicht, so kann es leicht vorkommen, daß der Durchmesser des Wickelkopfes zu groß wird, so daß der Anker nicht mehr durch das Magnetgehäuse geführt werden kann.

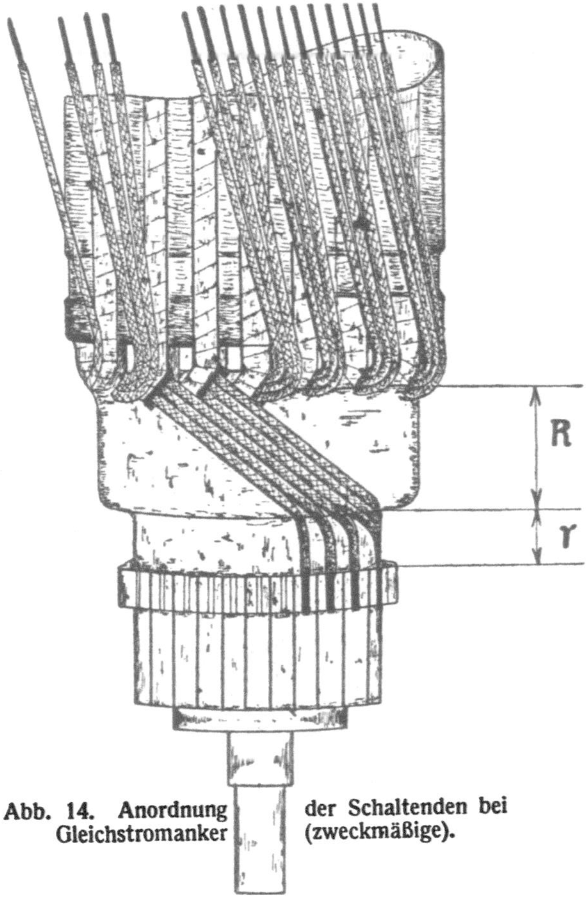

Abb. 14. Anordnung der Schaltenden bei Gleichstromanker (zweckmäßige).

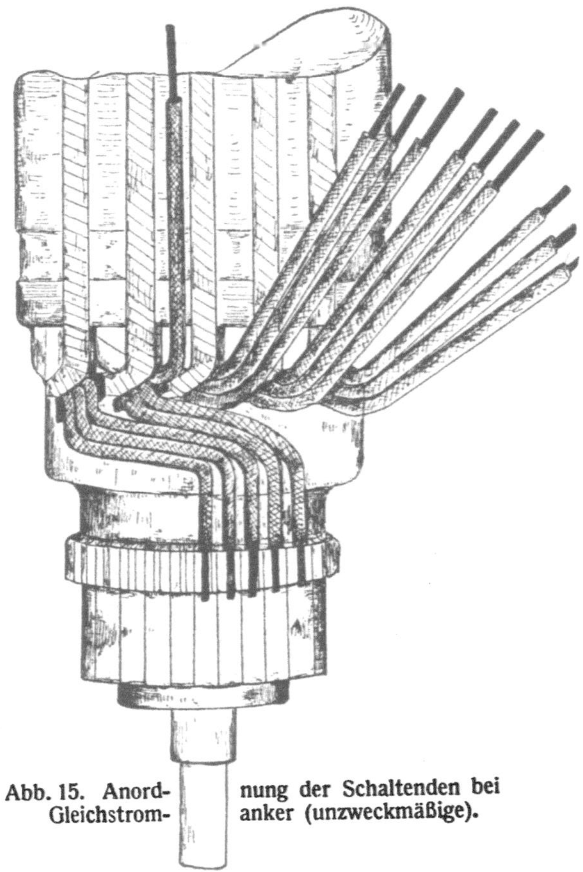

Abb. 15. Anordnung der Schaltenden bei Gleichstromanker (unzweckmäßige).

Die Ausnutzung des Raumes zur Unterbringung der oberen Schaltdrähte erfordert besondere Beachtung. Ob die gesamten Drähte in dem jeweils zur Verfügung stehenden Raume untergebracht werden können, hängt im allgemeinen von der zweckentsprechenden Biegung der ersten Schaltdrähte ab.

Bei verhältnismäßig schmalen Ankern mit großem Durchmesser, gedrungener Bauart der Maschine und hoher Unterteilung des Stromwenders (hohe Betriebsspannung) ist nicht selten die Unterbringung der oberen Schaltdrähte in dem Raum **R** (Abb. 14) mit Schwierigkeiten verbunden. Ist die Isolation der Schaltdrähte reichlich gewählt worden (Leinenbandbewicklung), so ist es empfehlenswert, die oberen Schaltdrähte in zwei Lagen zu schalten.

Es sind zunächst die Drähte 1, 3, 5 usw., also die ungeraden Zahlen, in einer Lage nebeneinander anzuordnen. Die zweite Hälfte der oberen Schaltdrähte wird hierauf in gleicher Weise als zweite Lage fertiggestellt. Die Bergmann-Elektrizitäts-A.-G., Berlin, verfährt in der Herstellung einiger Gleichstromtypen mit der Anordnung der oberen Schaltdrähte entsprechend.

Auch die A. E. G., Berlin, wendet z. B. bei den älteren W.-D.-Typen dieses Verfahren an.

Bei normalen Ausführungen bleibt stets zu beachten, daß die Schaltdrähte vom Austritt aus der Spule bis zur Kollektorlamelle den praktisch kürzesten Weg einhalten sollen (Abb. 14). Sind die einzelnen Drähte nach diesem Grundsatz gebogen, so wird man wohl kaum auf Schwierigkeiten in der Unterbringung der gesamten Schaltdrähte stoßen. Sollte der Raum **R** bei einem Anker besonders reichlich bemessen sein, so entstehen allerdings zwischen den Schaltdrähten der einzelnen Spulen freie Räume. Ganz abgesehen davon, daß diese freien Räume die Betriebstüchtigkeit der Wicklung nicht beeinflussen, können dieselben auch nach Fertigstellung der Schaltung durch Vergrößern der Maße **r** (Abb. 14) fortgeschafft werden.

Ist der Raum **R** hingegen normal, so dürfen die ersten Schaltdrähte nicht nach Abb. 15 gebogen werden. In dieser Form wird man die gesamten Drähte nicht nebeneinander in dem Raum **R** anordnen können. Jedenfalls besteht die Gefahr, daß zum Schluß die Unterbringung der letzten Drähte Schwierigkeiten bereitet und eine gleichmäßige Anordnung der Schaltdrähte um den Wickelkopf in Frage gestellt wird.

Für die sachgemäße Herstellung der Schaltungen ist weiter von Bedeutung, daß die einzelnen Drähte der oberen Lage von links nach rechts der Reihe nach in den Kollektor eingestemmt werden. Verfährt man in umgekehrter Richtung, so können wiederum Schwierigkeiten in den Platzverhältnissen eintreten.

Drehstrommaschinen.

Die Platzverhältnisse bei Drehstrommotoren liegen im allgemeinen günstiger. Es ist auch hier vor allen Dingen darauf zu achten, daß die Drahtstärke mit und ohne Umspinnung, entsprechend der Urspungswicklung, gewählt werden muß.

Innerhalb der Nuten müssen die Drähte sauber neben- und übereinander gebettet werden, und auch außerhalb der Nuten ist eine schichten-

Abb. 16. Hilfsmittel für die Ausnutzung des Wickelraumes.

weise Anordnung der Drahtwindungen erforderlich. Schon bei den ersten Lagen innerhalb der Nuten müssen die Drähte durch geeignete Holzkeile (Abb. 16 und 17) und Stemmer angedrückt werden. Geschieht dies erst bei den letzten Lagen, so können Beschädigungen der Umspinnung eintreten, ohne daß der gewünschte Zweck erreicht wird.

Abb. 17. Hilfsmitte für die Ausrutzung des Wickelraumes.

Vor Beginn der Wickelarbeit empfieht es sich, die erforderliche Anzahl Drähte für eine Nute einzupassen, um ein Urteil über die bestehenden Platzverhältnisse zu erhalten.

Außerhalb der Nuten erhalten die einzelnen Gruppen eine Form, die der Ausbuchtung der Lagerschilde entsprechend sein muß. Abb. 18 zeigt einen vierpoligen Drehstromständer der Elektr.-A.-G. vorm. H. Poege, Chemnitz. Die unteren und oberen Gruppen sind nach dem äußeren Durchmesser des Gehäuses zu, stark gekröpft.

Um die Werkstoffkosten niedrig zu halten und gleichzeitig eine gute Kühlung der Wicklung zu gewährleisten, sind die einzelnen Gruppen nur mit je 2 Bandagen aus Kordel zusammengehalten. Es ist bei derartigen Ausführungen selbstverständlich, daß der Abstand der Wicklung von Lagerschild und Gehäuse sorgfältig gewahrt werden muß.

Als Hilfsmittel für die sachgemäße Fertigstellung dieser Wicklungen kann die Vorrichtung Abb. 19 empfohlen werden.

Diese besteht aus zwei bearbeiteten Holzklötzen, die dem Durchmesser des Gehäuses und dem Wickelschritt entsprechend geformt sind und mittels einer Schraube zu beiden Seiten des Blechpaketes festgeklemmt werden. Bei der Anfertigung dieser Hilfsmittel ist darauf zu achten, daß an den mit Pfeil bezeichneten Stellen die Formhölzer mit den Nuten ab-

Abb. 18. Drehstromständer der Fa. Poege, Chemnitz.

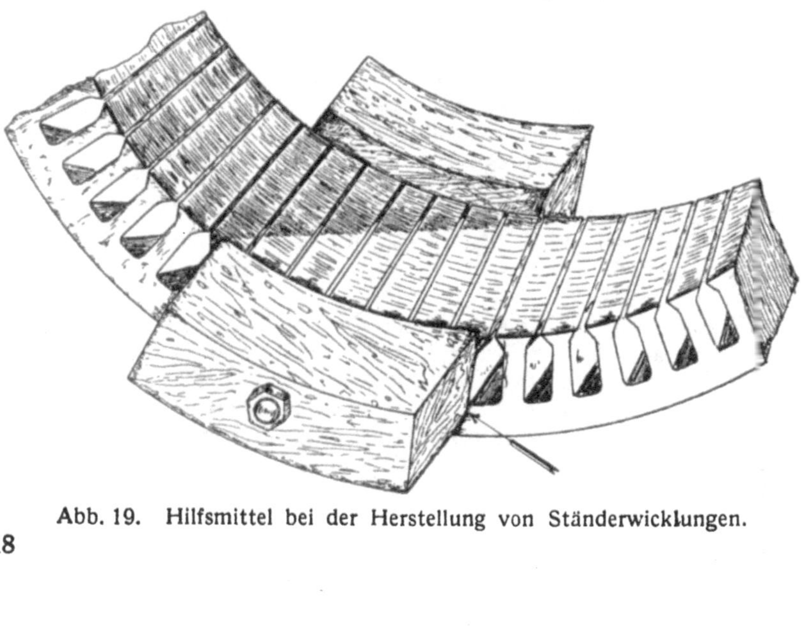

Abb. 19. Hilfsmittel bei der Herstellung von Ständerwicklungen.

schneiden. Es wird hierdurch erreicht, daß die vorstehende Nutenisolation beim Anziehen des Wickeldrahtes nicht einreißt. Weiter ist darauf zu achten, daß die untere Wölbung dieser Hölzer etwas tiefer liegt als der Nutengrund, damit ein Abstand zwischen den unteren und oberen Gruppen gewahrt bleibt.

Die Formhölzer können nach kleiner Abänderung auch bei der Herstellung der oberen Gruppen benutzt werden.

Abb. 20 zeigt einen achtpoligen Drehstrommotor der Firma Brown, Boveri & Co. in Mannheim. Im Gegensatz zu der erstgenannten Ausführungsart sind hier die Gruppen im Stander nur unmerklich nach außen gekröpft. Die Drahtbündel der einzelnen Nuten sind mit Leinenband bewickelt und je 3 Bündel zu einer Gruppe zusammengefaßt. Diese Wicklungen lassen sich am besten ohne Wickelhölzer — aus freier Hand herstellen — wobei die Keile (Abb. 16 und 17) für die Anordnung der Drähte innerhalb der Nuten mit gutem Erfolg verwendet werden können.

In allen Fallen muß darauf geachtet werden, daß für die Drahtwindungen der praktisch mögliche kürzeste Weg gewählt wird. Große Bogen müssen tunlichst vermieden und jede Windung muß möglichst fest angezogen werden.

Da die Form der Gruppen bei den verschiedenen Erzeugnissen der baulichen Ausführung des Gehäuses und der Lagerschilde jeweils angepaßt werden muß, so wickle man stets erst eine Gruppe fertig und prüfe hierauf durch Anpassen der Lagerschilde den Abstand zwischen Wicklung und Eisen. Vorzugsweise bei den Motoren von 0,5 bis etwa 50 PS ist diese Probe erforderlich. Bei größeren Maschinen liegen die Platzverhältnisse im allgemeinen günstiger.

Während für die ersteren heute fast ausschließlich die halbgeschlossene Nutenart angewandt wird und die einzelnen Drähte von oben durch den Nutenschlitz in die Nute eingelegt werden, besitzen die zuletztgenannten nahezu geschlossene Nuten. Die Windungen werden durch geschlossene Isolationsröhren einzeln durchgezogen, wie dies in Abb. 21 zu ersehen ist. Es handelt sich hier um einen Drehstromständer für einen 240-PS-Motor, 5000 Volt, 250 Umdrehungen, der Sachsenwerke Niedersedlitz. Diese Wicklungsart unterscheidet sich von den bisher abgebildeten dadurch, daß die einzelnen Gruppen zur Hälfte als obere und zur Hälfte als untere Gruppen nacheinander eingewickelt werden. Es ist selbstverständlich, daß auch die Anordnung der einzelnen Gruppen entsprechend der Darstellung in Abb. 20 gewählt werden kann, ohne die Wirkungsweise der Wicklung zu ändern. Die Wicklungsart Abb. 21 gewährleistet vorzügliche Kühlung, weil die Luft alle Wicklungselemente gleichmäßig bestreicht.

Der rechte Teil jeder Gruppe wird ohne Formholz gewickelt, für den linken Teil ist jedoch ein Hilfsmittel eingebaut.

Abb. 20. Achtpoliger Drehstrommotor der Fa. Brown, Boveri & Co.

Bei Hochspannungsmaschinen werden die einzelnen Drahtlagen innerhalb der Nuten durch Preßspanstreifen voneinander isoliert. Auch außerhalb der Nuten pflegt man in gleichem Sinne zu verfahren. Die Drahtbündel einer Nute werden außerdem mit Ölleinen und Leinenband bewickelt, wie auch aus Abb. 22 zu ersehen ist. Die Abbildung zeigt den Ständer eines 10000-Volt-Motors der Sachsenwerke.

Abb. 21. Drehstromständer für einen 240 PS-Motor 5000 Volt Drehzahl = 250.

Bei Motoren solch bedeutender Abmessungen sind die Ständer geteilt.

Die Schlußgruppen werden erst nach beendetem Aufbau und nach Einbauen des Läufers eingewickelt.

Die A. E. G. bereitet diese Schlußgruppen vielfach derart vor, daß dieselben als halbe Gruppe in die Nuten gesteckt werden.

Die einzelnen Windungen werden auf der einen Seite des Ständers durch Profilmuffen verbunden, verlötet und voneinander mit Ölleinen isoliert.

Eine recht sauber ausgeführte Drehstromwicklung zeigt die Abb. 23 Der Ständer gehört zu einem 450-PS-Drehstrommotor der Firma Brown, Boveri & Co., Mannheim. Die oberen Spulengruppen sind derart geformt, daß die Drahtbündel beim Austritt aus den Nuten

Abb. 22. Drehstromständer eines 10000 Volt-Motors der Fa. Sachsenwerke.

mit kurzem Knick parallel mit der Rundung des Ständers laufen. Der zwischen jedem Drahtbündel vorhandene Luftraum bezweckt gute Isolation und Kühlung.

Die Schaltverbindungen zwischen den einzelnen Gruppen müssen der Betriebsspannung entsprechend isoliert und möglichst mit Abstand von der Wicklung und dem Gehäuse angeordnet werden.

Um die ganze Schaltung festliegend anzuordnen, sind die in Abb. 24 abgebildeten zweiteiligen Holzklammern zu empfehlen. Dieselben werden

Abb. 23. Ständer eines vertikalen Drehstrommotors 450 PS.

nach Aufnahme der Schaltdrähte durch eine Kordelbandage zusammengehalten und erfüllen ihren Zweck in durchaus geeigneter Weise.

Bei Maschinen mit hohen Umlaufzahlen ist besonderer Wert auf eine dauerhafte Befestigung der einzelnen Gruppen zu legen. Die durch Bolzen

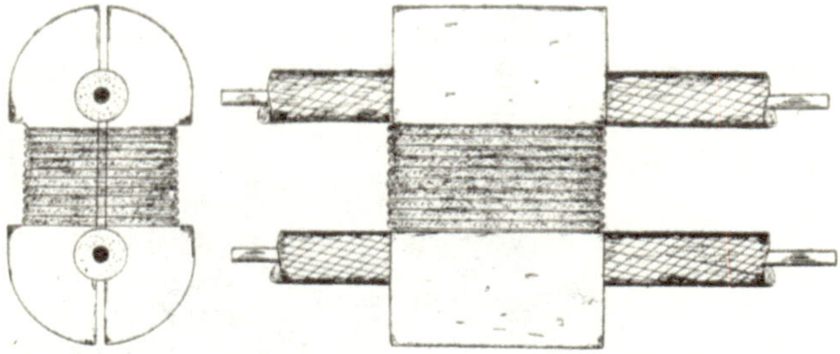

Abb. 24. Abstandstücke aus Hartholz.

und Laschen bewirkten Versteifungen haben den Zweck, die von den einzelnen Leitern aufeinander ausgeübten mechanischen Kräfte, deren Größe von dem Maschinenstrom usw. abhängt, auszugleichen.

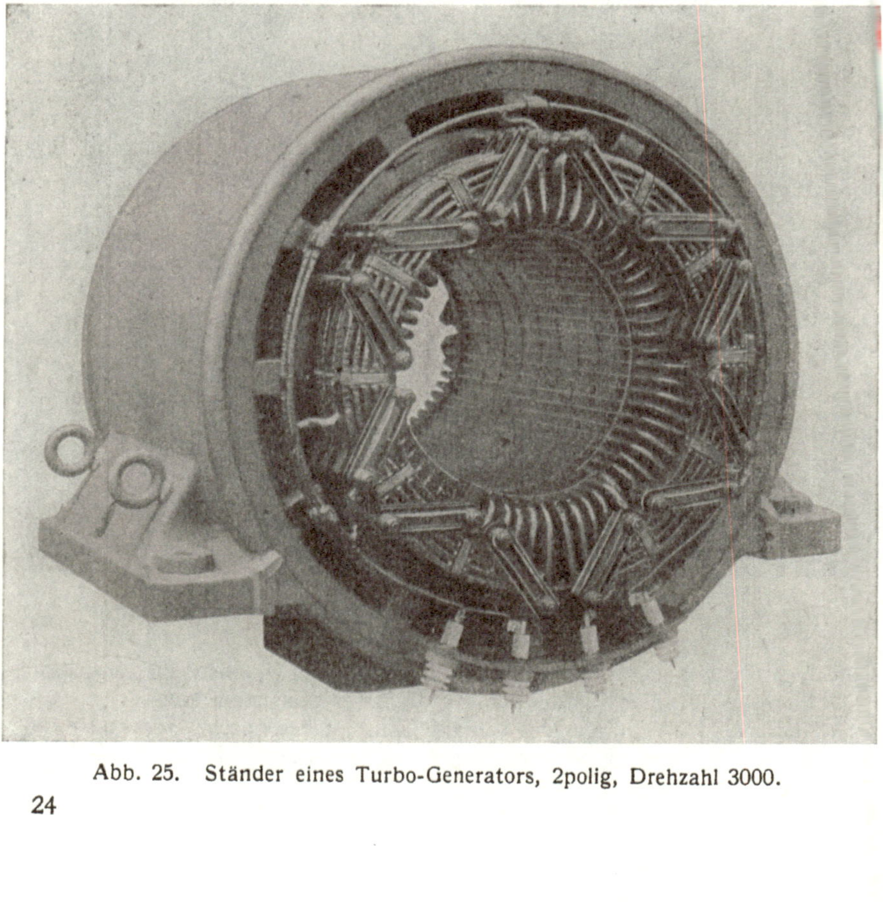

Abb. 25. Ständer eines Turbo-Generators, 2polig, Drehzahl 3000.

Abb. 25 zeigt einen Turboständer der Firma Poege, Chemnitz. Die einzelnen Gruppen haben eine besonders große Ausladung, weil die Maschine zweipolig (3000 Touren bei 50 Perioden) ausgeführt ist.

Da die vom Strom durchflossene Wicklung das Bestreben hat, ihre Flächen zu vergrößern, so können bei einem etwaigen Kurzschluß im Netz Aufbauchungen der außerhalb der Nuten liegenden Wicklungselemente entstehen, die durch die erwähnten Versteifungen begrenzt werden. Die Drahtbündel der einzelnen Nuten sind auch hier wieder durch Einfügen von Abstandsstücken voneinander getrennt, um Kühlung und Isolation zu verbessern.

Aus den vorstehenden Ausführungen ist ersichtlich, daß der Erbauer mit großer Sorgfalt auf die Form, Ausführungsart und Befestigung der einzelnen Gruppen usw. achtet.

Bei einer Instandsetzung muß in Erkenntnis der angestrebten Vorteile unter allen Umständen vermieden werden, daß etwa durch oberflächliche Arbeit die baulichen Vorzüge zerstört werden.

Es kommt nicht allein darauf an, daß die richtige Windungszahl und der richtige Drahtquerschnitt usw. gewählt wird. Auch die scheinbar unwesentlichen Kleinigkeiten müssen als wichtige Bedingungen und Vorzüge erkannt und beibehalten werden. Da aus Raummangel auf eine Besprechung sämtlicher Fabrikate nicht eingegangen werden kann, so sei dem mit der Neuwicklung oder Instandsetzung beauftragten Fachmann für alle Fälle empfohlen, stets die Eigenart der Ursprungswicklung vor dem Abbau eingehend zu untersuchen. Niemals sollte man ein Wicklungselement entfernen, ohne die Form und die Ausfuhrungsart vorher geprüft zu haben.

II. Teil.

Hilfswerkzeuge und die Anwendung derselben in der Ankerwickelei.

A. Bandagieren.

Die technisch richtige Befestigung der Läuferwicklung kann für den betriebssicheren Lauf einer Maschine von ausschlaggebender Bedeutung sein.

Soweit Bandagen aus verzinntem Stahldraht usw. hierfür in Frage kommen, ist zu beachten, daß der Durchmesser des Stahldrahtes, die Festigkeit des Materials, die Breite und Anzahl der Bandagen von der Größe der Zentrifugalkraft abhängt, die bei dem umlaufenden Ankerkörper an dem Umfang desselben auftritt.

Im allgemeinen ist die Anzahl dieser Bandagen durch die bauliche Ausführung des Ankers gegeben. Auch die Breite derselben, die notwendige Drahtstärke sowie die Festigkeit des Materials können bei normalen Maschinen ohne sonderliche Schwierigkeiten an Hand der Ursprungsausführung leicht festgestellt werden.

Fehlen die Angaben vollständig, so ist in Zweifelsfällen stets zu empfehlen, die Stärke des Drahtes besser zu stark als evtl. zu schwach zu wählen. Selbstverständlich soll der Außendurchmesser der Bandagen nicht größer als der Ankerdurchmesser sein. Allerdings tritt bei glatten Gleichstromankern eine Ausnahme ein. Hier bietet aber der lichte Durchmesser des Magnetgestelles im allgemeinen einen Anhaltspunkt über die höchstzulässige Drahtstärke der Bandagen. Es ist darauf zu achten, daß stets der notwendige Luftabstand zwischen Anker und Magnetgestell gewahrt bleibt.

In besonders schwierigen Fällen kann man mäßige Aussparungen an den Magnetkernen in der Breite der Bandagen vornehmen.

Eine allgemeine Vergrößerung des Luftabstandes zwischen Anker und Polschuhen dadurch, daß die Polbohrung durch Ausdrehen vergrößert wird, ist nicht zu empfehlen, weil das Magnetfeld hierdurch geschwächt wird. Der Anker würde eine höhere Umdrehungszahl machen, und die Streuung würde größer werden.

Für Bandagen verwende man nur verzinnte Stahldrähte, die ausdrücklich als Bandagendrähte von leistungsfähigen Firmen angeboten werden. Diese Drähte besitzen die geforderten Eigenschaften (Festigkeit usw.).

Bei Ankern mit hohen Umdrehungszahlen (Turbogeneratoren usw.) wird die Wicklung in den Nuten durch Keile festgehalten. Außerhalb der

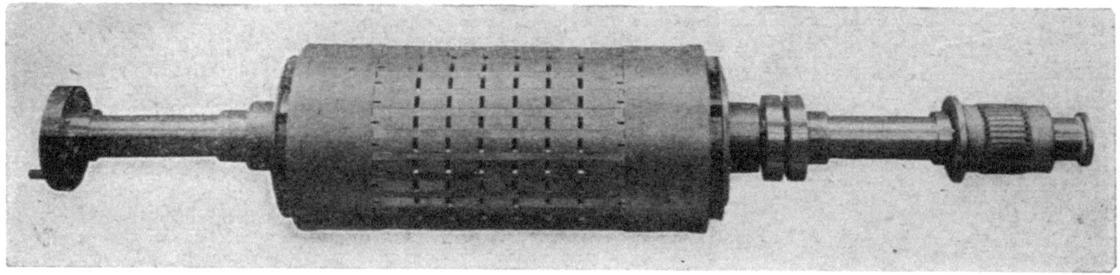

Abb. 26. Läufer aus einem Turbo-Generator, mit Anker der Erregermaschine.

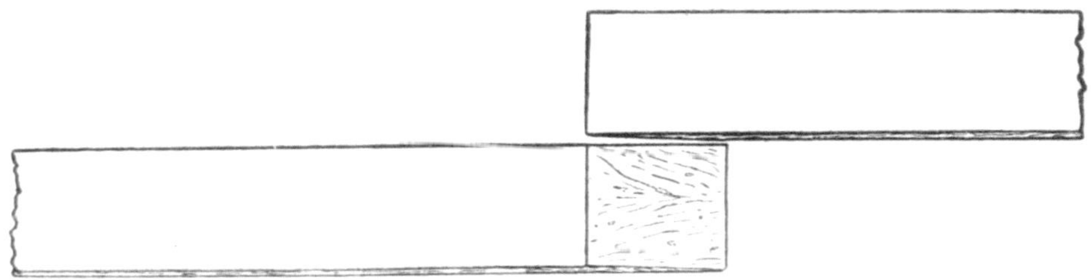

Abb. 27. Abgeschrägte Preßspanstreifen.

Nuten werden die Wickelköpfe durch Buchsen aus Spezialbronze, evtl. außerdem durch doppelte Stahlbandagen zusammengehalten (Abb. 26).

Abb. 26 zeigt den Läufer eines Drehstrom-Turbogenerators der Firma Poege, Chemnitz. Der Anker der Erregerdynamo hat auch besonders breite Bandagen um die Wickelköpfe. Die praktische Arbeit bei der Herstellung der Bandagen verdient noch Beachtung.

Die als Isolation zwischen Bandage und Wicklung zur Verwendung kommenden Preßspanstreifen müssen an den Ansatzstellen so abgeschrägt (verjüngt) werden, daß die Überlappung die Stärke der Isolation nicht überschreitet (Abb. 27). Es ist empfehlenswert, an diesen Stellen ein Stück Glimmer unterzulegen. Die Preßspanstreifen werden nach dieser Vorbereitung um die Wicklung gelegt, mit einem Kupferdraht oder Bindfaden befestigt und parallel zu dem Ankerkörper ausgerichtet. Um ein richtiges Auflaufen des Bandagendrahtes zu erreichen, können mit einem Spitzzirkel parallele Linien auf den Preßspanstreifen angerissen werden. Der gleichmäßige Abstand der Bandage von der Außenkante des Preßspanstreifens und somit die parallele Anordnung der Bandage zum Ankerkörper wird durch diese Maßnahme erleichtert.

Geschieht das Bandagieren auf der Drehbank, so kann die parallele Anordnung der Preßspanstreifen durch beschleunigte Umdrehung des Ankers nachgesehen und evtl. verbessert werden. Bei dieser Gelegenheit können auch die einzelnen Ankerspulen, falls erforderlich, nachgerichtet werden.

Im allgemeinen wird man jedoch den Anker in Böcke etwa nach Abb. 28 lagern und auf der Achse ein Drehkreuz oder einen Hebel aufschrauben. Die parallele Anordnung der Preßspanstreifen muß in diesem Falle gewöhnlich durch Abmessen der einzelnen Zwischenräume von der Stirnfläche des Ankers aus erreicht werden. Zur Kontrolle genügen gewöhnlich einige beschleunigte Umdrehungen des Ankers.

Der Bandagendraht soll stets auf einer geeigneten Haspel befestigt werden.

Das Ablassen der einzelnen Drahtwindung von Hand bringt den großen Nachteil mit sich, daß sich die Drahtlagen sehr leicht ineinander verschlingen. Der ordnungsmäßige Verlauf des Arbeitsvorganges wird hierdurch gestört und viel nutzlose Zeit verschwendet.

Das Anspannen des Bandagendrahtes wird in geeigneter Weise wie folgt erreicht. Ein starker Strick wird am Boden befestigt und mehrmals um den auflaufenden Bandagendraht geschlungen. Die Spannung des Drahtes kann auf diese Weise wie erforderlich reguliert werden.

Bevor man den Bandagendraht auf den Preßspanstreifen auflaufen läßt, legt man zunächst etwa 2 Windungen direkt über die Wicklung, um diese möglichst fest zusammenzuziehen. Gibt die Wicklung hierbei noch wesentlich nach, so wird man den Preßspanstreifen erneut befestigen müssen. Hierauf wird der Draht auf den Preßspanstreifen geleitet.

Abb. 28. Gleichstromanker in der Wickelei der Bergmann El-Ges., Berlin.

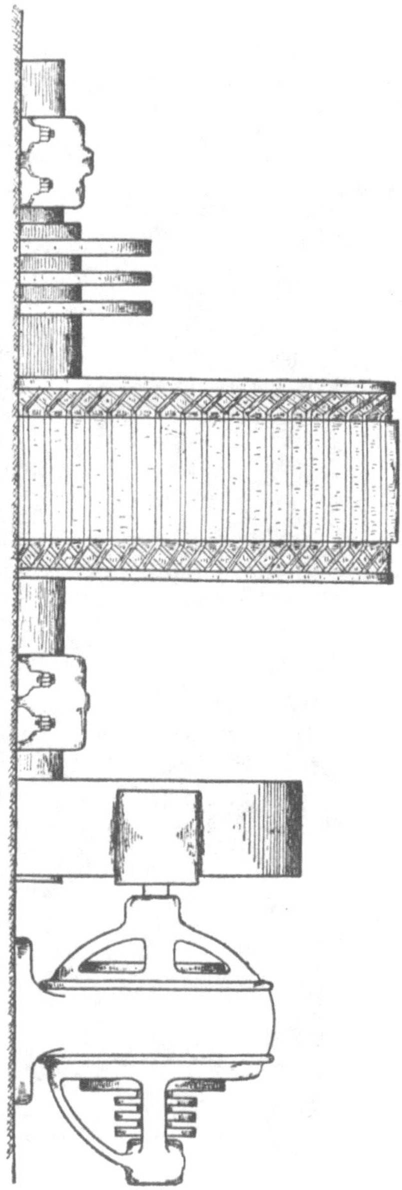

Abb. 29. Bandagieren eines großen Drehstromläufers.

Bei der zweiten Drahtwindung sorgt man durch sorgfältiges Klopfen mit einem Holzhammer dafür, daß die Wicklung sich nachsetzt. Unterläßt man diese Maßnahme, so kann es vorkommen, daß die ersten Drahtwindungen während des weiteren Verlaufes der Arbeit sich merklich lockern.

Das Ablöten der Bandage geschieht stets an der Ausgangsstelle. Die vor Beginn der Bandagierarbeit unterlegten Streifen aus Messing- oder Kupferdraht sind auf dem Umfang der Wicklung gleichmäßig verteilt. Nach Fertigstellung einer Bandage werden die Streifen abgeschnitten, umgeklappt und verlötet.

Vor Beginn der gänzlichen Verlötung der einzelnen Drahtlagen ist es empfehlenswert, jede Bandage erst an etwa 4—6 Stellen behelfsmäßig mit Lötzinn zu heften.

Größere Anker von etwa 200-PS-Leistung ab wird man bei einer Instandsetzung im Gehäuse liegen lassen und nur den oberen Gehäuseteil entfernen.

Dies wird in den meisten Fällen schon deshalb zweckmäßig sein, weil die Ankerwelle vielfach mit der angetriebenen Maschine durch eine Kupplung verbunden oder aber mit einer schweren Schwungscheibe befestigt ist. Das Bewegen des Ankers beim Bandagieren kann durch Friktionsantrieb nach Abb. 29 oder falls ein Kran vorhanden, nach Abb. 30 geschehen.

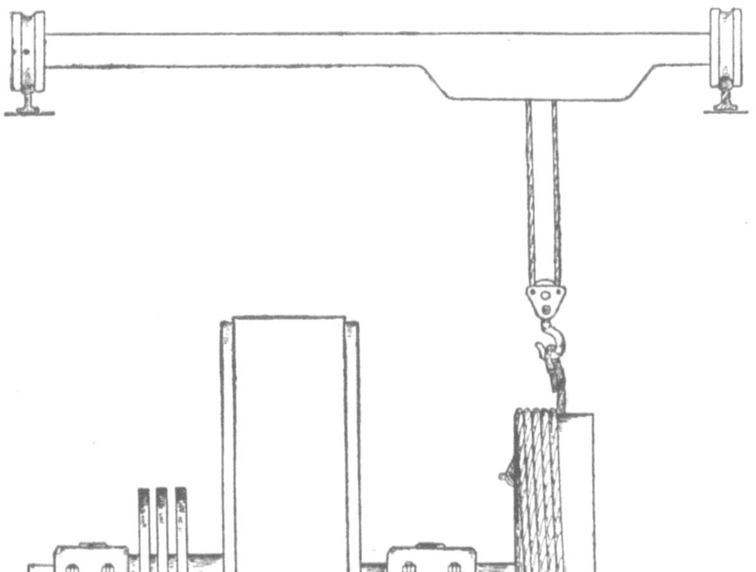

Abb. 30. Bandagieren eines großen Drehstromläufers.

Nach Abb. 29 würde man einen mit Holzscheibe ausgerüsteten Elektromotor an die Schwungscheibe oder Kupplung der Maschine setzen und das Anlassen des Motors mittels Kontroller bewerkstelligen. Nach Abb. 30 verfährt man in der Weise, daß ein kräftiges Seil mehrere Male um die Kupplung oder Schwungscheibe gelegt und der Anfang hieran befestigt wird. Das Ende des Seiles wird mit dem Kranhaken befestigt und durch Betätigung des Hubmotors dann die gewünschte Bewegung des Arbeitsstückes ausgeführt.

B. Die wirtschaftliche Herstellung von Lötverbindungen.

Die sachgemäße Betrachtung des Lötvorganges zeigt, daß die zur Verlötung zusammengebrachten Metallteile bis zur Schmelztemperatur des Zinnes erhitzt werden müssen, und zwar dadurch, daß die von dem Lötkolben entwickelte Hitze durch Berührung auf die Metallteile übertragen wird. Diese notwendige Erhitzung der Metallteile wird um so schneller erreicht, je größer die Auflagefläche des Lötkolbens auf das Arbeitsstück und je inniger die Verbindung der zu verlötenden Metallteile unter sich ist.

Da in der Ankerwickelei mit der Reihenherstellung einer großen Anzahl Lötstellen gerechnet werden muß und kontaktsichere Lötstellen hier von ganz außerordentlicher Wichtigkeit sind, so erscheint es angebracht, einige praktische Winke für die wirtschaftliche Herstellung der Lötverbindungen an dieser Stelle anzuführen. Um zwei Metallteile so miteinander durch Verlötung zu verbinden, daß die Berührungsstellen eine Kontaktsicherheit gewährleisten, die der in den Leitern fließenden Stromstärke entspricht, ist es Grundbedingung, daß die Metallteile frei von Niederschlägen sind. Die Anlageflächen müssen also nicht allein frei von Zunder und Schmutz, sondern auch praktisch frei von Niederschlägen sein, die sich während der Lagerung des Metalles an dessen Außenflächen bilden. Um dieser Bedingung zu entsprechen, müssen die Metallteile, bevor dieselben zur Verlötung zusammengebracht werden, blankgescheuert oder besser mit einem Zinnüberzug versehen werden.

Die Schaltenden einer Gleichstromankerwicklung sowohl, als auch die Schlitze der Kollektorlamellen, werden daher zweckmäßig in einem Zinnbad verzinnt. Um Zeit- und Materialersparnis zu erzielen, nimmt man gerne von dieser Maßnahme Abstand. Berücksichtigt man jedoch, daß die Herstellung der Lötverbindungen zwischen verzinnten Metallteilen bedeutend schneller und vor allen Dingen kontaktsicherer vor sich geht, so treten die eben erwähnten scheinbaren Vorteile nach sachlicher Erwägung in den Hintergrund.

Das für Gleichstromanker Erwähnte gilt natürlich auch für Drehstromstabläufer, kurzum für alle Lötstellen, die an den Wicklungen elektrischer Maschinen usw. hergestellt werden müssen.

Die verzinnten Metallteile müssen zwecks Verlötung möglichst fest untereinander verbunden sein, damit die von dem Lötkolben entströmende Hitze gut fortgeleitet wird.

Um eine möglichst große Auflagefläche des Kupferkolbens zu erhalten, ist dem letzteren eine geeignete Form zu geben. Abb. 31 zeigt eine ungeeignete Kolbenform und eine unsachgemäße Befestigung der Schaltdrähte mit der Kollektorlamelle.

Abb. 31.

Abb. 32.

Falsche und richtige Lötkolbenform.

Abb. 33.

Abb. 34.

Falsche und richtige Lötkolbenform.

Die geringe Auflagefläche des Kolbens und die lockere Lage der Schaltdrähte stellen die wirtschaftliche Herstellung kontaktsicherer Lötstellen in Frage. Die Kolbenhitze wird nicht in geeigneter Weise auf die zu verlötenden Metallteile übertragen, auch wird die Hitze zwischen den Metallteilen wegen der lockeren Lage der Drähte nicht gut weitergeleitet. Die auf diese Art hergestellten Lötverbindungen haben den Nachteil, daß die Herstellung derselben bedeutend mehr Zeit in Anspruch nimmt als notwendig, und daß die Kontaktsicherheit in Frage gestellt ist. Abb. 32 zeigt die zweckmäßige Anordnung der Schaltdrähte in der Kollektorlamelle und die richtige Kolbenform. Ähnlich liegen die Verhältnisse bei der Abb. 33 und 34. Es handelt sich hier um Lötverbindungen an einem Kollektor mit Fahnen.

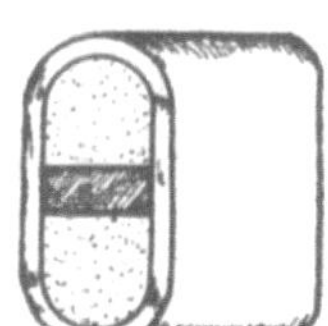

Abb. 35. Lötverbindung an einem Drehstromläufer mit Stabwicklung.

Bei Drehstromstabläufer ist darauf zu achten, daß die **Zwischenlage** zwischen dem oberen und unteren Stab in der Hülse eingefügt wird (**Abb. 35**).

Die Zwischenlage stellt die metallische Verbindung zwischen den Stäben und der Hülse her und beschleunigt somit die Übertragung der Kolbenhitze auf die einzelnen Metallteile. Während die Lötverbindungen nach Abb. 33 in senkrechter Stellung der Lamelle hergestellt werden, wird man diejenigen nach Abb. 34 und 35 in wagerechter Lage der Lamelle herstellen.

C. Die Entfernung des vorstehenden Glimmers zwischen den Lamellen eines Kollektors.

Nach längerer Betriebszeit einer Gleichstrommaschine kann man häufig die Wahrnehmung machen, daß die Glimmersegmente über der Lauffläche hervorragen. Diese Erscheinung hat ihre Ursache in der ungleichen Härte des Glimmermaterials gegenüber der des Lamellenkupfers.

Das Kupfer wird schneller abgeschliffen als der Glimmer, so daß durch die vorstehenden Glimmersegmente die Kontaktverhältnisse zwischen den Bürsten und den Kollektorlamellen unsicher werden.

Es tritt dann starke Funkenbildung am Kollektor auf, durch die das Kupfer sehr schnell angegriffen wird.

Der Kollektor muß in solchen Fällen abgedreht werden, und der Glimmer wird nunmehr einige Millimeter mit Hilfe einer geeigneten Vorrichtung ausgekratzt.

Die Abbildung 36 zeigt ein Werkzeug, mit dessen Hilfe den Erfordernissen entsprochen werden kann.

Bei Anfertigung dieses Werkzeuges ist darauf zu achten, daß die Breite der Säge der Stärke der Glimmerlamellen entspricht und der Rücken nach oben zu schmaler wird.

Die Bergmann-Elektr.-Werke A.-G., Berlin, benutzen zu diesem Zweck eine elektrisch betriebene Fräsvorrichtung, die in Abb. 37 dargestellt ist.

Die Vorrichtung besteht im wesentlichen aus einem gegossenen Metallrahmen und zwei Handgriffen. In dem U-förmigen Ausschnitt ist ein Schlitzfräser gelagert, der durch einen kleinen Elektromotor mittels Gelenkwelle angetrieben wird. Der durch Schrauben verstellbare Sockel des Metallrahmens kann dem jeweiligen Kollektordurchmesser angepaßt werden Ein konisch gehaltenes Backenstuck an dem Sockel des Rahmens sorgt für die Führung des Fräsers.

D. Vorrichtung zum Auswechseln der Lagerbüchsen.

Das Auswechseln der Lagerbüchsen gehört zu den täglichen Vorkommnissen in den Instandsetzungswerken.

Da bei unsachgemäßer Arbeit die Lagerschilde leicht hierbei zerspringen können, so ist es erforderlich, daß folgende Ausführungen beachtet werden.

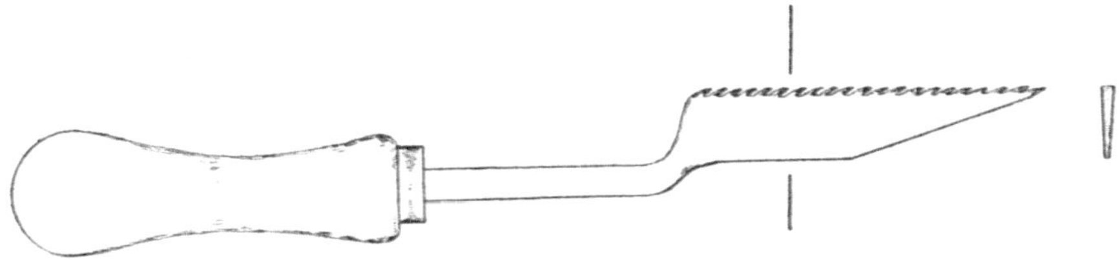

Abb. 36. Handwerkszeug zum Auskratzen des Glimmers an Kollektoren.

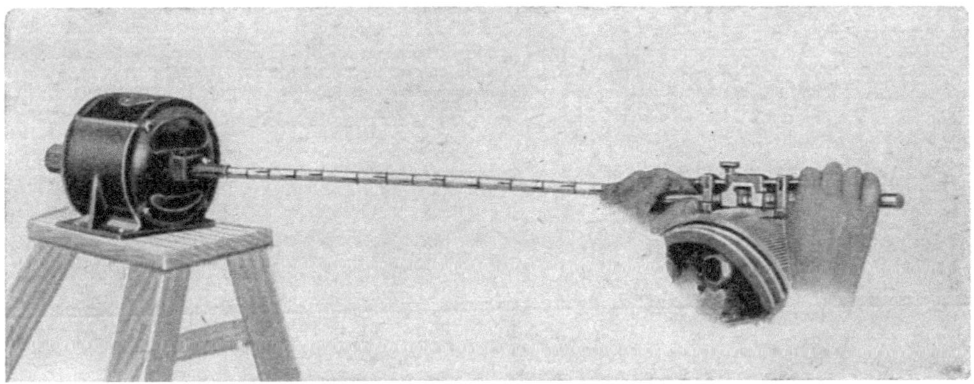

Abb. 37. Maschinelle Entfernung des Glimmers an Kollektoren.

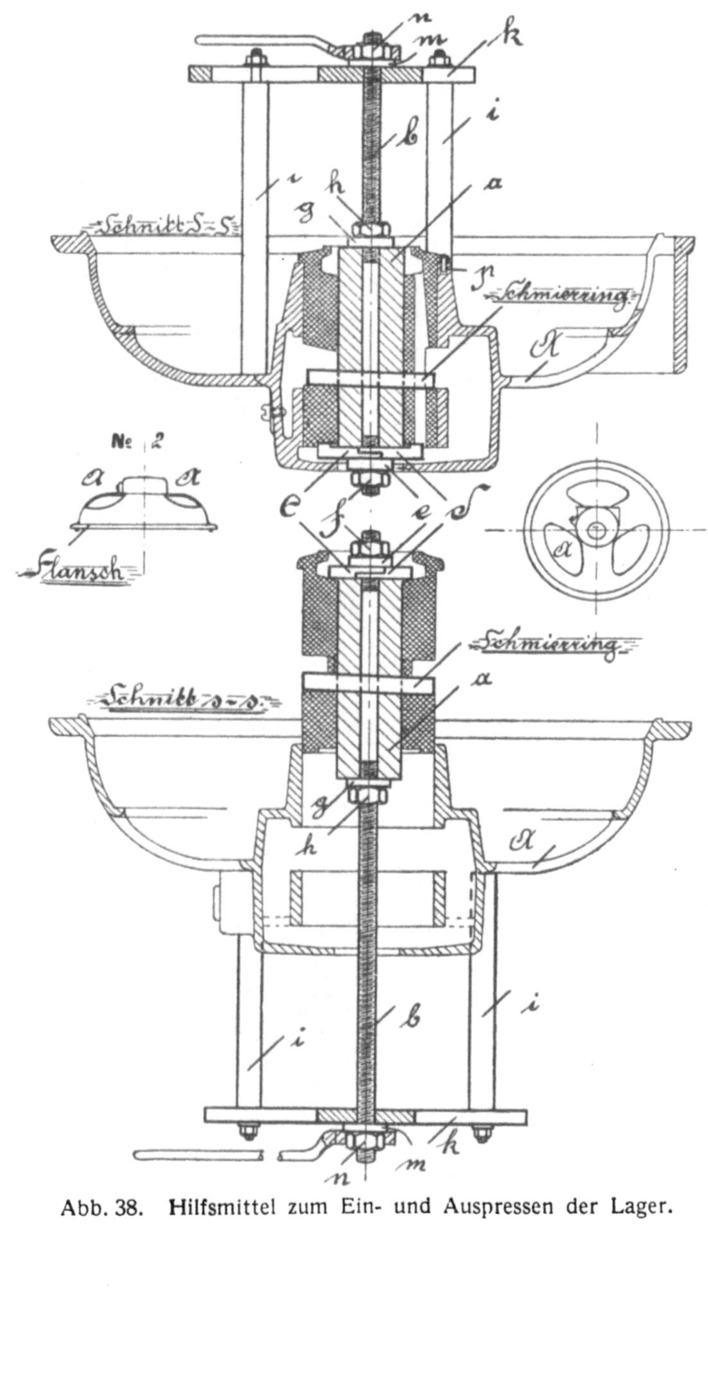

Abb. 38. Hilfsmittel zum Ein- und Auspressen der Lager.

Das Ein- und Austreiben der Lagerbüchse mittels eines Dornes aus Hartholz macht zur Bedingung, daß das Lagerauge eine feste Auflage hat. Würde die Büchse z. B. bei einer Lage des Schildes nach Abb. 38 (links) ausgetrieben, so rückt ein Bruch der Lagerarme in den Bereich der Möglichkeit, weil das Lagerauge keine Auflage hat. Ganz abgesehen davon, daß mit diesen bedenklichen Hilfsmitteln der Umfang einer Reparatur möglicherweise durch Bruch des Lagerschildes bedeutend vergrößert werden kann, bleibt weiter zu berücksichtigen, daß bei schließend zugepaßten Lagerbüchsen durch zu kräftige Schläge die Büchse selbst an dem Einschnitt für den Schmierring eingeknickt werden kann.

Auch müssen stets eine Anzahl Holzdorne in verschiedenen Größen vorrätig sein, so daß der Gebrauch einer Vorrichtung nach Abbildung 38 entschieden vorzuziehen ist.

Die erwähnte Vorrichtung ist ein Erzeugnis der Firma Brown, Boveri & Co., Mannheim.

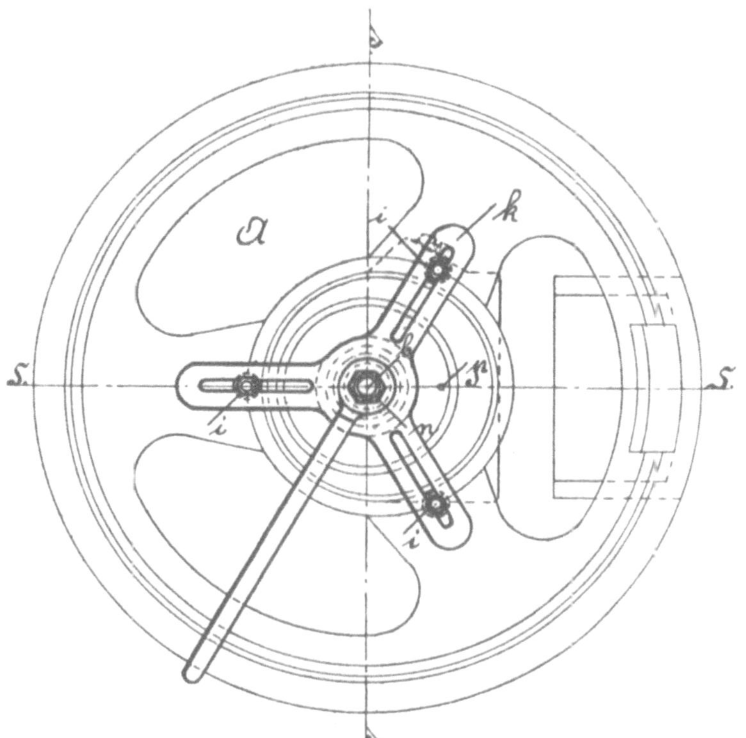

Abb. 39. Hilfsmittel zum Ein- und Auspressen der Lager.

Für den Gebrauch der Vorrichtung gibt die genannte Firma folgende Anweisung heraus.

Vorschrift zum Auswechseln der Lagerbüchsen.

I. Entfernen der alten Lagerbüchse.

1. Lagerschild vom Gehäuse abschrauben und vorsichtig von der Welle abziehen, so hinlegen, daß Flansch nach unten zeigt (Abb. 38 oben).

2. Rohrstück **a** in die Lagerbüchse einschieben, dabei darauf achten, daß der Schmierring des Lagers nicht in die Bohrung hineinragt, da sonst das Rohrstück **a** dagegengestoßen würde.

3. Bolzen **b** mit Scheibe **g** und Mutter **n** von unten in **a** hineinschieben.

4. Scheibe **d** und dann Scheibe **c** von oben hineinlegen, Bolzen **b** durch die Löcher von **c** und **d** stecken, mit Scheibe **e** und Mutter **f** alles fest zusammenschrauben.

5. Lagerschild aufheben, so halten, daß der obere Arm nach unten zeigt (Abb. 38 rechts). Dies ist erforderlich, damit der Schmierring sich so hinlegt, daß die Lagerbüchse herausgezogen werden kann.

6. Dann Lagerschild **vorsichtig** umlegen in die Stellung der Abb. 38 oben, **beim Umlegen muß Arm A immer nach unten zeigen.**

7. Auf den Bolzen **b** die Lasche **k**, Scheibe **m** und Mutter **n** bringen, die Stützen **i** unterstellen.

8. Durch Drehen der Mutter **n** wird die Lagerbüchse dann herausgezogen.

Vorsichtig, nicht ruckweise drehen.

Vor dem Einsetzen der neuen Lagerbüchse ist der Ölkasten gut zu reinigen und mit Mennige auszustreichen.

II. Einziehen der neuen Lagerbüchse.

1. Lagerschild hinlegen, wie Abb. 38 unten zeigt.

2. Die Lagerbüchse, Rohrstück **a**, Bolzen **c** und Scheiben **e** und **d**, sowie Scheiben **e**, **f**, **g** und **h** hineinbringen nach Abb. 38, wie unter 1., 2., 3., 4. beschrieben; Lagerbüchse außen mit Mennige bestreichen.

3. Lasche **k**, Scheibe **m**, Mutter **n**, Stützen **i** aufbringen nach Abb. 39.

4. Durch Drehen der Mutter **n** wird die Lagerbüchse dann in den Schild hineingezogen.

Vorsichtig, nicht ruckweise drehen.

Besonders ist zu beachten, daß beim Einziehen der Nute der Lagerbüchse, in der der Schmierring sitzt, genau nach dem oberen Arm **A** des Lagerschildes zu zeigt, ferner, daß der Schmierring so liegt, daß er beim Einziehen nicht anstößt.

5. Nachdem die Lagerbüchse eingezogen ist, wird bei **P** der Haltestift verbohrt.

6. Lagerschild in die Lage halten, wie es an der Maschine sitzt, und den Schmierring mittels eines Stückchens Holz drehen, um sich nochmals zu überzeugen, daß der Ring nicht verletzt ist.

Es sei an dieser Stelle noch erwähnt, daß die Lagerbüchsen des in Abb. 20 abgebildeten Motors der Firma Brown, Boveri & Co. ohne die vorerwähnte Vorrichtung überhaupt nicht aus dem Lagerschild entfernt werden können. Die Lagerbüchsen bestehen bei diesen Maschinen aus Gußeisen und sind mit Weißmetall ausgegossen.

Die Form der Lagerbüchsen ist aus Abb. 38 zu ersehen.

Die genannte Vorrichtung kann bei allen Fabrikaten vorteilhaft benutzt werden.

III. Teil.

Die praktischen Arbeitsvorgänge beim Bau elektrischer Maschinen.

Die sachgemäße Ausführung der Instandsetzungen an elektrischen Maschinen setzt eine gewisse Kenntnis der praktischen Arbeitsvorgänge beim Bau der Maschine voraus.

Es sei daher nachstehend eine kurze Beschreibung über den Aufbau elektrischer Maschinen wiedergegeben, wobei ausdrücklich bemerkt wird, daß bei den Ausführungen weniger Wert auf die wirtschaftliche Herstellung als auf die Wiedergabe eines Arbeitsvorganges gelegt wird. Auch wurde der Übersichtlichkeit halber von einer Besprechung der mechanischen Bearbeitung einzelner Maschinenteile Abstand genommen und nur dasjenige erwähnt, welches für den Praktiker bei einer Instandsetzung von Wichtigkeit ist.

Es wurde schon an anderer Stelle erwähnt, daß das aktive Eisenmaterial — also die magnetisch beanspruchten Teile einer Maschine — bei Wechsel- und Drehstrommaschinen ausschließlich, bei Gleichstrommaschinen im Anker immer, in den Feldmagneten größtenteils, aus Eisenblechen besteht. Dieses sogen. Dynamoblech wird in verschiedenen Qualitäten und Stärken hergestellt und einseitig, auf einer Maschine, mit Seidenpapier beklebt. Mit der Güte des Bleches sinken die Abmessungen des aktiven Eisenmaterials, weil das hochwertige Blech eine geringere Magnetisierung erfordert und daher auch höher gesättigt werden kann.

Aus dieser Tatsache geht hervor, daß z. B. zwei 10-PS-Motoren mit gleichen Drehzahlen in ihren Abmessungen nicht gleichgroß zu sein brauchen, wenn bei den Maschinen verschiedene Blechqualitäten verwendet werden. Ganz abgesehen davon, daß die Abmessungen der Motoren von der Bauart und Umdrehungszahl usw. derselben abhängen, kann also auch die Güte des aktiven Eisenmaterials für die Größe der Maschine von ausschlaggebender Bedeutung sein.

Es kann daher die Leistung eines Motors nicht nur nach der Größe desselben beurteilt werden, weil die Leistung bei Verwendung der besten Blechsorte bis zu 50% höher als bei Verwendung der geringsten Blechsorte sein kann.

Die in Tafeln auf den Markt gebrachten Dynamobleche werden nach der Beklebung mit Seidenpapier auf einer Blechschere zerschnitten.

Die Größe der viereckigen Ausschnitte richtet sich nach dem Durchmesser des benötigten aktiven Materials.

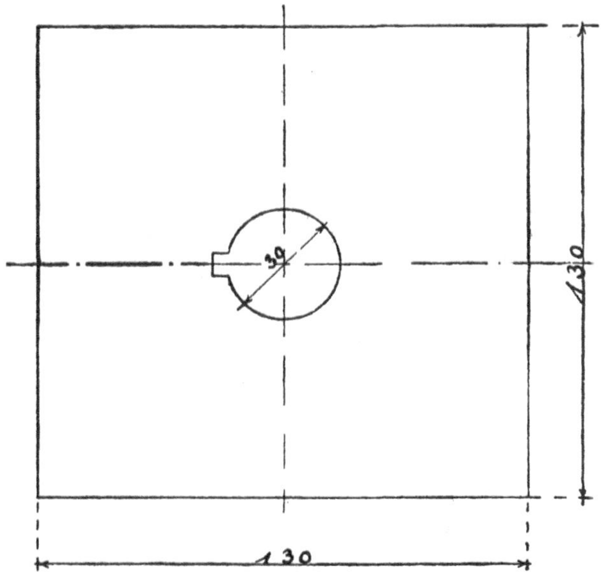

Abb. 40. Ausschneiden der Dynamobleche.

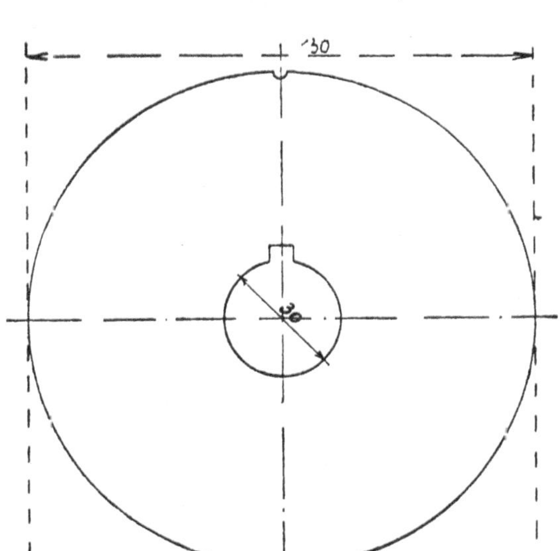

Abb. 41. Ausschneiden der Dynamobleche.

Diese Ausschnitte werden in der Mitte entsprechend dem Achsendurchmesser gelocht, wobei sofort die Keilnute mitgestanzt wird (Abb. 40).

Alsdann wird jedes Blech einzeln auf einer maschinell betriebenen Rundschere nach Abb. 41 geschnitten und hierauf auf einer selbsttätig arbeitenden Stanze gelocht (Abb. 42).

Abb. 42. Stanze zum Ausstanzen der Nuten.

Die Bleche für Drehstrommotoren werden so gestanzt, daß zunächst die Ständernuten und hierauf die Läufernuten fertiggestellt werden. Das Läuferblech wird hierauf auf einer besonderen Stanze mit einem Druck ausgestanzt (Abb. 42).

Der nicht verwertbare Blechabfall ist bei Drehstrommotoren sehr gering, weil das Läuferblech aus dem Ständerblech herausfällt. Bei Gleichstrommaschinen liegen die Verhältnisse weniger günstig.

Aus Abb. 44 ist zu ersehen, wie die einzelnen Bleche zu dem Ankerkörper geschichtet werden. Im Vordergrunde handelt es sich um einen Gleichstromanker. Die Wicklungsträger sind zugleich als Preßscheiben ausgeführt, wie dies im allgemeinen üblich ist. Die Bleche werden auf die Welle gesteckt und durch 4 Preßschrauben zusammengepreßt. Alsdann wird die Preßscheibe gewöhnlich warm aufgezogen oder verstemmt.

Nachdem die Nuten nachgearbeitet worden sind, kommt der Anker in die Wickelei.

Die fertiggewickelten Drehstromläufer werden vielfach von außen geschliffen, auch der lichte Durchmesser des Ständers wird auf diese Weise nachgearbeitet, um den Luftabstand zwischen beiden auf ein möglichst geringes Maß halten zu können, ohne daß eine Berührung einzelner Bleche möglich ist. Mit der Vergrößerung des Luftabstandes zwischen Läufer und Ständer nimmt der Wert des cos φ ab. Es ist also nicht zulässig, den Läufer eines Drehstrommotors gelegentlich einer Instandsetzung abzudrehen.

Größere Ständer und Läufer werden aus geteilten Blechen zusammengesetzt. In Abb. 46 wird diese Arbeit an einem Drehstromständer ausgeführt.

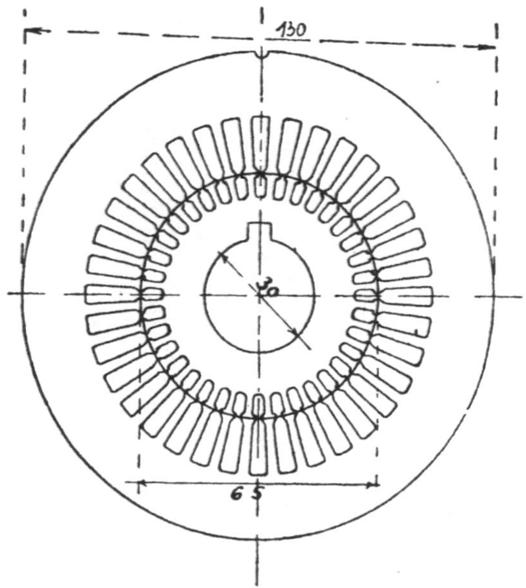

Abb. 43. Genutetes Blech für Drehstrommotoren.

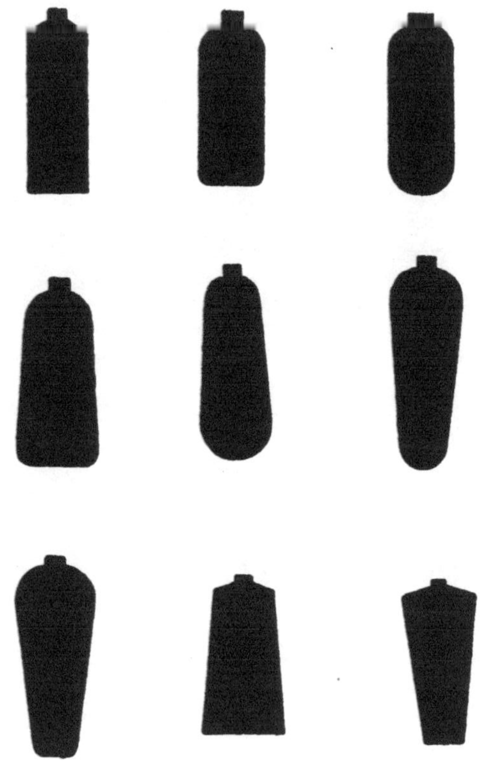

Abb. 43a. Nutenformen für Drehstromständer.

Abb. 44. Das Schichten der Bleche.

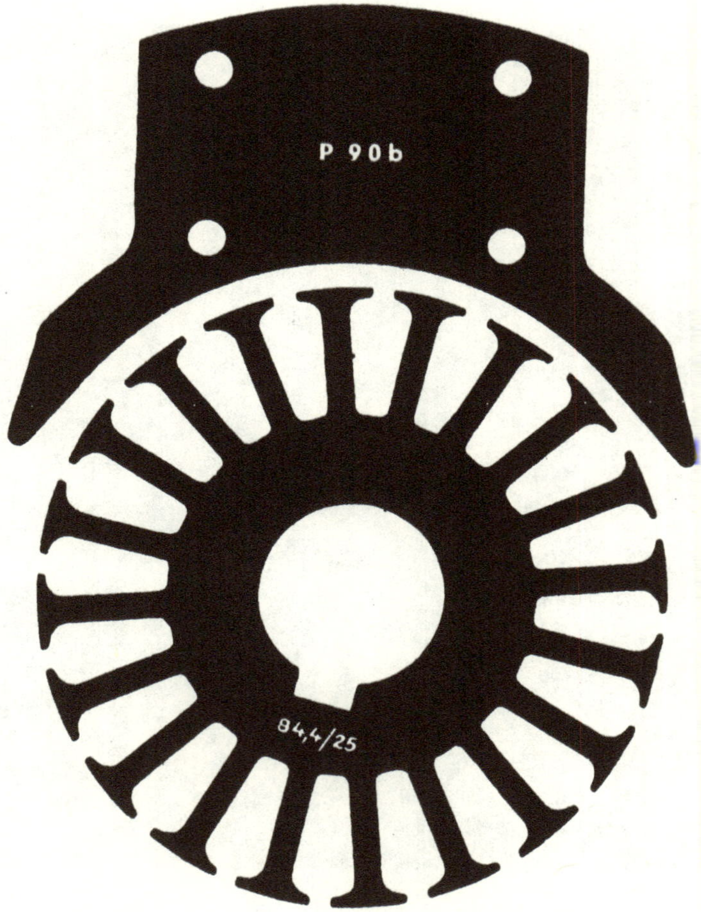

Abb. 44a. Anker- u. Polblech eines Gleichstrommotors.

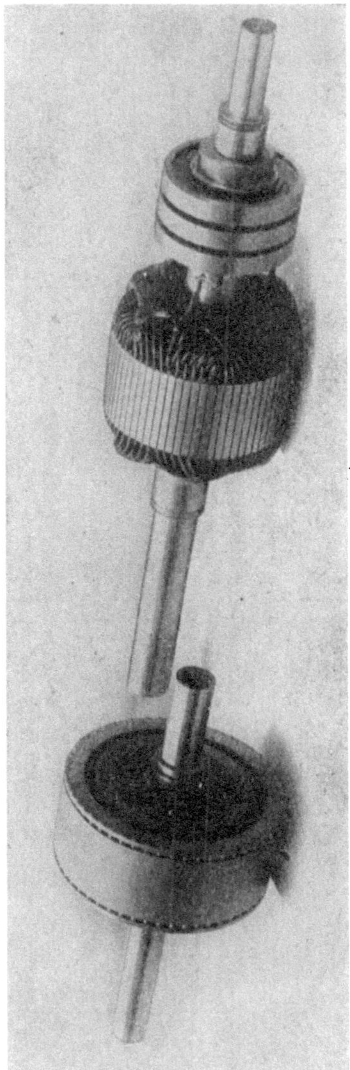

Abb. 45. Drehstrom-Läufer mit geschliffenen Eisenkörpern.

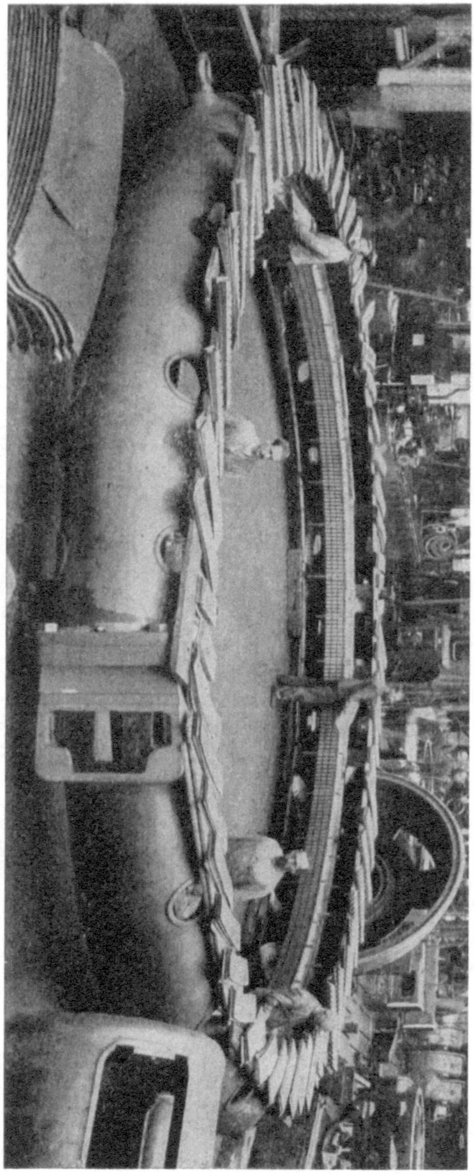

Abb. 46. Das Schichten der Bleche an einem großen Drehstromständer.

Ankerwickelei.

Es ist für den in einer Instandsetzungswerkstatt für elektrische Maschinen beschäftigten Elektromaschinenbauer von besonderem Interesse, die Arbeitsvorgänge in der Wickelei eines Großbetriebes kennenzulernen.

Abb. 47. Spulenwickelei für Kleinmotoren der Fa. S. S. W.

Wir werfen zunächst einen Blick in die Wickelei für Kleinmotoren der Siemens-Schuckert-Werke, Berlin (Abb. 47), und lernen hier die Serienherstellung von Feld- und Ankerspulen für kleine Gleichstrommaschinen usw. kennen.

In dem hellen, luftigen Arbeitsraum herrscht eine mustergültige Ordnung und Sauberkeit. Die Spulen werden auf zweiteiligen Holz- oder Metallschablonen, die unmittelbar mit einer elektrisch betriebenen Wickelmaschine verbunden sind, hergestellt.

Zur weiteren Verarbeitung kommen dieselben in die Ankerwickelei (Abb. 48). Das Einlegen der Spulen in den Ankerkörper wird hier von den

Abb. 48. Ankerwickelei für Kleinmotoren der Fa. S. S. W.

Abb. 49. Ankerwickelei der Siemens-Schuckert-Werke.

Abb. 50. Wickelei für Turbo-Läufer der Fa. S. S. W.

Abb. 51. Wickelei für Turbo-Ständer der Fa. S. S. W.

Wicklerinnen ausgeführt. Ist diese Arbeit geschehen, so werden die Kollektoren mit einer Hebelpresse (rechts im Vordergrunde) auf den Anker gedrückt und hierauf die Schaltung fertiggestellt. Nach Verlötung der Schaltenden wird jeder Anker auf Isolation, Spulenschluß usw. geprüft und wandert von hier in die Montagehalle, in den Prüfraum und endlich zum Versand. Bemerkenswert bei den Arbeitsvorgängen ist, daß jede Arbeitskraft nur eine bestimmte Arbeit an dem Werkstücke ausführt (Teilarbeit). Bei dieser Arbeitsweise gelangen die Arbeitskräfte mit der Zeit zu einer bewunderungswürdigen Fertigkeit.

Abb. 49 zeigt die Läuferwickelei für mittelgroße Maschinen. Die Anker kommen hier mit aufgepreßtem Kollektor zur Verarbeitung. Die Wickler stehen hintereinander an der Werkbank, so daß nur ein geringer Raum für die Wickelarbeit benötigt wird. Das Wellenende an der Kollektorseite ruht auf einem eisernen, senkrecht verstellbaren Bock, während das andere Wellenende auf der Werkbank ruht. Diese Anordnung des Ankers hat den Vorteil, daß der Wickler beim Wechseln der Handwerkszeuge usw. seinen Platz nicht zu verlassen braucht. Er hat stets alles zur Hand, weil unmittelbar an der Arbeitsstelle die Werkzeuge, Spulen usw., abgelegt werden können. Der Transport der Arbeitsstücke von einer Arbeitsstelle zur anderen geschieht durch elektrisch betriebene Kräne, die durch Zugketten von unten gesteuert werden.

In Abb. 50 werden die Läufer der Turbogeneratoren gewickelt. Die Läufer ruhen hier auf senkrecht verstellbaren Böcken aus Eisen. Die Lagerstellen an diesen Böcken werden von zwei Stahlrollen gebildet, damit eine Bewegung des Arbeitsstückes ohne großen Kraftaufwand möglich ist. Je nach dem Durchmesser der Läufer sind in geeigneter Weise rund um das Arbeitsstück Laufbretter gelegt, um die Wickelarbeit in geeigneter Stellung ausführen zu können.

Links im Vordergrund ist eine Spule in gebrauchsfertiger Form erkennbar.

Die Herstellung der Wicklungen an den Turbogehäusen ist aus Abb. 51 zu ersehen. Auch hier ist der verhältnismäßig kleine Raum für die Wickelarbeit bemerkenswert. In allen Arbeitsräumen ist auf Sauberkeit, Ordnung, gute Beleuchtung und Lüftung Wert gelegt.

Elektro-Isolierlacke und ihre Anwendung im Elektromaschinenbau.

Das in der elektrotechnischen Fachbücherei solange vernachlässigte Gebiet der Isolierlacke hat der Verfasser erstmalig in seinem im Jahre 1938 erschienenen Buch*): „Isolierlacke, deren Eigenschaften und Anwendung in

*) Verlag Herbert Cram, Berlin W 35, Genthiner Str. 13.

der Elektrotechnik, insbesondere im Elektromaschinenbau" ausführlich behandelt.

Das Gebiet ist so vielgestaltig und für den Elektromaschinenbauer so wichtig, daß ein sorgfältiges Studium des vorgenannten, ersten und zur Zeit noch einzigen Fachbuches dieser Art dringend empfohlen wird.

Die aussichtsreiche Anwendung der Isolierlacke im Elektromaschinenbau setzt in erster Linie eine gewisse Kenntnis des rohstofflichen Aufbaues, sowie der physikalischen und chemischen Eigenschaften dieser Werkstoffe voraus. Wichtig ist weiter die Kenntnis des Verhaltens der Lacke bei der Trocknung. Hier treten insbesondere bei den neuzeitlichen Kunstharzlacken Vorgänge in Erscheinung, die dem Elektromaschinenbauer erst nach ernsthaftem Studium einen ausreichenden Einblick in dieses Stoffgebiet gewähren.

Von großer Bedeutung für den Erfolg ist auch die Ofenfrage sowie die Temperaturmessung und Temperaturführung.

Der rohstoffliche Aufbau der Isolierlacke.

a) Öl-Isolierlacke: Die auf der Rohstoffgrundlage pflanzlicher Öle unter Mitverwendung von Naturharzen, Asphalten und anderen geeigneten Lackrohstoffen hergestellten Isolierlacke führen die Werkstoffbezeichnung „Öl-Isolierlacke". Diese Lacke gelten als devisengebundene Werkstoffe, weil Holzöl, Leinöl, Standöl, Naturharze und Asphalte aus dem Ausland eingeführt werden müssen.

Die Trocknung der Öl-Isolierlacke vollzieht sich in einem physikalischen (Verdunsten der Lösungs- und Verdünnungsmittel) und in einem chemischen Vorgang (Bildung des Lackfilmes durch Zutritt von Luftsauerstoff). Durch Wärme können beide Vorgänge beschleunigt werden.

Bei den Öl-Isolierlacken unterscheidet man fette Lacke (mit hohem Ölgehalt) und magere Lacke (mit geringem Ölgehalt).

b) Ölhaltige Kunstharz-Isolierlacke: Die auf der Rohstoffgrundlage pflanzlicher Öle unter Mitverwendung von Kunstharzen hergestellten Isolierlacke führen die Werkstoffbezeichnung „Ölhaltige Kunstharz-Isolierlacke".

Diese Lacke ähneln hinsichtlich der Gütewerte und der Trocknung den Öl-Isolierlacken und zählen nicht zu den rein Deutschen Werkstoffen.

c) Kunstharz-Isolierlacke: Die unter Ausschluß pflanzlicher Öle auf der Rohstoffgrundlage nicht härtbarer Kunstharze hergestellten Isolierlacke führen die Werkstoffbezeichnung „Kunstharz-Isolierlacke" und gehören in der Regel zu den rein Deutschen Werkstoffen.

Lacke dieser Art können sowohl luft- als auch ofentrocknende Eigenschaften besitzen.

d) Härtbare Kunstharz-Isolierlacke: Die unter Ausschluß pflanzlicher Öle auf der Rohstoffgrundlage härtbarer Kunstharze hergestellten Isolierlacke führen die Werkstoffbezeichnung „härtbare Kunstharz-Isolierlacke" und gehören in der Regel zu den rein Deutschen Werkstoffen.

Die Trocknung dieser Lacke unterscheidet sich grundsätzlich von derjenigen der Öl- und ölhaltigen Isolierlacke. Dieselbe vollzieht sich im ersten Abschnitt in einem Verdunsten der Lösungs- und Verdünnungsmittel. Anschließend tritt durch Wärmezufuhr eine allmähliche Erhärtung der Lackmasse ein.

Der Vorgang der Überführung dieser Lacke aus dem flüssigen in den festen Zustand wird mit Kondensation bezeichnet.

Die härtbaren Kunstharz-Isolierlacke weisen für den Elektromaschinenbauer den großen Vorzug auf, daß der in den endgültigen, sogenannten C-Zustand überführte (getrocknete) Lack unlöslich ist und auch bei hoher Betriebswärme der Wicklungen nicht wieder erweicht. Der Vorgang des Erhärtens (Trocknens) vollzieht sich in wesentlich kürzerer Zeit als dies bei Öl-Isolierlacken der Fall ist.

Ein weiterer, entscheidend wichtiger Vorteil dieser Lacke ist die Eigenschaft des restlosen Durchtrocknens und zwar selbst in den tiefsten Wicklungslagen.

Die Gütewerte der Isolierlacke.

a) Eindringvermögen: Die im Elektromaschinenbau verwendeten Isolierstoffe, z. B. Preßspan, Gewebe, Gespinste und Papier sind im wesentlichen Lackträger und neigen im ungetränkten Zustand zur Feuchtigkeitsaufnahme.

Diese Stoffe müssen daher von dem Tränk-Isolierlack durchdrungen werden. Die Tränklacke müssen also ein möglichst gutes Eindringvermögen aufweisen.

Das Durchdringen der aufsaugefähigen Stoffe innerhalb der Wicklungskörper mit Isolierlack kann durch Anwendung von Wärme, Druck- und Vakuum begünstigt und beschleunigt werden. Der Verdünnungsgrad des Isolierlackes spielt hierbei eine wichtige Rolle.

b) Elastizität: Der getrocknete Lackfilm soll mit Rücksicht auf die betriebsmäßigen Dehnungsvorgänge innerhalb der Wicklungskörper eine gewisse Biegsamkeit und Dehnungsfähigkeit besitzen.

Über die Gütewerte „Elastizität" bestehen indessen selbst in Fachkreisen noch sehr unterschiedliche Auffassungen.

Die tatsächliche Werkstoffdehnung und Schrumpfung durch Wärme und Kälte, Kurzschluß- und Fliehkräfte ist bei einer fach- und sachgemäß hergestellten Wicklung sehr gering.

Fette Öl-Isolierlacke ergeben einen sehr elastischen Film, magere Öl-Isolierlacke einen weniger elastischen bis spröden Film.

Bei den Kunstharz-Isolierlacken liegen die Verhältnisse ähnlich. Es werden ölfreie Kunstharz-Isolierlacke hergestellt, die hinsichtlich Elastizität den fettesten Öl-Isolierlacken gleichzusetzen sind.

c) Ölfestigkeit: Die im Elektromaschinenbau für die Imprägnierung von Wicklungen an elektrischen Maschinen zur Anwendung kommenden

Isolierlacke sollen im getrockneten Zustand von Schmieröl (Mineralöl) und Schmierfetten nicht angelöst oder nachteilig verändert werden. Die Lacke müssen also ölbeständig sein.

Für ölgekühlte Transformatorenwicklungen müssen die Isolierlacke ölfest sein, d. h. sie dürfen sich in Mineralöl bei der zulässigen Betriebswärme in keiner Weise nachteilig verändern.

d) Durchschlagsfestigkeit: Getrocknete Isolierlacke müssen eine möglichst hohe, elektrische Durchschlagsfestigkeit aufweisen.

Der jeweils bei einem Isolierlack erzielbare Höchst-Durchschlagswert wird erst nach vollkommener Trocknung erreicht.

Die Prüfung der Durchschlagsfestigkeit kann nach den Leitsätzen für elektrische Prüfungen von Isolierstoffen VDE 0303/VII. 30, § 20 erfolgen.

e) Alterungsbeständigkeit: Die Alterung, d. h. das Nachlassen der ursprünglichen Gütewerte, insbesondere der Elastizität, erfolgt bei Öl-Isolierlacken durch Luftsauerstoff und Wärme. Dieser Vorgang ist zeitgebunden. Fette Öl-Isolierlacke sind alterungsbeständiger als magere Öl-Isolierlacke.

Bei ölfreien, insbesondere bei härtbaren Kunstharz-Isolierlacken liegen die Alterungsverhältnisse in der Regel günstiger, als bei Öllacken. Die Alterung erfolgt bei diesen Lacken hauptsächlich durch Wärme und zwar im wesentlichen durch Temperaturen, die etwa in der Höhe der sogenannten Härtetemperatur liegen.

f) Wärmebeständigkeit: Nach den Regeln für Bewertung und Prüfung elektrischer Maschinen VDE, REM 0530/XII. 37 werden Wicklungen nach Werkstoffklasse A, B und C hergestellt. Gemäß REM § 38 Tafel III und § 39 Tafel IVa betragen beispielsweise die zulässigen Grenzerwärmungen für Wicklungen nach Klasse B = 115 bzw. 125 Grad C, nach der Umstellvorschrift REM 0530/UI 40 sogar 130 Grad C. Außerdem werden Wicklungen nach Klasse C hergestellt, deren Grenzerwärmungen noch weitaus höher liegen und nur durch den Einfluß benachbarter Isolierteile beschränkt sind.

Für die Imprägnierung von Wicklungen nach Werkstoffklasse B und C sind in der Regel die Ölisolierlacke nicht verwendbar. Hierfür kommen vorzugsweise synthetische Sonderlacke in Betracht, die bis zu einer Dauer-Wärmebeständigkeit von etwa 150—200 Grad C hergestellt werden.

g) Backvermögen: Nach den Regeln für Bewertung und Prüfung elektrischer Maschinen REM, VDE 0530/XII, 37 § 38 Tafel III wird u. a. von einem brauchbaren Tränkmittel verlangt, daß es die Isolierfasern aneinander und am Leiter zur Haftung bringt.

Die Fähigkeit des mechanischen Verfestigens der einzelnen Windungen und Wicklungslagen, d. h. das „Backvermögen" ist im neuzeitlichen Elektromaschinenbau ein sehr wichtiger Gütewert. Von dieser Eigenschaft hängt die erforderliche Kurzschlußfestigkeit der Wicklungen ab, die bei Käfigläufermotoren (Ständerwicklungen), insbesondere auch bei Transformatoren einen entscheidenden Einfluß auf die Lebensdauer der Wicklungen hat.

Fette Öl-Isolierlacke und andere, besonders elastische Isolierlacke eignen sich nicht für die Erzielung einer hohen Kurzschlußfestigkeit der Wicklungen. Dagegen besitzen härtbare Kunstharz-Isolierlacke ein überlegenes Backvermögen.

h) Wasseraufnahme: Alle Öl-Isolierlacke (Tränklacke) neigen mehr oder weniger zur Wasseraufnahme. Auch bei Kunstharz-Tränk-Isolierlacken ist mit einer Wasseraufnahme zu rechnen.

Dagegen gibt es Kunstharz-Isolierlacke, die gegenüber Öl-Isolierlacken eine sehr geringe Wasseraufnahme aufweisen.

Ein wirksamer Schutz der Wicklungen gegen die Aufnahme von Feuchtigkeit kann in der Regel nur durch Anwendung von Feuchtigkeits-Schutzlacken (Überzugslacken) erzielt werden. Aber auch diese Lacke bieten keinen vollständigen Feuchtigkeitsschutz.

i) Trockeneigenschaften: Hinsichtlich der bei Wicklungen angestrebten Tiefentrocknung ist der gewollte Zustand nur bei Anwendung von Wärme zu erreichen, wenn zulässige Trockenzeiten eingehalten werden sollen. Auch sogenannte lufttrocknende Isolierlacke bedürfen einer Wärmezufuhr, wenn dieselben für die Imprägnierung, d. h. für die Durchtränkung von Wicklungen angewandt werden und in angemessenen Zeiten durchtrocknen sollen.

Fette Öl-Isolierlacke trocknen in den tieferen Wicklungslagen schlecht, in der Regel nur unvollkommen und verlangen sehr lange Trockenzeiten, sowie eine reichliche Zufuhr von Luftsauerstoff.

Hinsichtlich der Trockeneigenschaften sind die härtbaren Kunstharz-Isolierlacke sowohl bezüglich Trockenzeit als auch Durchtrocknung in den tieferen Wicklungslagen den Öl-Isolierungslacken erheblich überlegen.

k) Schleuderfestigkeit.

Für umlaufende Wicklungen spielt die Schleuderfestigkeit der Isolierlacke eine wichtige Rolle. Die Schleuderfestigkeit hängt in erster Linie mit der restlosen Durchtrocknung des Isolierlackes in den tieferen Wicklungslagen zusammen. Aber auch das Wiedererweichen der getrockneten Lacke bei Betriebswärme ist hier von großer Bedeutung.

Hinsichtlich der Schleuderfestigkeit sind aus den bereits dargelegten Gründen die härtbaren Kunstharz-Isolierlacke den Öl- und ölhaltigen Lacken weit überlegen. Bei Kollektor-Ankern für Kleinmotoren, die mit Drehzahlen bis etwa 50000 n i. d. Min. hergestellt werden, ist die Anwendung härtbarer Kunstharzlacke in der Regel das einzige Mittel, um die angestrebte Betriebstüchtigkeit der Wicklungen zu erreichen. Hier tritt auch der Vorteil solcher Lacke inbezug auf die Unveränderlichkeit der dynamischen Auswuchtung in Erscheinung.

Prüfung der Isolierlacke.

Für die Prüfung der Isolierlacke hat der VDE Leitsätze VDE 0360 herausgegeben.

l) Tränkverfahren.

Unter Tränkverfahren versteht man die Art und den Einsatz der Mittel und Methoden, die für eine möglichst vollkommene Durchtränkung von Werkstoffen und Werkstücken angewandt werden. Man unterscheidet:

a) Die Anwendung der Isolierlacke im Streich-, Walz- und Spritzverfahren. Nur für Oberflächenbehandlung.
b) Das Durchdringen von Werkstoffen und Werkstücken mit Isolierlack im Tauchverfahren bei Raumlufttemperatur. Kalt-Imprägnierverfahren.
c) Gemäß b) im warmen Zustand der Werkstoffe und Werkstücke und des Tränklackes. Warm-Imprägnierverfahren.
d) Gemäß b) und c) unter Anwendung von Vakuum: Vakuum-Imprägnierverfahren.
e) Gemäß b—d unter Anwendung von Druck: Druck-Imprägnierverfahren.

m) Trockenverfahren.

Unter Trockenverfahren versteht man die Art sowie den Einsatz der Mittel und Methoden, die zur Erreichung einer möglichst kurzfristigen und vollkommenen Trocknung angewandt werden. Im wesentlichen handelt es sich hierbei:

a) Um die Zufuhr von Frischluft und Abfuhr verbrauchter Luft aus dem Nutzraum des Trockenofens.
b) Um die Steuerung der Temperatur im Nutzraum des Trockenofens vom Beginn bis zur Beendigung des Trockenvorganges (Temperaturführung).
c) Um die Art der Einwirkung der Trockenwärme auf das Werkstück z. B. um die Trocknung von Außen nach Innen (der Regelfall).

Oder:

d) Um die Trocknung der Wicklungen infolge Stromdurchganges oder Umsetzung magnetischer Kraftlinien in Wärme (Mittelfrequenz-Trockenverfahren).

Zur Erzielung einer möglichst vollkommenen Tiefentrocknung bei Wicklungen elektrischer Maschinen, ist die für den jeweiligen Isolierlack günstige Trockentemperatur und die Temperaturführung von Wichtigkeit.

Grundsätzlich soll die Trocknung bei mäßiger Temperatur, etwa 30 bis 40 Grad C beginnen und nur ganz allmählich auf die vom Lackhersteller angegebene Nenn-Trockentemperatur gesteigert werden.

Dieser Grundsatz ist vor allen Dingen bei Öl-Isolierlacken, ganz besonders bei fetten Öl-Isolierlacken zu beachten.

Die Trockentemperatur muß mit geeigneten, zuverlässigen Wärmeanzeigern festgestellt und am oder wenigstens in unmittelbarer Nähe der im Nutzraum des Trockenofens eingelagerten Werkstücke gemessen werden. Diese Forderung ist ganz besonders bei härtbaren Kunstharz-Isolierlacken zu beachten.

n) Die Imprägnierung von Lackdrahtwicklungen.

Siehe Abschnitt „Instandsetzung und Neuwicklung von Kleinmotoren", Seite 253, und Raskop, „Isolierlacke", Verlag Herbert Cram, Berlin W 35.

o) Isolierlack-Lösungs- und Verdünnungsmittel.

Als Isolierlack-Lösungs- und Verdünnungsmittel kommen Leichtbenzin, Spezial-Benzine, Testbenzin, Benzol-Kohlenwasserstoffe, Ester, Alkohole und Ketone in Betracht.

Öl-Isolierlacke und ölhaltige Kunstharz-Isolierlacke werden in der Regel mit Benzinen und Gemischen aus Benzin und Benzol-Kohlenwasserstof[illegible] verdünnt.

Für Kunstharz-Isolierlacke werden in der Regel Spezial-Verdünnungen Gemische), darunter auch solche mit Alkoholgehalt verwendet.

Lösungs- und Verdünnungsmittel sind lediglich ein Mittel zum Zweck und haben nur eine passive Aufgabe zu erfüllen. Sie müssen unter Aufwand von Wärme und Zeit im Trockenvorgang restlos verdunstet werden.

Flüssige oder nicht vollständig getrocknete Isolierlacke stellen kein vollwertiges Dielektrikum dar, — gleichgültig, ob Benzin, Benzol oder Alkohole und dergl. als Lösungs- und Verdünnungsmittel zur Anwendung gelangen. Indessen gehören weder Benzin/Benzol-Kohlenwasserstoffe, noch Alkohole oder Ester zu den ausgesprochen elektrischen Leitern.

Feuchtigkeits- und Säureschutz-Isolierlacke.

Feuchtigkeit, Laugen- und Säuredämpfe, gashaltige Luft- und Kondensat-Bildungen, sowie tropische Einflüsse gefährden im hohen Maße die Betriebstüchtigkeit und Lebensdauer elektrischer Maschinen!

a) Warum besondere Überzugslacke?

Über die Zweckmäßigkeit der Anwendung eines speziellen Schutzlackes bestehen in den Fachkreisen auch zur Zeit noch keine einheitlichen Auffassungen. Vielfach herrscht die Ansicht vor, daß man beispielsweise durch eine zwei- oder mehrmalige Imprägnierung der Wicklungen mit einem normalen Isolierlack den diesbezüglichen Anforderungen restlos entsprechen könne. Andererseits kommt es auch vor, daß man dem sogenannten Feuchtigkeitsschutz so gut wie keine besondere Bedeutung beimißt.

Aus Gründen der Sachlichkeit sei daher erwähnt, daß sich die Imprägnierlacke von den Überzugslacken sowohl hinsichtlich des rohstofflichen Aufbaues, als auch in der rezeptlichen Zusammensetzung grundsätzlich unterscheiden. Während z. B. von einem Imprägnierlack ein gutes Eindringvermögen in das Innere der Wicklung gefordert wird, erweist sich diese Eigenschaft bei den Überzugslacken als weniger wichtig.

Von Überzugslacken verlangt man in erster Linie eine hohe, spezifische Oberflächen-Widerstandsfähigkeit gegen die Einflüsse von Feuchtigkeit, Säuren, Laugen, Gase usw., während man z. B. von Imprägnierlacken in erster Linie eine hohe elektrische Durchschlagsfestigkeit erwartet.

Darüber hinaus soll der Überzugslack einen flächebildenden, porenfreien und elastischen Film ergeben, der ein Ablagern und Anhaften von Kühlluft-Bestandteilen (z. B. Staubablagerungen) auf der Oberfläche der Wicklungen verhindert. Der Film des Überzugslackes soll letzten Endes vermöge seiner besonderen, spezifischen Eigenschaften das Eindringen zerstörender Elemente in das Innere der Wicklung bestmöglichst unterbinden.

So haben also die speziellen Überzugslacke ganz andere Aufgaben zu erfüllen, als die Imprägnierlacke.

Aus diesen und vielen anderen, vielfach auch aus herstellungstechnischen Gründen ist es notwendig, zwischen

Imprägnier- und Überzugslacken

zu unterscheiden.

Ebensowenig, wie ein normaler, allen sonstigen Anforderungen entsprechender Imprägnierlack die spezifischen Eigenschaften des Überzugslackes besitzen kann, ebensowenig läßt sich umgekehrt ein spezieller Überzugslack an Stelle eines Imprägnierlackes vorbehaltlos anwenden.

Damit ist die oft umstrittene, aber grundsätzlich wichtige Frage beantwortet, ob für die Herstellung eines hochwertigen

Feuchtigkeits- und Säureschutzes an elektrischen Maschinen

ein normaler Imprägnierlack ausreicht bzw. welche betrieblichen und wirtschaftlichen Vorteile demgegenüber die speziellen Schutzlacke zu bieten vermögen.

Aus den vorstehenden Darlegungen läßt sich nun leicht die Erkenntnis ableiten, daß ein möglichst vielseitig anwendbarer

Isolier-Schutzlack

gegen einen bestimmten Einfluß z. B. gegen starke Natronlaugen, nicht in dem Maße widerstandsfähig sein kann, als ein besonders für diese Beanspruchung hergestellter Spezial-Schutzlack. Es bestehen also auch zwischen den

Universal-Schutzlacken

und den

speziellen Schutzlacken

sowohl rohstoffliche, als auch rezeptliche Unterschiede.

b) Der Farbton.

Der Farbton solcher Überzugslacke hat in der Regel nur eine untergeordnete Bedeutung. Im allgemeinen wird ein grauer oder graublauer Farbton gewählt, und zwar lediglich aus dem Grunde, um die mit einem Schutzlack überzogenen Wicklungen äußerlich zu kennzeichnen.

Außer den allgemeinen grauen oder graublau gefärbten Feuchtigkeitsschutzlacken können aber auch pigmentfreie, d. h., also farblose oder angefärbte, transparente Lacke in Betracht kommen.

Soll der Farbton des verwendeten Isolierlackes (z. B. schwarz) beibehalten werden, so kann auch ein farbloser Überzugslack zur Anwendung kommen.

c) Die praktische Anwendung der Überzugslacke.

Wenn über die Zweckmäßigkeit der Anwendung spezieller Schutzlacke überhaupt noch Zweifel bestehen, so liegt die Ursache hierfür hauptsächlich in den Anwendungsmethoden begründet.

Die angestrebte Schutzwirkung kann nämlich nur dann 100%ig erreicht werden, wenn es gelingt, sowohl über die gesamte Wicklung und Schaltenden, als auch über die aktiven Blechpakete und Innenwände der Maschinen einen lückenlosen und porenfreien Film herzustellen.

Werden z. B. winzig kleine Stellen der Wicklungs-Oberfläche nicht von dem Schutzüberzug erfaßt, so entstehen Einbruchstellen, die den Schutzeffekt stark herabsetzen. Hieraus erhellt zunächst, daß die Tauchmethode die besten Erfolgs-Aussichten und damit den höchsten Schutzeffekt bietet.

Im Streich- oder Spritzverfahren kann es dagegen vorkommen, daß kleine Teile der Wicklungs-Oberfläche, insbesondere auch die Stellen an den Nuteneingängen nicht erfaßt werden.

Damit soll nicht gesagt sein, daß Überzugslacke nicht auch im Streich- oder Spritzverfahren angewandt werden können oder sollen.

Bei Beachtung sorgfältigster Arbeit und bei relativ geringen betrieblichen Beanspruchungen der Wicklungen wird man auch im Streich- oder Spritzverfahren eine ausreichende Schutzwirkung erzielen. Indessen sollte man bei hohen betrieblichen Beanspruchungen der elektrischen Maschine grundsätzlich

das Tauchverfahren

vorziehen.

Die Frage, ob ofen- oder lufttrocknende Überzugslacke vorzuziehen sind, läßt sich nicht generell beantworten. In den Verbraucherkreisen besteht der an sich verständliche Wunsch nach

lufttrocknenden Isolierlacken

und soweit dies praktisch möglich ist, wird seitens des Lackherstellers hierauf Bedacht genommen. In gewissen Fällen wird man aber auch bei der Herstellung von Schutzüberzügen auf bereits imprägnierte Wicklungen ohne Ofentrocknung nicht auskommen.

d) Die Auswahl der Überzugslacke.

1. Universal-Feuchtigkeits- und Säureschutzlacke. Zur Herstellung eines allgemeinen Feuchtigkeitsschutzes kommt die Anwendung eines Schutzlackes mit möglichst vielseitigen Eigenschaften in Betracht. Die gegebenen Voraussetzungen für die Anwendung eines solchen Universallackes liegen z. B. in folgenden Fällen vor:

bei oberflächengekühlten Maschinen,
bei vollständig gekapselten Maschinen,
bei spritzwasserdicht gekapselten Maschinen.

Bei oberflächengekühlten und vollständig gekapselten elektrischen Maschinen sind die Wicklungen bekanntlich in einem gegen die äußere Luft abgeschlossenen Raum angeordnet. Bei niedriger Außen-Temperatur ist der Temperatur-Unterschied zwischen der Außenluft und dem Inneren des Gehäuses (Betriebswärme) so erheblich, daß im Inneren eines solchen Motors

Kondenswasserbildungen

auftreten können. Dieses Kondenswasser ist für die Wicklungen gefährlicher als die Feuchtigkeit, welche bei offenen Motoren von außen her direkt in das Innere der Maschinen gelangen kann.

Da sowohl die Kondensatbildungen als auch die Feuchtigkeit der Außenluft geringe Beimischungen von Säuren, Alkalien, Laugen, Gase usw. enthalten können, so muß der rohstoffliche und rezeptliche Aufbau des Schutzlackes entsprechend sein.

2. Spezielle Schutzlacke. In Sonderfällen kommen Schutzlacke zur Anwendung, welche gegen einen bestimmten Einfluß besonders widerstandsfähig sind.

So sind beispielsweise Kühlschrankmotoren im Regelfalle dem Einfluß des Kühlmediums z. B. Schwefeldioxyd, in besonders hohem Maße ausgesetzt. Hier wird man daher einen Schutzlack wählen, welcher spezifisch gegen schweflige Säuren widerstandsfähig ist. Waschmaschinenmotoren werden durch heiße Dämpfe und alkalische Waschmittel, Molkerei-Motoren durch Milchsäure gefährdet, usw. Dementsprechend ist die Auswahl spezieller Schutzlacke zu treffen.

3. Tropenschutz-Isolierlacke. Unter „Tropenschutz-Isolierlack" versteht man im allgemeinen einen Schutzlack, welcher etwa den unter Ziffer 1 dargelegten Anforderungen entspricht.

Es kann aber durchaus möglich sein, daß ein normaler Feuchtigkeits- und Säureschutzlack für tropische und subtropische Gebiete nicht ausreicht.

In Gegenden mit tropischen und subtropischen Klima besteht die Gefahr, daß die auf Ölbasis aufgebauten Isolierlacke einen bevorzugten Nährboden für verschiedene Arten von Bakterien abgeben. Infolgedessen wird der Lackrohstoff-Aufbau vegetabiler Art von beschränkter Lebensdauer sein, deren Zerfall durch die klimatischen Verhältnisse begünstigt wird.

Es hat überdies auch den Anschein, als ob das in normalen Isolierlacken enthaltene Öl — vielleicht auch andere Bestandteile — ein willkommenes Nahrungsmittel für andere Lebewesen, z. B. Ameisen, darstellen. Auch diese dringen erfahrungsgemäß in das Innere der Wicklungen ein. Vermöge ihrer scharfen Greif- und Kauwerkzeuge ist es ihnen möglich, die Lackschicht der Wicklungen anzugreifen und Teile hiervon als Nahrung in sich aufzunehmen. Es erfolgen Ei-Ablagen und die später ausschlüpfenden Larven stillen ihre Freßlust an dem Imprägnier- und Überzugslack. Hier sind es besonders die Ausscheidungen der Lebewesen, welche die Wicklungen gefährden.

Um die Wicklungen an elektrischen Maschinen gegen derartige Gefahren wirksam zu schützen, sind Imprägnier- und Schutzlacke aus künstlich hergestellten Rohstoffen den bisher allgemein üblichen, auf Ölbasis aufgebauten Überzugslacken vorzuziehen. In erster Linie kommen hier auf Kunstharz-Basis aufgebaute Isolier- und Imprägnierlacke in Betracht.

Der chemische Aufbau des Kunstharzes, seine mechanische Härte und außergewöhnliche Stabilität bietet einen vorzüglichen Widerstand gegen die Einwirkung von Spaltpilzen, Feuchtigkeit, Säuren, Alkalien, aggressiven Gasen usw.

Wahrscheinlich ist es die mechanische Härte des Kunstharz-Lackfilmes, möglicherweise aber auch der chemische Aufbau der Kunstharzkörper, welche den oben erwähnten Lebewesen die Angriffslust auf die Lackschicht nehmen.

Gütemäßige Leistungssteigerung durch Vakuum-Imprägnierung *).

Die Bedeutung der Vakuum-Imprägnierung im Elektromaschinen-, Transformatoren- und Apparatebau ergibt sich einerseits aus der Erkenntnis, daß die bei der Herstellung von Wicklungen verwendeten organischen Isolierstoffe: Baumwolle, Zellwolle, Seide, Kunstseide, Papier, Preßspan, Ölleinen, Ölseide usw. ausnahmslos Feuchtigkeit aufsaugen und hierdurch die elektrische Durchschlagsfestigkeit dieser Stoffe erheblich herabgesetzt wird.

Die möglichst restlose Entziehung der Feuchtigkeit aus den aufsaugefähigen Isolierstoffen der Wicklungen ist daher die wichtigste Voraussetzung für die Erzielung einer hochwertigen Imprägnierung.

Andererseits gelten alle festen organischen Isolierstoffe lediglich als Lackträger. Sie erhalten ihre elektrischen Gütewerte erst durch eine möglichst vollkommene Imprägnierung mit einem hochwertigen Dielektrikum.

Sowohl die restlose Entziehung der Feuchtigkeit, als auch die möglichst vollkommene Durchimprägnierung der Lackträger wird im Vakuum-Imprägnierverfahren erreicht.

---

*) Siehe auch Raskop, Isolierlacke; Das Elektromaschinenbauer-Handwerk. Verlag H. Cram, Berlin W 35.

Die Vakuum-Imprägnieranlagen sind vielfach mit der Trockeneinrichtung kombiniert, d. h. das eigentliche Imprägniergefäß ist mit einer Heizvorrichtung ausgerüstet.

Der Imprägnier- und Trockenvorgang spielt sich in einer solchen Anlage etwa wie folgt ab:

1. Werkstücke in den Imprägnierbehälter einordnen, Behälter luftdicht verschließen.
2. Heizung einschalten.
3. Vakuum-Pumpe in Betrieb setzen, Feuchtigkeit entziehen.
4. Heizung abstellen, Werkstücke abkühlen lassen, Isolierlack durch Vakuum aus dem Lackbehälter in das Imprägniergefäß saugen. Eine Zeitlang unter Vakuum stehen lassen.
5. Vakuum-Pumpe abstellen. Isolierlack aus dem Imprägniergefäß in den Lackbehälter zurückbefördern.
6. Vakuum-Pumpe anstellen, die flüssigen Bestandteile des Isolierlackes durch Vakuum aus den imprägnierten Werkstücken saugen.
7. Heizung anstellen, bei Öl-Isolierlacken trockene, möglichst vorgewärmte Frischluft zuführen, weil solche Lacke ohne Frischluftzuführung nicht trocknen.

Zwischen dem Vorgang Ziff. 4 und 5 wird vielfach noch an Stelle des Vakuums durch Anwendung von Druck das Eindringen des Imprägniermittels in das Innere der Wicklung begünstigt. Dieses sogenannte Abdrücken darf nur mit Stickstoffgas (nicht mit Preßluft) durchgeführt werden, um eine Entzündung der an sich leicht brennbaren Lacklösungsmittel und damit Explosionen zu verhindern. Das Abdrücken muß vorsichtig geschehen. Der Druck ist ganz allmählich auf den Nennwert zu steigern, weil sonst Druckschäden (Schlußbildungen) innerhalb der Wicklungen auftreten können. Notwendig ist das Abdrücken nicht.

Anmerkung:

I. Bei Verwendung von härtbaren Kunstharzlacken besteht die Möglichkeit, daß Lackreste in den Ventilen des mit Heizung versehenen Imprägniergefäßes infolge der Trockenhitze in den unlöslichen Zustand (C-Zustand) übergehen und hierdurch die Ventile unbrauchbar werden. Bei Anwendung härtbarer Kunstharzlacke ist daher die Vortrocknung und die eigentliche Trocknung der imprägnierten Werkstücke zweckmäßig in einem besonderen Trockenofen vorzunehmen.

II. Bei Anwendung von Öl-Isolierlacken ist darauf zu achten, daß während des Trockenvorganges reichlich Frischluft in den Trockenraum gefördert und die verbrauchte Luft aus dem Raum entfernt wird. Öl-Isolierlacke benötigen zur Trocknung nicht nur Hitze, sondern auch viel Sauerstoff.

III. Bei Vorgang Ziff. 4 ist das Abkühlen der Werkstücke auf etwa 30—40 Grad deswegen wichtig, weil die Gütewerte der Isolierlacke durch wiederholtes Erhitzen eine Einbuße erleiden können. Außerdem wird der Verlust an Verdünnungsmitteln durch Hitze vergrößert.

IV. Der Vorgang Ziff. 6, nämlich das beschleunigte Absaugen der Lösungs- und Verdünnungsmittel aus den imprägnierten Werkstücken ist bei Emailledraht-Wicklungen besonders wichtig. Bei diesen Wicklungen besteht bekanntlich die Gefahr, daß die Lackschicht der Drähte durch die Lösungs- und Verdünnungsmittel des Imprägnierlackes angelöst wird und hierdurch Schlußbildungen hervorgerufen werden. Je schneller also die anlösenden Bestandteile aus der Wicklung entfernt werden, je geringer ist die Gefahr der Schlußbildungen.

Auch die Durchtrocknung in den tieferen Wicklungslagen wird durch das restlose Absaugen der Lösungs- und Verdünnungsmittel durch Vakuum begünstigt, wenn bei Öllack-Imprägnierungen ausreichend Luftsauerstoff zugeführt wird.

V. Das Abdrücken ist bei Lackdraht-Wicklungen nicht empfehlenswert, weil bei diesen Wicklungen infolge des Anlöseeffektes sehr leicht Druckschäden innerhalb der Wicklung eintreten können. (Über die Imprägnierung von Lackdrahtwicklungen siehe auch Seite 255.)

Jede Maschine wird nach Fertigstellung auf Leistungsfähigkeit und Betriebstüchtigkeit geprüft. Abb. 52 zeigt ein Prüffeld der Firma Poege, Chemnitz, während in Abb. 53 ein Prüffeld für Großmaschinen der S.-S.-W. abgebildet ist.

Die Prüfung instandgesetzter Maschinen.

Diese Prüfungen erfolgen gewöhnlich in der Weise, daß der Motor unter Zuführung der normalen Spannung mittels eines Pronyzaumes, einer Wirbelstrombremse oder Federwage auf die entsprechende Leistung gebracht wird.

Hierbei wird der Stromverbrauch bei normaler Belastung geprüft und anschließend eine Dauerprobe von mindestens 4—10 Stunden mit einer der vollen Belastung entsprechenden Stromstärke bei der richtigen Spannung durchgeführt. Der zugeführte Strom wird mittels Amperemeter beobachtet. Die Ergebnisse werden in die Prüfungsaufzeichnung eingetragen.

Nach der Dauerprobe wird der Motor in verschiedenen Grenzen belastet, wobei die zugehörigen Umlaufzahlen festgestellt werden. Bei Gleichstrommaschinen wird besonders darauf geachtet, ob bei verschiedener Belastung eine Bürstenverstellung erforderlich ist. Sämtliche Ergebnisse werden in der Prüfungsaufzeichnung vermerkt.

Hierauf wird der Motor stillgesetzt und die Erwärmung am Ankereisen sowie an der Anker- und Feldwicklung mittels geeigneter Thermometer gemessen.*)

*) Temperaturmessung nach der Widerstands-Zunahme siehe Raskop: Das Berechnungsbuch. 5. Aufl. Seite 80.

Abb. 52. Prüffeld der Fa. Poege.

Gleichzeitig wird die Lufterwärmung in Höhe der Maschine festgestellt, um die Übertemperatur an Hand der zuerst erwähnten Meßergebnisse festzustellen.

Weiter werden die Ohmschen Widerstände an der warmen Wicklung mit einer Meßbrücke gemessen, um nach den gesamten Ergebnissen den praktischen Wirkungsgrad der Maschine berechnen zu können.

Abb. 53. Prüffeld für Großmaschinen der Fa. S. S. W.

Die höchstzulässige Temperaturzunahme an den Wicklungen usw. soll, wenn die Lufttemperatur (in 1 m Entfernung von der Maschine, und zwar in der Maschinenmitte gemessen) + 35° C nicht übersteigt, folgende Werte im allgemeinen nicht überschreiten: *)

Umlaufende Wicklungen		Ruhende Wicklungen
Baumwollisolierung	50° C	50° C
Papierisolierung	60° C	60° C
Glimmerisolierung	80° C	80° C

Es sei noch bemerkt, daß gute elektrische Maschinen während einer

*) Für Maschinen aus dem Baujahr 1937 gelten die in den REM 0530 XII 37 § 38 u. 39 festgesetzten Werte (siehe Seite 301).

halben Stunde 25% Überlastung aushalten müssen, ohne daß die Temperaturzunahme die zulässige Grenze überschreitet.

Nach den vorstehenden Ausführungen dürfen z. B. bei einer Lufttemperatur von + 20° C folgende Erwärmungen an den Wicklungen auftreten:

Umlaufende Wicklungen		Ruhende Wicklungen
Isolation: Baumwolle	70° C	70° C
„ Papier	80° C	80° C
„ Glimmer	100° C	100° C

Die bei diesen Messungen verwendeten Thermometer haben einen Meßbereich von ca. 0—160° C und sind so geformt, daß man den mit Quecksilber gefüllten Teil bequem in die Wicklungen einführen kann.

Zur Prüfung des Isolationswiderstandes zwischen Wicklung und Eisenkörper werden Durchschlagsproben durchgeführt. Nach den Vorschriften des Verbandes der Deutschen Elektrotechniker sollen diese Prüfspannungen betragen:

Bei Maschinen und Transformatoren

Betriebsspannung	Prüfspannung
unter 40 Volt	500 Volt
über 4 bis 5000 Volt	mit der 2½ fachen Betriebsspannung, jedoch nicht unter 1000 Volt
von 5000 bis 7500 Volt	mit der 2 fachen Betriebsspannung

Die bei der vorgeschriebenen Prüfung etwa auftretenden Fehler und deren Beseitigung in den elektrisch beanspruchten Teilen der Maschinen sind in Band I, die Instandsetzungen *) usw. ausführlich behandelt.

Die Durchschlagsproben sind möglichst im warmen Zustand der Maschine vorzunehmen, wobei die **Spannung allmählich gesteigert wird.**

Isolationsprüfung.

Um die vorerwahnten Durchschlagsproben in geeigneter Weise durchführen zu können, verwendet man einen Transformator für höhere Spannungen, an dessen Sekundärklemmen unter Zwischenschaltung eines Spannungstransformators ein Voltmeter angeschlossen ist.

Um die benötigten Prüfspannungen nach Bedarf einstellen zu können, wird dieser Transformator von einem Reguliertransformator gespeist.

Abb. 55 zeigt einen derartigen Transformator der Firma Siemens & Halske. Die Prüfspannung kann also von 0 bis zu dem gewünschten Betrage gesteigert werden. Dieses hat den großen Vorteil, daß nicht etwa durch

*) „Die Instandsetzungen an elektrischen Maschinen" sind in der 6. vermehrten und verbesserten Auflage erschienen.

Abb. 54. Drehzahlmesser

plötzliches Ein- und Ausschalten der vollen Prüfspannung gesunde Wicklungen unter Umständen durchschlagen werden.

Die von dem Hochspannungstransformator erzeugte Spannung wird mit einem Pol an die zu prüfende Wicklung und mit dem anderen Pol an das Ankereisen bzw. Maschinengestell gelegt, wofür besonders gut isolierte Leitungen benutzt werden müssen. Die Maschine ist von der Erde isoliert aufgestellt. Solange der Transformator unter Spannung steht, ist unter allen Umständen eine Berührung der Leitungen zu unterlassen. Empfehlenswert ist, die Leitungen mittels Riemen an der Ankerwelle und Kollektor usw. festzuschnallen.

Es sei an dieser Stelle noch erwähnt, daß bei einem Durchschlag der Prüftransformator überlastet werden kann. Aus diesem Grunde ist auf der Schalttafel der Prüfeinrichtung von Siemens & Halske ein automatischer Schalter vorgesehen, der den Transformator in solchen Fällen selbsttätig abschaltet.

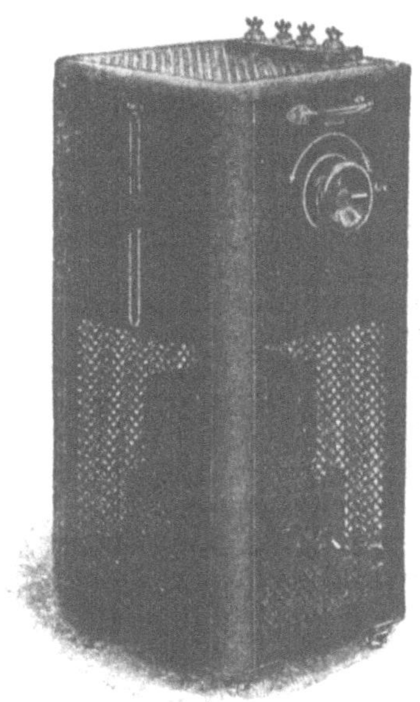

Abb. 55. Regulier-Transformator der Fa. Siemens & Halske.

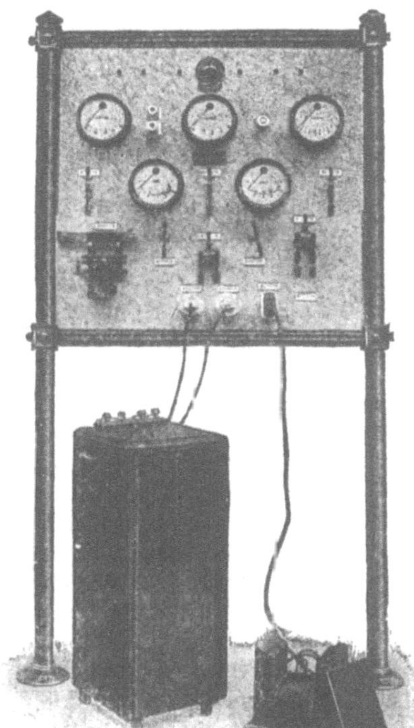

Abb. 55a. Schalttafel der Prüfeinrichtung der Fa. Siemens & Halske

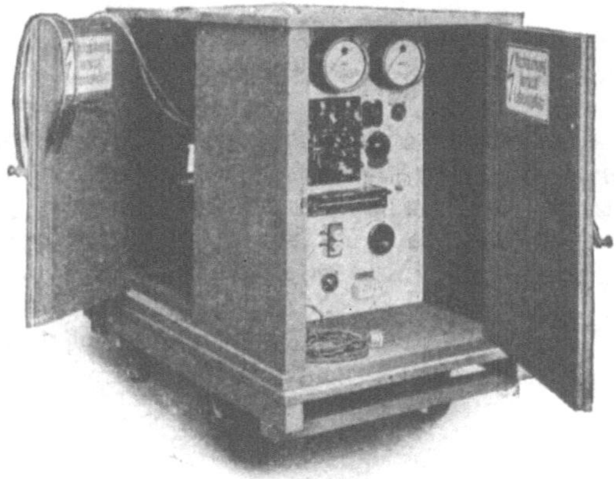

Abb. 55b. Fahrbare Prüfeinrichtung der Fa. Siemens & Halske.

Die Bedeutung des Leistungsfaktors und Wirkungsgrades für den Instandsetzungsfachmann.

Die Gütewerte Leistungsfaktor und Wirkungsgrad haben für den Elektromaschinenbauer-Instandsetzungsfachmann eine große Bedeutung. Die Erhaltung der genormten Mindestwerte gelegentlich der Instandsetzung und Neuwicklung von Drehstrommotoren ist eine der wichtigsten Aufgaben, die dem Instandsetzungsfachmann im Rahmen seiner beruflichen Tätigkeit zufallen.

Aus diesem Grunde ist die Kenntnis dieser genormten Mindestwerte eine unerläßliche Voraussetzung für die Erfüllung der gestellten Aufgaben. In den nachstehenden Tabellen sind die in Betracht kommenden Werte für Leistungsfaktor und Wirkungsgrad angeschrieben.

Bei näherer Durchsicht dieser Tabellen ist zunächst ersichtlich, daß der Leistungsfaktor bei den Käfigläufermotoren geringer und mittlerer Nennleistung höher ist, als bei Schleifringläufermotoren. Desgleichen liegen die Werte für den Leistungsfaktor bei zweipoligen Motoren (3000 n) generell höher, als bei den übrigen Polzahlen (Drehzahlen).

Die günstigsten Relativwerte für den Wirkungsgrad weisen die vierpoligen Motoren auf. Die Elektrizitätswerke halten ihre Stromabnehmer durch die Einführung des Blindstromtarifes an, auf einen guten Leistungsfaktor zu achten. Unterschreitet der Konsument den vorgeschriebenen Mindestwert des Leistungsfaktors, dann muß er bekanntlich außer dem Wirkstromverbrauch auch den Blindstromverbrauch bezahlen. Bei besonders ungünstigem Netzleistungsfaktor kann das EW die weitere Stromlieferung von einer fristgemäßen Beseitigung des bemängelten Zustandes abhängig machen.

Hinsichtlich des Wirkungsgrades setzen die Elektrizitätswerke in der Regel stillschweigend voraus, daß die angeschlossenen Motoren den genormten Mindestwert aufweisen. Einige EW lassen nur solche Motoren zum Anschluß zu, die auf ihrem eigenem Prüfstand untersucht und in allen Teilen „anschlußreif" befunden worden sind.

Volks- und betriebswirtschaftlich gesehen, spielen Wirkungsgrad und Leistungsfaktor eine beachtenswerte Rolle. Beide stehen im unmittelbaren Zusammenhang mit dem Kohlenverbrauch, mit der bestmöglichen Ausnutzung der vorhandenen Stromübertragungsanlagen. mit der Betriebssicherheit der gesamten Stromversorgung und mit der Inganghaltung der Wirtschaft.

Bei der Instandsetzung und Neuwicklung von elektrischen Maschinen ist daher mit größter Sorgfalt darauf zu achten, daß die vom Hersteller garantierten, genormten Mindestwerte (siehe Tabellen) nicht nachteilig geändert werden.

Durch eine Vergrößerung des Luftspaltes zwischen Ständer und Läufer, durch Auffeilen der Nutenschlitze im Ständer oder Läuferblechpaket dgl. auch durch eine Änderung der Ursprungswickeldaten, der Wicklungsart und vielfach auch der Schaltung wird bekanntlich der Leistungsfaktor verschlechtert. Die Erhaltung des Mindestwirkungsgrades setzt in erster Linie voraus, daß die Ursprungswickeldaten und die vom Hersteller gewählte Wicklungsart in keiner Weise geändert werden. Schon eine geringe Herabsetzung des ursprünglichen Leiterquerschnittes der Ständerwicklung hat eine Herabsetzung des Wirkungsgrades und des Leistungswertes zur Folge.

Andererseits kann aber auch der Instandsetzungsfachmann zur Verbesserung des Leistungsfaktors und Wirkungsgrades und damit zur Kohlenersparnis sowie zur Erhöhung der Wirtschaftlichkeit elektromotorischer Antriebe beitragen.

Die Mindest-Normwerte für Leistungsfaktor und Wirkungsgrad werden in der Regel nur bei Nennbelastung des betreffenden Motors erreicht. Die Werte fallen, sofern die Leistungsabgabe unter den Nennwert sinkt. Wird ein Drehstrommotor an seinem Betriebsort nur ½—¾ seines Nennleistungswertes belastet, dann kann man bei gegebenen Voraussetzungen einen in Dreieck geschalteten Motor in Stern schalten und hierdurch den Leistungsfaktor und Wirkungsgrad verbessern. In vielen Fällen ist es zweckmäßig und möglich, den vorhandenen Motor gegen einen mit geringerer Schildleistung auszutauschen. Der Leistungsfaktor eines Drehstrommotors läßt sich bekanntlich auch durch Anbau eines Kondensators verbessern. Von dieser Möglichkeit wird vielfach Gebrauch gemacht, wenn der Leistungsfaktor des Motors an sich schon unter 0,8 liegt oder der Motor über eine größere Zeitspanne je Schicht nennenswert unterbelastet arbeitet.

Schließlich bietet sich in manchen Fällen die Möglichkeit, bei gegebenen Voraussetzungen die Wickeldaten zu ändern und den Motor, bezogen auf seinen Verwendungszweck, so umzuwickeln, daß die höchst erzielbaren Werte des Leistungsfaktors und Wirkungsgrades erreicht werden.

Dem verantwortlichen Betriebsführer einer Instandsetzungswerkstatt fällt die dankbare und wichtige Aufgabe zu, die Lehrlinge und Gesellen über die große Bedeutung des Leistungsfaktors und Wirkungsgrades aufzuklären und streng darauf zu achten, daß gelegentlich einer Instandsetzung oder Neuwicklung die ursprünglichen Gütewerte nicht aus Unkenntnis oder Fahrlässigkeit herabgesetzt werden. Darüber hinaus ist die Verbesserung des Leistungsfaktors und Wirkungsgrades ein Gebiet des selbständigen Elektromaschinenbaumeisters, dessen Bearbeitung nicht nur technisch interessant, sondern auch wirtschaftlich gesehen für Auftraggeber und Auftragnehmer reiche Früchte trägt.

Tabelle über Normwerte

für Wirkungsgrad und Leistungsfaktor offener Drehstrom-Schleifringläufer-Motoren, 3000—500 n, 50 Hertz

Leistung		Wirkungsgrad in %						Leistungsfaktor					
		für Drehzahl = n						für Drehzahl = n					
kW	PS	3000	1500	1000	750	600	500	3000	1500	1000	750	600	500
1,1	1,5			75,5	73,5					0,71	0,66		
1,5	2		79,5	77,5	75,5				0,80	0,74	0,69		
2,2	3	80,5	80,5	79,5	77,5			0,86	0,82	0,76	0,72		
3	4	81,5	82	81	79			0,86	0,83	0,78	0,75		
5,5	7,5	82	84,5	83	81			0,87	0,84	0,82	0,81	0,79	
7,5	10	83	85	84	83,5	83,5		0,87	0,85	0,83	0,81	0,79	
11	15	84	85,5	86	84,5	84,5	83,5	0,88	0,86	0,84	0,82	0,80	0,77
15	20	85	87,5	86,5	86	85,5	85	0,89	0,87	0,85	0,84	0,81	0,78
22	30	87,5	88	87,5	87	86,5	86	0,90	0,88	0,86	0,85	0,82	0,79
30	40	88,5	89	88,5	88	87,5	87	0,90	0,90	0,86	0,87	0,83	0,81
40	55	89	89,5	89	89	88,5	88	0,90	0,90	0,88	0,87	0,84	0,82
50	65	89,5	90	90	89,5	89	88,5	0,91	0,90	0,88	0,87	0,85	0,83
64	87	90	90,5	90,5	90	89,5	89	0,91	0,90	0,89	0,88	0,86	0,84
80	110	90	90,5	90,5	90,5	90	90	0,91	0,90	0,89	0,88	0,86	0,85
100	136	90,5	91	91	91	90,5	90,5	0,91	0,90	0,89	0,88	0,86	0,85
125	170	91	91,5	91,5	91	91	91	0,92	0,91	0,90	0,89	0,87	0,86
160	217	91,5	92	92	91,5	91,5	91,5	0,92	0,91	0,90	0,89	0,87	0,86
200	271	92	92,5	92,5	92	92	92	0,92	0,91	0,90	0,89	0,88	0,86
250	339	92,5	93	93	92,5	92,5	92,5	0,92	0,91	0,90	0,89	0,88	0,87
		2	4	6	8	10	12	2	4	6	8	10	12

Polzahl

Tabelle über Normwerte

für Wirkungsgrad und Leistungsfaktor normaler Drehstrom-Käfigläufer motoren offener Bauart, 3000—500 n, 50 Hertz

Leistung		Wirkungsgrad in % für Drehzahl = n						Leistungsfaktor für Drehzahl = n					
kW	PS	3000	1500	1000	750	600	500	3000	1500	1000	750	600	500
0,2	0,27	70	72,5	69,5	64,5			0,80	0,73	0,69	0,60		
0,33	0,45	73,5	74,5	72,5	68,5			0,82	0,76	0,71	0,64		
0,5	0,7	76	76,5	75	71,5			0,84	0,79	0,73	0,67		
0,8	1,1	78,5	79,5	77,5	75			0,86	0,80	0,75	0,70		
1,1	1,5	80	81,5	79,5	77			0,87	0,82	0,77	0,72		
1,5	2	81,5	82,5	81	78,5			0,88	0,83	0,78	0,74		
2	3	83	83,5	82,5	80,5			0,89	0,85	0,80	0,76		
3	4	84	84,5	83,5	81,5			0,89	0,86	0,81	0,78		
4	5,5	84,5	85,5	84,5	82,5			0,89	0,87	0,82	0,80		
5,5	7,5	85,5	86,5	85,5	83,5			0,89	0,87	0,84	0,82		
7,5	10	86	87	86	84	84		0,89	0,87	0,84	0,83	0,81	
11	15	86,5	87,5	86,5	85	85	84	0,89	0,87	0,85	0,84	0,82	0,79
15	20	86,5	87,5	86,5	86	85,5	85	0,89	0,87	0,85	0,84	0,82	0,79
22	30	87,5	88	87,5	87	86,5	86	0,90	0,88	0,86	0,85	0,82	0,79
30	40	88,5	89	88,5	88	87,5	87	0,90	0,89	0,87	0,87	0,83	0,80
40	55	89	89,5	89	89	88,5	88	0,90	0,90	0,88	0,87	0,84	0,81
50	68	89,5	90	90	89,5	89	88,5	0,91	0,90	0,88	0,88	0,85	0,82
64	87	90	90,5	90,5	90	89,5	89	0,91	0,90	0,89	0,88	0,86	0,83
80	110	90	90,5	90,5	90,5	90	90	0,91	0,90	0,89	0,88	0,86	0,85
100	136	90,5	91	91	91	90,5	90,5	0,91	0,90	0,89	0,88	0,86	0,85
		2	4	6	8	10	12	2	4	6	8	10	12

Polzahl

Bestimmung des praktischen Wirkungsgrades*).

Unter dem Wirkungsgrad bei einer elektrischen Maschine versteht man das Verhältnis von Abgabe zur Aufnahme, ausgedrückt in Prozenten.

Ein Teil der zugeführten Energie geht durch Ummagnetisierung des Ankereisens, durch Luftwiderstand, Lagerreibung, Bürstenreibung, Bürstenwiderstand, Wirbelströme usw. verloren und die Größe dieser Gesamtverluste kennzeichnet den Wirkungsgrad der Maschine.

*) Siehe auch Raskop: „Berechnungsbuch des Ankerwicklers". Seite 79.

Für den Verbraucher ist es von großer Wichtigkeit, in seinem Betriebe nur Maschinen aufzustellen, die einen bestimmten Grenzwert des Wirkungsgrades nicht unterschreiten.

Die Kenntnis des Wirkungsgrades einer elektrischen Maschine ist deswegen von Interesse, da während der Kriegszeit Maschinen hergestellt sind, die nicht alle den erforderlichen Wirkungsgrad besitzen.

Dies trifft insbesondere bei Maschinen zu, die ursprünglich mit Aluminium- oder Zinkwicklung ausgerüstet waren und später mit Kupferwicklung versehen wurden, um hierdurch eine höhere Leistung zu erzielen. Vielfach sind diese Umwicklungen nicht auf Grund einwandfreier Berechnungen, sondern ganz nach dem praktischen Gefühl ausgeführt worden, so daß mit einem günstigen Wirkungsgrad natürlich nicht gerechnet werden kann.

In Anbetracht dieser Verhältnisse erscheint es zweckmäßig, eine kurze Anleitung über die Bestimmung des praktischen Wirkungsgrades an dieser Stelle folgen zu lassen, da es öfters Aufgabe des Instandsetzungswerkes sein wird, diese Werte zu ermitteln.

Gleichstrommaschinen.

Um den Wirkungsgrad einer Gleichstrommaschine festzustellen, müssen die gesamten Verluste ermittelt werden, die bei Arbeitsleistung der Maschine in den Wicklungen, an den Lagerstellen, im Eisen, durch den Luftwiderstand, den Bürstenwiderstand und die Bürstenreibung auftreten.

Bei der praktischen Ermittelung des Wirkungsgrades ist es natürlich nicht erforderlich, die einzelnen Verluste durch langwierige, umständliche Meßmethoden festzustellen, es genügt vielmehr, die Summe dieser Verluste durch folgende einfache Messungen zu ermitteln.

Die Maschine, sei es eine Dynamo oder Elektromotor, wird als Motor an die Betriebsspannung angeschlossen und hierauf ohne Riemen (Leerlauf) in Betrieb gesetzt. Unbedingte Voraussetzung ist hierbei, daß die Bürstenstellung richtig und der Zustand der Wicklungen in jeder Beziehung einwandfrei ist. In den Ankerstromkreis wird ein Präzisionsamperemeter mit möglichst genauem Meßbereich eingeschaltet und der aufgenommene Strom nach längerer Betriebszeit abgelesen. Wenn man nun diesen ermittelten Strom mit der Betriebsspannung multipliziert, so erhält man ziemlich genau den Wert sämtlicher magnetischen und Reibungsverluste.

Es müssen nun noch die Verluste in den Wicklungen rechnerisch ermittelt werden, nachdem die Ohmschen Widerstände in jeder Wicklung mittels Meßbrücke festgestellt und die in den Wicklungen auftretenden Vollastströme gemessen sind.

In der Nebenschlußwicklung sowohl als auch in der Anker-, Compound-*)

*) Doppelschluß-Wicklung.

und Wendepolwicklung wird ein Amperemeter eingeschaltet und die Größe der in diesen Wicklungen fließenden Ströme an den Instrumenten bei voller Belastung der Maschine abgelesen.

Die Messung der Ströme in der Ankerwicklung, Compound- und Wendepolwicklung erübrigt sich, wenn der richtige Nennstrom der Maschine auf dem Leistungsschild vermerkt ist. Von diesem ist bei einem Motor der Nebenschlußstrom der immer erst gemessen werden muß, abzuziehen, und das so erhaltene Ergebnis ist in die Rechnung einzustellen.

Die Verluste in der Nebenschlußwicklung ergeben sich, wenn man den gemessenen Nebenschlußstrom mit der Spannung multipliziert. Sind z. B. bei 440 Volt Betriebsspannung 2 Ampere gemessen, so beträgt der Wattverlust in der Nebenschlußwicklung 2 · 440 = 880 Watt.

Die Verluste in der Anker-, Compound- und Wendepolwicklung ergeben sich aus dem Produkt von Vollaststrom · Vollaststrom · Ohmscher Widerstand. Diese Rechnung ist getrennt für jede Wicklung besonders durchzuführen, was voraussetzt, daß auch die Ohmschen Widerstände der Wicklungen einzeln gemessen sind.

Die Ohmschen Widerstände werden bei warmen Zustand der Wicklungen gemessen. Während die Widerstände der Compound- und Wendepolwicklungen ohne weiteres durch Anlegen der Meßbrücke an Anfang und Ende jeder Wicklung ermittelt werden können, kommt es bei Bestimmung des Widerstandes in der Ankerwicklung darauf an, daß die Meßdrähte mit den richtigen Lamellen in Verbindung gebracht werden.

Die Messung des Ankerwiderstandes.

Um den richtigen Ankerwiderstand an einem Gleichstromanker messen zu können, muß man den sog. Meßschritt (Abb. 56), d. h. diejenigen Lamellen

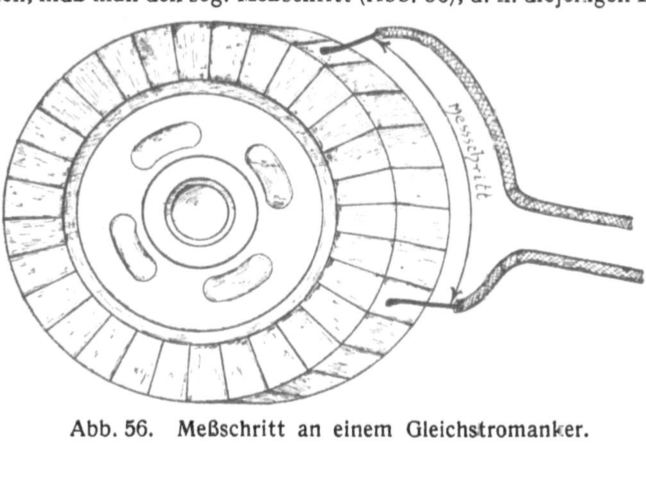

Abb. 56. Meßschritt an einem Gleichstromanker.

ermitteln, an welchen die Meßdrähte angelegt werden müssen. Diese beiden Lamellen liegen entsprechend der Wicklungsart des Ankers verschieden und werden für die jeweilig vorliegende Wicklung wie nachstehend berechnet.

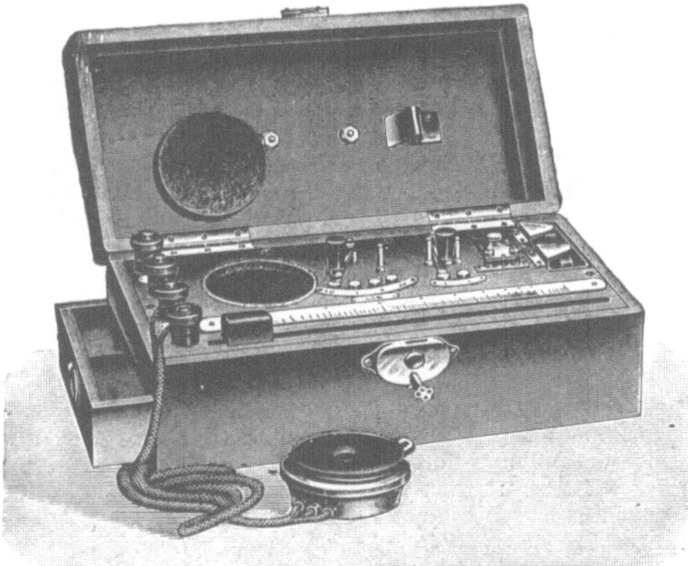

Abb. 56a. Meßbrücke.

Parallelwicklung.

Bei Kollektoren mit ungerader Lamellenzahl.

$$\text{Meßschritt} = \frac{\text{Lamellenzahl} \pm 1}{2}$$

Beispiel: Der Kollektor hat 43 Lamellen, dann ist der Meßschritt: 43 + 1 : 2. = 22. Die Meßdrähte würden also an Lamelle 1 und an Lamelle 23 zu legen sein.

Bei Kollektoren mit gerader Lamellenzahl ist der

$$\text{Meßschritt} = \frac{\text{Lamellenzahl}}{2}$$

Beispiel: Der Kollektor hat 42 Lamellen, dann ist der Meßschritt: 42 : 2 = 21. Die Meßdrähte würden also an Lamelle 1 und Lamelle 22 zu legen sein.

Reihen- und Reihenparallelwicklung.

Bei Kollektoren mit ungerader Lamellenzahl und ungeradem Kollektorschritt.

$$\text{Meßschritt} = \frac{\text{Lamellenzahl} - \text{Kollektorschritt}}{2}$$

Beispiel: Der Kollektor hat 123 Lamellen, der Kollektorschritt ist 61, dann ist der Meßschritt

$$\frac{123 - 61}{2} = 31$$

Die Meßdrähte würden also an Lamelle 1 und 32 zu legen sein.

Bei Kollektoren mit gerader Lamellenzahl und ungeradem Kollektorschritt.

$$\text{Meßschritt} = \frac{\text{Lamellenzahl}}{2}$$

Bei gerader Lamellenzahl und geradem Kollektorschritt.

$$\text{Meßschritt} = \frac{\text{Lamellenzahl}}{2}$$

Bei ungerader Lamellenzahl und geradem Kollektorschritt.

$$\text{Meßschritt} = \frac{\text{Kollektorschritt}}{2}$$

Der auf diese Weise mit der Meßbrücke gemessene Widerstand ist durch die halbe Anzahl der parallel geschalteten Stromkreise in der Ankerwicklung zu teilen. Bei Reihenwicklung ist diese Zahl immer 1. Auch bei einer 2poligen Parallelwicklung bleibt die Zahl 1 bestehen. Bei einer 4poligen Parallelwicklung ist diese Zahl 2 usw.

Es mögen nun nach diesen Ausführungen einige praktische Beispiele folgen.

Eine Dynamo mit einer Leistung von 40 kW bei einer Spannung von 220 Volt und 1000 Umdrehungen zeigt bei voller Belastung = 182 Ampere einen Nebenschlußstrom von 3 Ampere.

Die Maschine wird als Motor an die Stromquelle geschaltet und in den Ankerstromkreis ein Amperemeter mit kleinem Meßbereich eingeschaltet. An dem Amperemeter wird nach etwa 2 Stunden Betriebszeit ein Leerlauf-Ankerstrom von 8 Ampere abgelesen.

Der gemessene Ankerwiderstand beträgt bei warmer Wicklung 0,025 Ohm.

Es ergeben sich folgende Verluste:

Ankerwicklung:	182 · 182 · 0,025	= 828 Watt
Magnetwicklung:	3 · 220	= 660 „
Leerlaufverluste:	8 · 220	= 1760 „
		3248 Watt

Der Wirkungsgrad dieser Maschine ist: 40000 Watt geteilt durch 40000 + 3248 (berechnete Verluste):

$$\frac{40000}{40000 + 3248} = \frac{40000}{43248} = 92\%.$$

Ein Nebenschlußmotor von 50-PS-Leistung bei 110 Volt, 364 Ampere, 1000 Umdrehungen hat einen gemessenen Magnetstrom von 3,8 Ampere. Der Leerlaufstrom beträgt 15 Ampere und der gemessene Ankerwiderstand 0,0056 Ohm.

Es treten danach folgende Verluste auf:

Ankerwicklung:	364 · 364 · 0,0056	=	742 Watt
Magnetwicklung:	110 · 3,8	=	418 „
Leerlauf:	15 · 110	=	1650 „
			2810 Watt

Bei 50-PS-Leistung beträgt der Wirkungsgrad:

$$\frac{\textbf{PS} \cdot \textbf{736}}{\text{PS} \cdot 736 + \text{Summe der Verluste}}$$

demnach:

$$\frac{50 \cdot 736}{50 \cdot 736 + 2810} = \frac{36800}{39610} = 93\%.$$

Hat eine Maschine Compound- und Wendepolwirkung, so sind die in diesen Wicklungen auftretenden Verluste zu den Gesamtverlusten noch zu addieren.

Drehstrommotoren.

Für die Bestimmung des Wirkungsgrades *) an einem Drehstrommotor kann man sich folgender Rechnungsart bedienen:

$$\text{Wirkungsgrad ist} = \frac{736 \cdot \text{PS}}{\text{Vollaststrom} \cdot \text{Spannung} \cdot \sqrt{3} \cdot \cos \varphi}$$

Beispiel: Ein 40-PS-Drehstrommotor, 380 Volt, 58 Ampere, 1450 Umdrehungen hat einen cos = 0,88, dann ist der Wirkungsgrad:

$$\frac{736 \cdot 40}{58 \cdot 380 \cdot \sqrt{3} \cdot 0,88} = \frac{736 \cdot 40}{58 \cdot 380 \cdot 1,73 \cdot 0,88} = \frac{29440}{33553} = 87,5\%.$$

---

*) Siehe auch Raskop: „Berechnungsbuch des Ankerwicklers".

Bei dieser Rechnungsart ist allerdings Voraussetzung, daß die Angabe des cos φ und der Vollaststrom bei der Leistung tatsächlich stimmt. Im allgemeinen kann man dies bei bewährten Fabrikaten mit Ursprungs-Leistungsschild annehmen. Sind diese Zahlen ursprünglich nicht einwandfrei ermittelt, so geschieht die Berechnung natürlich unter falschen Voraussetzungen, so daß das Ergebnis keinen Anspruch auf Richtigkeit hat.

Sollten berechtigte Anzeichen für die Unrichtigkeit der Angaben auf dem Leistungsschild vorhanden sein, so ist die Bestimmung des Wirkungsgrades nach folgenden Verfahren empfehlenswert:

Zunächst werden die folgenden Größen gemessen:

1. **Leerlaufstrom** (Amperemeter in eine Leitung schalten).

2. **Widerstand einer Ständerphase** (mit Meßbrücke messen).

3. **Vollaststrom** aus Tabelle Nr. 2 (siehe Seite 213) entnehmen, besser mit Amperemeter messen.

4. **Wattverbrauch (bei Leerlauf)** je Phase durch Einschalten eines Wattmeters messen.

5. **Wattverbrauch** je Phase bei Vollast durch Einschalten eines Wattmeters messen.

Die entstehenden Verluste werden nach den vorgenannten Meßergebnissen berechnet, und zwar:

1. **Der Wattverlust** bei Leerlauf ist = Wattaufnahme einer Phase · 3. Sind z. B. in einer Phase 100 Watt gemessen, so ist der Gesamtverlust in den drei Phasen 3 · 100 = 300 Watt.

2. **Der Wattverlust** bei Vollast ist = Wattaufnahme in einer Phase · 3.

3. **Der zusätzliche Kupferverlust in der Ständerwicklung** ist = (Vollaststrom · Vollaststrom weniger Leerlaufstrom · Leerlaufstrom) · dem Ohmschen Widerstand je Phase · 3.

4. **Die Kupferverluste im Läufer** sind gleichbedeutend dem Unterschied zwischen den Umdrehungszahlen bei Leerlauf und bei Vollast (Schlüpfung).

Beispiel: Ein 2,5-PS-Drehstrommotor mit Kurzschlußanker 220 Volt, n = 1500, hat einen Leerlaufstrom von 2,56 Ampere und einen Vollaststrom von 7,3 Ampere. Der Widerstand in einer Ständerphase ist 0,70 Ohm.

Der Wattverbrauch bei Leerlauf beträgt pro Phase 58 Watt, in den drei Phasen 3 · 58 = 174 Watt. Der Wattverbrauch bei Vollast ist je Phase 800 Watt, in den drei Phasen 3 · 800 Watt = 2400 Watt. Es sind also folgende Werte ermittelt.

1. Leerlaufstrom = 2,56 Ampere,
2. Vollaststrom = 7,3 Ampere,
3. Widerstand in einer Statorphase = 0,70 Ohm,
4. Wattverbrauch bei Leerlauf in 3 Phasen = 174 Watt,

5. Wattverbrauch bei Vollast in 3 Phasen = 2400 Watt,
6. Umlaufzahl bei Leerlauf = 1500,
7. Umlaufzahl bei Vollast = 1430.

Hiernach treten folgende Verluste auf:

1. Leerlauf ist 174 Watt,
2. Kupferverluste im Rotor = $2400 \text{ Watt} \cdot \left(1 - \frac{1430 \text{ Touren}}{1500 \text{ Touren}}\right)$ oder

$2400 \cdot 0{,}047 = 113$ Watt,

3. zusätzlicher Kupferverlust in der Ständerwicklung

$$(7{,}3 \cdot 7{,}3 - 2{,}56 \cdot 2{,}56) \cdot 0{,}70 \cdot 3 = 98 \text{ Watt.}$$

Der Wirkungsgrad dieses Motors ist dann:

$$\frac{2400 \text{ Watt}}{2400 + \text{Gesamtverluste}} = \frac{2400}{2400 + 385} = 0{,}86 = 86\%.$$

Nach den vorstehenden Werten läßt sich auch der $\cos \varphi$ ermitteln. Der Motor hat bei Vollast eine Wattaufnahme in den drei Phasen = 2400 Watt und eine Vollaststromstärke von 7,3 Ampere, dann ist:

$$\cos \varphi = \frac{2400}{220 \text{ Volt} \cdot 7{,}3 \cdot \sqrt{3}} = \frac{2400}{220 \cdot 7{,}3 \cdot 1{,}73} = \frac{2400}{2778} = 0{,}86.$$

Es sei an dieser Stelle erwähnt, daß die in den Beispielen eingesetzten Zahlen ohne vorherige Messungen angenommen sind. In Wirklichkeit wird man bei einem 2,5-PS-Motor n = 1500 einen $\cos \varphi$ von etwa 0,84 und einen Wirkungsgrad von etwa 82% erhalten.

Der Wirkungsgrad und der $\cos \varphi$ sinkt bei Abnahme der Umlaufzahl des Motors wie nachstehende Tabelle eines 10-PS-Motors zeigt.

PS	1500 Umdr.		1000 Umdr.		750 Umdr.		600 Umdr.	
	Wirkungsgrad %	$\cos \varphi$	Wirkungsgrad %	$\cos \varphi$	Wirkungsgrad %	$\cos \varphi$	Wirkungsgrad %	$\cos \varphi$
10	87	0,89	86	0,88	85	0,85	84	0,83

Aus dieser Tabelle ist zu ersehen, daß die Motoren mit hohen Umlaufzahlen die größte Wirtschaftlichkeit besitzen. Je höher die Umlaufzahl des Motors, je kleiner sind außerdem seine Abmessungen und je billiger ist der Herstellungspreis desselben. Man sollte daher in allen Fällen einen Motor wählen, der die höchstzulässige Umdrehungszahl hat. Vielfach wird man natürlich wegen Schwierigkeiten in der Anbringung der Transmissionsscheiben usw. gezwungen sein, einen langsamlaufenden Motor aufzustellen.

Die Wahl der langsamlaufenden Motoren erfolgt in vielen Fällen aber auch von ganz falschen Gesichtspunkten aus, oder man ist sich über die Vorzüge der schnellaufenden Motoren nicht klar *).

Die Umdrehungszahlen der Gleich- und Drehstrommotoren.

Im kalten Zustand sind die Umlaufzahlen der Gleichstrom-Maschinen geringer als bei warmer Wicklung und warmen Eisenkörper.

Soll z. B. ein Gleichstrom-Nebenschlußmotor eine konstante Umdrehungszahl von 1500 haben, so wird man im kalten Zustand der Maschine in dem Nebenschlußfeld einen regulierbaren Widerstand einschalten müssen, der nach Erwärmung der Maschine wieder abgeschaltet wird.

Selbstverständlich bleibt zu berücksichtigen, daß die Umdrehungszahl bei Belastung der Maschine immer um einige Prozente abfällt. Hierdurch findet dann ein vielfach erwünschter Ausgleich statt, da, wie erwähnt, die Umdrehungszahl bei warmer Maschine wieder zunimmt.

Läuft hingegen eine Maschine direkt mit Vollast an, z. B. wenn dieselbe mit einer Zentrifugalpumpe gekuppelt ist, so wird man, um eine konstante Drehzahl zu erhalten, einen abschaltbaren Widerstand in den Nebenschlußstromkreis einbauen müssen.

Es ist für den Handwerker noch wissenswert, daß der Berechner bei einer Gleichstrommaschine die Drehzahl nur angenähert im voraus berechnen kann. Auch die in Serien hergestellten Gleichstrommaschinen zeigen vielfach untereinander eine nicht zu vermeidende Schwankung in den Umdrehungszahlen, die jedoch einen bestimmten Prozentsatz der geforderten Drehzahl nicht überschreitet.

Während die Umdrehungszahl eines Gleichstrommotors abhängig ist von der Anzahl der wirksamen Ankerleiter, der Stärke des Nebenschlußfeldes, dem magnetischen Wert des aktiven Eisenmaterials und der zugeführten Spannung, ist die Umdrehungszahl eines Drehstrommotors im wesentlichen nur abhängig von der Polzahl der Wicklung und der Frequenz der Betriebsspannung.

Steigert man bei einem Gleichstrommotor die zugeführte Spannung, so erhöht sich die Drehzahl. Bei einer Drehstrommaschine tritt diese Erscheinung nicht ein. Führt man einem Drehstrommotor, der für 220 Volt gewickelt ist, eine Spannung von 380 Volt bei gleicher Frequenz zu, so erhöht sich die Drehzahl desselben nicht. Der Versuch ist natürlich nicht zu empfehlen, da die Wicklungen Schaden nehmen können.

Erhöht man jedoch die Frequenz der zugeführten Betriebsspannung, so erhöht sich auch die Drehzahl des Läufers, obgleich die Spannung unverändert geblieben ist. Mit der Steigerung der Drehzahl nimmt bei jeder

*) Über die Wahl der Motoren siehe Jakobi, Elektromotorische Antriebe. Verlag Jänicke, Leipzig.

Maschine die Leistung und gleichzeitig auch die Stromaufnahme zu. Es erhellt hieraus, daß bei Erhöhung der Umdrehungszahl auch der Querschnitt der Wicklungen entsprechend der erhöhten Stromaufnahme geändert werden müßte. Bei regulierbaren Gleichstrommotoren ist auf die Notwendigkeit bei der Vorausberechnung der Maschine Rücksicht genommen.

Eine **normale** Gleichstrommaschine kann daher nicht wesentlich über die normale Umdrehungszahl hinaus reguliert werden, jedenfalls besteht die Gefahr, daß die Wicklungen infolge Überlastung Schaden nehmen.

Ist die Umdrehungszahl einer Gleichstrommaschine höher, als bei der Vorausberechnung festgelegt wurde, so können folgende Gründe den Anlaß hierzu geben:

1. Die magnetischen Eigenschaften des aktiven Materials sind schlechter, als angenommen wurde.
2. Der Luftraum zwischen Anker und Feldpole ist zu groß.
3. Die Anker- oder Magnetwicklung hat einen Berechnungs- oder Schaltungsfehler.

Umgekehrt kann eine Gleichstrommaschine auch eine geringere Drehzahl haben, als bei der Vorausberechnung festgelegt wurde. In diesem Falle können folgende Gründe vorliegen:

1. Der Luftraum zwischen Anker und Feldpole ist zu klein.
2. Die aktiven Eigenschaften des magnetischen Materials sind besser als die Werte, die bei der Berechnung zugrunde gelegt wurden.
3. Die Wicklungen können einen Berechnungs- oder Schaltfehler haben.

Die Umdrehungszahl der zuletztgenannten Maschine kann, wenn der unter 1 genannte Fehler vorliegt, durch Ausbohren des Polgehäuses erhöht werden. Man könnte auch bei Hauptstrommotoren durch Abwickeln von Drahtwindungen der Magnetwicklung denselben Erfolg erzielen, jedoch können dann evtl. Funkenbildungen am Kollektor auftreten. Zu große Polbohrungen haben den Nachteil einer zu großen Streuung, sie verhindern hingegen die Funkenbildung.

Die vorerwähnten Erscheinungen können auch in Instandsetzungswerken beobachtet werden, insbesondere bei Umwicklungen auf andere Spannungen und Drehzahlen.

Die Drehzahl einer Gleichstrommaschine kann nur unter Anwendung bewährter Rechnungsformeln ermittelt werden, die eine unbedingte Kenntnis in der Konstruktion und Berechnung elektrischer Maschinen voraussetzen. **Bei Drehstrommaschinen** hingegen kann man schon mit Hilfe der Polzahl und der Frequenz der Betriebsspannung die Drehzahl auf höchst einfache Art ermitteln *).

*) Siehe Tabelle Seite 119.

Wenn die Polzahl eines Drehstrommotors, die in der Regel gleich $^2/_3$ der Gruppenzahl in der Ständerwicklung ist, und die Zahl der Perioden in einer Sekunde festgelegt sind, so läßt sich die Drehzahl folgendermaßen ermitteln:

$$\text{Drehzahl} = \frac{120 \cdot \text{Frequenz}}{\text{Anzahl der Pole}}$$

Wenn ein Drehstrommotor in der Ständerwicklung z. B. **6 Gruppen** besitzt, so ist die Polzahl

$$\frac{6 \cdot 2}{3} = 4.$$

Beträgt die Frequenz der Betriebsspannung = 50, so hat der Motor eine Drehzahl von:

$$\frac{120 \cdot 50}{4} = \frac{6000}{4} = 1500 \text{ Umdrehungen.}$$

Es war schon an anderer Stelle erwähnt, daß die Frequenz einen wesentlichen Einfluß auf die Drehzahl besitzt. Läßt man den vorgenannten Motor z. B. mit der gleichen Betriebsspannung aber nur mit einer Frequenz von 25 arbeiten, so wird der Motor

$$\frac{120 \cdot 25}{4} = \frac{3000}{4} = 750 \text{ Umdrehungen,}$$

gerade die Hälfte der ursprünglichen = 750 Umdrehungen haben.

Die auf die vorbeschriebene Weise ermittelten Drehzahlen gelten für Leerlauf des Motors.

Bei Belastung tritt eine Verminderung in der Drehzahl ein (Schlüpfung), so daß die wirklichen Drehzahlen ausnahmslos etwas kleiner sind als die bei der Berechnung ermittelten Werte.

Während sich die Umdrehungszahlen der Gleichstrommaschinen durch Erwärmung der Wicklung erhöhen, wird der Drehzahlabfall (Schlüpfung) bei Drehstrommotoren nach Erwärmung der Maschine größer.

IV. Teil.

Wissenswerte theoretische Einzelheiten konstruktiver Natur.

Allgemeines.

Die Herstellung der Ankerwicklungen in den Instandsetzungswerken elektrischer Maschinen geschieht im allgemeinen auf Grund der technischen Daten, die der beschädigten Wicklung entnommen werden.

Hierbei ist jedoch unbedingte Voraussetzung, daß die zur Instandsetzung bzw. Neuwicklung stehende Maschine vor Eintritt der Störung in jeder Beziehung technisch richtig hergestellt war. Besitzt die Maschine die von dem Lieferwerk hergestellte Ursprungswicklung und ist dieselbe mit dem Ursprungsleistungsschild ausgerüstet, so liegt kein Grund vor, die Richtigkeit der technischen Daten anzuzweifeln.

Mehrere bedeutende Firmen erleichtern dem Instandsetzungsfachmann die Feststellung der Wickeldaten dadurch, daß die Type, Drehzahl, Windungszahl, Drahtstärke und Betriebsspannung mit Zahlenstempel an der Flanschseite des Gehäuses oder unter der Transportöse eingeschlagen werden. Von dieser Maßnahme ist man aber in neuerer Zeit wieder abgegangen.

Ganz abgesehen hiervon, können aber auch bewährte Erzeugnisse mit Ursprungswicklung und Ursprungsleistungsschild wickeltechnische Fehler haben, und zwar in den Fällen, wenn nur die Schaltung der Ankerwicklung oder Feldspulen bei einer Instandsetzung von unkundiger Hand verschaltet wurde.

Derartige Schaltfehler sind z. B. bei Drehstrommotoren ohne Abbau der Maschine und fachkundige Untersuchung der Schaltung und des Drahtquerschnittes der Wicklung nicht festzustellen.

Man glaubt in solchen Fällen, nach dem äußerlichen Befund der Maschine mit der Richtigkeit der technischen Daten ohne weiteres rechnen zu können und sucht später den wirklichen Fehler der Maschine an einer ganz anderen Stelle.

Wenn man demnach bei Feststellung der Wickeldaten schon bei solchen Maschinen Vorsicht walten lassen muß, so trifft dies ganz besonders bei

Maschinen zu, die schon mehrfach instandgesetzt sind und hierbei einen neuen Stromwender, eine neue Wicklung usw. erhalten haben.

Vielfach werden bei Instandsetzungen die Wickeldaten aus Unkenntnis oder Gleichgültigkeit geändert, ohne daß sich der Instandsetzungsfachmann der Tragweite seines Handelns bewußt wird. Er ist schon zufrieden, wenn die Maschine Arbeit leistet und glaubt sogar, eine besondere Tat vollbracht zu haben, wenn er z. B. in jeder Nute eine oder mehrere Windungen fehlen ließ oder den Drahtquerschnitt dünner wählte und die Maschine trotzdem zur Arbeitsleistung brachte. Wie hoch der Stromverbrauch der Maschine oder die Erwärmung derselben, ob die Drehzahl höher oder niedriger als ursprünglich ist, darüber wird vielfach nicht nachgedacht, es erscheint als Nebensache.

Da in der Ankerwickelei vielfach mehr oder weniger das Pfuschertum zu Hause war, so hört man des öfteren berechtigte Klagen der Auftraggeber dahingehend, daß die Maschine bis zum Eintritt der ersten Instandsetzung zur besten Zufriedenheit arbeitete, seit dieser Zeit jedoch nicht annähernd die alte Betriebstüchtigkeit erreicht hat.

Mit ganz besonderer Vorsicht muß man bei Festlegung der Wickeldaten an Maschinen zu Werke gehen, die ursprünglich mit Aluminium- oder Zinkwicklung ausgestattet waren und bei Eintritt eines Wicklungsschadens mit Kupferdraht gewickelt worden sind, um eine höhere Leistung derselben zu erzielen.

Die sachgemäße Berechnung oder Umrechnung einer Wicklung erfordert umfangreiche Kenntnisse auf dem Gebiete der Konstruktion und Berechnung elektrischer Maschinen. Diese Aufgaben können nur von Fachleuten gelöst werden, die eine entsprechende Schulung und die erforderlichen praktischen Kenntnisse zur Verfügung haben.

Es ist auch weniger Obliegenheit des Handwerkers, sich mit Berechnungen vorerwähnter Art zu befassen. Andererseits ist mit dem Elektromaschinenbauerberuf die Kenntnis gewisser theoretischer Einzelheiten verknüpft. Ohne diese theoretischen Kenntnisse ist die fachgemäße Herstellung der Wicklungen vielfach nicht möglich, es fehlt gewissermaßen die Urteilskraft darüber, ob die jeweilig vorliegenden Wickeldaten den Anspruch auf Richtigkeit haben.

Der Elektromaschinenbauer muß in der Lage sein, festzustellen, ob der Wickelschritt, die Schaltung und der Drahtquerschnitt an der zur Neuwicklung stehenden Maschine mit den Angaben des Leistungsschildes und der Ausführungsart übereinstimmt.

Die nachstehenden Ausführungen sind daher für den Handwerker besonders wertvoll. Bei Darlegung der Berechnungsbeispiele ist darauf Rücksicht genommen, daß die Lösung jeder Aufgabe ohne mathematische Kenntnisse möglich ist.

Gleichstrommaschinen.

Die Umwandlung der Energie in mechanische Arbeit findet bei Gleichstrommaschinen durch Drehung des Ankers bei stillstehendem Magnetfeld statt, und zwar, dadurch, daß in den Drähten der Ankerwicklung eine elektromotorische Kraft hervorgerufen wird.

Damit nun die in der Ankerwicklung erzeugte elektromotorische Kraft die verlangte Größe erreicht, muß neben der richtigen Feldstärke und der Umdrehungszahl des Ankers auch die Schaltung der einzelnen Drähte bestimmten Bedingungen genügen.

Der Erbauer einer Gleichstrommaschine hat mit der einfachen Berechnung dieser Daten seine Aufgabe noch nicht gelöst, er hat vielmehr auf die Erfüllung einer weiteren großen Zahl konstruktiver Bedingungen seine Aufmerksamkeit zu richten, um eine in jeder Beziehung marktfähige Maschine fertigstellen zu können.

Man verlangt von einer neuzeitlichen Gleichstrommaschine ein funkenloses Arbeiten bei jeder Belastung ohne Verstellung der Bürsten, hohen Wirkungsgrad, geringes Gewicht — also größtmögliche Ausnutzung des Materials — und billigen Preis.

Von allen diesen Bedingungen ist diejenige des funkenfreien Laufes am schwierigsten zu erfüllen.

Das Funken einer Maschine entsteht bei sonst technisch richtig ausgeführter Wicklung usw. und nicht zu hoch überlasteter Maschine insbesondere durch die Größe des Stromes, der infolge Kurzschließens der Kollektorlamellen durch die Bürsten, in den Ankerspulen hervorgerufen wird. Die Größe dieses Stromes hängt in erster Linie ab von der Selbstinduktion der jeweilig kurzgeschlossenen Spule und der gegenseitigen Induktion der benachbart liegenden Spulen.

Der Berechner verhütet das Auftreten der Funkenbildung dadurch, daß er in den Zähnen des Ankereisens für hohe magnetische Sättigung sorgt.

Außerdem unterteilt er den Kollektor möglichst hoch, so daß zwischen zwei Lamellen nur wenig Ankerwindungen zu liegen kommen.

Auch die Nutenform des Ankers, die Form der Polschuhe für die Feldmagnete usw. wird so gewählt, daß den Erfordernissen nach bester Möglichkeit Rechnung getragen wird.

Zur Vermeidung der Funkenbildung werden außerdem häufig Wendepole zwischen den Hauptpolen eingebaut.

Bei der Instandsetzung bzw. Neuwicklung können diese konstruktiven Vorzüge durch Unkenntnis vernichtet werden.

1. Beispiel: An einem instandsetzungsbedürftigen Anker soll gleichzeitig der abgenutzte Kollektor und die Ankerwicklung erneuert werden.

Der Anker hat 32 Nuten, in jeder Nute liegen 4 Spulenhälften mit je 9 Windungen, der Kollektor hat 128 Lamellen.

Da zufällig ein Kollektor mit gleichen Abmessungen, jedoch nur mit 64 Lamellen vorrätig ist, so wird dieser Kollektor verwendet und die Ankerwicklung entsprechend mit 64 Spulen zu je 18 Windungen hergestellt.

Unter Beibehaltung der übrigen Wickeldaten wird der so gewickelte Anker zweifellos arbeiten, jedoch wird sehr wahrscheinlich schon bei Leerlauf eine merkliche [1]) Funkenbildung unter den Bürsten festzustellen sein; diese Funkenbildung entsteht dadurch, daß zwischen 2 Lamellen nicht wie ursprünglich 9, sondern 18 Windungen liegen und dadurch die Induktionsspannung bedeutend erhöht worden ist. Es ist auch wahrscheinlich, daß die Breite der Bürsten für die neuen Verhältnisse nicht geeignet ist und auch hierdurch eine Funkenbildung hervorgerufen wird.

2. **Beispiel:** Ein Anker mit halbgeschlossenen Nuten (Abb. 5) ist ursprünglich mit Handwicklung versehen. Man hält eine Formspulenwicklung für zweckmäßiger und schlitzt daher die Nuten nach Abb. 3 auf. Unter Beibehaltung der Windungszahl, des Wickel- und Schaltungsschrittes und der Drahtstärke wird der Anker wiederum Arbeit leisten. Ob aber die Umdrehungszahl, die Erwärmung und der funkenfreie Lauf noch die ursprünglichen Werte aufweisen, kann als sehr unwahrscheinlich dahingestellt werden.

3. **Beispiel:** An einer 6poligen Gleichstromnebenschlußmaschine mit Parallelschaltung in der Ankerwicklung sind 2 **Feldspulen beschädigt** und sollen neugewickelt werden. Man hält es bei der Instandsetzung nicht für notwendig, die Windungszahl jeder Spule **genau** festzustellen, sondern ist der Ansicht, daß bei Verwendung des richtigen Drahtquerschnittes es nur der ungefähren Windungszahl bedürfe, um die Maschine wieder in einen ordnungsmäßigen Zustand zu bringen.

Nach Inbetriebsetzung der Maschine tritt unter den Bürsten Funkenbildung auf.

Dieser Fehler wird durch die **ungleichmäßige Bewicklung der Feldpole** hervorgerufen, da hierdurch in der Parallelwicklung des Ankers ungleiche elektromotorische Kräfte erzeugt werden, die eine ungleichmäßige Belastung der einzelnen Ankerstromkreise zur Folge haben. Bei dem geringen Widerstand der Ankerwicklung finden die auftretenden starken Ausgleichsströme keine gleichmäßige Verteilung auf die gesamte Wicklung, wenn nicht sogenannte Ausgleichringe an dieser vorhanden sind. Sollte jedoch letzteres der Fall sein, so wird man in günstigen Fällen, also bei geringen Windungsfehlern, allerdings keine merkliche Funkenbildung wahrnehmen können.

4. **Beispiel:** Ein 2-PS-Gleichstrommotor, 440 Volt, 1220 Umdrehungen, hat einen Anker mit 18 Nuten.

---

*) Siehe Sonderabhandlung über Funkenbildung. Raskop, Die Instandsetzungen, 6. Auflage, S. 53—82.

In jeder Nute liegen 3 · 26 Windungen, also 3 Spulenhälften mit insgesamt 78 Windungen. Die Ankerwicklung ist in einer Drahtstärke von 0,7 mm Durchmesser zweimal mit Seide umsponnen ausgeführt.

Da Dynamodraht in der benötigten Drahtstärke nicht vorhanden ist, wird der Anker mit Draht von 0,6 mm Durchmesser gewickelt.

Nach Inbetriebnahme des Motors macht derselbe nur ca. 970 Umdrehungen.

Die von dem Motor angetriebene Arbeitsmaschine darf aber keine geringere Umdrehungszahl haben als vorher. Man setzt daher auf die Motorwelle eine dem Drehzahlabfall entsprechende, größere Riemenscheibe auf.

Bei dem so geänderten Übersetzungsverhältnis hat der Motor natürlich die ursprüngliche Arbeit zu leisten, und da die Leistung durch den geringeren Drahtquerschnitt merklich gefallen ist, so wird eine **starke Erwärmung der Ankerwicklung eintreten.**

Bei der verhältnismäßig hohen Windungszahl der Ankerwicklung wird der Widerstand im Anker infolge des geringeren Querschnittes wesentlich erhöht, so daß die Umdrehungszahl entsprechend abfallen muß. Es wurde schon an anderer Stelle erwähnt, daß die Höhe des Ankerwiderstandes einen wesentlichen Einfluß auf den Wirkungsgrad der Maschine hat. Dieser wird daher natürlich auch ungünstiger.

5. **Beispiel:** An einer größeren Gleichstrommaschine sind mehrere Bürstenhalter unbrauchbar.

Da Bürstenhalter in den erforderlichen Abmessungen nicht vorhanden sind, verwendet man solche mit einer etwas geringeren Ausladung.

Die Maschine zeigt bei Arbeitsleistung Funkenbildung am Kollektor.

Man erkennt jedoch die Ursache und entfernt diese Bürstenhalter.

Von anderer Stelle wird nunmehr ein vollständiger Bürstenhaltersatz beschafft, der allerdings die richtige Ausladung besitzt, deren Bürstendicke aber größer ist, so daß von einer Bürste mehr Lamellen bedeckt werden, als dies bei der ursprünglichen Bürste der Fall war.

Auch hier tritt Funkenbildung am Kollektor auf.

Dieselbe Erscheinung kann auch auftreten, wenn nur zwischen der ursprünglichen **Bürstenqualität** und dem Bürstenersatz ein größerer Unterschied vorhanden ist.

In Zweifelsfällen halte man beim Hersteller der Maschine Nachfrage.

Der Erbauer ist imstande, die zweckmäßige Bürstenform und -qualität anzugeben.

Die vorstehenden Beispiele enthalten nicht annähernd die große Zahl der Möglichkeiten, durch welche die konstruktiven Vorzüge einer Maschine aus Unkenntnis zerstört werden können. Dem Handwerker mögen sie jedoch zur Warnung dienen und ihm die Überzeugung geben, daß die Wickeldaten und die Abmessungen des aktiven Materials einer Maschine niemals leichtsinnig geändert werden dürfen.

Die Feststellung der erwähnten Fehlerquellen ist vielfach nur mit großem Aufwand und umfangreicher Sachkenntnis möglich.

Der Drahtquerschnitt der Wicklungen.

Der Drahtquerschnitt der Wicklungen ist nicht allein abhängig von der geforderten Leistung, auch die Ausführungsart der Maschine (ob offen, ventiliert oder gekapselt) oder der Verwendungszweck derselben (ob für Dauer- oder nur zeitweise Belastung) ist bei der Festlegung des Querschnittes von grundlegender Bedeutung.

Man kann außerdem eine fliegende Wicklung (Läuferwicklung) je Quadratmillimeter höher belasten als eine ruhende Wicklung (Feldwicklung).

Die Belastung des Ankerdrahtes (Kupfer) beträgt nach den vorstehenden Gesichtspunkten **ca. 2 bis 8 Ampere je mm².**

Die Belastung des Magnetdrahtes (Kupfer) **ca. 1,5 bis 3,5 Ampere.**

Berechnungsbeispiele:

Der Querschnitt des Ankerdrahtes

richtet sich im wesentlichen nach der Größe des Stromes, der die Wicklung durchfließen soll.

Die Größe dieses Stromes ist wiederum abhängig von der Wicklungsart und von der Anzahl der parallel geschalteten Stromzweige in der Ankerwicklung.

Bei Parallelwicklungen ist die Zahl der parallel geschalteten Stromzweige gleich der Polzahl. Bei einer 4poligen Maschine sind also auch 4 parallel geschaltete Stromzweige im Anker vorhanden.

Wenn z. B. ein 5-PS-Motor bei 110 Volt 40 Ampere verbraucht und der Anker dieser Maschine ist mit einer 2poligen Parallelwicklung versehen, so fließt in dem Ankerdraht ein Strom von $40 : 2 = 20$ Ampere.

Nimmt man eine mittlere Belastung von 4 Ampere je Quadratmillimeter an, so muß der Ankerdraht $20 : 4 = 5$ qmm **Querschnitt** haben.

Diese 5 qmm Querschnitt entsprechen einem **Drahtdurchmesser** von rund 2,5 mm.

Ist dieselbe Maschine jedoch 4polig, so beträgt der in den Ankerdrähten fließende Strom $40 : 4 = 10$ Ampere. Der Ankerdraht kann daher einen wesentlich geringeren Querschnitt haben, so daß eine Drahtstärke von 1,8 mm Durchmesser den Erfordernissen entsprechen würde.

Der bei Parallelwicklungen in den Ankerdrähten fließende Strom ist also:

$$= \frac{\text{Nennstrom der Maschine}}{\text{Polzahl}}$$

Bei Reihenwicklungen ist die Anzahl der parallelen Ankerstromzweige immer gleich zwei. Hierbei ist gleichgültig, wie groß die Anzahl der Pole ist.

Der Strom, der bei einer Reihenwicklung in den Ankerdrähten fließt, beträgt demnach stets die Hälfte des gesamten Maschinenstromes.

Hat z. B. der vorerwähnte 5-PS-Motor eine **4polige Reihenwicklung**, so beträgt der Strom in den Ankerdrähten 40 : 2 = 20 Ampere.

Die Drahtstärke würde also 2,5 mm betragen müssen. Selbstverständlich könnte man auch mit 2 Drähten die Ankerwicklung herstellen und die Anfänge und Enden jeder Spule in der Kollektorlamelle parallel schalten.

Es würde in diesem Falle eine Drahtstärke in Frage kommen die etwa die Hälfte des zuerst gewählten Querschnittes (nicht Drahtstärke) ausmacht.

Nach der Tabelle Nr. 1 (siehe Seite 227) kann man daher zwei Drähte von je 1,70 mm Durchmesser verwenden, ohne daß die Leistung der Wicklung geändert wird.

Der bei Reihenwicklungen in den Ankerdrähten fließende Strom ist also:

$$= \frac{\text{Nennstrom der Maschine}}{2}$$

Bei neuzeitlichen Maschinen normaler Ausführung rechnet man mit einer Belastung von 5,5 bis 6 Ampere je Quadratmillimeter.

Ein 10-PS-Motor in offener Ausführung gebraucht bei 220 Volt Betriebsspannung etwa 40 Ampere. Motoren in dieser Größe werden heute fast ausschließlich 4polig hergestellt und die Ankerwicklung derselben als **Reihenwicklung** ausgeführt.

Der bei einem derartigen Motor in den Ankerdrähten fließende Strom beträgt nach den vorstehenden Ausführungen 40 : 2 = 20 Ampere. Bei einer Belastung von ca. 5,5 Ampere je mm^2 ist ein Querschnitt von 3,6 mm^2 erforderlich. Die A. E. G. z. B. teilt nun diesen Querschnitt in zwei Drähte von je 1,6 mm Durchmesser auf und wickelt den 10-PS-Anker 220 Volt Type E. H. G. 1060 Umdrehungen, mit 2 Drähten von je 1,6 mm Durchmesser parallel.

Man kann natürlich ohne einen großen Fehler zu begehen bzw. ohne daß man die Leistung und den Wirkungsgrad der Maschine wesentlich ändert, auch eine Wicklung, die mit 2 Drähten parallel berechnet und ausgeführt ist, mit einem Draht herstellen. Bedingung ist jedoch stets, daß die Nutenform die Anordnung der starken Drähte zuläßt und daß der Draht einen Querschnitt hat, welcher dem der beiden Ursprungsdrähte entspricht.

Der Unterschied zwischen **Drahtquerschnitt** und **Drahtdurchmesser** ist bei jeder Berechnung auseinander zu halten. Die Tabelle Nr. 1 leistet hierbei vorzügliche Dienste.

Man kann nach den vorstehenden Ausführungen ohne sonderliche Kenntnisse und Schwierigkeiten den Durchmesser eines Ankerdrahtes bestimmen, wenn man die Wicklungsart des Ankers und die Ausführungsart der Maschine kennt.

Bei einiger Erfahrung erkennt man schon an dem Verlauf der Wicklung, ob eine Parallel- oder Reihenwicklung vorliegt.

Nimmt man nach Festlegung des Ankerstromes bei **normalen** Gleichstrommaschinen eine Belastung des Ankerdrahtes von 5 bis 6 Ampere an, so wird die Maschine einwandfrei arbeiten, wenn die übrigen Wickeldaten technisch richtig gewählt sind. Fehlt bei dem Berechnungsgang die Angabe der Maschinenstromstärke, so kann diese, wenn die Spannung und Leistung der Maschine gegeben ist, aus der Tabelle 2*) mit praktischer Genauigkeit entnommen werden.

Will man den Nennstrom nur überschläglich feststellen, so rechnet man:

Stromverbrauch je PS bei			
110 Volt 8 Ampere	220 Volt 4 Ampere	440 Volt 2 Ampere	500 Volt 1,8 Ampere

Bei großen Maschinen werden die so erhaltenen Werte etwas zu groß, bei kleinen Maschinen etwas zu klein. Sie ergeben aber einen guten Näherungswert.

Handelt es sich bei Berechnung des Drahtquerschnittes um einen ventiliert gekapselten Motor ohne Lüftungsrohrleitung, so ist der Querschnitt 1,2mal stärker zu nehmen als bei einem normalen Motor gleicher Leistung.

Bei vollständig geschlossenen Motoren muß man den Querschnitt der Wickeldrähte etwa 1,5mal stärker wählen als bei normalen Motoren gleicher Leistung.

Die Querschnittverhältnisse der Wicklungen ändern sich im entgegengesetzten Sinne, wenn es sich um Motoren handelt, die **für vorübergehenden Betrieb** gebaut sind.

Ein normaler offener Motor kann bei vorübergehender Arbeitsleistung 1,4 bis 2mal soviel leisten als bei Dauerbetrieb, da die durch erhöhte Arbeitsleistung auftretende Erwärmung infolge der Ruhepausen ausgeglichen wird.

Ein geschlossener Motor für Dauerleistung kann bei vorübergehendem Betrieb sogar eine zwei- bis dreifache Leistung abgeben.

Ob ein Motor für Dauerbetrieb oder für zeitlich begrenzte Leistung gebaut ist, geht aus den Angaben des Leistungsschildes hervor. Falls dasselbe fehlen sollte, gibt die Preisliste hierüber Aufklärung oder man hält entsprechende Nachfrage bei dem Hersteller.

Genaue Angaben über den Drahtquerschnitt der Wicklungen **an Motoren in anormaler Ausführung** lassen sich in einheitlicher Form nicht ohne

*) Siehe Seite 228.

weiteres machen. Es kommt bei der Berechnung wesentlich auf **die Kühlung der Wicklungen** und auf die jeweilige Dauer der Arbeitsleistung an.

Man unterscheidet:

1. Natürliche Kühlung durch die umgebende Luft und den Luftzug, der durch Luftbewegung des umlaufenden Ankers erzeugt wird (Luftschlitze im Anker).
2. Kühlung durch einen auf der Ankerwelle befestigten Lüftungsflügel.
3. Kühlung durch Einführung von Preßluft in das Innere des Motors.
4. Kühlung durch im Gehäuse angeordnete Wasserbehälter.

Je wirksamer die Kühlung, desto höher ist die Belastungsfähigkeit der Wicklungen.

Es erhellt hieraus, daß man einen Motor in normaler Ausführung höher belasten kann, wenn z. B. die Kühlung durch Einbauen eines Lüfterflügels oder Zuführung von Preßluft wesentlich erhöht wird.

Bei **Motoren für zeitlich begrenzte Leistung** hängt der Querschnitt der Wicklungen auch von der Zeitdauer der Arbeitsleistung und der Betriebspausen ab. Es werden Motoren für 30 Minuten und für 60 Minuten Arbeitsleistung gebaut. Solche Motoren finden z. B. Verwendung als Kranmotoren.

Magnetwicklung.

Der Querschnitt der Magnetwicklung richtet sich ebenfalls nach der Kühlung sowie nach der Regulierfähigkeit und Drehzahl der Maschine. Insbesondere ist derselbe von dem Nebenschlußstrom abhängig, der jedoch bei den einzelnen Erzeugnissen und Ausführungen verschieden ist.

Man kann den Nebenschlußstrom an einer Maschine durch Zwischenschalten eines Amperemeters messen, wenn die Betriebsspannung für diese Messung zur Verfügung steht.

Ist die Betriebsspannung nicht vorhanden, so wird mittels einer Meßbrücke der Ohmsche Widerstand ermittelt und das Ergebnis durch die Betriebsspannung geteilt. **Der Nebenschlußstrom ist dann bei reiner Reihenschaltung der Spulen**

$$\text{Nebenschlußstrom} = \frac{\text{Spannung}}{\text{Widerstand sämtl. Feldspulen}}$$

Sind z. B. bei einem 2,5-PS-Motor 440 Volt 1900 Umdrehungen, 2862 Ohm gemessen, so beträgt der Nebenschlußstrom

$$= \frac{440}{2862} = 0{,}154 \text{ Amp.}$$

Man wird in der Praxis häufiger den Nebenschlußstrom ermitteln müssen, z. B. wenn man einen Regulierwiderstand anfertigen oder bestellen will. Die vorstehende Rechnungsmethode ist in solchen Fällen zur Anwendung empfehlenswert.

Da die Summe der Ohmschen Widerstände in sämtlichen Feldspulen die Größe des Nebenschlußstromes bedingt, so ist es verständlich, daß bei Verminderung der Windungszahl der Strom steigt und bei Erhöhung der Windungszahl der Strom fällt.

Derartige Fälle können bei Neuwicklungen oder Instandsetzung eintreten, wenn die Wickelarbeiten nicht sorgfältig ausgeführt werden.

Die Folgen dieser unsachgemäßen Arbeit wurden teilweise schon im Beispiel 3 *) erwähnt.

Es muß daran anschließend noch hervorgehoben werden, daß bei **erhöhter Windungszahl** aller Feldspulen **die Umdrehungszahl** der Maschine nur unmerklich **abfällt,** wenn die ursprüngliche Drahtstärke verwendet wird. Haben alle Spulen unter diesen Verhältnissen eine gleichmäßig erhöhte Windungszahl, so kann man eigentlich nicht von einem Fehler in dem vorerwähnten Sinne sprechen. Es ist aber Material verschwendet worden, obgleich anderseits der Vorteil einer geringeren Erwärmung der Feldspulen in Erscheinung tritt.

Bei geringerer Windungszahl der Feldspulen tritt durch den folgerichtig eintretende höheren Nebenschlußstrom eine höhere Erwärmung der Wicklung ein, ohne daß die Umdrehungszahl sich wesentlich ändert.

Drückt man den Nebenschlußstrom durch Zwischenschalten eines Regulierwiderstandes herunter, so wird das Feld natürlich geschwächt; die Erwärmung wird normal, aber die Umdrehungszahl wird höher, je mehr Widerstand eingeschaltet wird.

Maßgebend für die Umdrehungszahl einer Nebenschlußmaschine ist die Anzahl der Feldamperewindungen. Diese ergeben sich aus der Gesamtzahl der Windungen aller Feldspulen multipliziert mit dem Nebenschlußstrom.

Die Feldamperewindungen sind also gleich, ob z. B. 4000 Windungen bei 0,5 Ampere oder 2000 Windungen bei 1,0 Ampere angenommen werden.

Je höher allerdings der Nebenschlußstrom, um so größer ist natürlich auch der Leerlaufstrom der Maschine, woraus hervorgeht, daß eines guten Wirkungsgrades wegen der Nebenschlußstrom eine bestimmte Größe nicht überschreiten darf.

Eine wirtschaftlich arbeitende normale Maschine nimmt in der Nebenschlußwirkung etwa 1,7% des gesamten Wattverbrauches auf.

Bei vielen Erzeugnissen ist die Stromaufnahme auch höher. Es wird heute vielfach bei dem Materialverbrauch bis an die äußerste Grenze der Möglichkeit gegangen, um den Preis der Maschine niedrig zu halten.

Ein 5-PS-Motor $n = 1000$ hatte z. B. im Baujahr 1902 ein Kupfergewicht der Nebenschlußwicklung von ca. 25 kg.

Die verbesserte Ausführung hatte bei gleicher Leistung im Baujahr 1911 nur noch ca. 17,5 kg Kupferdraht in der Nebenschlußwicklung.

Hiergegen hatte sich das Gewicht der Ankerwicklung in der Zeit nur unwesentlich geändert.

*) Siehe Seite 89.

Die Belastung des Magnetdrahtes (Stromdichte) wählt man bei neuzeitlichen Maschinen in offener Ausführung ca. **1,5—3,5 Ampere je mm², je nach der Kühlung der Wicklungen.**

Die Berechnung des Wickelschrittes.

Der in der Praxis stehende Ankerwickler und Elektromaschinenbauer versteht unter „Wickelschritt" die Lage eines Wicklungselementes (Spule) in den Ankernuten, wie in Abb. 59 durch die Schrittbezeichnung Y_1 veranschaulicht. Dieser sogenannte „Nutenschritt" muß an Hand der nachstehend angegebenen Formeln, unter Berücksichtigung der für die verschiedenen Wicklungsarten in Frage kommenden Vorbedingungen für die Ausführbarkeit, errechnet werden.

Zum besseren Verständnis der Formeln sei folgendes erwähnt:

Bei den Gleichstrom-Ankerwicklungen spielen heute nur noch die sogenannten Trommelwicklungen eine Rolle. Die Ringwicklung wird seit längerer Zeit nicht mehr angewandt.

Wir kennen in der Praxis 3 Ausführungsarten der Trommelwicklung, und zwar

1. die Handwicklung,
2. die Formspulenwicklung,
3. die Stabwicklung.

Diese Wicklungsarten werden heute fast ausschließlich als sogenannte **„Zweischichtenwicklung"** (Abb. 58) ausgeführt, d. h. in jeder Ankernute liegen 2 Spulenhälften, oder wie sich der Handwerker ausdrückt, „eine obere und eine untere Lage".

Abb. 57. Einschichtwicklung.

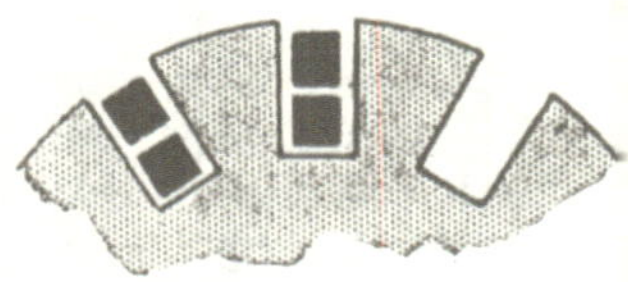

Abb. 58. Zweischichtenwicklung.

Bei der sogenannten **„Einschichtwicklung"** (Abb. 57), die in früheren Jahren beispielsweise bei der S. G. Type der A. E. G. angewandt wurde, ist der Anker vielfach auch nutenlos. Die Spulenhälften liegen also nicht wie bei der Zweischichtenwicklung über-, sondern nebeneinander auf dem Umfang des Ankers. Man nannte diese Wicklungsart auch Oberflächenwicklung. Eine praktische Bedeutung hat dieselbe heute nicht mehr, da seit langen Jahren nur noch die Zweischichtenwicklung angewandt wird.

Während bei Gleichstrommaschinen für niedrige Spannungen die Zahl der Kollektorlamellen im allgemeinen gleich der Nutenzahl ist, findet man bei Maschinen für höhere Spannungen, daß die Zahl der Kollektorlamellen ein Mehrfaches der Ankernutenzahl beträgt. In dem letzten Falle besteht eine Ankerspule aus mehreren Teilspulen (Mehrfachspulen). Man spricht hier von Zwei-, Drei-, Vierfachspulen. Die Anzahl der für eine Spule vorhandenen Teilspulen stellt einen Faktor in der Formel für den Wickelschritt dar.

Parallelwicklungen.

Die Parallelwicklung wird auch Schleifenwicklung genannt und vorzugsweise bei 2poligen Maschinen angewendet. Die Zahl der parallelgeschalteten Ankerstromzweige ist bei dieser Wicklungsart stets = der Polzahl.

Bei einer 2poligen Parallelwicklung ist also die Zahl der parallelgeschalteten Ankerstromzweige = 2, bei einer 4poligen Maschine = 4 usw.

Der Strom in den einzelnen Leitern des Ankers ist demnach

$$\frac{J}{P}$$

J = der gesamte Ankerstrom und P = Polzahl der Maschine. Beträgt der gesamte Ankerstrom beispielsweise = 40 Amp. und besitzt der Anker eine 2polige Parallelwicklung, so fließt in einem Ankerleiter ein Strom von

$$40 : 2 = 20 \text{ Ampere}$$

und für diesen Strom ist der Querschnitt eines Ankerleiters zu bemessen. Ein Ankerleiter kann auch aus mehreren parallelgeschalteten Leitern (Drähte) bestehen. In diesem Fall kommt die Summe der parallelgeschalteten Querschnitte als Gesamtquerschnitt in Betracht.

Die Anzahl der Bürsten auf dem Kollektor ist bei Parallelwicklung des Ankers stets = der Polzahl.

Der Wickelschritt.

Die Teilschritte Y_1 und Y_2 (siehe Abb. 59) müssen stets ungefähr gleich der Polleitung und ungerade ganze Zahlen sein. In den nachstehenden Formeln bedeuten die Buchstaben

X = Anzahl der Spulen,
b = eine Zahl, deren Wert mit 2, 4, 6 einzusetzen ist, damit der vorstehenden Bedingung entsprochen ist,
2p = Anzahl der Pole.

Die Formel für die Berechnung des Wickelschrittes bei Parallelwicklungen lautet:

$$Y_1 = \frac{X + b}{2p}$$

$$Y_2 = Y_1 - 2$$

Beispiel: Ein 4poliger Gleichstromanker (2p = 4) hat

16 Nuten
32 Spulen.

Dann ist für die Zweischichtenwicklung der Wickelschritt

$$Y_1 = \frac{32 + 4}{4} = 9$$

$$Y_2 = 9 - 2 = 7$$

Der für die Praxis in Frage kommende **Nutenschritt** wird nun nach folgender Formel errechnet:

$$\text{(Nutenschritt) } Y_n = \frac{Y_1 - 1}{\text{Anzahl der in einer Nute liegenden Spulen}}$$

In dem vorliegenden Falle liegen in einer Nute 2 Spulen, es handelt sich daher um sogenannte Einfachspulen. Mithin beträgt der Nutenschritt

$$\text{Nutenschritt} = \frac{9 - 1}{2} = 4$$

d. h. der eine Schenkel einer Spule liegt in Nute 1, der andere Schenkel in Nute 5.

Beispiel: 18 Nuten
36 Spulen
$2p = 4$

$$Y_1 = \frac{36 - 0}{4} = 9$$

$$Y_2 = 9 - 2 = 7$$

$$Y_n = \frac{9 - 1}{2} = 4 \text{ (Nutenschritt)}$$

Beispiel: 52 Nuten
$52 \cdot 4 = 208$ Spulen
$2p = 4$ (4polig)

$$Y_1 = \frac{208 + 4}{4} = 53$$

$$Y_2 = 53 - 2 = 51$$

$$Y_n = \frac{53 - 1}{4} = 13$$

Der Nutenschritt beträgt also = 13, d. h. der eine Schenkel einer Spule liegt in Nute 1, der andere Schenkel in Nute 14.

Bei Instandsetzung und Neuwicklung elektrischer Maschinen tritt der Fall verhältnismäßig häufig ein, daß die Wickeldaten, insbesondere der Nutenschritt errechnet werden müssen. Sei es, daß die ursprünglichen Daten gelegentlich einer früheren Instandsetzung geändert, oder die Aufzeichnungen verlegt wurden.

Der Wickler hat nach den vorstehenden Ausführungen alsdann folgende Unterlagen nötig, um den Wickelschritt errechnen zu können:

1. die Nutenzahl des Ankers,

2. die Zahl der vorhandenen Spulen,

3. die Polzahl der Maschine.

Bei Ziff. 2 kommt es darauf an, die richtige Spulenzahl festzustellen. Wie schon bemerkt, ist mit der Spulenzahl **die Summe** der Teilspulen gemeint, falls es sich um sogenannte Mehrfachspulen handelt.

Liegt diese Zahl einwandfrei fest und ist die Polzahl der jeweiligen Maschine entnommen, so besteht die einzige Schwierigkeit darin, durch Wahl der Größe „b" dafür zu sorgen, daß die Teilschritte Y_1 und Y_2 ungerade werden.

In vielen Fällen wird man die Rechnungen mehreremal durchführen müssen, bis den Voraussetzungen entsprochen ist.

Reihenwicklungen.

Bei fast allen mehrpoligen Maschinen mittlerer Leistung für Spannungen von 220—440 Volt ist die Ankerwicklung als Reihenwicklung ausgeführt. Bei dieser Wicklungsart ist im Gegensatz zu der Parallelwicklung die Zahl der parallelgeschalteten Ankerstromzweige stets 2, gleichgültig ob die Polzahl 4, 6, 8 usw. beträgt.

Bei der 4poligen Reihenwicklung ist die Spulenzahl meist ungerade.

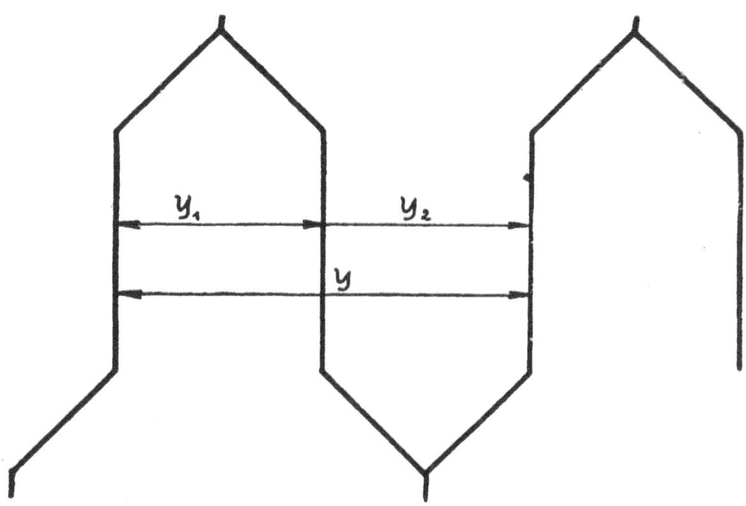

Abb. 59. Die Wickelschritte Y, Y_1 u. Y_2 bei Reihenwicklung.

Die Teilschritte Y_1 und Y_2 (siehe Abb. 59) müssen auch bei Reihenwicklungen ungerade, ganze Zahlen sein und werden nach folgender Formel errechnet:

$$Y = \frac{\text{Spulenzahl} \pm 2}{2} = \text{ganze gerade Zahl.}$$

Der Schritt Y ist die Summe der beiden Teilschritte Y_1 und Y_2. Der Schritt Y wird aufgeteilt in die beiden Teilschritte Y_1 und Y_2, und zwar derart, daß die Bedingungen für den Nutenschritt

$$Y_n = \frac{Y_1 - 1}{\text{Anzahl der Spulen je Nute}}$$

erfüllt wird.

Beispiel: 33 Nuten
198 Spulen (Dreifachspulen)
$2p = 4$ (4polig)

$$Y = \frac{198 - 2}{2} = 98$$

Werden die beiden Teilschritte Y_1 und Y_2 gleich gewählt, so ist

$$Y_1 = 49,$$
$$Y_2 = 49$$

und der Nutenschritt

$$Y_n = \frac{49 - 1}{6} = 8 \text{ (Nutenschritt)}$$

d. h. der eine Schenkel einer Spule liegt in Nute 1, der andere in Nute 9.

Beispiel: 25 Nuten
150 Spulen (Dreifachspulen)
$2p = 4$ (4polig).

$$Y = \frac{150 \pm 2}{2} = 74 \text{ oder } 76$$

$$Y_1 = 37 \text{ oder } Y_1 = 37$$
$$Y_2 = 37 \quad\quad Y_2 = 39$$

Bei $Y_1 = 37$ wird der Nutenschritt

$$Y_n = \frac{37 - 1}{6} = 6 \text{ (Nutenschritt).}$$

In der Praxis kommt es bei Umwicklungen für höhere Spannungen vor, daß mit Rücksicht auf den funkenfreien Lauf die Anzahl der Teilspulen erhöht werden muß, um die Lamellenspannung auf einen möglichst niedrigen Wert zu halten. Wenn beispielsweise die ursprüngliche Dreifachspule in eine Vierfachspule geändert wird, so kann der Fall eintreten, daß die Spulenzahl **gerade** wird. Da aber bei der 4poligen Reihenwicklung die

Spulenzahl ungerade sein muß, so hilft man sich in derartigen Fällen dadurch, daß eine Spule blind gelegt wird. Bei 33 Ankernuten und Dreifachspulen ist eine 4polige Reihenwicklung ausführbar. Bei Anwendung von Vierfachspulen hingegen nicht. Wird jedoch eine Spule blind gelegt, wie dies in der Praxis vielfach beobachtet werden kann, so ist den Voraussetzungen entsprochen. Man kann auch die Wicklung mit der geraden Spulenzahl als Reihenwicklung ausführen, indem eine Schaltverbindung eingefügt wird. (Siehe Raskop — Berechnungsbuch, künstlich geschlossene Reihenwicklungen.)

Reihen-Parallelwicklungen.

Man findet diese Wicklungsart bei Maschinen größerer Leistung bzw. hoher Ströme. (Ausführliche Beschreibung siehe Raskop: Die Instandsetzungen usw. 6. Auflage).

Der Wickelschritt wird nach folgender Formel errechnet:

$$Y = \frac{x \pm 2a}{p}$$

In dieser Formel bedeuten:

x = Spulenzahl,
2a = die Zahl der parallelgeschalteten Stromzweige im Anker,
p = halbe Polzahl.

Die Teilschritte Y_1 und Y_2 müssen wieder ungerade sein, wenn die Wicklung einfach geschlossen sein soll.

Beispiel: Spulenzahl = 504,
2a = 6,
2p = 10 (p = 5),

$$Y = \frac{504 + 6}{5} = 102$$

$$Y_1 = 51$$

$$Y_2 = 51$$

$$Y_n = \frac{51 - 1}{2} = 25 \text{ (Nutenschritt).}$$

In jeder Nute liegen 2 Spulen bzw. Stäbe. Insgesamt 252 Nuten gleich 504 Stäbe.

Die Berechnung des Wickelschrittes für eine Reihenparallelwicklung kommt für den Praktiker nur selten vor. In jedem Falle ist die Nuten-, Spulenzahl usw. durch die vorgefundene Wicklung gegeben. Handelt es sich um eine Umwicklung, so ist stets ein erfahrener Ingenieur zu Rate zu ziehen. Ergänzend zu der vorstehenden Ausführung wird auf das Buch Raskop: Die Instandsetzungen an elektrischen Maschinen, 6. Auflage, hingewiesen.

Die Berechnung des Kollektorschrittes*).

Die Ermittelung des Kollektorschrittes gehört zu den täglichen Aufgaben des Elektromaschinenbauers. Nicht allein bei der Festlegung des Schrittes, sondern auch bei der Schaltarbeit können leicht Fehler unterlaufen, die den ordnungsmäßigen Verlauf der Wickelarbeit störend beeinflussen.

Es gehört nicht zu den Seltenheiten, daß sich der Wickler beim Abzählen des Schrittes verzählt oder während der Schaltarbeit zwei Schaltdrähte vertauscht. In solchen Fällen hat natürlich die Wicklung keinen Anspruch auf Betriebstüchtigkeit. Wenn der ursprüngliche Kollektorschritt nicht nach Abb. 67 (Raskop: „Die Instandsetzungen usw.", 6. Auflage, Seite 95) gekennzeichnet ist, so berechne man nach folgenden Angaben die Daten und beachte insbesondere, daß beim Abzählen der Lamellen kein Fehler unterläuft. Empfehlenswert ist, nach Einstemmen der ersten oberen Schaltdrähte den Schritt zu prüfen.

Parallelschaltung.

Die einfach geschlossene Parallelschaltung wird bei 2poligen Maschinen fast ausschließlich angewandt. Bei mehr als 2 Polen kommen hingegen vorwiegend Reihen- und Parallelschaltungen in Frage.

Der Kollektorschritt ist bei Parallelschaltung stets ± 1, d. h. der Anfang einer Spule liegt in Lamelle 1, das Ende derselben Spule in der nächsten Lamelle rechts oder links daneben. (Siehe Raskop: Die Instandsetzungen usw., 6. Auflage, Seite 66, Abb. 40 und 41.)

Reihenschaltung.

Die Herstellung einer Reihenschaltung erfordert die größte Aufmerksamkeit des Wicklers. Schaltfehler lassen sich hierbei nicht so leicht feststellen wie bei Parallelschaltungen.

Der Kollektorschritt bei Reihenschaltungen berechnet sich nach:

$$\text{Kollektorschritt} = \frac{\text{Lamellenzahl} \pm 1}{\text{halbe Polzahl.}}$$

Beispiel: Der 5-PS-Anker 440 Volt **n** = 1250 Type E. G. 50 der A. E. G. hat einen Kollektor mit 131 Lamellen. Der Motor ist 4polig. Nach der vorstehenden Formel ist der Kollektorschritt:

$$\frac{131 - 1}{2} = 65.$$

Der Anfang einer Spule liegt also in Lamelle 1 und das Ende in Lamelle 66.

---

*) Siehe auch Raskop: „Berechnungsbuch des Ankerwicklers".

Beispiel: Der 4pol. 10-PS-Anker 440 Volt **n** = 1000 Type E. H. G. der Allgem. Elektr.-Ges. hat 47 Nuten, der Kollektor 187 Lamellen.

Der Kollektorschritt beträgt demnach:

$$\frac{187-1}{2} = 93.$$

Der Anfang einer Spule liegt in Lamelle 1, das Ende in Lamelle 94.

Motoren in vierpoliger Ausführung und normaler Reihenschaltung in der Ankerwicklung haben folgende Merkmale:

1. Der Anker hat ungerade Nutenzahl,
2. Der Kollektor hat ungerade Lamellenzahl.

Man findet allerdings auch, daß der Anker gerade Nutenzahl besitzt, jedoch hat der Kollektor stets ungerade Lamellenzahl, wenn es sich nicht um eine sog. künstlich geschlossene Reihenwicklung handelt.

Um die Ankerwicklung für jede gewünschte Betriebsspannung einrichten zu können, legt man in jeder Nute mehrere Spulen nebeneinander. Je höher die Betriebsspannung, je höher auch die Spulenzahl der Wicklung und die Lamellenzahl des Kollektors.

Beispiel: Der 5-PS-Anker **n** = 1200 Type E. G. 50 der A. E. G. hat bei:

220 Volt 1. 33 Nuten im Anker.
2. 99 Lamellen im Kollektor.
3. 99 Spulen im Anker.

440 Volt 1. 33 Nuten im Anker.
2. 131 Lamellen im Kollektor.
3. 131 Spulen im Anker.

Bei 220 Volt liegen in jeder Nute 3 Spulenhälften.

Bei 440 Volt liegen in jeder Nute 4 Spulenhälften.

In Wirklichkeit liegen daher bei 440 Volt **132 Spulen** im Anker. Da aber eine 4polige Reihenschaltung nur mit **ungerader Spulen-** und Lamellenzahl hergestellt werden kann, so bleibt **eine Spule im Anker tot liegen.** Anfang und Ende dieser toten Spule werden zweckmäßig vor Beginn der Wickelarbeit so kurz abgeschnitten, daß die isolierten Drahtenden bei Fertigstellung der Schaltung leicht erkennbar sind. Unterläßt man diese kleine Arbeit, so kann es vorkommen, daß man bei Herstellung der oberen Schaltlage das tote Ende der Spule irrtümlich in eine Lamelle legt. Zum Schluß ist dann ein Schaltende übrig, welches zur Folge hat, daß man einen mehr oder weniger großen Teil der Schaltung wieder aus den Kollektorlamellen entfernen und den toten Draht durch langwieriges Suchen ermitteln muß.

Bei sechspoligen Reihenwicklungen berechnet man den Kollektorschritt auf die gleiche Art wie bei vierpoligen Reihenwicklungen. Die Polzahl ist für die Anwendung der recht einfachen Formel gleichgültig, man muß nur darauf achten, daß man die halbe Polzahl richtig in die Rechnung einsetzt.

Beispiel: Ein sechspoliger Anker hat 152 Lamellen.

Der Kollektorschritt ist daher:

$$\frac{152+1}{3} = 51 \text{ (gekreuzt).}$$

Der Anfang einer Spule liegt in Lamelle 1 und das Ende in Lamelle 52.

Reihenparallelschaltungen*).

Bei Reihenparallelschaltungen berechnet man den Kollektorschritt nach folgender Formel:

$$\text{Kollektorschritt} = \frac{\text{Lamellenzahl} \pm \text{halbe Zahl der parallelgeschalteten Ankerstromzweige}}{\text{halbe Polzahl}}$$

Beispiel: Ein zehnpoliger Anker hat 72 Nuten, der Kollektor hat 72 Lamellen. Die halbe Zahl der parallel geschalteten Ankerstromzweige beträgt 3. Dann ist der Kollektorschritt

$$\frac{72+3}{5} = 15.$$

Der Anfang einer Spule liegt in Lamelle 1, das Ende in Lamelle 16.

Bei dem Abzählen des Kollektorschrittes muß in allen Fällen das Ergebnis stets zu derjenigen Lamelle hinzugezählt werden, wo mit der Abzählung des Schrittes begonnen wird.

Ausgleichringe**).

Bei Anwendung der Parallelwicklung tritt bei mehrpoligen Maschinen mit ungleich bewickelten Feldpolen oder bei exzentrischer Lage des Ankers im Polring der Nachteil der Funkenbildung ein.

Um diese Erscheinung zu vermeiden, führt man derartige Wicklungen mit sogenannten Ausgleichringen aus, welche an der Riemenscheibenseite des Ankers in dem Hohlraum des Wickelkopfes angeordnet werden.

Die Ausgleichringe bieten den in der Wicklung auftretenden Kurzschlußströmen einen induktionsfreien Weg und verteilen die Belastung der einzelnen Stromzweige auf sämtliche Bürsten gleichmäßig.

Die Anzahl der Ringe muß stets in die Stabzahl und Polzahl des Ankers teilbar sein.

---

*) Siehe auch Raskop, „Die Instandsetzungen", 6. Aufl., S. 71.

**) Siehe auch Raskop, „Die Instandsetzungen", 6. Aufl., S. 61. Sonderabhandlung über Funkenbildung.

Beispiel: Ein 10poliger Anker hat 250 Stäbe.

Da derselbe eine Parallelwicklung besitzt, ist die Zahl der parallelgeschalteten Ankerstromzweige auch 10. In einem Stromzweig liegen 250 : 10 = 25 Stäbe. Es sind 5 Ausgleichsringe vorhanden, so daß jeder fünfte Stab mit einem Ring verbunden werden muß.

Ring	Stäbe	Stäbe	Stäbe	Stäbe	
1	1	26	51	76	usw.
2	5	30	55	80	
3	10	35	60	85	
4	15	40	65	90	
5	20	45	70	95	

Man findet auch vielfach Ausgleichsverbindungen *) hinter dem Kollektor angeordnet. Diese Verbindungen erfüllen denselben Zweck wie die Ausgleichringe.

Eine andere Bedeutung haben jedoch die sogenannten **Mordeyschaltungen,** die ebenfalls hinter dem Kollektor angeordnet werden. Man findet diese Schaltungen nur bei mehrpoligen Ringwicklungen, wo dieselben den Zweck haben, die Herstellung einer Reihenschaltung zu ermöglichen. Die Lamellenzahl im Kollektor ist bei solchen Maschinen doppelt so groß als die Spulenzahl.

In jeder Lamelle liegt ein Draht der Kollektorverbindung und ein Schaltdraht der Wicklung.

Ohne Mordeyschaltung wäre die Wicklung nicht geschlossen, weil in einer Lamelle der Anfang und in der nächsten Lamelle das Ende liegt, ohne Verbindung mit einer anderen Spule zu haben.

Der Schritt einer derartigen Schaltung wird genau so berechnet wie der Kollektorschritt bei Reihenschaltungen.

Man betrachtet hierbei die Spulenzahl als Lamellenzahl und sucht diejenige Spule, die mit Spule 1 verbunden werden muß, damit die Reihenschaltung entsteht.

Beispiel: Ein vierpoliger Ringanker hat 63 Spulen im Anker und 126 Lamellen im Kollektor. Der Schaltungsschritt ist dann

$$\frac{63-1}{2} = 31.$$

Anfang Spule 1 muß also mit Ende Spule 32 durch die Kollektorverbindung verbunden werden.

Das Ende der Spule 32 liegt in Lamelle 64, so daß der Schaltschritt von Lamelle 1 nach Lamelle 64 reicht.

*) Siehe auch Raskop, „Das Elektromaschinenbauer-Handwerk", 2. Aufl., S. 65, 89 u. 90.

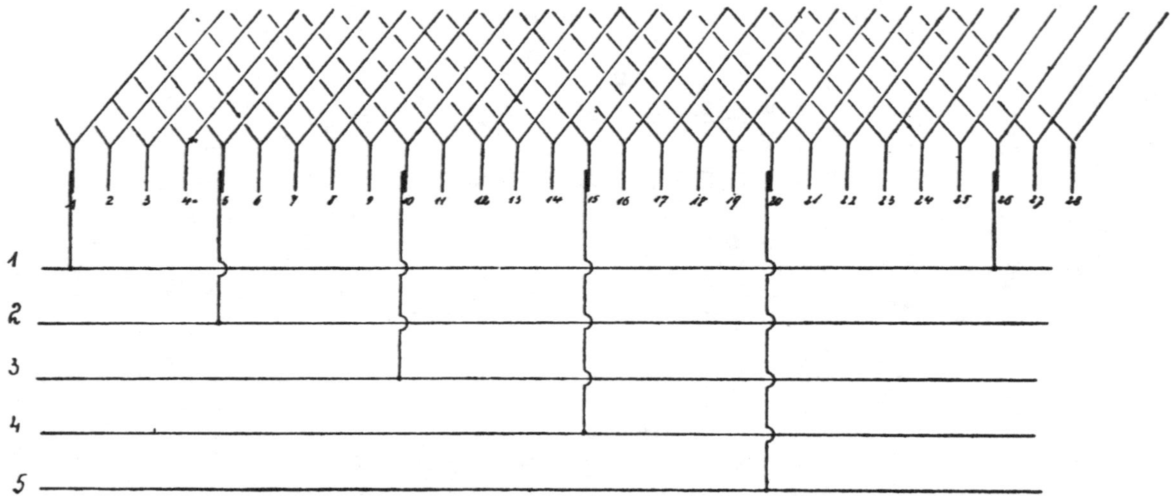

Abb. 60. Schema für Ausgleichringe an einem Gleichstromanker mit 250 Stäben.

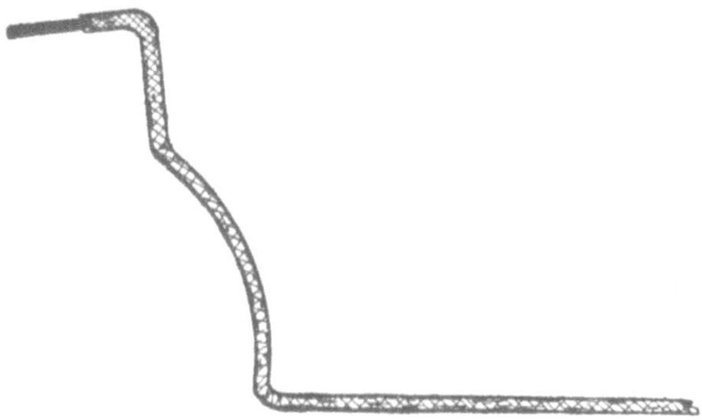

Abb. 61. Geformter Schaltdraht für Kollektor-Verbindung.

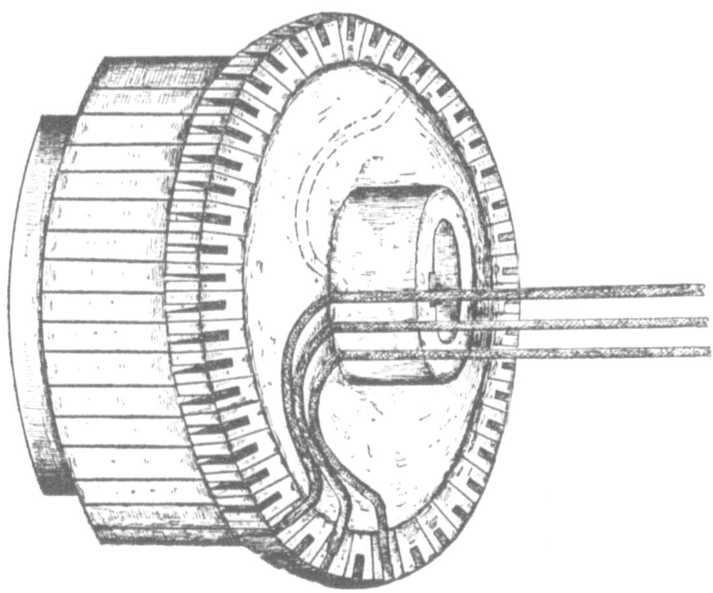

Abb. 62. Anordnung der Schaltdrähte auf der Rückseite des Kollektors.

Die Mordey-Schaltungen werden in einzelnen Lagen hergestellt, weil die Kollektorfläche die Aufnahme sämtlicher Schaltdrähte in einer Lage nicht ermöglicht.

Die einzelnen Schaltdrähte werden nach Abb. 61 gebogen und etwa in zwei Lagen nach Abb. 62 in den Kollektor untergebracht. Die Lagen werden voneinander isoliert. Um die hochstehenden Enden wird eine Kordelbandage gelegt, jeder Draht umgeklappt und entsprechend dem Schritt in die bestimmte Lamelle eingestemmt.

Bei einiger Übung lassen sich solche Schaltungen sehr sauber herstellen.

V. Teil.

Umschalten eines Gleichstrom-Motors (4 polig) von 220 auf 110 Volt*).

Durch Änderung der Schaltungen an Gleichstrommotoren ist es möglich, den Motor für eine andere Spannung herzurichten, ohne daß die Nennleistung geändert wird.

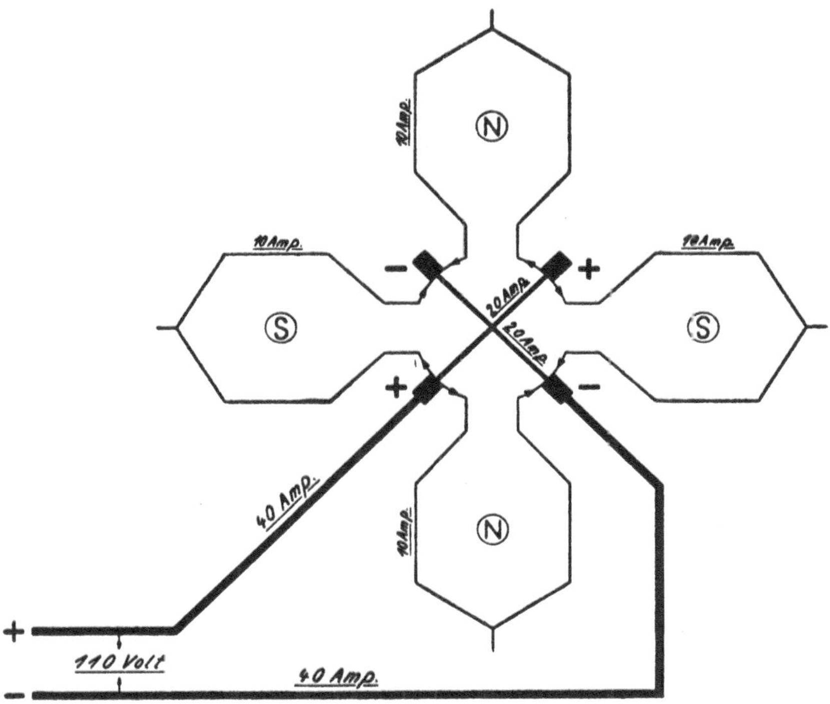

Abb. 62 a

*) Der Motor nimmt bei 220 Volt einen Vollaststrom von 20 Ampere und bei 110 Volt 40 Ampere auf.

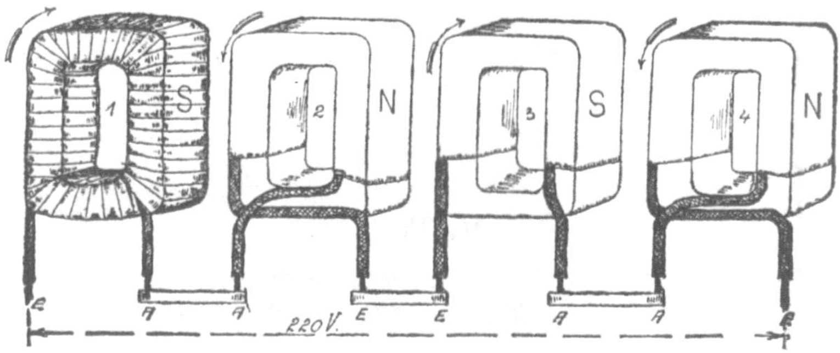

Abb. 63. Reihenschaltung von 4 Feldspulen bei 220 Volt.

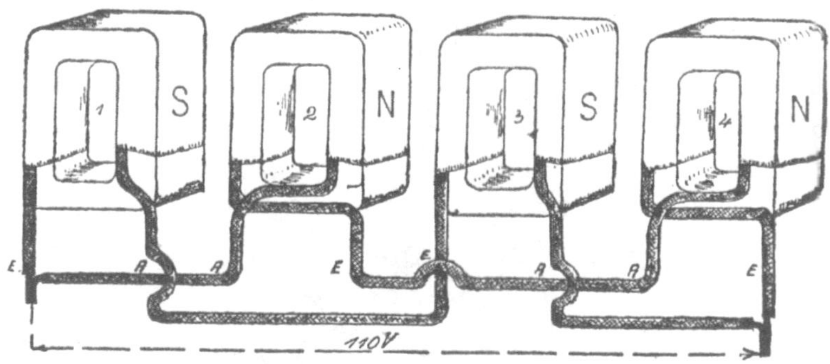

Abb. 64. Parallelschaltung von 4 Feldspulen von 220 auf 110 Volt.

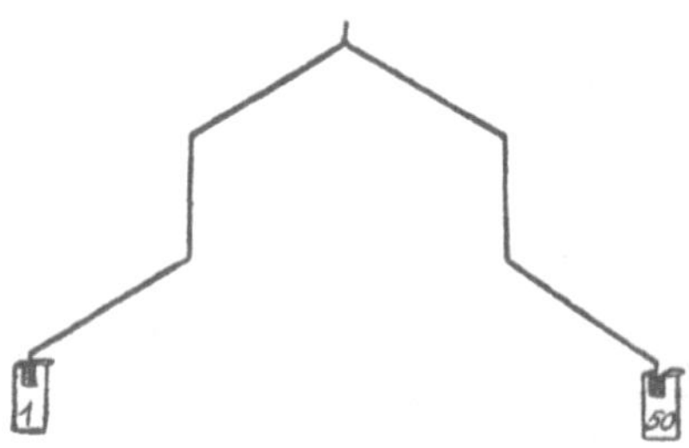

Abb. 65. Reihenschaltung für 220 Volt Betriebsspannung.

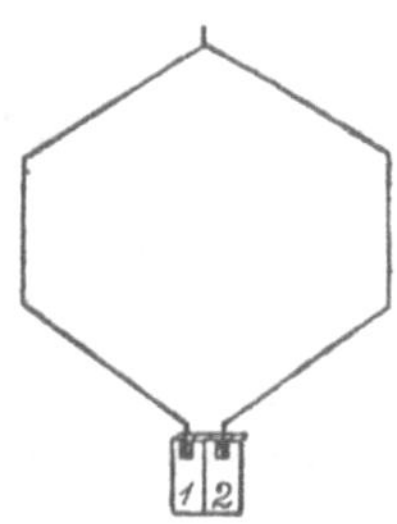

Abb. 66. Parallelschaltung für 110 Volt Betriebsspannung.

Als Beispiel soll der 5-PS-Motor 220 Volt, $n = 1200$, Type E. G. 50 der A. E. G. durch Umschalten der Feld- und Ankerwicklung für eine Betriebsspannung von 110 Volt hergerichtet werden. Abb. 63 zeigt die Schaltung der vier Feldspulen für 220 Volt Betriebsspannung. Durch Parallelschaltung der Feldspulen nach Abb. 64 ist die Feldwicklung für 110 Volt zu verwenden.

Der Anker dieses Motors ist bei 220 Volt mit einer Reihenwicklung ausgerüstet, der Kollektorschritt ist 1 + 49. Der Anfang einer Spule liegt daher in Lamelle 1 und das Ende in Lamelle 50 (Abb. 65).

Wird die Ankerwicklung nun in Parallelschaltung (Abb. 66) ausgeführt, so ist der Anker für 110 Volt verwendbar.

Zur Kontrolle, ob die Querschnittsverhältnisse in den Wicklungen auch für den bei 110 Volt auftretenden doppelten Strom stimmen, sei folgende Probe ausgeführt.

Bei 220 Volt hat der Anker Reihenschaltung. Die Zahl der parallelgeschalteten Ankerstromzweige ist nach früherer Erklärung bei Reihenwicklungen stets = 2. Der Strom, der in den Ankerleitern fließt, ist bei 220 Volt daher 20 : 2 = 10 Ampere.

Bei Parallelschaltung ist der Strom in den Ankerleitern gleich dem Maschinenstrom, geteilt durch die Polzahl. In dem vorstehenden Falle also = 40 : 4 = 10 Ampere (Abb. 62a).

Hieraus ist zu ersehen, daß der Querschnitt der Ankerwicklung für die neuen Verhältnisse stimmt, weil der in den Ankerleitern fließende Strom derselbe bleibt wie bei 220 Volt. Die Windungszahlen der Feld- und Ankerwicklung sind durch die Parallelschaltung auf die Hälfte der ursprünglichen Zahl vermindert, während der Querschnitt auf das Doppelte erhöht worden ist.

Durch umgekehrte Anwendung der Schaltungen kann man natürlich auch einen Motor von 110 Volt auf 220 Volt Betriebsspannung schalten.

Umwicklung von Drehstrommotoren für andere Drehzahlen.

Die bekannte Tatsache, daß die Läuferdrehzahl bei Drehstrommotoren lediglich von der Polpaarzahl und von der Netzfrequenz abhängig ist, bedingt, daß für den Regelfall das aktive Eisen (Ständer- und Läuferblechpaket) von vornherein durch den Erbauer für eine bestimmte Polpaarzahl ausgelegt werden muß. Ausnahmen bilden die polumschaltbaren Drehstrommotoren, die bei der Betrachtung nicht berücksichtigt werden sollen.

Da nun die Blechschnitte für den Ständer und Läufer nicht nur eine für die bestimmte Polpaarzahl passende Nutenzahl erhalten müssen, sondern auch der Zahnquerschnitt und insbesondere der Querschnitt des Ständerjoches vom Erbauer zwangsläufig für die vorgesehene Polpaarzahl festgelegt werden, so erhellt hieraus, daß die Verwendung des aktiven Eisens für eine andere als die ursprüngliche Polzahl nicht ohne weiteres möglich ist.

Der Umwicklung von Drehstrommotoren für eine andere als die ursprüngliche Drehzahl stellen sich demnach stets mehr oder weniger große Schwierigkeiten entgegen.

Soweit die Nutenzahlen hierbei in Frage stehen, lassen sich die Schwierigkeiten fast immer, und zwar gegebenenfalls durch Anwendung einer Bruchlochwicklung*) überwinden. In besonders schwierigen Fällen wird man durch Anwendung einer Bruchlochwicklung mit einer oder mehreren unbewickelten Nuten die gestellte Aufgabe lösen können.

Ungleich schwieriger liegen die Verhältnisse bezüglich der Abmessungen des aktiven Eisens. Da hieran nichts geändert werden kann, so ist die geplante Umwicklung sehr häufig undurchführbar.

Wir wollen zunächst das Problem der Nutenzahlen in bezug auf die Anwendbarkeit für mehrere Polpaarzahlen behandeln.

Die praktisch sehr häufig vorkommende Nutenzahl 36 läßt sich beispielsweise für 2-, 4- und 6polige Dreiphasen-Ganzlochwicklungen verwenden, während eine 8polige Dreiphasen-Ganzlochwicklung nicht ausführbar ist. Indessen läßt sich aber bei 36 Nuten eine symmetrische Dreiphasen-Bruchlochwicklung anwenden. Ähnlich liegen die Verhältnisse bei vielen anderen in der Regel vorliegenden Nutenzahlen. Wenn wir uns auf die praktischen Fälle beschränken, die in Instandsetzungswerken elektrischer Maschinen vorkommen, so läßt sich die Ausführbarkeit einer normalen Dreiphasen-Ganzlochwicklung durch folgende einfache Formel prüfen:

$$\frac{\text{Nutenzahl}}{\text{Gruppenzahl}} = \text{gerade ganze Zahl}$$

Wir wollen einige Beispiele anführen. Die normale 4polige Dreiphasen-Ganzlochwicklung besteht aus 6 einzelnen Gruppen. Bei 36 Nuten ergibt die Kontrolle

$$\frac{36}{6} = 6$$

Jede Gruppe belegt 6 Nuten. Man spricht hier von einer Dreilochwicklung.

Die 6polige Dreiphasen-Ganzlochwicklung besteht aus neun Gruppen. Bei 36 Nuten ergibt die Kontrolle

$$\frac{36}{9} = 4$$

Man spricht hier von einer Zweilochwicklung.

Die 8polige Dreiphasen-Ganzlochwicklung besteht aus zwölf Gruppen. Bei 36 Nuten ergibt die Kontrolle

$$\frac{36}{12} = 3$$

eine ungerade Zahl. Eine Ganzlochwicklung ist daher nicht ausführbar.

*) Über Bruchlochwicklungen siehe auch Seite 113 u. 142.

Der Einfachheit und Übersichtlichkeit halber wollen wir die gebräuchlichsten Nutenzahlen in bezug auf die Anwendbarkeit für mehrere Polzahlen geordnet zusammenstellen.

Tabelle Nr. I

über einige Nutenzahlen, die für mehrere Polzahlen bei Anwendung einer normalen Dreiphasen-Ganzlochwicklung verwendbar sind.

Nutenzahl	Verwendbar für die Polzahlen					Läuferdrehzahlen bei 50 Hertz				
24	2	4	—	8	—	3000	1500	—	750	—
36	2	4	6	—	—	3000	1500	1000	—	—
48	2	4	—	8	—	3000	1500	—	750	—
54	—	—	6	—	—	—	—	1000	—	—
60	2	4	—	—	10	3000	1500	—	—	600
72	2	4	6	8	—	3000	1500	1000	750	—

Scheidet nun für den praktischen Fall durch Vergleich der Nutenzahl mit der Tabelle I die Herstellung einer normalen Dreiphasen-Ganzlochwicklung aus, so ist damit nicht bewiesen, daß die geplante Umwicklung undurchführbar ist.

An Stelle der Dreiphasen-Ganzlochwicklung kann in der Regel die

Dreiphasen-Bruchlochwicklung

angewendet werden. Man unterscheidet hierbei Bruchlochwicklungen, wobei alle Nuten bewickelt werden und solche, wo eine oder mehrere Nuten unbewickelt bleiben.

Diese Bruchlochwicklungen haben den Ganzlochwicklungen gegenüber den Vorteil, daß die Spulengruppen desselben Wicklungsstranges unter sich in der Phase verschoben sind. Hierdurch werden die Wicklungsfaktoren der Oberwellen im höheren Maße verkleinert, als der Wicklungsfaktor der Grundwelle. Durch diese Auswirkung ergibt sich der Vorteil, daß die Spannungskurve sich mehr der angestrebten Sinusform nähert, als dies bei Ganzlochwicklungen mit etwa gleicher Nutenzahl der Fall ist. Die schädlichen Oberwellen der EMK werden also bei Bruchlochwicklungen mehr oder weniger unterdrückt.

Aus diesem Grunde wird die Bruchlochwicklung bei Drehstrom-Synchron-Generatoren bevorzugt. Aber auch aus anderen Gründen wendet man zuweilen die Bruchlochwicklung an, und zwar in solchen Fällen, wo ein vorhandener Blechschnitt, der für eine bestimmte Polzahl ausgelegt ist, für eine andere Polzahl verwendet werden soll.

Über die Ausführbarkeit der Dreiphasen-Bruchlochwicklung, bei der alle vorhandenen Nuten bewickelt werden, unterrichtet uns die Tabelle

Nr. II. Vergleichen wir die Tabellen I und II miteinander, so kann leicht festgestellt werden, daß in den meisten Fällen, wo die normale Ganzlochwicklung ausscheidet, die Bruchlochwicklung angewendet werden kann. Beispielsweise ersieht man aus der Tabelle I, daß bei 54 Nuten eine 2-, 4- und 8polige Ganzlochwicklung nicht ausführbar ist. Die Tabelle II zeigt indessen, daß bei gleicher Nutenzahl (54) eine 4polige, 8polige, 10polige usw. Bruchlochwicklung ausführbar ist.

Tabelle Nr. II

über die Ausführbarkeit einer Dreiphasen-Bruchlochwicklung (sämtliche Nuten bewickelt).

Nutenzahl	Ausführbar für die Polzahlen	Zahl der Wicklungselemente (Gruppen) je Phase	Bemerkungen
12	8, 10	2	
18	4, 8, 10, 12	3	
24	10	4	
30	4, 8	5	
36	8, 10	6	
42	4, 8, 10	7	
48	10, 14, 20	8	
54	4, 8, 10, 12, 14, 16	9	
60	8, 14, 16	10	
66	4, 8, 10, 14, 16, 20	11	
72	10, , 14, 16, 20	12	
78	4, 8, 10, 14, 16, 20	13	
84	8, 10, 16, 20	14	
90	4, 8, 12, 14, 16, 20	15	
96	10, 14, 20, 22	16	

Es sei nur der Ordnung halber erwähnt, daß die symmetrischen Dreiphasen-Bruchlochwicklungen vollständig einwandfreie Wicklungen sind.

Zum besseren Verständnis der Tabellen und zur Erleichterung des praktischen Gebrauchs derselben wollen wir noch die zu den Polzahlen gehörenden Läufer-Drehzahlen bei 50 Perioden (Hertz) geordnet zusammenstellen.

Für alle in der Tabelle III nicht aufgeführten Polzahlen und Drehzahlen gilt:

$$\text{Drehzahl in der Min.} = \frac{\text{Frequenz mal 60}}{\text{halbe Polzahl}}$$

$$\text{Polzahl} = \frac{\text{2mal (Frequenz mal 60)}}{\text{Drehzahl in der Min.}}$$

Dreiphasen-Einschicht-Bruchlochwicklungen mit Spulen ungleicher Weite*).

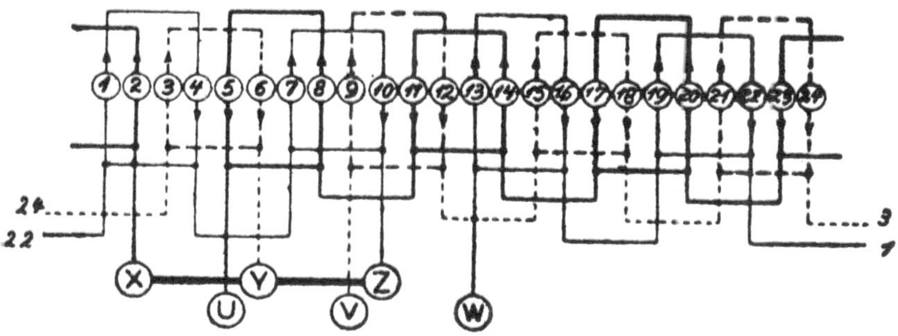

Abb. 67. Dreiphasen-Wicklung, 24 Nuten, 8 polig.

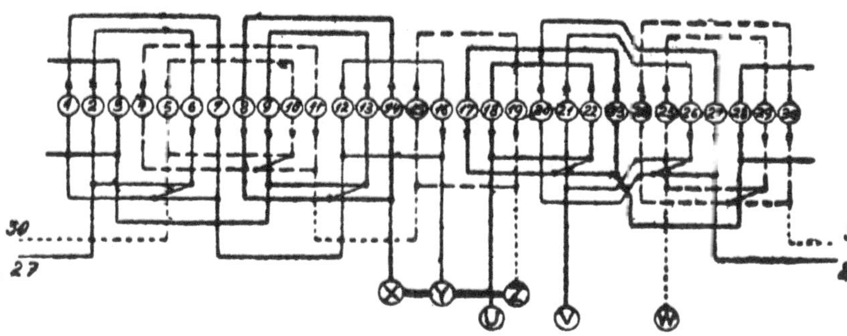

Abb. 68. Dreiphasen-Bruchlochwicklung, 30 Nuten, 6 polig.

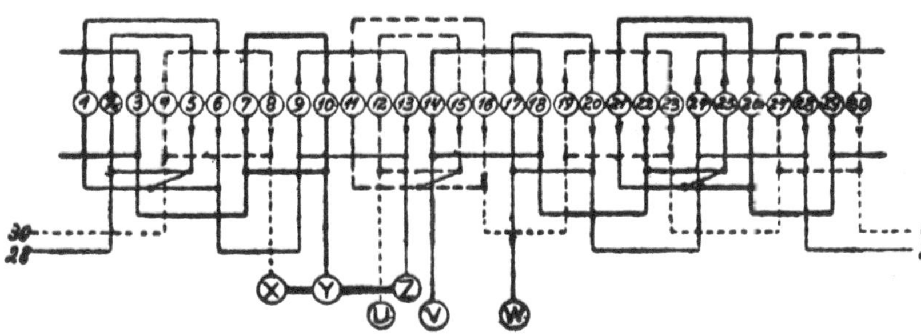

Abb. 69. Dreiphasen-Bruchlochwicklung, 30 Nuten, 8 polig.

*) Siehe auch Ein- u. Zweischichten-Buchlochwicklungen mit Spulen gleicher Weite Abb. 93, 98, 123 u. 127.

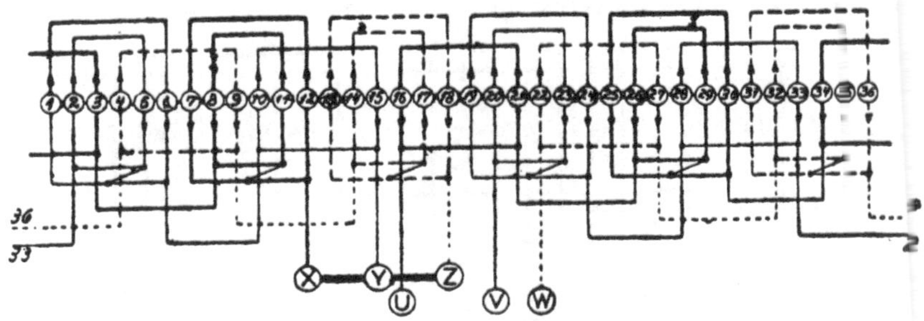

Abb. 70. Dreiphasen-Bruchlochwicklung, 36 Nuten, 8 polig.

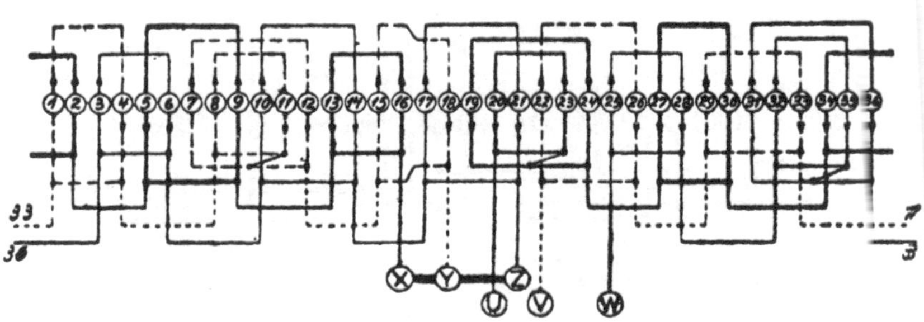

Abb. 71. Dreiphasen-Bruchlochwicklung, 36 Nuten, 10 polig.

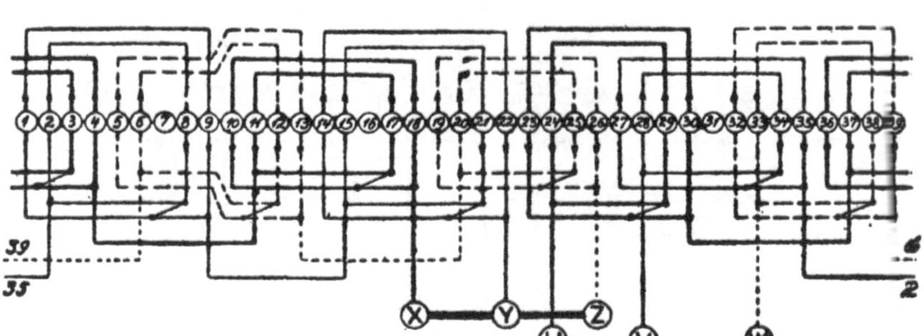

Abb. 72. Dreiphasen-Bruchlochwicklung, 39 Nuten, 6 polig
(3 Nuten, 7, 16, 31 unbewickelt)

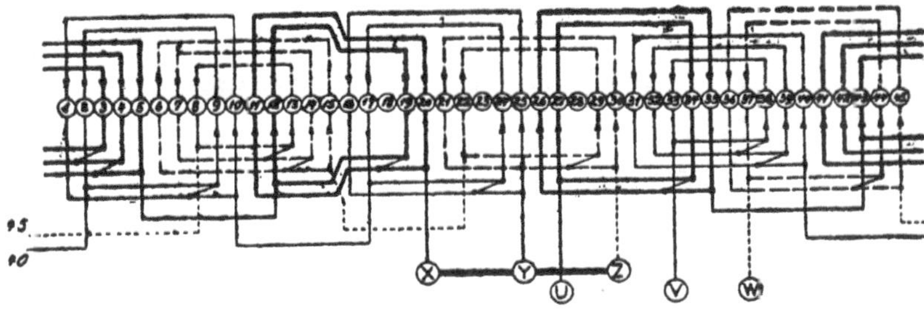

Abb. 73. Dreiphasen-Bruchlochwicklung, 45 Nuten, 6 polig
(3 Nuten unbewickelt, 18, 23 u. 28)

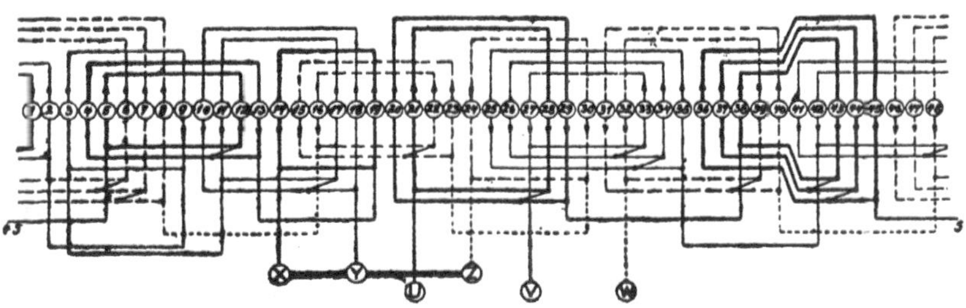

Abb. 74. Dreiphasen-Bruchlochwicklung, 48 Nuten, 6 polig.

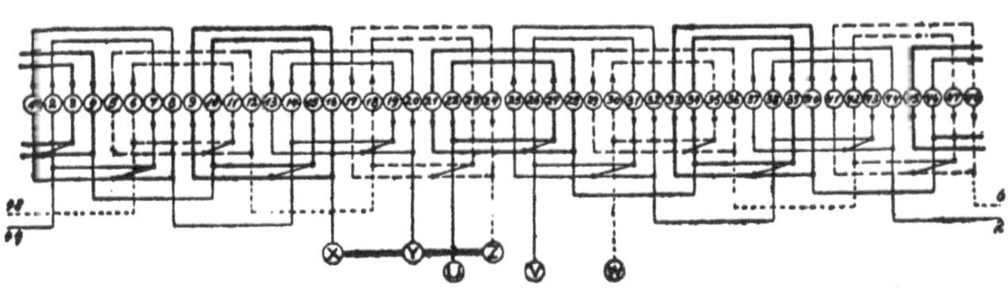

Abb. 75. Dreiphasen-Wicklung, 48 Nuten, 8 polig.

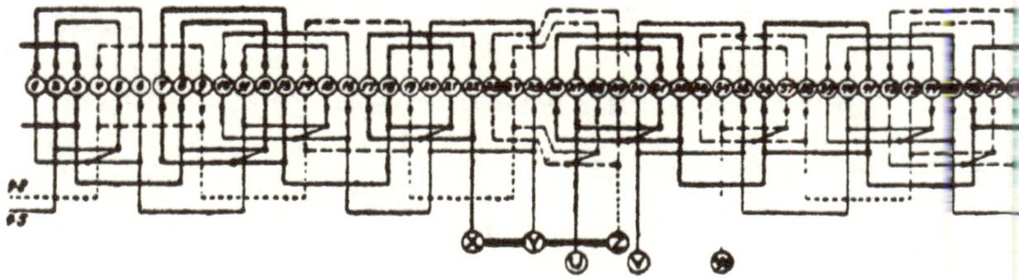

Abb. 76. Dreiphasen-Bruchlochwicklung, 48 Nuten, 10 polig.

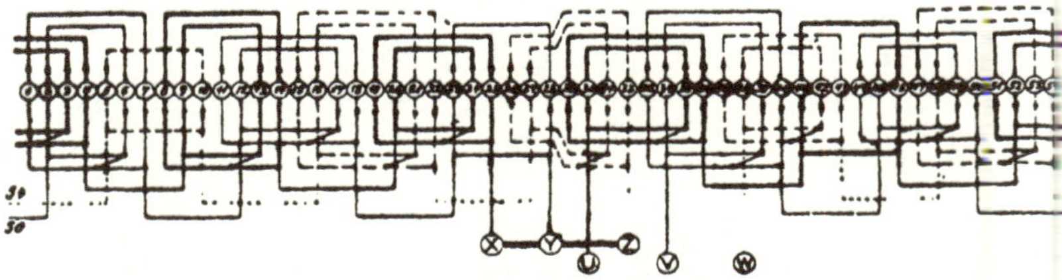

Abb. 77. Dreiphasen-Bruchlochwicklung, 54 Nuten, 10 polig.

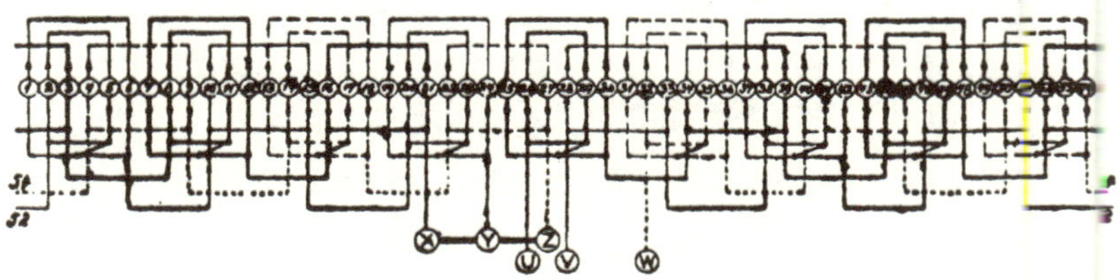

Abb. 78. Dreiphasen-Bruchlochwicklung, 54 Nuten, 12 polig.

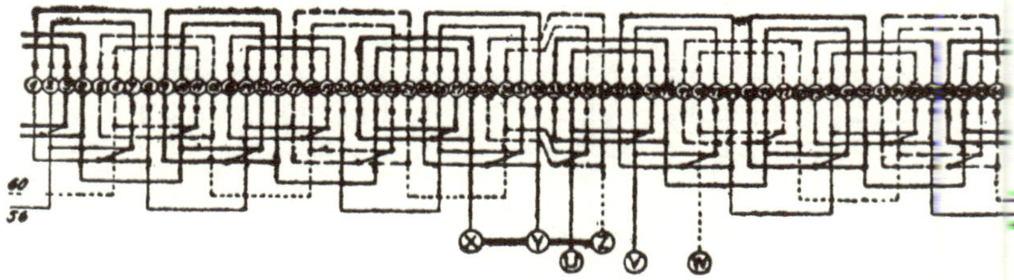

Abb. 79. Dreiphasen-Bruchlochwicklung, 60 Nuten, 10 polig.

Tabelle Nr. III

Polzahlen und die zugehörigen Läuferdrehzahlen bei 50 Hertz.

Polzahl	Läuferdrehzahl bei 50 Hertz (Leerlauf)
2	3000 Umdrehungen in der Minute
4	1500 „ „ „ „
6	1000 „ „ „ „
8	750 „ „ „ „
10	600 „ „ „ „
12	500 „ „ „ „
14	428 „ „ „ „
16	375 „ „ „ „
18	333 „ „ „ „
20	300 „ „ „ „
22	272 „ „ „ „
24	250 „ „ „ „
26	231 „ „ „ „
28	214 „ „ „ „
30	200 „ „ „ „

An Hand der vorstehenden Ausführungen und Tabellen läßt sich hinsichtlich der Nutenzahlen nunmehr für die praktisch in Betracht kommenden Fälle feststellen, ob die geplante Umwicklung eines Drehstrommotors für eine andere als die ursprüngliche Drehzahl durchführbar ist.

Ergänzend hierzu sei erwähnt, daß man den Läufer auch mit einer

Zweiphasen-Wicklung

oder sogar mit einer

Zweiphasen-Bruchlochwicklung

ausrüsten kann, wenn es sich herausstellen sollte, daß die Nutenzahl des Ständers für eine Dreiphasen- oder Dreiphasen-Bruchlochwicklung bestimmter Polzahl paßt, indessen die Nutenzahl des Läufers nicht für eine Dreiphasenwicklung gleicher Polzahl geeignet ist.

Nachdem nun die jeweils vorliegenden Nutenzahlen auf die Ausführbarkeit der geplanten Umwicklung geprüft worden sind, müssen noch eine Anzahl weiterer, wichtiger Fragen geklärt werden.

Bei allen Umwicklungen für andere Drehzahlen spielt die Leistung des Motors eine wichtige Rolle. Man ist vielfach der irrigen Auffassung, daß bei Umwicklungen von Drehstrommotoren die Leistung sich im Verhältnis der Drehzahlsteigerung erhöhe bzw. im Verhältnis der Drehzahlminderung abfalle. Zu dieser Annahme wird man verleitet, weil dies bei Gleichstrommotoren im Regelfall zutrifft.

Es wurde bereits darauf hingewiesen, daß der Erbauer eines Drehstrommotors das aktive Eisen (Blechpakete) für eine bestimmte Polzahl auslegt und daß bei dieser ursprünglich vorgesehenen Polzahl das aktive Eisen bestmöglich ausgenutzt wird.

Will man die Läuferdrehzahl des Motors erhöhen oder herabsetzen, so muß das aktive Eisen für eine andere als die ursprüngliche Polzahl bewickelt werden.

Hieraus ergibt sich zwangsläufig, daß das aktive Eisen schlechter ausgenutzt wird als bei der ursprünglichen Polzahl (Drehzahl).

Zweckmäßig betrachten wir uns eine Reihe von Ständer- und Läuferblechen, die alle gleichen Außendurchmesser haben, aber für verschiedene Polzahlen genutet sind. Diese Bleche passen alle in ein und dasselbe Gehäuse. Aus Abb. 80 ersieht man zunächst, daß ein Modell für verschiedene Leistungen und Drehzahlen verwendet werden kann. Man kann aber auch auf den ersten Blick feststellen, daß die Blechschnitte grundverschieden untereinander sind

Der Läuferdurchmesser.

Die erste wichtige Feststellung, die wir der Abb. 80 entnehmen können, ist die Tatsache, daß der Läuferdurchmesser mit der Polzahl zunimmt.

Ständerjoch.

Das Maß von Außenkante Ständerblech bis zum Nutengrund (Ständerjoch) nimmt mit steigender Polzahl ab.

Nutenzahl.

Die Nutenzahlen im Ständer und Läufer werden bei steigender Polzahl höher.

Diese Unterschiede, welche die verschiedenen Blechschnitte aufweisen, liegen in den bekannten Konstruktionsregeln begründet. Der Erbauer hat ja die Aufgabe, mit möglichst geringem Aufwand an aktivem Material einen Motor herzustellen, der hinsichtlich Leistung, Wirkungsgrad, Leistungsfaktor und Erwärmung den Normwerten entspricht und bezüglich Preis wettbewerbsfähig ist.

Würde der Erbauer beispielsweise den 2poligen Blechschnitt auch für den 10poligen Motor verwenden, d. h. das 2polige aktive Eisen mit einer 10poligen Wicklung ausrüsten, so würde sich folgendes ergeben:

1. Das aktive Eisen würde schlecht ausgenutzt. Mithin hätte der Motor eine geringere Leistung, als wenn der 10polige Blechschnitt verwendet worden wäre.
2. Der Leisungsfaktor wäre schlechter, weil u. a. der 2polige Blechschnitt weniger Nuten besitzt als der 10polige.

Aus Abb. 80 ist zu ersehen, daß bei einem 2polig genuteten Blechpaket ein Teil des aktiven Ständereisens völlig unausgenutzt bleibt, wenn dasselbe z. B. mit einer 10poligen Wicklung ausgerüstet wird.

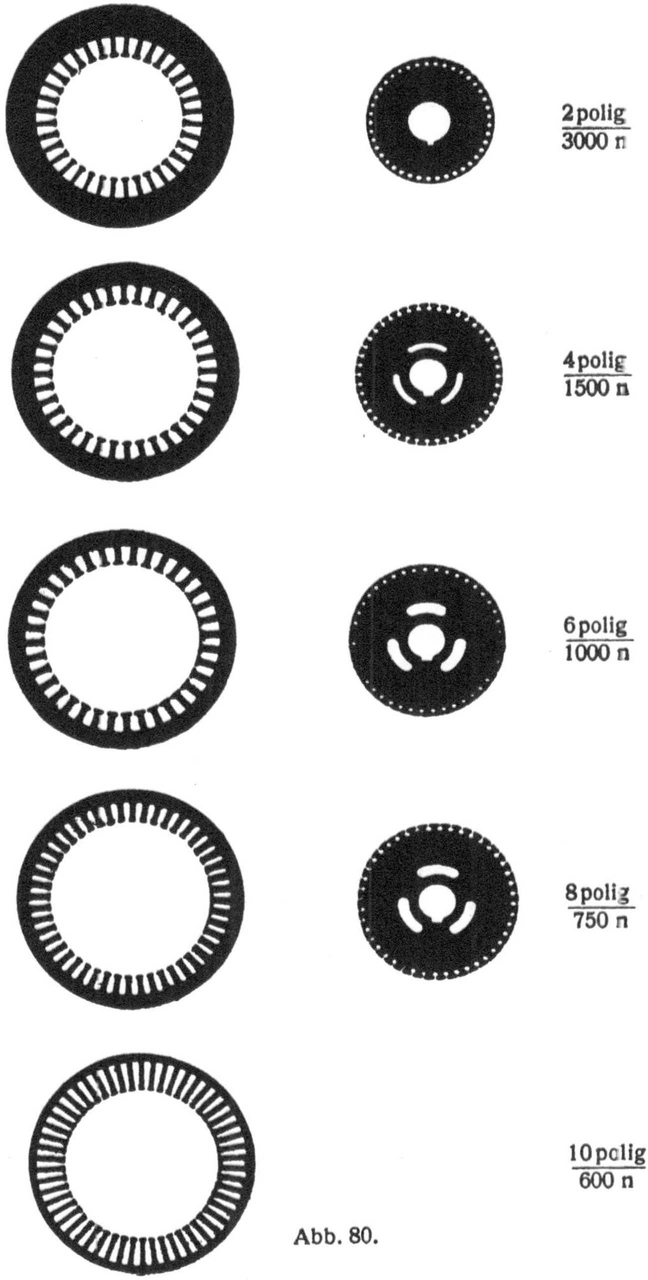

2 polig / 3000 n
4 polig / 1500 n
6 polig / 1000 n
8 polig / 750 n
10 polig / 600 n

Abb. 80.

Aus dieser Betrachtung nehmen wir die Erkenntnis, daß bei Umwicklungen von Drehstrommotoren die Leistungsabgabe des Motors sich nicht proportional mit der Läuferdrehzahl ändert.

Es trifft also nicht zu, daß beispielsweise ein 3-PS-Drehstrommotor 1500 n (4polig) durch Umwicklung für 3000 n (2polig) eine Leistung von 6 PS bzw. die listenmäßige Leistung erhält, vielmehr ist die Leistung bei 3000 n geringer als 6 PS.

Betrachten wir nochmals die Abb. 80, so ist es ohne weiteres klar, daß z. B. die zu der 4poligen Ausführung gehörenden Ursprungs-Wickeldaten nicht bei Umwicklung des 2poligen Motors in einem 4poligen verwendet werden können. Der listenmäßig ausgeführte Motor hat im aktiven Eisen ganz andere Abmessungen als der 2polige. Deshalb können auch die Ursprungs-Wickeldaten nicht bei Umwicklungen für andere Drehzahlen (Polzahlen) verwendet werden. Diese Möglichkeit ist erst dann gegeben, wenn die 2poligen Blechpakete gegen 4polige ausgewechselt würden. Dieser Fall kommt praktisch kaum in Frage, da die Kosten in keinem Verhältnis zu dem erzielten Ergebnis stehen würden.

In vielen Fällen wird die Leistungsabgabe aber nicht ausschlaggebend sein. Für alle diese Fälle kann eine Umwicklung unter Berücksichtigung aller übrigen Faktoren sehr wohl möglich, zweckmäßig und wirtschaftlich sein.

Um sich vor Enttäuschungen, Unannehmlichkeiten und Verlusten zu schützen, ist in jedem einzelnen Falle erst nach sorgfältiger Prüfung aller Einzelheiten und nach erfolgter Durchrechnung der Entschluß zu einer Umwicklung zu fassen.

Grundsätzlich wichtig ist die Neuberechnung der Wickeldaten, die an Hand der Maße des aktiven Eisens von Grund auf durchgeführt werden muß.

Drehstrommotoren.

Ein Drehstrommotor läßt sich mit einem dreiphasigen Wechselstrom-Transformator vergleichen. Die Wicklung des Ständers, die an die Netzspannung angeschlossen wird, ist die Primärwicklung und die Wicklung des Läufers die Sekundärwicklung. Die elektromotorische Kraft in der Läuferwicklung wird durch das wechselnde Magnetfeld des Ständers induziert.

Die Ständer- und Läuferwicklungen stehen bezüglich ihrer Windungszahlen, je nach der Spannung des Läufers, in einem Übersetzungsverhältnis zueinander, wie dies auch bei Transformatoren der Fall ist.

Die Läuferspannung kann also ganz beliebig gewählt werden, aus praktischen Gründen ist sie jedoch meist geringer als die Ständerspannung.

Beide Wicklungen können in Stern- oder in Dreieckschaltung ausgeführt werden. Es ist aber auch möglich, daß eine der Wicklungen in Stern- und die andere in Dreieckschaltung geschaltet ist.

Schaltet man eine in Sternschaltung ausgeführte Wicklung im Dreieck, so wird die Gesamtwindungszahl der Wicklung etwa auf den 1,73. Teil herabgesetzt.

Da die Windungszahl und Spannung in einem bestimmten Verhältnis zueinander stehen, so ändert sich auch die Spannung im gleichen Verhältnis. Das entgegengesetzte Verhältnis tritt natürlich auch ein, wenn man eine in Dreieck geschaltete Wicklung in Stern schaltet.

Beispiel: Die Ständerwicklung eines Drehstrommotors ist im Dreieck für eine Spannung von 220 Volt geschaltet. Wenn man diese Wicklung nun in „Stern" schaltet, so kann man den Motor für eine Spannung verwenden, die 1,73 mal größer ist als 220 Volt.

$$220 \cdot 1{,}37 = 380{,}6 \text{ Volt.}$$

Der Motor ist also bei Änderung der Schaltung für eine Betriebsspannung von 380 Volt verwendbar.

Hieraus ist ersichtlich, daß sich bei Umschaltung der Ständerwicklung auch das Übersetzungsverhältnis zwischen Läufer- und Ständerwicklung ändert. Da sich jedoch auch die dem Ständer zugeführte Spannung in dem gleichen Maße ändert, so bleiben die Verhältnisse im Läufer nahezu dieselben.

Beispiel:

380 Volt ⅄ Schaltung			220 Volt △ Schaltung		
Windungszahl		Spannung im Läufer (Volt)	Windungszahl		Spannung im Läufer (Volt)
Ständer	Läufer		Ständer	Läufer	
380	95	95	219	95	95
Übersetzungsverhältnis 1 : 4			Übersetzungsverhältnis 1 : 2,3		

In dem vorstehenden Beispiel sind die veränderten Verhältnisse, die bei der Umschaltung von Stern- auf Dreieckschaltung und umgekehrt eintreten, in Zahlen ausgedrückt.

Die wirklichen Läuferspannungen würden in beiden Fällen etwas niedriger sein, weil die Spannungsverluste usw. in der Läuferwicklung und in der Ständerwicklung nicht berücksichtigt worden sind.

In einem Instandsetzungswerk wird man häufiger die Spannung und den Strom im Läufer feststellen müssen, um einen passenden Anlasser anfertigen oder bestellen zu können. Man kann beide Größen durch Einschalten von Volt- und Amperemeter feststellen, jedoch ist dies auch durch einfache Berechnung möglich, wenn man die Windungszahlen der Ständer- und Läuferwicklung kennt.

Berechnung der Läuferspannung.

Die Läuferspannung berechnet man in der Praxis nach folgender Formel:

$$\text{Läuferspannung} = \frac{\text{Gesamtdrahtzahl im Läufer}}{\text{Gesamtdrahtzahl im Ständer}} \cdot \text{Ständerspannung.}$$

Beispiel: Ein 25-PS-Motor 220 Volt n = 950 hat folgende Wickeldaten:

Nutenzahl im Ständer	= 90
Drähte pro Nute	= 6
Gesamtdrahtzahl im Ständer . . .	= 540
Nutenzahl im Läufer	= 108
Drähte je Nute	= 3
Gesamtdrahtzahl im Läufer	= 324
Betriebsspannung	= 220 Volt
Vollaststromstärke im Ständer . . .	= 48 Ampere

Nach diesen Angaben ist die Läuferspannung:

$$\frac{324}{540} \cdot 220 = 132 \text{ Volt.}$$

Nimmt man als Spannungsverluste in der Ständer- und Läuferwicklung noch folgende Werte an:

Ständerwicklung = 7 Volt
Läuferwicklung = 7 „

dann ist die praktisch genaue Läuferspannung zwischen zwei Schleifringen

$$132 \cdot \frac{213}{220} - 7 = \text{rund } 120 \text{ Volt.}$$

Der verbesserte Wert weicht also nur unmerklich von dem zuerst gefundenen Wert ab.

Berechnung des Läuferstromes.

Für die Berechnung des Läuferstromes gilt folgende Formel:

$$\text{Läuferstrom} = \frac{\text{Gesamtwindungszahl i. Ständer}}{\text{Gesamtwindungszahl i. Läufer}} \cdot \text{Strom i. Ständer.}$$

Setzt man die Werte ein, so erhält man den Läuferstrom:

$$\frac{540}{324} \cdot 48 = \text{rund } 80 \text{ Ampere.}$$

Der genaue Wert ist etwas größer als 80 Ampere, weil zur Berechnung dieses Wertes die wirkliche Läuferspannung eingesetzt werden muß. Dann ist der Läuferstrom

$$\text{Läuferstrom} = \frac{\text{Betriebsspannung}}{\text{Läuferspannung}} \cdot \text{Strom i. Ständer.}$$

$$= \frac{220}{120} \cdot 48 = \text{rund } 87 \text{ Ampere.}$$

Auch dieser Wert weicht von dem zuerst gefundenen Wert nur wenig ab

Aus den vorstehenden Ausführungen ist ersichtlich, daß man z. B. **die Windungszahl einer Läuferwicklung** überschläglich berechnen kann, wenn die Gesamtdrahtzahl im Ständer und die Läuferspannung bekannt sind.

Der 25-PS-Motor 220 Volt hat eine Gesamtdrahtzahl im Ständer von 540.

Die Läuferspannung beträgt ca. 132 Volt.

Das Übersetzungsverhältnis ist 220 : 132 = 1,67.

Soll die Spannung im Läufer 132 Volt betragen, so muß die Gesamtdrahtzahl im Läufer den 1,67. Teil der Gesamtdrahtzahl der Ständerwickung betragen, also:

$$540 : 1{,}67 = 323 \text{ Drähte.}$$

In Wirklichkeit liegen jedoch 324 Drähte im Läufer. Die Berechnung stimmt auch nur annähernd, weil die Spannungsverluste usw. nicht genau ermittelt und eingesetzt sind.

Als Ständerspannung sind 220 Volt angenommen worden.

Die genauen Werte lassen sich natürlich nur unter Berücksichtigung aller in Frage kommenden Faktoren ermitteln.

Es wurde bereits erwähnt, daß man die Spannung und den Strom im Läufer beliebig wählen kann. Bei der Wahl der Läuferwicklung kommt es darauf an, daß die Nuten im Läufer gut ausgenutzt werden. Die Windungszahl soll so gewählt werden, daß die Läuferspannung nicht mehr als 550 Volt beträgt.

Aus praktischen Gründen ist die Läuferspannung in der Regel geringer als die Ständerspannung.

Es ist demnach gleichgültig, ob man bei einem Drehstrommotor die Läuferwicklung nicht wie bisher in Stern-, sondern in Dreieckschaltung schaltet.

Allerdings bleibt hierbei zu berücksichtigen, daß die Bürsten und Verbindungsleitungen für die bei Dreieckschaltung auftretende höheren Ströme einen ausreichenden Querschnitt haben müssen. Selbstverständlich ändern sich die Läuferdaten entsprechend dem neugeschaffenen Übersetzungsverhältnis zwischen Ständer- und Läuferwicklung, so daß auch evtl. die Widerstandselemente des Anlassers den neuen Läuferdaten angepaßt werden müssen.

Parallelschaltung der Drehstrom-Wicklungen.

Außer Stern- und Dreieckschaltung können auch die Ständer- und Läuferwicklungen eine Parallelschaltung der einzelnen Wicklungselemente erhalten.

Diese Parallelschaltung wird stets in Verbindung mit der Stern- oder Dreieckschaltung ausgeführt und ist nur dann anwendbar, wenn die Wicklungselemente (Gruppen) eine ganze Zahl ausmachen.

Durch Parallelschaltung werden die gesamten wirksamen Leiter in der Ständer- bzw. Läuferwicklung auf die Hälfte vermindert und folgerichtig auch der Querschnitt der Wicklung auf das Doppelte erhöht.

Die Leistung der Wicklung bleibt also dieselbe, während die notwendige Betriebsspannung um die Hälfte geringer wird und der dann auftretende Strom naturgemäß auf das Doppelte steigt.

Man kann nach diesen Ausführungen z. B. die Ständerwicklung eines Drehstrommotors 500 Volt Betriebsspannung, für eine Betriebsspannung von 250 Volt schalten, wenn die Zahl der Wicklungselemente gerade ist. Würde man hingegen die Wicklung nur in Dreieckschaltung ausführen, so würde die dann notwendige Betriebsspannung 500 : 1,73 = 290 Volt betragen. Es ist also falsch, wenn man an einen Drehstrommotor für 500 Volt Betriebsspannung die Ständerwicklung von Stern in Dreieck schaltet und hierauf denselben an 380 oder 220 Volt Spannung anschließt. In dem ersten Falle wird die Wicklung einen zu hohen Strom aufnehmen und heiß werden, im zweiten Falle ist die Leistung des Motors geringer als die Nennleistung.

Ist die Gruppenzahl in der Wicklung gerade, so läßt sich der Motor durch Parallelschaltung der Wicklungselemente für die Hälfte der ursprünglichen Betriebsspannung verwenden. Anderseits erzielt man bei einer Wicklung auch dieselbe Leistung, wenn man anstatt mit zwei Drähten parallel zu wickeln, nur mit einem dieser Drähte wickelt, die doppelte Windungszahl in eine Nute legt, und dann die Wicklungselemente parallel schaltet.

Beispiel: Der 5-PS-Motor Type D50, **n** = 1450, 380/220 Volt, der A. E. G. hat im Ständer 36 Nuten. In jeder Nute liegen 56 Drähte von 1,4 mm Durchmesser. Die Wicklung hat sechs Gruppen, je zwei Gruppen sind parallel geschaltet. Am Klemmbrett ist die Wicklung für 380 Volt im Stern, für 220 Volt im Dreieck geschaltet.

Die Wicklung behält dieselbe Leistung und auch die übrigen Daten bleiben die gleichen, wenn man mit zwei Drähten von 1,4 mm Durchmesser wickelt und nur 28 Windungen in eine Nute legt. Die Drahtzahl je Nute bleibt auch hierbei 56, während die Zahl der wirksamen Leiter je Nute nur die Hälfte = 28 beträgt. Außer der zweifachen ist auch eine 3, 4, 5 usw. fache Parallelschaltung der Wicklungsgruppen möglich.

Beispiel: Die 6polige Dreiphasenwicklung besteht insgesamt aus 9 Spulengruppen: je Phase entfallen 3 Spulengruppen. Die 3 zu einer Phase gehörenden Spulengruppen können parallel geschaltet werden. Man spricht hier von einer Dreifach-Parallelschaltung.

Durch diese Schaltung wird die Leiterzahl auf $^1/_3$ herabgesetzt.

Beispiel: Die 8polige Dreiphasenwicklung besteht insgesamt aus 12 Spulengruppen; je Phase entfallen 4 Spulengruppen. Die zu einer Phase gehörenden Spulengruppen können parallel geschaltet werden. Man spricht hier von einer 4fach-Parallelschaltung.

Durch diese Schaltung wird die Leiterzahl auf $^1/_4$ herabgesetzt.

Beispiel: Die 10polige Dreiphasenwicklung besteht insgesamt aus 15 Spulengruppen; je Phase können 5 Spulengruppen parallelgeschaltet werden.

Durch diese Schaltung wird die Leiterzahl auf $^1/_5$ herabgesetzt.

Von derartigen Schaltmöglichkeiten wird Gebrauch gemacht, wenn eine vorhandene Wicklung für eine andere Spannung verwendet werden soll.

Beispielsweise läßt sich ein 4 poliger Drehstrommotor 380 Volt Serie-Sternschaltung durch Parallelschalten der Ständerwicklung für 190 Volt Sternschaltung umschalten.

Ein 6poliger Drehstrommotor 330 Volt, Serie-Sternschaltung kann durch 3-fache-Parallelschaltung der Ständerwicklung für 110 Volt, Sternschaltung umgeschaltet werden.

Ein 8poliger Drehstrommotor 2000 Volt, Serie-Sternschaltung kann durch 4fache-Parallelschaltung der Ständerwicklung für 500 Volt Sternschaltung umgeschaltet werden.

Ein 10poliger Drehstrommotor, 2000 Volt, Serie-Sternschaltung kann durch 5-fache-Parallelschaltung der Ständerwicklung für 400/231 Volt umgeschaltet werden usw.

Die einfache Parallelschaltung einer vierpoligen Ständerwicklung zeigt Abb. 81.

Es müssen je zwei Gruppen parallel geschaltet werden, und zwar werden verbunden:

Anfang	1	mit	Anfang	4
„	2	„	„	5
„	3	„	„	6
Ende	1	mit	Ende	4
„	2	„	„	5
„	3	„	„	6

Hiernach bleiben drei Anfänge und drei Enden bestehen, die an das Klemmbrett geführt werden. Je ein Anfang und Ende besteht aus zwei parallel geschalteten Drähten.

Die Verbindungen der einzelnen Gruppen untereinander sind der Übersichtlichkeit wegen in der Abbildung fortgelassen.

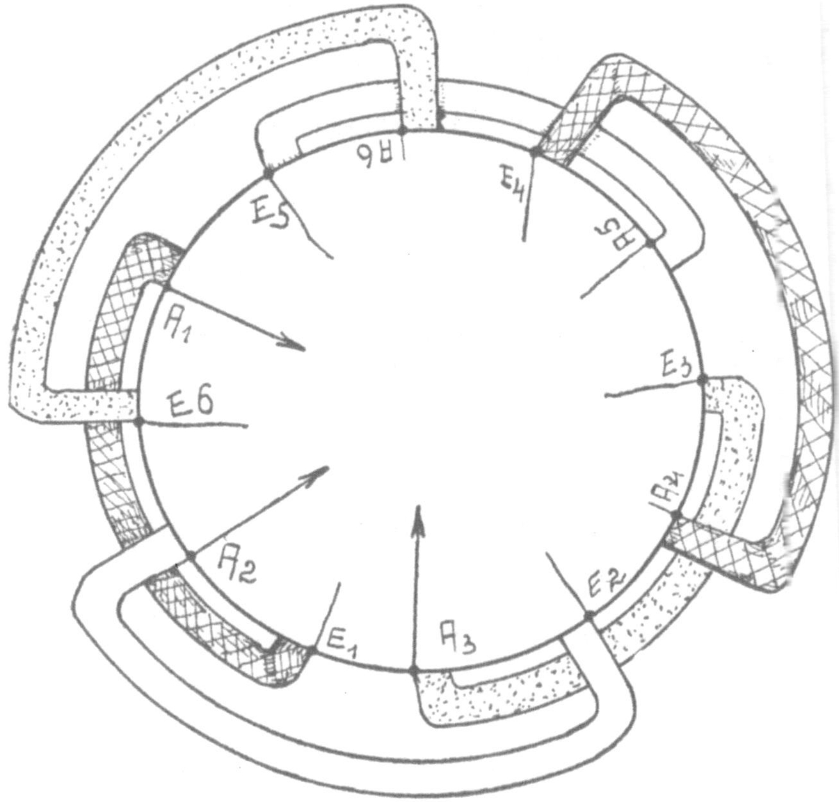

Abb. 81. Schaltbild für Parallelschaltung am Drehstromständer (Drehzahl 1500).

Die Zweiphasen-Läuferwicklungen bei Drehstrommotoren.

Es sei als bekannt vorausgesetzt, daß der Läufer eines Dreiphasen-(Drehstrom-)Motors auch mit einer Zweiphasenwicklung ausgerüstet werden kann. Die Zweiphasenwicklung wird, sofern es sich um Drahtwicklungen handelt, fast ausschließlich als sogenannte Einschichtwicklung ausgeführt und besteht aus zwei Wicklungssträngen, die jeweils von den in Reihen- oder Parallelschaltung verbundenen Wicklungselementen gebildet werden. Die Zahl der Wicklungselemente oder Gruppen richtet sich nach der Ausführungsart der Wicklung selbst und nach ihrer Polzahl. Bei der gebräuchlichsten Ausführung ist die Zahl der Gruppen = 2 · Polzahl. Für die 4polige Zweiphasenwicklung kommen mithin 2 · 4 = 8 Gruppen, für die 6polige 2 · 6 = 12 Gruppen usw. in Betracht. Man findet diese Wicklungsart bei Drehstrommotoren kleiner und mittlerer Leistungen der Firmen A. E. G. und S. S. W. Auch andere Herstellerfirmen bedienen sich mehr oder weniger der Zweiphasen-Läuferwicklung. Der Grund hierfür liegt nicht zuletzt auch darin, daß die einzelnen Gruppen eine geringere Ausladung als diejenigen der Dreiphasenwicklung gleicher Polzahl erhalten und somit auf den Stirnflächen des aktiven Läufereisens besonders gegen die Einwirkung der Fliehkraft günstig angeordnet werden können.

Den in der Praxis stehenden Elektromaschinenbauer interessiert in erster Linie die Schaltung dieser Wicklung. Verfolgen wir auf dem Schaltplan Abb. 82 (4polige Zweiphasenwicklung) die Windungsrichtung der zu 2 Wicklungssträngen geschalteten 8 Gruppen, so finden wir, daß die in der Ebene liegenden und in Serie geschalteten 4 Gruppen abwechselnd rechte und linke Windungsrichtung aufweisen. Gruppe 1 ist im Sinne der Uhrzeigerrichtung, Gruppe 3 im entgegengesetzten Sinne usw. geschaltet. Wenn sämtliche Gruppen in der gleichen Windungsrichtung eingewickelt sind, so ist das Ende der ersten Gruppe mit dem Ende der 3. Gruppe, der Anfang der 3. Gruppe mit dem Anfang der 5. Gruppe usw. in Serie geschaltet. Die Gruppen 1, 3, 5 und 7 liegen in einer Wicklungsebene und bilden zusammen den unteren Wicklungsstrang. Die Gruppen des oberen Wicklungsstranges sind genau so geschaltet wie vorher beschrieben. Wie aus dem Schaltbild, Abb. 82, weiter ersichtlich, sind die Enden der beiden Wicklungsstränge miteinander verbunden und zum mittleren Schleifring geführt. Die Anfänge der beiden Wicklungsstränge liegen je an einem Schleifring.

Bei der praktischen Ausführung dieser Wicklung werden zunächst die 4 unteren Gruppen, und zwar fortlaufend eingewickelt. Nach Fertigstellung der ersten Gruppe wird der Wickeldraht nicht abgeschnitten, sondern die 2. Gruppe in der entgegengesetzten Windungsrichtung eingewickelt usw. Auf diese Art spart man die Lötstellen von Gruppe zu Gruppe. Beim Einwickeln der oberen 4 Gruppen wird entsprechend verfahren.

Wie weiter aus dem Schaltbild, Abb. 82, hervorgeht, hat der zugehörige Anlasser im Gegensatz zu dem normalen Drehstrom-Läuferanlasser nur 2 Widerstandsphasen. Unter Hinweis auf das später angeführte Beispiel der 6poligen Zweiphasenwicklung mit 6 Wicklungsgruppen, deren Anwendung bei Umwicklungen von 1500 n auf 1000 n in Frage kommt, sei erwähnt, daß in solchen Fällen der normale Dreiphasen-Läuferanlasser gemäß Schaltbild in einen Zweiphasenanlasser umgebaut werden muß.

Die im Schaltbild 84 dargestellte 4polige Zweiphasenwicklung belegt 16 Nuten. Im allgemeinen ist die Nutenzahl im Läufer jedoch höher, z. B. 32. Bei 32 Nuten läßt sich eine normale 4polige Zweilochwicklung herstellen, d. h. jede Seite eines Wicklungselementes (Gruppe) ist in zwei Nuten gebettet.

Im Gegensatz hierzu handelt es sich im Schaltbild um eine Einlochwicklung. In allen Fällen, wo die Nutenzahl durch die Anzahl der Gruppen ohne Rest teilbar ist, spricht man von einer Ganzlochwicklung (normale Wicklung). Ergibt die Division Nutenzahl: Gruppenzahl einen Bruch oder eine ungerade

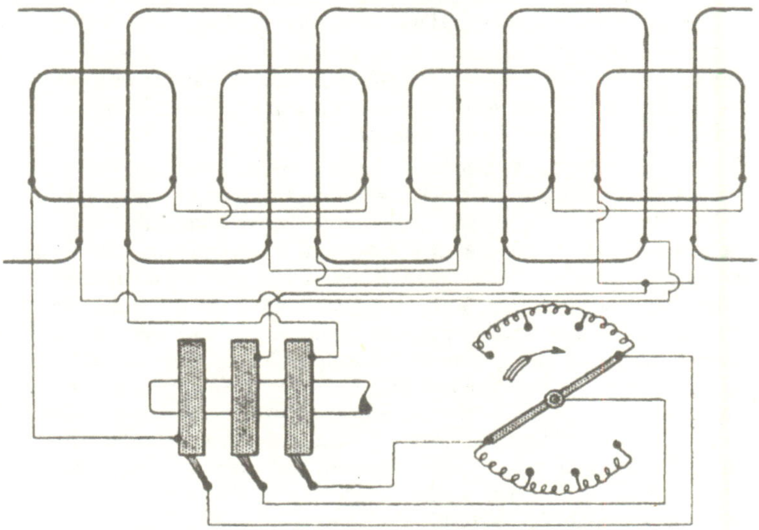

Abb. 82 4pol. Zweiphasen-Läuferwicklung.

Zahl, so spricht man von einer Bruchlochwicklung. Verfasser hat die letztere Wicklungsart in dem Buche Raskop: Die Instandsetzungen an elektrischen Maschinen, 6. Auflage, Seite 175—179, bereits erwähnt und als Beispiel die Läuferwicklung des A. E. G.-Drehstrommotors, Type 50/4, an Hand mehrerer Skizzen erläutert. Es handelt sich hier um eine 4polige Zweiphasen-Bruchlochwicklung, die in 28 Läufernuten untergebracht ist. Als Ergänzung des vorgenannten Beispiels sei die Läuferwicklung des A. E. G.-Drehstrommotors D 50/6 erwähnt.

Auch hier handelt es sich um eine Zweiphasen-Bruchlochwicklung, jedoch ist die Verteilung der einzelnen Leiter auf die Nuten nicht so kompliziert wie bei dem Läufer D 50/4.

Die Daten der Wicklung sind folgende:

Nutenzahl: 30
Polzahl: 6
Anzahl der Gruppen: 12
Leiterzahl je Nute: 12
(24 Drähte, 2 parallel 1,6 Durchmesser).

Bei der Verteilung der vorhandenen Leiter auf die 30 Nuten kommt es darauf an, daß die Anzahl der in Reihe geschalteten Leiter jeder der 2 Phasen gleich ist. Da es sich um eine 6polige Wicklung handelt, kommen insgesamt 2 · 6 = 12 Gruppen in Frage, wovon je 6 zu einem Wicklungsstrang (Phase) in Reihe geschaltet werden. Die Verteilung der Leiter auf die 30 Nuten geschieht wie folgt:

a) **untere Lage = 6 Gruppen in Reihe geschaltet.**

		1. Gruppe:			
Nute	9—12	rechts herum	9 Leiter	= 18 Drähte,	2 parallel
„	8—13	„ „	6 „	= 12 „	2 „
		2. Gruppe:			
Nute	17—14	links herum	9 Leiter	= 18 Drähte,	2 parallel
„	18—13	„ „	6 „	= 12 „	2 „
		3. Gruppe:			
Nute	19—22	rechts herum	9 Leiter	= 18 Drähte,	2 parallel
„	18—23	„ „	6 „	= 12 „	2 „
		4. Gruppe:			
Nute	27—24	links herum	9 Leiter	= 18 Drähte,	2 parallel
„	28—23	„ „	6 „	= 12 „	2 „
		5. Gruppe:			
Nute	29— 2	rechts herum	9 Leiter	= 18 Drähte,	2 parallel
„	28— 3	„ „	6 „	= 12 „	2 „
		6. Gruppe:			
Nute	7— 4	links herum	9 Leiter	= 18 Drähte,	2 parallel
„	8— 3	„ „	6 „	= 12 „	2 „
Gesamtleiterzahl d. Ph. I			90 Leiter	= 180 Drähte,	2 parallel

b) **obere Lage = 6 Gruppen in Reihe geschaltet.**

		1. Gruppe:			
Nute	7— 9	rechts herum	3 Leiter	= 6 Drähte,	2 parallel
„	6—10	„ „	12 „	= 24 „	2 „
		2. Gruppe:			
Nute	14—12	links herum	3 Leiter	= 6 Drähte,	2 parallel
„	15—11	„ „	12 „	= 24 „	2 „
		3. Gruppe:			
Nute	17—19	rechts herum	3 Leiter	= 6 Drähte,	2 parallel
„	16—20	„ „	12 „	= 24 „	2 „
		4. Gruppe:			
Nute	24—22	links herum	3 Leiter	= 6 Drähte,	2 parallel
„	25—21	„ „	12 „	= 24 „	2 „

	5. Gruppe:
Nute 27—29 rechts herum	3 Leiter = 6 Drähte, 2 parallel
„ 26—30 „ „	12 „ = 24 „ 2 „
	6. Gruppe:
Nute 4—2 links herum	3 Leiter = 6 Drähte, 2 parallel
„ 5—1 „ „	12 „ = 24 „ 2 „
Gesamtleiterzahl d. Ph. II	90 Leiter = 180 Drähte, 2 parallel

Bei dieser Verteilung entfallen auf jede Nute 12 Leiter, auf jede Phase 90 Leiter. Jeder Leiter besteht aus 2 parallelen Drähten, von 1,6 mm Durchmesser. Die Schaltung der beiden Wicklungsstränge sowie die Verbindung der Wicklung mit den Schleifringen und dem Anlasser geschieht nach Schaltbild 82.

An der Wicklungsanordnung, Schaltbild 82, ist man bei der Herstellung von Zweiphasenwicklungen nicht gebunden. Beispielsweise läßt sich ein normal gewickelter 4poliger Dreiphasenläufer mit sechs Gruppen als 6poliger Zweiphasenläufer schalten. Wir wollen den Fall in die Praxis übertragen und stellen uns die Aufgabe, einen vorhandenen 3-PS-Drehstrommotor, 380/220 Volt, 1500 n, für eine Leistung von ca. 2 PS, 1000 n, umzuwickeln. Die notwendige Berechnung der Ständerwickeldaten soll aus naheliegenden Gründen hier nicht näher erörtert werden. Die vorgefundenen Daten des Motors sind folgende:

Ständer: 36 Nuten, je Nute 32 Drähte, 2 Gruppen je Phase in Serie, Sternschaltung bei 380 Volt, Draht 1,4 mm ⊖, zweimal Bw., 6 Gruppen total.

Läufer: 24 Nuten, je Nute 28 Drähte, 2 Gruppen je Phase in Serie, Sternschaltung, Draht 2,0 mm ⊖, 6 Gruppen total.

Wir wollen nun die 4polige Dreiphasenwicklung des Läufers in eine 6polige Zweiphasenwicklung umschalten, **damit eine Umwicklung des Läufers unterbleiben kann.** Hierzu ist nichts weiter notwendig, als die Schaltverbindungen zwischen den einzelnen Gruppen zu lösen und die neuen Verbindungen nach Schaltbild 83 herzustellen. Wie aus dem Schaltbild ersichtlich, sind je 3 Gruppen zu einem Wicklungsstrang in Serie geschaltet und beide Stränge miteinander verkettet. Die Windungsrichtung ist durch Pfeile gekennzeichnet und die 6 Pole sind hervorgehoben.

Durch die Lösung dieser Aufgabe ist

a) der 24nutige Läufer für die geplante Umwicklung des Motors verwendbar geworden. Bei Anwendung der normalen Dreiphasenwicklung mit 9 Gruppen war die Umwicklung mit Rücksicht auf die Nutenzahl 24 nicht möglich;

b) die Neuwicklung des Läufers ist erspart geblieben.

Die bisher genannten Wicklungen werden von Hand in die Nuten eingewickelt, eine Wicklungsart, die in den meisten Fällen zur Anwendung kommt.

Diese Wicklungsart hat neben dem Vorzug der Einfachheit aber auch den Nachteil, daß bei nicht exakter Ausführung und unsymmetrischer Anordnung der Wicklungselemente ein Schwerpunkt (Unbalanc) in der Wicklung entsteht, der nur in wenigen Fällen erkannt, beachtet und durch Auswuchten beseitigt wird.

Dieser Nachteil hat neben anderen herstellungstechnischen Gesichtspunkten eine Anzahl Erzeugerfirmen veranlaßt, die sogenannte Formspulen-Träufelwicklung (in der Werkstattsprache auch Korb- oder Kranzwicklung genannt) anzuwenden. Die D. E. W. in Aachen, Schorch & Co. in Rheydt, Lloyd-Werke in Bremen und viele andere Firmen bedienen sich beim Bau von Drehstrommotoren vielfach dieser Wicklungsart. Da die einzelnen Spulen auf Formen vorgewickelt werden und somit jedes Wicklungselement dieselbe Form, Drahtlänge und dasselbe Gewicht aufweist, ist eine symmetrische und schwerpunktfreie Anordnung der Wicklung wesentlich erleichert. Der Nutenfüllfaktor, d. h. das Verhältnis des Nutenvolumens, zu dem effektiven Kupferquerschnitt der in der Nute eingebetteten Leiter ist schlechter als derjenige der zuerst erwähnten Handwicklung. Wird beispielsweise gelegentlich einer Neuwicklung die Formspulenwicklung durch eine normale Handwicklung ersetzt (was sehr häufg geschieht), so tritt der bessere Nutenfüllfaktor deutlich hervor. Die Nute wird nicht ganz erfüllt. Der freie Raum muß durch Preßspanstreifen, oder dgl. ausgefüllt werden. Die Herstellung der Formspulen-Träufelwicklung erfordert immerhin eine gewisse Übung. Trotzdem die einzelnen Spulen lagenweise in der Form gewickelt sind, kann es leicht vorkommen, daß beim Einträufeln der einzelnen Windungen Kreuzungen entstehen. Die Windungsspannungen der gekreuzten Leiter können so erheblich sein, daß ein Durchschlag von Windung zu Windung nicht ausgeschlossen ist. Ganz besonders tritt diese Gefahr bei geringer Nutenzahl und relativ hoher Läuferspannung auf.

Eine 4polige Zweiphasen-Läuferwicklung für einen Läufer mit 16 Nuten ist in Schaltbild 84 dargestellt. Das Schema entspricht der Läuferwicklung des Drehstrommotors Fabr. Lloyd, Type A. S. 16/14, 3,7 kW., 1450 n, 380/220 Volt. Der Motor hat folgende Wickeldaten:

Ständer: 24 Nuten, 12 Spulen, je Nute 34 Leiter, Draht 1,8 mm Durchmesser, Dreiphasen-Formspulenwicklung;

Läufer: 16 Nuten, 8 Spulen, je Nute 24 Leiter, Draht 2,5 mm Durchmesser, Zweiphasen-Formspulenwicklung.

Die Schaltung der Wicklung entspricht derjenigen einer normalen Zweiphasenwicklung. Je 4 Spulen sind zu einem Wicklungsstrang in Serie geschaltet und beide Stränge sind miteinander verkettet.

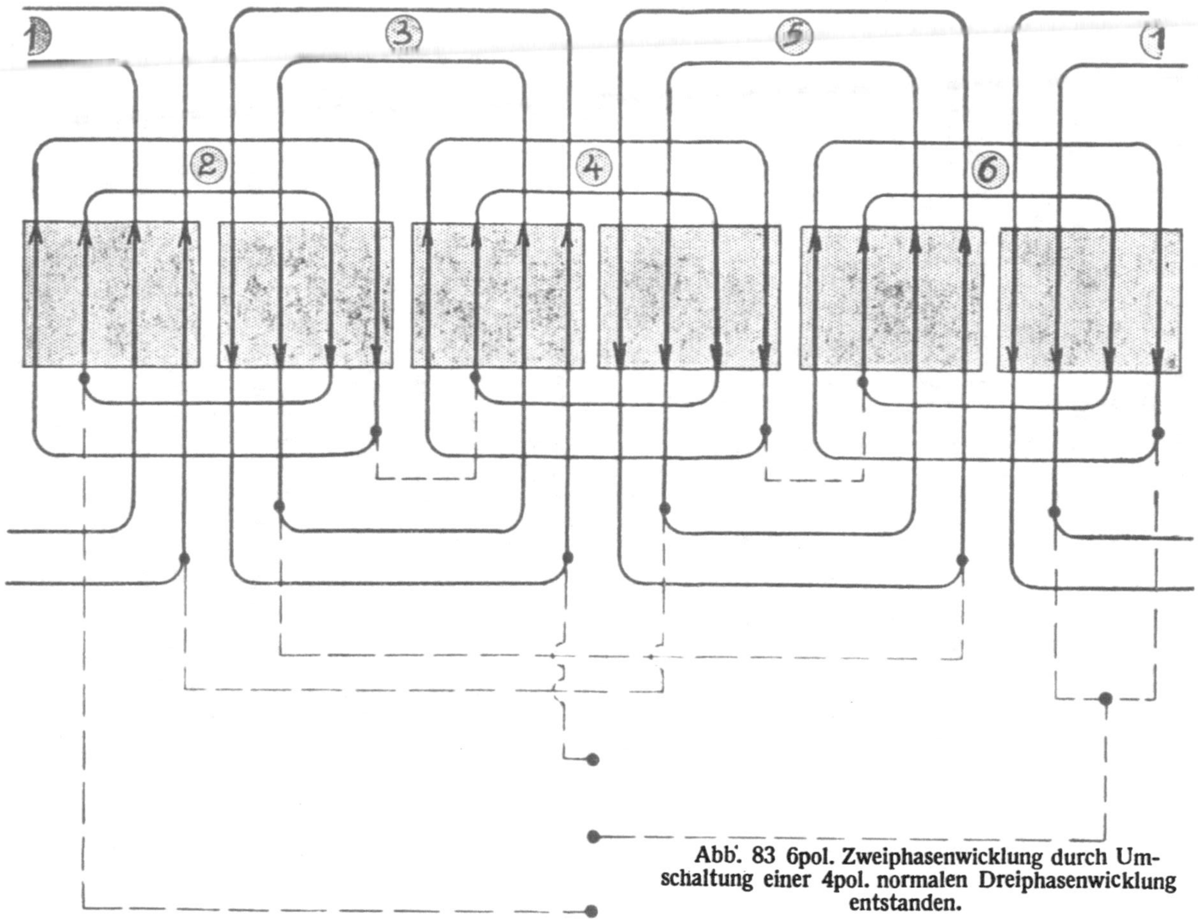

Abb. 83 6pol. Zweiphasenwicklung durch Umschaltung einer 4pol. normalen Dreiphasenwicklung entstanden.

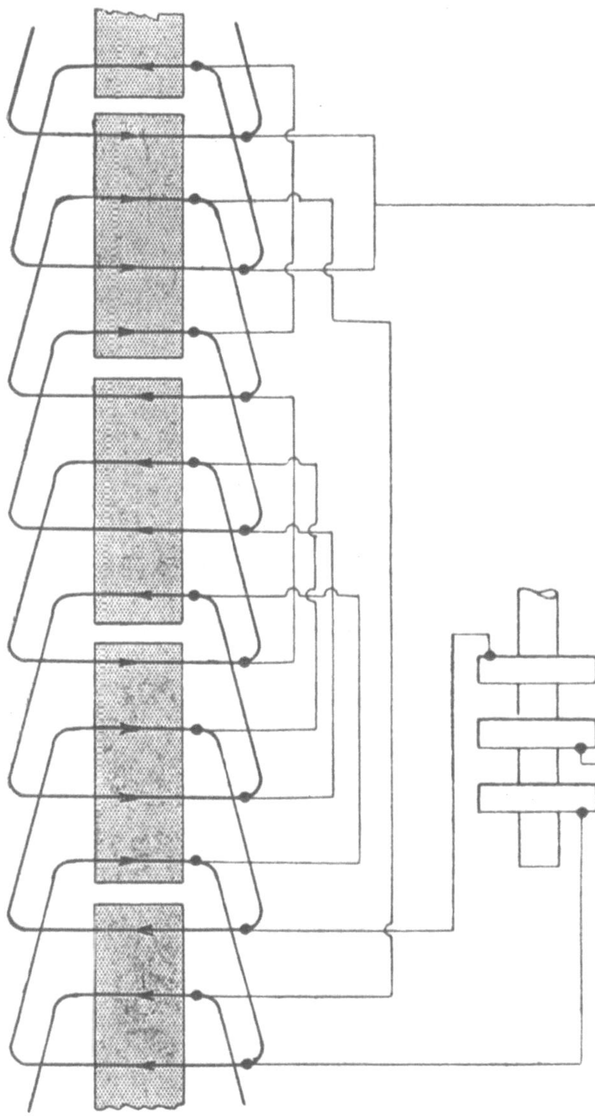

Abb. 84. 4pol. Zweiphasen-Formspulenwicklung.

Auch eine Stabwicklung kann als Zweiphasen-Läuferwicklung ausgeführt werden. Der praktische Fall kommt allerdings sehr selten vor. Gelegentlich der Umwicklung eines größeren Drehstrommotors, und zwar dann, wenn die Wicklung für eine andere Polzahl ausgeführt werden soll, tritt die Anwendung einer Zweiphasenwicklung in den Bereich der Möglichkeit. Es sei beispielsweise die Aufgabe gestellt, einen 4poligen Dreiphasen-Stabläufer (Schleifringläufer) mit 48 Nuten, mit einer 6poligen Wicklung zu versehen. Mit 48 Nuten — 96 Stäben ist eine 6polige Dreiphasen-Stabwicklung nicht ausführbar. Die Wicklung kann aber als Zweiphasen-Stabwicklung ausgeführt werden. Wenn nicht besondere Gründe dagegen sprechen, wird man unter Beibehalt des Beispiels 48 Nuten jedoch in der Praxis stets aus Gründen der Einfachheit zur Herstellung einer Zweiphasen-Handwicklung neigen. Bei 48 Nuten ist nämlich auch eine 6polige Zweiphasen-Ganzlochwicklung ausführbar. Bei einer derartigen Umwicklung ist zu beachten, daß der Nutenfüllfaktor bei Stabwicklungen besser ist als bei Runddraht-Handwicklungen. Die Stromdichte je Quadratmillimeter Kupferleiter wird somit bei Anwendung der Handwicklung stets höher. Es ist daher von Fall zu Fall zu prüfen, ob die Umwicklung auch von diesem Gesichtspunkte aus durchführbar ist.

Anormale Drehstromläufer-Stabwicklungen.

Die Aufstellung einer Wickeltabelle für 90 Nuten, 180 Stäbe 12 polig.

Die Durchführbarkeit einer Umwicklung für eine andere als die ursprüngliche Drehzahl ist bei Drehstrommotoren mit Stabläufer nicht zuletzt abhängig von der Nuten- und Stabzahl des Läufers. Eine **normale Dreiphasen-Stabwicklung** ist dann immer durchführbar, wenn folgende Vorbedingungen erfüllt sind:

1. Die Stabzahl muß durch 3 ohne Rest teilbar sein.
2. Die Stabzahl muß durch die Polzahl ohne Rest teilbar sein.
3. Die Stabzahl je Phase muß durch die Polzahl ohne Rest teilbar sein.
4. Die **halbe** Stabzahl je Phase muß durch die Polzahl ohne Rest teilbar sein.

Beispiel:

Läufer 72 Nuten, 144 Stäbe, 4polig,

144 (Stäbe)	: 3	(Phasen)	= 48	(ganze Zahl)
144 „	: 4	(Pole)	= 36	„ „
48 „	: 4	„	= 12	„ „
24 „	: 4	„	= 6	„ „

Die Proben für 6- und 8polige Wicklungen ergeben, daß mit der obigen Nuten- und Stabzahl auch diese Wicklungen ausgeführt werden können.

Sind die genannten Bedingungen nicht oder nur teilweise erfüllt, so scheidet die Herstellung der normalen Dreiphasen-Stabwicklung aus. In solchen Fällen sind Untersuchungen darüber anzustellen, ob eine anormale Dreiphasen-Stabwicklung mit der jeweils gegebenen Nuten-, Stab- und Polzahl ausführbar ist.

Es sei die Aufgabe gestellt, für einen Drehstromläufer 90 Nuten, 180 Stäbe, 12polig eine Wickeltabelle für Dreiphasen-Stabwicklung aufzustellen. Die Probe zeigt folgendes Ergebnis:

180 (Stäbe) : 3 (Phasen) = 60 (ganze Zahl)
180 „ : 12 (Pole) = 15 „ „
60 „ : 12 „ = 5 „ „
30 „ : 12 „ = 2,5 (gebroch. Zahl).

Da die halbe Stabzahl je Phase nicht durch die Polzahl teilbar ist, so kommt eine normale Dreiphasen-Stabwicklung nicht in Frage.

Bei einer normalen Dreiphasen-Stabwicklung sind in jeder Phase $^1/_3$ der gesamten Stäbe in Serie geschaltet, und zwar eine Hälfte im fortschreitenden Sinne des Wickelschrittes, die andere Hälfte im rückschreitenden Sinne. Beide Hälften sind durch die Umkehrverbindungen miteinander verbunden. (Siehe auch Raskop, Berechnungsbuch für Ankerwickler.)

Die vorstehende Probe ergibt aber, daß diese Ausführung nicht möglich ist. Bei einem Umgang sind nämlich 12 Stäbe (d. i. der Polzahl entsprechend) in Serie geschaltet, und da bei einer normalen Stabwicklung $^1/_2$ der Stäbe je Phase im fortschreitenden, $^1/_2$ im rückschreitenden Sinne durchlaufen werden, so müßten nicht 60 Stäbe für eine Wicklungsphase, sondern 6 · 12 = 72 Stäbe vorhanden sein, um eine normale Dreiphasen-Stabwicklung ausführen zu können. Es fehlen also 12 Stäbe und so helfen wir uns dadurch, daß je Phase im rückschreitenden Sinne nur 2 · 12 = 24 Stäbe in Serie geschaltet werden.

Bei dieser Wicklung sind auch je Phase ⅓ der gesamten Stäbe in Serie geschaltet. Im Gegensatz zu der normalen Wicklung sind aber im fortschreitenden Sinne 12 Stäbe mehr in Serie geschaltet als im rückschreitenden Sinne. Die Hauptsache ist, daß die Stabzahl in den 3 Phasen gleich ist, denn sonst würde ja die Läuferspannung in den 3 Phasen verschieden sein und der Motor würde nicht einwandfrei arbeiten.

Die Errechnung der Wickeltabelle für das vorstehende Beispiel ist durchaus nicht so schwierig, wie vielfach angenommen wird. Zu beachten ist stets, daß die Zahlen in der Tabelle sich auf die Stäbe, nicht auf die Nuten beziehen. Eine große Zahl von Fachleuten ist gewohnt, die Schemata für Läuferstabwicklungen nach der vorhandenen Nutenzahl aufzuzeichnen. Dieses Verfahren ist für normale Wicklungen nicht einwandfrei und außerdem sehr zeitraubend und umständlich. Im übrigen ist die Lage eines Stabes in der Nute auch an Hand der nachstehenden Tabelle sehr leicht festzustellen, wenn die ungeraden Zahlen um 1 erhöht und alsdann durch 2 geteilt werden. Die geraden Stabzahlen können ohne weiteres durch 2 geteilt werden, um die Nutenzahl, in welcher der jeweilige Stab liegt, festzustellen.

Wir denken uns die 180 Stäbe von der Schleifringseite aus betrachtet nach rechts fortlaufend so beziffert, daß die ungeraden Stabzahlen oben, die geraden Zahlen unten in der Nute zu liegen kommen.

Der Wickelschritt ergibt sich aus:

$$\text{Stabzahl: Polzahl} = 180 : 12 = 15,$$

d. h. Stab 1 wird mit Stab 1 + 15 = 16, Stab 16 mit 31 usw. verbunden. Nach jedem Teilschritt, der = der Polteilung ist, sind demnach 15 Stäbe hinzuzuzählen. Der Wickelschritt an der Schleifring- und Riemenscheibenseite ist = 15. Da es sich im vorliegenden Falle um eine 12polige Wicklung handelt, so werden bei einem Umgang auch 12 Stäbe durchlaufen. In der senkrechten Reihe der Tabelle stehen mithin 12 Zahlen untereinander, und zwar:

	1. Umgang	2. Umgang	3. Umgang
Anfang Phase 1 an Stab	1	3	5
(+ 15 =)	16	18	20
(+ 15 =)	31	33	35
	46	48	50
	61	63	65
	76	78	80
	91	93	95
	106	108	110
	121	123	125
	136	138	140
	151	153	155
	166	168	170

Der zweite Umgang im fortschreitenden Sinne beginnt mit Stab 166 + 17 = 183. Da nur 180 Stäbe vorhanden sind, so kommt der Stab 183 — 180 = 3 in Frage. Wir schreiben die einzelnen Umgänge nebeneinander und erhalten somit das obige Zahlenbild.

Der dritte Umgang im fortschreifenden Sinne beginnt mit Stab 168 + 17 = 185 — 180 = 5.

Insgesamt werden nach den bereits gemachten Ausführungen 3 · 12 Stäbe im fortschreitenden Sinne in Serie geschaltet, so daß die für eine Phase jetzt noch fehlenden 24 Stäbe im rückschreitenden Sinne durchlaufen werden müssen.

Der Stab 170 wird daher um den Umkehrschritt, der um 1 kleiner ist als der Wickelschritt, erhöht:

$$170 + 14 = 184.$$

Da aber nur 180 Stäbe vorhanden sind, so kommt der Stab 184—180 = 4 in Frage.

Im rückschreitenden Sinne wird der Wickelschritt = — 15 von der so erhaltenen Stabzahl abgezogen, bis 12 Stäbe durchlaufen sind. Hierbei ist wieder zu beachten, daß nur 180 Stäbe vorhanden sind.

$$4 - 15 = 180 - (15 - 4) = 169$$
$$169 - 15 = 154 \text{ usw.}$$

Der erste Umgang im rückschreitenden Sinne ergibt folgende Stabzahlen:

1. Umgang	2. Umgang	
4	2	
169	167	
154	152	
139	137	
124	122	
109	107	
94	92	
79	77	
64	62	
49	47	
34	32	
19	17	zum Sternpunkt.

Von Stab 19 des ersten Umganges sind jetzt 17 Stäbe abzuziehen, um den Anfangsstab des 2. Umganges zu erhalten.

Betrachtet man nun die für eine Phase errechnete Tabelle, so wird man leicht feststellen können, daß ein Teil der Rechenarbeit ganz unnötig gemacht wurde. In der ersten Hälfte der Tabelle, d. h. in dem oberen Teil des Zahlenpaketes, erhöhen sich nämlich die Zahlen nach rechts um 2. Es ist also nur erforderlich, die erste senkrechte Zahlenreihe durch Addition des Wickelschrittes 15 festzulegen. Die weiteren Zahlenreihen lassen sich alsdann einfach anschreiben, nämlich

1, 3, 5,
16, 18, 20 usw.

Auch im unteren Teil des Zahlenpaketes ist nur die erste senkrechte Reihe durch Abziehen der Schrittzahl 15 zu errechnen. Die nächstfolgenden Reihen kann man wieder ohne große Rechnung anschreiben.

Die vorstehende Tabelle zeigt den Verlauf der Wicklung für eine Phase.

Im fortschreitenden Sinne sind 3 · 12 = 36 Stäbe, im rückschreitenden Sinne 2 · 12 = 24 Stäbe, insgesamt je Phase, also 60 Stäbe durchlaufen bzw. in Serie geschaltet.

Um die Tabelle für die weiteren 2 Wicklungsphasen herzustellen, bedarf es keiner besonderen Anleitung, da der Rechnungsgang genau derselbe ist wie bei der ersten Phase. Wichtig ist nur die Festlegung des Anfangsstabes für die 2. und 3. Phase. Diesen Stab findet man für die 2. Phase, wenn man den eingeklammerten Stab in der 2. Reihe von oben rechts der vorhergehenden Phase (Stab Nr. 20) um 1 erhöht. Der Anfangsstab für die 3. Phase ist demnach der Stab 41.

Die vollständige Tabelle.
90 Nuten, 180 Stäbe, 12 polig.

Phase I.

an Stab	1	3	5	Umkehrstab	4	2
	16	18	20		169	167
	31	33	35		154	152
	46	48	50		139	137
	61	63	65		124	122
	76	78	80		109	107
	91	93	95		94	92
	106	108	110		79	77
	121	123	125		64	62
	136	138	140		49	47
	151	153	155		34	32
	166	168	170		19	17

Phase II.

an Stab	21	23	25	Umkehrstab	24	22
	36	38	40		9	7
	51	53	55		174	172
	66	68	70		159	157
	81	83	85		144	142
	96	98	100		129	127
	111	113	115		114	112
	126	128	130		99	97
	141	143	145		84	82
	156	158	160		69	67
	171	173	175		54	52
	6	8	10		39	37

Phase III.

an Stab				Umkehrstab	
41	43	45		44	42
56	58	60		29	27
71	73	75		14	12
86	88	90		179	177
101	103	105		164	162
116	118	120		149	147
131	133	135		134	132
146	148	150		119	117
161	163	165		104	102
176	178	180		89	87
11	13	15		74	72
26	28	30		59	57

Aus der vorstehenden Tabelle können nunmehr die Angaben für den Wickler entnommen werden.

Schleifring I an Stab 1 in Nute 1 oben
„ II „ „ 21 „ „ 11 „
„ III „ „ 41 „ „ 21 „

Ende Phase I = Stab 17 in Nute 9 oben Sternpunkt
„ „ II = „ 37 „ „ 19 „
„ „ III = „ 57 „ „ 29 „

Umkehrstab I Stab 170—4, Nute 85 unten
Nute 2 unten
Umkehrstab II Stab 10—24, Nute 5 unten
Nute 12 unten
Umkehrstab III Stab 30—44, Nute 15 unten
Nute 22 unten

Wickelschritt $\pm$ 15
Umkehrschritt $\pm$ 14

Zur Kontrolle, ob die Tabelle fehlerlos ist, wird der Anfangsstab jeder Phase um die Zahl Wickelschritt $+ 1 = 15 + 1 = 16$ erhöht. Die Zahl ergibt den Endstab einer Wicklungsphase.

Phase I Anfangsstab $1 + 16 =$ Endstab 17 ⎫
„ II „ $21 + 16 =$ „ 37 ⎬ Stern
„ III „ $41 + 16 =$ „ 57 ⎭

Die vorstehende Methode hat anderen gegenüber den Vorzug, daß eine Aufzeichnung des ganzen Schemas nicht erforderlich ist. Außerdem ist die Tabelle leicht auf ihre Richtigkeit zu kontrollieren. Bei einiger Übung können derartige Tabellen in wenigen Minuten aufgestellt werden.

Anormale Dreiphasenwicklung und deren Anwendung beim Umbau von Drehstrommotoren.

In den Instandsetzungswerken elektrischer Maschinen ist häufig die Aufgabe gestellt, einen vorhandenen Drehstrommotor für eine andere Drehzahl umzuwickeln.

Die Durchführung derartiger Arbeiten hängt von verschiedenen Voraussetzungen ab, die auch bezüglich der Nutenzahl gegeben sein müssen. Man findet beispielsweise bei 4poligen Drehstrommotoren die Nutenzahlen 36 und 48, 48 und 60, 36 und 60 usw. Diese Nutenzahlen lassen sich nicht für normale 6polige Dreiphasenwicklungen verwenden. Für solche und ähnliche Fälle sind die Voraussetzungen für die Ausführbarkeit anormaler Dreiphasenwicklungen zu prüfen und erst hierauf die Entscheidung zu treffen, ob die geplante Umwicklung durchgeführt werden kann oder nicht.

Beispiel:

Ein industrielles Unternehmen besitzt einen Drehstrommotor mit folgenden Daten.

100 PS, 975 n, 220 Volt

Ständer 54 Nuten, 9 Gruppen 6polig
Läufer 90 Nuten, Stabwicklung, 6polig.

Dieser Motor wird infolge Stillegung eines Betriebes nicht mehr benötigt, hingegen liegt für die Betriebserweiterung eines Tochterbetriebes Bedarf an einem Motor mit folgenden Daten vor:

ca. 75 PS, 750 n, 3000 Volt.

Es wird Wert darauf gelegt, den vorhandenen 100-PS-Motor umzuwickeln. Wir wollen daher prüfen, ob die Voraussetzungen für die Umwicklung des Motors gegeben sind, es ist ja zu berücksichtigen, daß der Motor für 220 Volt 6polig gewickelt ist, während der gesuchte Motor für 3000 Volt, 8polig, gewickelt werden muß.

Zunächst stellen wir fest, daß die Spannung 3000 Volt eine stärkere Nutenisolation erfordert und eine bedeutend höhere Leiterzahl der Ständerwicklung als bei 220 Volt.

Der Nutenfüllfaktor, das heißt das Verhältnis des Nutenquerschnittes einer Ständernute zum effektiven Kupferquerschnitt, wird bei 3000 Volt ungünstiger als bei 220 Volt. Die erforderliche Wandstärke der Nutenisolation wollen wie nach dem Ausdruck

$$1{,}4 \cdot \sqrt{\frac{\text{Volt}}{1000}} \quad \text{für Mikanitpapier usw.}$$

ermitteln und stellen fest:

Bei Verwendung von Mikanitpapier = 1,4 · 1,73 = 2,4 mm.

Die Wandstärke von 2,4 mm bietet bei Verwendung von Mikanitpapier (Mikartafolio) eine Gewähr für die Betriebssicherheit der Ständerwicklung.

Nach Durchrechnung der Verhältnisse ergibt sich, daß der Motor bei 3000 Volt 750 n die geforderte Leistung abgeben kann.

Nun kommt es noch darauf an, ob die praktische Herstellung der 8poligen Ständer- und Läuferwicklung auch möglich ist.

Wir beginnen mit der Ständerwicklung. Der Ständer hat 54 Nuten. Die in Frage kommende 8polige Dreiphasenwicklung besteht aus drei Wicklungssträngen, jeder Strang aus 4 Gruppen = 12 Gruppen total. Diese 12 Gruppen lassen sich aber nicht symmetrisch auf die vorhandenen 54 Nuten verteilen, denn 54 Nuten: 12 Gruppen = 4,5 Nuten ergibt eine gebrochene Zahl und wir stellen fest, daß die Ständerwicklung nicht als normale Gruppenwicklung hergestellt werden kann.

Auch bei dem Läufer, der, wie erwähnt, eine Stabwicklung besitzt, liegen die Verhältnisse gleich ungünstig. Der Läufer hat 90 Nuten. Stellen wir eine Probe auf die Ausführbarkeit einer achtpoligen Stabwicklung bei 90 Nuten = 180 Stäben nach Maßgabe Abschnitt „anormale Dreiphasenstabwicklung", Seite 136 an, so finden wir, daß auch die Läuferwicklung nicht als normale Dreiphasen-Stabwicklung ausgeführt werden kann. Es wäre nun zum Nachteil des Instandsetzungswerkes, wenn nach dieser Feststellung die geplante Umwicklung als unausführbar bezeichnet würde. Wir versuchen vielmehr weiter, die uns gestellte Aufgabe zu lösen und begeben uns in das Gebiet der anormalen Dreiphasenwicklungen. Hier finden wir, daß eine 8polige symmetrische Bruchlochwicklung mit 54 Nuten ausführbar ist.

Bei dieser Wicklungsart belegen einen Teil der vorhandenen zwölf Gruppen je vier Nuten, der andere Teil je sechs Nuten, und zwar werden

$$\begin{aligned} 9 \text{ Gruppen zu je } 4 \text{ Nuten} &= 36 \text{ Nuten} \\ 3 \text{ Gruppen zu je } 6 \text{ Nuten} &= \underline{18 \text{ Nuten}} \\ &= 54 \text{ Nuten} \end{aligned}$$

hergestellt.

Die Verteilung und Anordnung der Gruppen ist so zu treffen, daß in jeder Phase eine Gruppe zu 6 Nuten, drei Gruppen zu 4 Nuten in Serie geschaltet werden können.

In Schaltbild 85 ist das Schema der Wicklung dargestellt. Die Querstriche an den einzelnen Gruppen bedeuten die Nutenzahlen.

Es belegen somit die Gruppen

1, 2, 3, 5, 6, 7, 9, 10 und 11	= je 4 Nuten	= 36 Nuten
4, 8 und 12	= je 6 Nuten	= 18 Nuten
	zusammen	= 54 Nuten

Die Gruppen 2, 4, 6, 8, 10 und 12 bilden die untere, die Gruppen 1, 3, 5, 7, 9 und 11 die obere Lage.

Geschaltet sind die Gruppen wie folgt:

Phase I,	Gruppen	2—5— 8—11	Stern
„ II,	„	3—6— 9—12	
„ III,	„	4—7—10— 1	

Die Summe der in Serie geschalteten Leiter jeder Phase ist in den drei Phasen gleich.

Hiermit ist die Aufgabe, soweit die Ständerwicklung in Frage kommt, gelöst.

Wir wenden uns nunmehr der Läuferwicklung zu und versuchen, auch hier eine Lösung zu finden. Wir wollen zunächst prüfen, ob eine Zweiphasenwicklung hergestellt werden kann bzw. ob dies zweckmäßig ist. Bei einer 8poligen Zweiphasenwicklung kommen 16 Gruppen in Frage, wenn wir die Wicklung nicht als Stab-, sondern als Drahtwicklung ausführen wollen. Da es sich jetzt um einen Hochspannungsmotor handelt, so darf die Leiterzahl im Läufer nicht zu hoch werden, damit die Läuferspannung den normalen Wert nicht überschreitet. Wir finden, daß die Anwendung der Zweiphasendrahtwicklung aus diesem Grunde nicht zweckmäßig ist. Ein weiterer Grund, von einer Drahtwicklung überhaupt abzusehen, ist wieder durch den schlechteren Nutenfüllfaktor gegeben. Die Läufernuten sind ursprünglich für Stabwicklung dimensioniert worden. Bei Anwendung einer Drahtwicklung würde also die Stromdichte je Quadratmillimeter Leiter höher als bei Stabwicklung sein. Desgleichen werden auch die Kühlungsverhältnisse bei Drahtwicklung ungünstiger und da die Drehzahl der Läufers außerdem noch durch die Umwicklung herabgesetzt wird, so ergeben auch die nach dieser Richtung angestellten Betrachtungen, daß eine Drahtwicklung nicht vorteilhaft ist. Wir müssen unsere Untersuchungen daher auf die Herstellung einer Stabwicklung beschränken.

Wie bereits erwähnt, ist eine normale 8polige Stabwicklung bei 90 Nuten nicht ausführbar.

Bleiben aber bei 90 Nuten 6 Nuten unbewickelt, so ist eine 8polige Stabwicklung mit 168 Stäben ausführbar. Wir verteilen die 6 unbewickelten Nuten symmetrisch auf den Umfang des Läufers, beziffern die übrigen

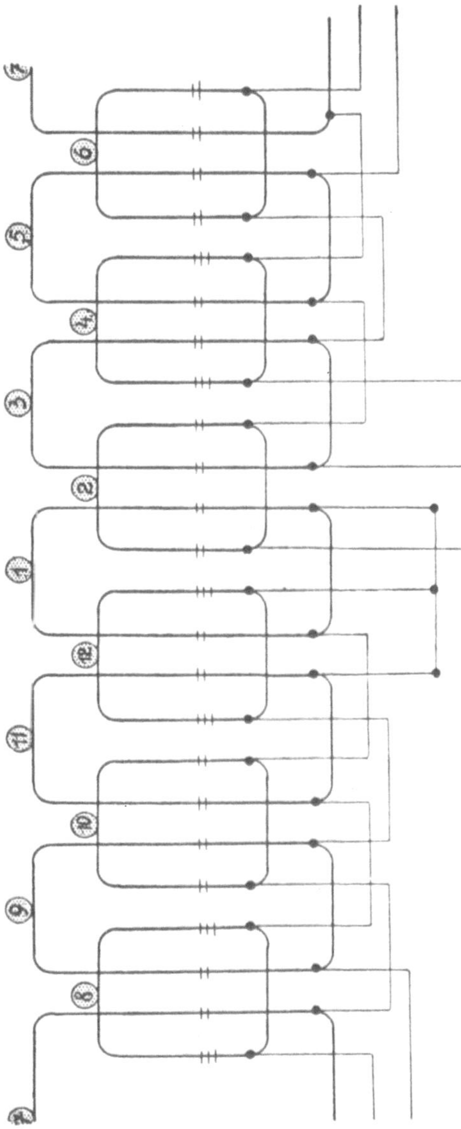

Abb. 85. 8pol. Dreiphasen-Bruchlochwicklung 12 Gruppen, Zwei- und Dreilochwicklung.

84 Nuten von 1—84 und entwerfen für diese Verhältnisse eine Wickeltabelle wie folgt:

Wickelschema für einen Drehstromläufer mit Stabwicklung 84 Nuten 8polig, 50 Perioden, Wickelschritt 21, Umkehrschritt 20, 168 Stäbe *)

Schleifring I an Stab	1	3	5	7
	22	24	26	28
	43	45	47	49
	64	66	68	70
	85	87	89	91
	106	108	110	112
	127	129	131	133
	148	150	152	154
	6	4	2	
	153	151	149	
	132	130	128	
	111	109	107	
	90	88	86	
	69	67	65	
	48	46	44	
	27	25	23 → Stern.	
Schleifring II an Stab	57	59	61	63
	78	80	82	84
	99	101	103	105
	120	122	124	126
	141	143	145	147
	162	164	166	168
	15	17	19	21
	36	38	40	42
	62	60	58	
	41	39	37	
	20	18	16	
	167	165	163	
	146	144	142	
	125	123	121	
	104	102	100	
	83	81	79 → Stern.	

*) Ausführliche Anleitung zur Aufstellung von Wickeltabellen siehe Raskop: Berechnungsbuch des Ankerwicklers, 5. Aufl., Seite 59.

Schleifring III an Stab	29	31	33	35
	50	52	54	56
	71	73	75	77
	92	94	96	98
	113	115	117	119
	134	136	138	140
	155	157	159	161
	8	10	12	14

34	32	30	
13	11	9	
160	158	156	
139	137	135	
118	116	114	
97	95	93	
76	74	72	
55	53	51	→ Stern.

Anfang Phase I in Nute 1 oben
„ „ II „ „ 29 „
„ „ III „ „ 15 „
Ende Phase I in Nute 12 oben
„ „ II „ „ 40 „
„ „ III „ „ 26 „
Umkehrstab I von Nute 77— 3 unten
„ II „ „ 21—31 „
„ III „ „ 7—17 „

Hiermit ist auch eine praktische Lösung für die Läuferwicklung gefunden. Die geplante Umwicklung kann nun an Hand der geschaffenen Unterlagen vorgenommen werden.

Beispiel: Ein 10-PS-Drehstrommotor, 1500 n, soll umgewickelt werden für ca. 7 PS, 1000 n.

Ständer: 48 Nuten, Läufer: 60 Nuten.

Wir untersuchen zunächst die Ausführbarkeit der 6poligen Ständerwicklung und finden sofort, daß eine Verteilung der neun Gruppen auf die vorhandenen 48 Nuten nicht möglich ist (48 : 9 = 5,33). Es können aber auch die Ständerwicklungen als Bruchlochwicklungen mit unbewickelten Nuten ausgeführt werden und daher versuchen wir, auf diesem Wege dem Ziel näher zu kommen.

Bei drei unbewickelten Nuten ist die Herstellung einer 6poligen Ständerwicklung möglich. Wir verteilen die drei unbewickelten Nuten symmetrisch auf den Umfang des Ständers und schalten die Nuten 1, 16 und 32 von der Bewicklung aus.

Die neun Gruppen werden nunmehr auf die 45 Nuten verteilt. Es entsteht eine Dreiphasenbruchlochwicklung mit drei unbewickelten Nuten. Jede Gruppe belegt $2^1/_2$ Nuten beiderseits = 5 Nuten total.

Der Läufer hat eine 4polige Drahtwicklung = 6 Gruppen total Unter Beibehalt der Drahtzahl je Nute und des Drahtdurchmessers stellen wir eine 6polige Zweiphasen-Bruchlochwicklung mit zwölf Gruppen her. Jede Gruppe belegt $2^1/_2$ Nuten beiderseits = 5 Nuten total. 12 · 5 = 60 Nuten.

Bei Herstellung der Ständerwicklung ist darauf zu achten, daß in verschiedenen Nuten Wicklungselemente verschiedener Phasen liegen. Zwischen den Wicklungselementen besteht nahezu die volle Betriebsspannung und deshalb ist Lage gegen Lage durch entsprechende Isolation gegen Durchschlag zu schützen. Auch bei der Läuferwicklung ist hierauf Rücksicht zu nehmen. Obgleich hier die Spannungsdifferenzen nicht so groß sind als in der Ständerwicklung, muß beachtet werden, daß die Läuferwicklung als fliegende Wicklung Formveränderungen durch die Fliehkraft ausgesetzt ist. Die einzelnen Drahtlagen der Läuferwicklung werden beim Umlauf auf Zug beansprucht und hierdurch kann leichter ein Durchschlag entstehen als bei der ruhenden Ständerwicklung.

Beispiel: Ein 15-PS-Drehstrommotor soll umgewickelt werden für ca. 7 PS, 750 n.

Ständer: 48 Nuten, Läufer: 60 Nuten.

Der Läufer besitzt Stabwicklung, die aus bereits angeführten Gründen auch wieder beibehalten werden soll.

Die 8polige Ständerwicklung wird mit 12 Gruppen als normale Zweilochwicklung hergestellt. (4 · 12 = 48 Nuten).

Wickelschema für Drehstrom-Stabläufer, 60 Nuten, 120 Stäbe, 8polig, 750 n.

Schleifring I an Stab	1	3	5
	16	18	20
	31	33	35
	46	48	50
	61	63	65
	76	78	80
	91	93	95
	106	108	110

4	2	
109	107	
94	92	
79	77	
64	62	
49	47	
34	32	
19	17	→ Stern.

Schleifring II an Stab 21 23 25
36 38 40
51 53 55
66 68 70
81 83 85
96 98 100
111 113 115
6 8 10

24 22
9 7
114 112
99 97
84 82
69 67
54 52
39 37 → Stern.

Schleifring III an Stab 41 43 45
56 58 60
71 73 75
86 88 90
101 103 105
116 118 120
11 13 15
26 28 30

44 42
29 27
14 12
119 117
104 102
89 87
74 72
59 57 → Stern

die Stäbe 17, 37 und 57 in den Nuten 9, 19 und 29 oben bilden den Sternpunkt. Umkehrverbindungen: Nute 5—12 unten, Nute 15—22 unten, Nute 55—2 unten.

Mit diesen wenigen Beispielen sind die Möglichkeiten einer Umwicklung natürlich nicht erschöpft. Die Ausführungen lassen jedoch erkennen, daß die Umwicklungen für andere Drehzahlen auch in den weitaus meisten

Fällen dann ausgeführt werden können, wenn nach oberflächlicher Beurteilung die Frage verneint werden muß.

Aber nicht allein die Nutenzahl in bezug auf die Ausführbarkeit der Ständer- und Läuferwicklung begrenzen die Möglichkeit einer Umwicklung auf andere Drehzahlen und Spannungen. Handelt es sich um Fälle, wo die Drehzahl des Läufers herabgesetzt, die Polpaarzahl also erhöht werden soll, so kann auch die Anzahl der Nuten in bezug auf den Leistungsfaktor des Motors für die Durchführbarkeit der geplanten Umwicklung ausschlaggebend sein. Sind beispielsweise die Nutenzahlen im Ständer und Läufer für eine 4polige Wicklung entworfen und relativ niedrig gehalten, so kann dieser Motor vielfach nicht acht- oder mehrpolig gewickelt werden, weil infolge der geringen Nutenzahlen der Leistungsfaktor des acht- und mehrpoligen Motors den nach DIN vorgeschriebenen Mindestwert unterschreiten würde. Der Motor wäre also in elektrischer Hinsicht minderwertig. Es geht über den Rahmen des Themas hinaus, die Vorbedingungen bezüglich der Abmessungen des aktiven Eisens (Jochstärke usw.) und der mechanischen Verhältnisse (Lager usw.) zu behandeln. In erster Linie sollte an Beispielen die praktische Ausführung anormaler Dreiphasenwicklungen behandelt werden, und wie gezeigt wurde, bestehen eine große Anzahl Möglichkeiten, vorhandene Maschinen durch Umwicklung für gegebene Verhältnisse herzustellen.

Die Träufelwicklung und ihre Bedeutung für Instandsetzungswerke.

Die in allen Betrieben mit dem Schlagwort Leistungssteigerung angestrebte Herabsetzung der Gestehungskosten hat auch im Elektro-Maschinenbau einschneidende Veränderungen der Arbeitsmethode hervorgerufen. Als Ergebnis der Bestrebungen im Elektro-Maschinenbau sind in erster Linie die von den Großfirmen als DIN-Motoren auf den Markt gebrachten Maschinen zu bezeichnen, die in Fließarbeit mit hoher Auflageziffer hergestellt werden. Das Kennzeichen dieser Motoren ist „geringes Totalgewicht" und „entsprechend niedriger Preis" gegenüber der bisherigen Motoren gleicher Leistung, Drehzahl und Ausführung. Unter restloser Ausnutzung des aktiven Materials und der im Laufe der Zeit gewonnenen Erfahrungen auf dem Gebiete des Elektro-Maschinenbaues stellen die DIN-Motoren ein Erzeugnis dar, welches unter dem Einfluß der Wirtschaftsverhältnisse entstanden ist und als Höchstleistung der deutschen Elektro-Industrie bezeichnet werden kann.

Nachdem die DIN-Motoren sich auf dem Markt befinden, sind die Verkaufsaussichten der Maschinen älterer Type schlechter geworden. Wohl sind die bisherigen Maschinen überlastungsfähiger und in dem mechanischen Aufbau kräftiger als die DIN-Motoren. Auch hinsichtlich Wirkungsgrad und Leistungsfaktor dürfte man vielfach den bisherigen Motoren den Vorzug geben, wenn nicht der Verkaufspreis der DIN-Motoren den Ausschlag zugunsten der letzteren geben würde. Nur wenige Käufer erblicken in der Überlastungsfähigkeit und in dem kräftigeren mechanischen Aufbau der bisherigen Motoren einen Ausgleich für den (allerdings nur wenig) höheren Preis der Motoren den DIN-Motoren gegenüber. Im allgemeinen spielt tatsächlich der Verkaufspreis eine außerordentliche Rolle, und gerade diese Tatsache hat sich auch in den Instandsetzungswerken recht fühlbar ausgewirkt.

Es liegt daher sehr nahe, nach besseren Arbeitsmethoden Umschau zu halten, um die Gestehungskosten der Neuwicklungen an elektrischen Maschinen den Preisen der DIN-Motoren nach Möglichkeit anzupassen.

Hier bietet zweifellos die Träufelwicklung (auch Korbwicklung genannt) eine Möglichkeit, die Gestehungskosten der Ständer- und Läuferwicklungen bei Drehstrommotoren herabzusetzen, wenn es gelingt, die Voraussetzung für die Anwendung dieser Wicklungsart auch bei Motoren der bisherigen Ausführung zu schaffen. Inwieweit die Gestehungskosten der Träufelwicklung geringer sind als diejenigen der normalen Gruppen-Handwicklung, soll folgendes Beispiel zeigen:

Arbeitszeiten für eine 5-PS-Drehstrom-Ständerwicklung 4 polig, 1500 n.

a) Handwicklung: ca. 20 Std.

b) Träufelwicklung: ca. $4^1/_2$ Std.

In den $4^1/_2$ Stunden für die Träufelwicklung ist die Arbeitszeit für die Herstellung der Formspulen eingeschlossen. Die Zeit gilt für die Herstellung der fertig geschalteten Wicklung und beruht auf Angaben einer Firma, welche seit Jahren die Träufelwicklung bei der Reihenherstellung von Drehstrommotoren bis 7,5 PS Leistung anwendet.

Wird ein Stundenlohn von 1.— M. angenommen, so belaufen sich die Löhne für die bisherige Handwicklung auf 20.— M., diejenigen der Träufelwicklung auf 4,50 M. Aber auch dann, wenn die Gestehungskosten der Träufelwicklung 100% höher liegen würden (9,— M.), ist der Unterschied noch so außerordentlich hoch, daß die Vorteile, die mit Träufelwicklung erreicht werden können, uns veranlassen müssen, über die Anwendbarkeit dieser Wicklungsart ausführliche Betrachtungen anzustellen.

Schon die Tatsache, daß u. a. beispielsweise die S. S. W. die Träufelwicklung bei den DIN-Motoren anwendet, beweist, daß gerade diese

Wicklungsart mit geringstem Kostenaufwand herzustellen ist, denn bei diesen Motoren spielt die Arbeitszeit eine grundlegend wichtige Rolle. Man hat also die später noch zu erwähnenden Nachteile der Träufelwicklung gern in Kauf genommen und nach sorgfältiger Erwägung aller Vor- und Nachteile die Überzeugung gewonnen, daß keine Wicklungsart in bezug auf wirtschaftliche Herstellung so geeignet ist wie die Träufelwicklung. Von dieser Feststellung ausgehend soll nachstehend die Träufelwicklung behandelt werden.

Die Träufelwicklung ist bekanntlich eine Formspulenwicklung. Die für eine Dreiphasen Einschichtwicklung in Frage kommenden Spulenzahl ist = $^1/_2$ der vorhandenen Nuten. Auf 24 Nuten entfallen z. B. 12 Spulen. Die Spulen sind trapezartig geformt und werden von Hand durch den Nutenschlitz in die Nuten eingeträufelt. Die Schaltung der einzelnen Spulen je Phase ist nicht so einfach wie diejenige der normalen Gruppenwicklung

Inzwischen mehren sich die Fälle, wo DIN-Motoren mit Träufelwicklung zur Instandsetzung oder Neuwicklung gegeben werden. Schon aus diesem Grunde ist es notwendig, daß alle Instandsetzungsfachleute sich mit der Herstellung und Schaltung der Träufelwicklung befassen.

Die Vorteile der Träufelwicklung gegenüber der bisher angewandten Dreiphasen-Handwicklung sind kurz gefaßt folgende:

1. gleiche Längen der Spulen untereinander;
2. vorzügliche Kühlung des fertigen Wicklung und somit höhere spezifische Beanspruchung der Leiterkupfers als bisher;
3. weniger Aufwand an Wickelmetall als bisher;
4. geringerer Arbeitszeitaufwand.

Die Nachteile:

5. das Nutenvolumen muß größer sein als bei Anwendung der normalen Gruppen-Handwicklung (gleichbedeutend mit erhöhtem Aufwand an aktiven Eisen);
6. da sogenannte Wildwicklung in den Nuten, ist Durchschlagsgefahr (Schlußbildung) bei nicht sorgfältiger Arbeit größer als bei normaler Gruppen-Handwicklung;
7. Wirkungsgrad und Leistungsfaktor fallen in der Regel bei Anwendung der Träufelwicklung etwas geringer aus als bei Gruppen-Handwicklung. Der Unterschied ist jedoch praktisch unwesentlich;
8. die Schaltung der Spulen je Phase ist für den Anfänger etwas schwieriger als bei Gruppen-Handwicklung.

Bei sachlicher Betrachtung der Nachteile fallen die scheinbaren Schwierigkeiten Ziffer 6—8 fort, weil dieselben ohne weiteres überwunden werden können. Wir haben also praktisch nur mit der unter Ziffer 5 aufgeführten Schwierigkeit zu tun, wenn Maschinen zur Neuwicklung in Frage kommen, die bisher mit der normalen Gruppen-Handwicklung ausgerüstet waren, aber nunmehr aus Gründen der Wirtschaftlichkeit mit der Träufelwicklung versehen werden sollen. Bei Neukonstruktionen fällt selbstverständlich diese Schwierigkeit fort, da dem Erbauer anheimgegeben ist, das Nutenvolumen groß genug zu wählen.

Die unter Ziffer 6 genannte Schwierigkeit ist durch sorgfältige und geschickte Wickelarbeit zu überwinden. Außerdem bietet die sachgemäße Imprägnierung des Wickeldrahtes vor dem Wickeln und nach dem Einbau der Spulen eine Handhabe, spätere Schlußbildungen auf ein Normalmaß zu beschränken. Die Schwierigkeiten Ziffer 7 sind praktisch wegen der Geringfügigkeit belanglos. Es kommt also lediglich darauf an, Mittel und Wege zu finden, um die jeweils geforderte Leiterzahl einer Spule in dem bereits vorhandenen Nutenraum unterzubringen.

Wir wollen hier sofort einen praktischen Versuch wagen und wählen als Beispiel die Ständerwicklung eines 4poligen Dreiphasenmotors mit einer Leistung von 5,5 PS = 4 kW, 380/220 Volt, bisheriger Bauart. Das Nutenvolumen ist für normale Handwicklung vorgesehen. Der Ständer hat 48 Nuten. In jeder Nute befinden sich 52 Drähte von je 1,3 mm Durchmesser, 2 Gruppen je Phase sind parallel geschaltet (Daten gehören zum S. S. W.-Motor Type R 81 s — 1500).

Der Querschnitt einer Nute ist ca. 26,5 · 8 = 212 qmm. Der gesamte Kupferquerschnitt in einer Nute ist = 52 · 1,3273 = 69 qmm. Der Nutenfüllfaktor, d. i. das Verhältnis des effektiven Kupferquerschnittes in einer Nute zu dem Nutenquerschnitt, ist = 0,33. Die spezifische Belastung eines Leiters (2 parallele Drähte) ist bei einer Stromaufnahme von 8,7 Amp. (Vollaststrom bei 380 Volt).

$$\frac{8{,}7}{2 \cdot 1{,}3273} = \text{ca. } 3{,}3 \text{ Amp. je qmm Kupfer.}$$

Der praktische Nutenfüllfaktor ist bekanntlich abhängig von der Stärke der Drahtumspinnung, von der Drahtzahl je Nute und von der Fertigkeit des Wicklers. Während der eine Wickler die angegebene Drahtzahl und Drahtstärke ohne jede Schwierigkeit in einen vorhandenen Nutenraum unterbringt, hat der andere Wickler vielfach große Schwierigkeiten oder erklärt, daß es ausgeschlossen sei, die angegebene Drahtzahl unterzubringen. Nehmen wir die Durchschnittsfähigkeiten eines Wicklers an, so kann der Nutenfüllfaktor = 0,33 im vorliegenden Falle als normal bezeichnet werden.

Da je Phase 2 Gruppen parallel geschaltet sind, so kann die Wicklung natürlich auch mit 26 Leitern je Nute und Reihenschaltung der Gruppen ausgeführt werden, wenn der Drahtquerschnitt entsprechend stärker gewählt wird. In diesem Falle wird der Nutenfüllfaktor besser, d. h. die 26 Drähte doppelten Querschnittes beanspruchen weniger toten Wickelraum als die 52 Drähte 1,3 mm Durchmesser, sind also bequem in dem Nutenraum unterzubringen.

Wir können aber noch mehr Platz in den Nuten schaffen, wenn die bisherige Umspinnung 0,3 mm Zunahme auf 0,2 mm Zunahme herabgesetzt wird. Dies wird dadurch erreicht, daß die Umspinnung des Wickeldrahtes nicht mit 60er, sondern mit 100er Baumwolle ausgeführt wird. War der alte Durchmesser des umsponnenen Drahtes 1,3 + 0,3 = 1,6 mm und der Gesamtquerschnitt der 52 Drähte = 52 · 2 = 104 qmm, so würde bei Verwendung von 26 Drähten 1,8 + 0,2 Zunahme = 2,0 mm der Gesamtquerschnitt nur 26 mal 3,1416 = 82,68 qmm betragen. Wir sehen also, daß wir durch Anwendung der beiden Kniffe schon einen nicht unerheblichen Raum in den Nuten gewonnen haben. Dieser Raum reicht aber noch nicht aus, um Träufelwicklung anwenden zu können. Wir müssen also weitere Betrachtungen anstellen und stoßen hierbei auf die vollzogene Tatsache, daß die Erwärmungsgrenzen für Wicklungen und Eisen (siehe Regeln für Bewertung und Prüfung elektrischer Maschinen V. D. E. § 39) gegen die früheren Werte heraufgesetzt worden sind. Dies hat dazu geführt, daß die Großfirmen die früheren listenmäßigen Leistungen ihrer Maschinen einfach erhöhen konnten. Der in Frage stehende Motor Type R 81 s — 1500 entspricht hinsichtlich Erwärmung aber noch den früheren Vorschriften des V. D. E., so daß wir den Querschnitt des Wickeldrahtes noch weiter herabsetzen können.

Wählen wir auf Grund der vorstehenden Ausführungen eine Stromdichte von 4,2 Amp./qmm, so erhalten wir unter Beibehalt des Beispieles einen Drahtquerschnitt von 8,7 : 4,2 = 2,0 qmm. Dieser Querschnitt entspricht einem Drahtdurchmesser von 1,6 mm. Bei 26 Leitern je Nute und 0,2 mm (Zunahme 2 · Bw. 100er) würde der Gesamtquerschnitt 26 · 2,5447 = 66 qmm betragen. Tatsächlich weisen die DIN-Motoren 5,5 PS 1500 n bei 380 Volt in der Ständerwicklung eine Drahtstärke von 1,55—1,6 mm Durchmesser auf.

Darüber hinaus ließen sich noch in besonders schwierigen Fällen Betrachtungen darüber anstellen, ob nicht auch eine Herabsetzung der vorgefundenen Leiterzahl möglich ist. Hier soll nur darauf hingewiesen werden, daß die Erbauer bezüglich Kraftliniendichte heute mit wesentlich höheren Werten rechnen, als dies früher üblich war. Das aktive Eisen wird heute höher beansprucht als früher. Es ist also durchaus möglich, die Leiterzahl eines Motors älterer Bauart herabzusetzen, ohne die zulässige Erwärmungsgrenze des aktiven Eisens überschreiten zu müssen. In diesen Fällen ist aber eine Durchrechnung des Motors erforderlich.

Wir wollen nunmehr die ermittelten Werte zusammenstellen:

Gegenüberstellung.

Nr.	Bezeichnung	Bisherige Werte	Errechnete Werte
1	Drahtzahl je Nute	52 Drähte 1,3 mm ⌀ 2 Gruppen parallel	26 Drähte 1,6 mm ⌀ 2 Gruppen in Serie
2	Nutenquerschnitt	212 qmm	212 qmm
3	Nutenfüllfaktor	0,33	0,24—0,25
4	Effektiver Kupferquerschnitt je Nute	69 qmm	52 qmm
5	Gesamtquerschnitt der umsp. Leiter je Nute	104 qmm	66,16 qmm

Nach den Werten der Spalte 5 haben wir also bei Anwendung der errechneten Wicklung 34% mehr Nutenraum zur Verfugung als bisher. Dieser Raum reicht im vorliegenden Fall theoretisch für die Herstellung der Träufelwicklung aus. Der praktische Versuch ist gemacht worden.

Es hat sich bestätigt, daß durch Einführung der Träufelwicklung erhebliche Ersparnisse erzielt werden können und daß die Anwendung der Wicklungsart auch bei Maschinen älterer Ausführung durchaus möglich ist.

Abb. 86.

Abb. 86 zeigt einen 28-PS-Drehstromständer der S. S. W. im halbfertigen Zustand. In Abb. 87 ist der fertiggestellte Ständer dargestellt.

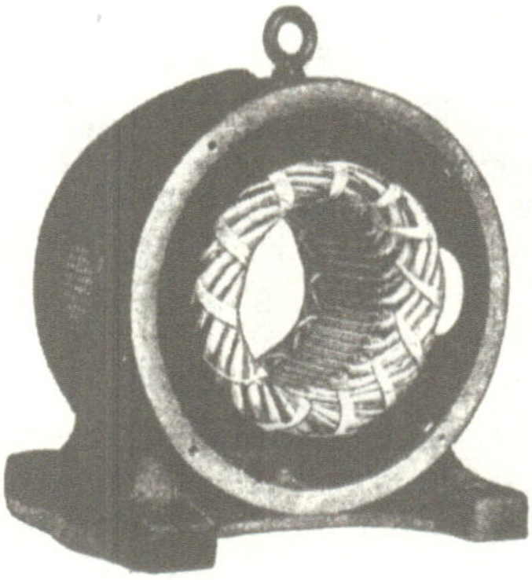

Abb. 87.

Zur Erleichterung der Schaltarbeit sind in Abb. 88—102 die Schaltbilder der Dreiphasen-Einschicht-Träufelwicklung, und zwar für die gängigen Nuten- und Polzahlen wiedergegeben.

Die Herstellung der Schaltung ist indessen einfacher und leichter, als man bei der Betrachtung der Schaltbilder annehmen könnte. Es empfiehlt sich, nach Fertigstellung der Wicklung sämtliche Schaltenden geradegerichtet nach außen zu stellen. Hierauf werden die drei Anfänge und die drei Enden, also diejenigen Schaltenden, die zum Klemmbrett geführt werden, zurückgebogen. Die

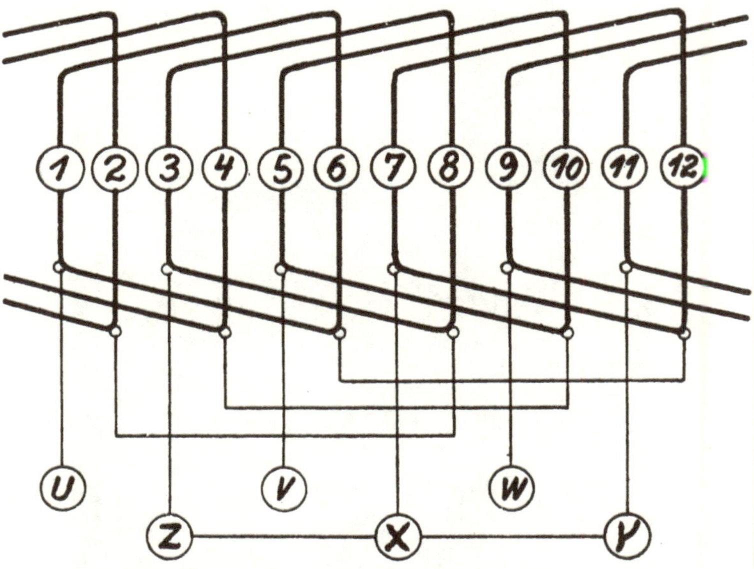

Abb. 88. Dreiphasen-Einschicht-Träufelwicklung
2polig, 12 Nuten, 3000 n
Wickelschritt 1—6, Sternschaltung
Schaltverbindungen: Phase I. Nute 6—12
„ II. „ 10— 4
„ III. „ 2— 8

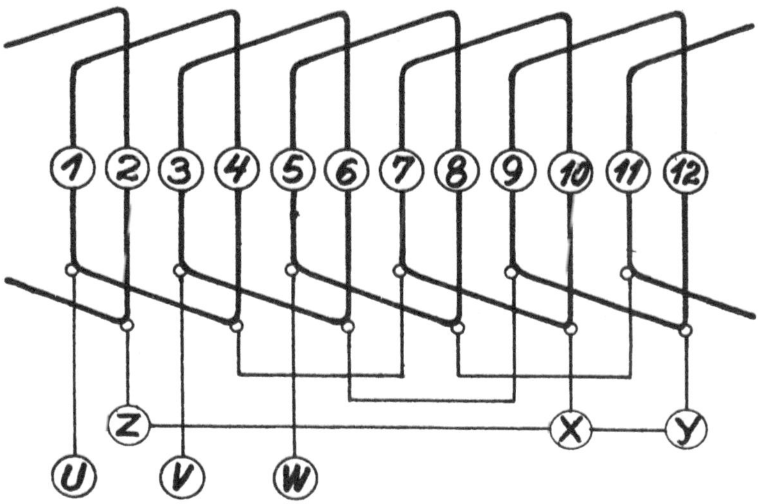

Abb. 89. Dreiphasen-Einschicht-Träufelwicklung
4polig, 12 Nuten, 1500 n
Wickelschritt 1—4, Sternschaltung
Schaltverbindungen: Phase I. Nute 4— 7
„ II. „ 6— 9
„ III. „ 3—11

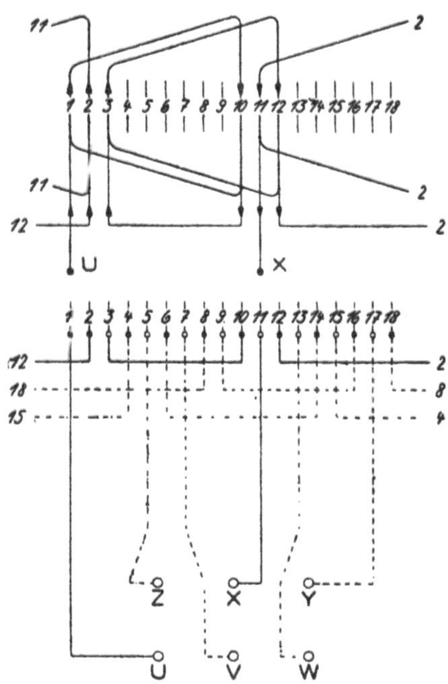

Nuten oder die aus den Nuten kommenden Schaltenden werden mit Ziffern bezeichnet und an Hand des unter jedem Schaltbild angeordneten Zahlenschemas miteinander verbunden.

Abb. 90. Dreiphasen-Einschichtwicklung mit Spulen gleicher Weite (Formspulen)
2 polig, 3000 n, 18 Nuten, 9 Spulen.
Wickelschritt: Nute 1—10.

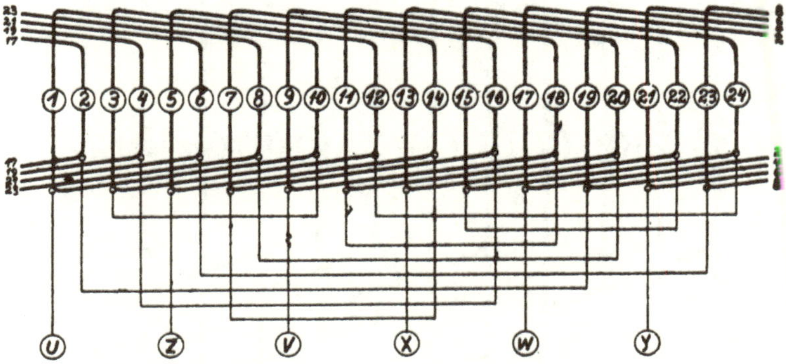

Abb. 91. Dreiphasen-Einschicht-Träufelwicklung
2polig, 24 Nuten, 3000 n
Wickelschritt 1—10, Sternschaltung
Schaltverbindungen: Phase I. Nute 10—3—12—24—15—22
„ II. „ 18—11—20—8—23—6
„ III. „ 2—19—4—16—7—14

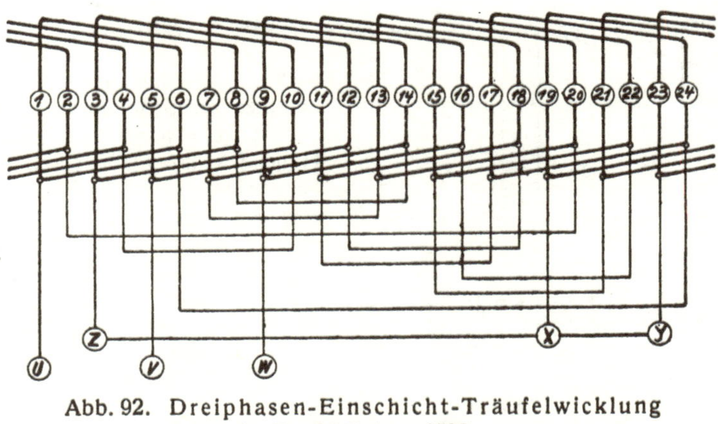

Abb. 92. Dreiphasen-Einschicht-Träufelwicklung
4polig, 24 Nuten, 1500 n
Wickelschritt 1—8, Sternschaltung
Schaltverbindungen: Phase I. Nute 8—14—7—13—20—2
„ II. „ 12—18—11—17—24—6
„ III. „ 16—22—15—21—4—10
Anfänge in Nute 1, 5, 9
Enden „ „ 19, 23, 3

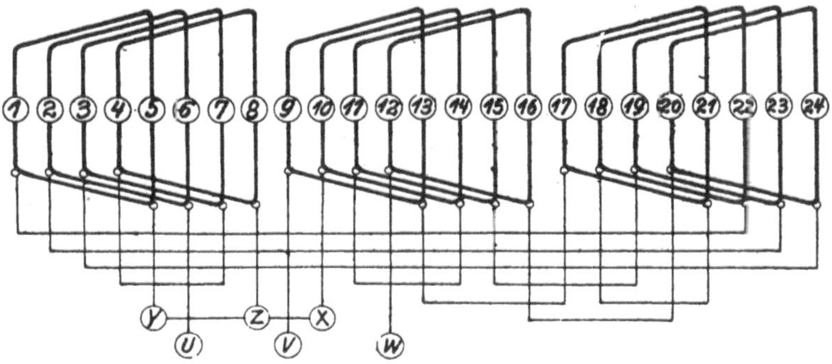

Abb. 93. Dreiphasen-Einschicht-Träufelwicklung (Bruchlochwicklung)
6polig, 24 Nuten, 1000 n
Wickelschritt 1—5, Sternschaltung

Schaltverbindungen:
Phase I. Nute 6—2—23—19—15—11—14—10
„ II. „ 9—13—17—21—18—22—1—5
„ III. „ 12—16—20—24—3—7—4—8

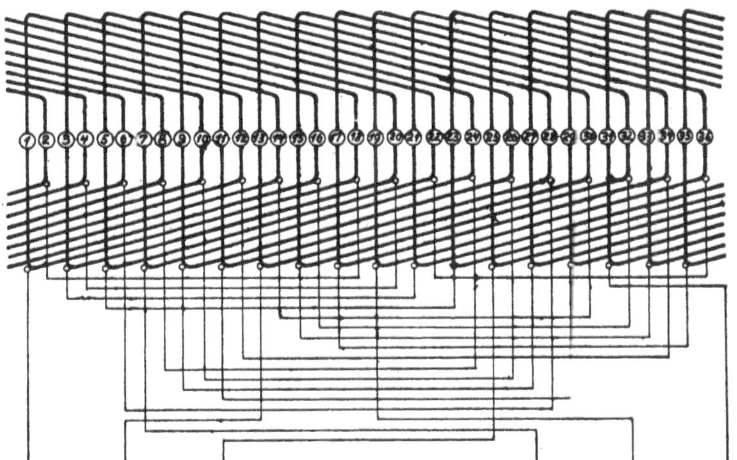

Abb. 94. Dreiphasen-Einschicht-Träufelwicklung
2polig, 36 Nuten, 3000 n
Wickelschritt 1—18, Sternschaltung

Schaltverbindungen:
Phase I. Nute 18—2—21—3—20—4—23—5—22—36
„ II. „ 30—14—33—15—32—16—35—17—34—12
„ III. „ 6—28—11—29—10—26—9—27—8—24

Anfänge in Nute 1, 13, 25
Enden „ „ 19, 31, 7

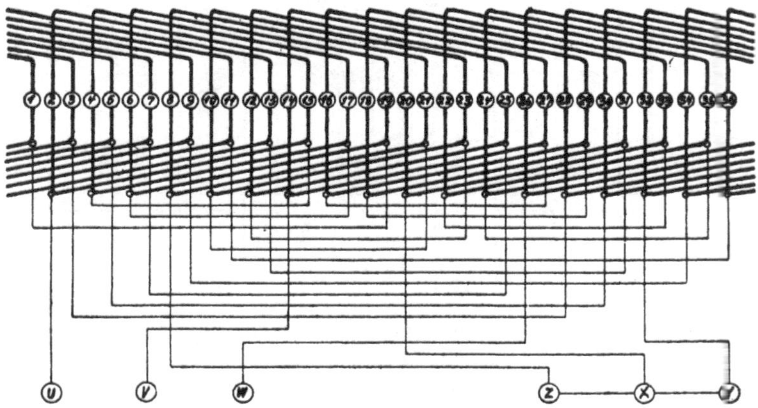

Abb. 95. Dreiphasen-Einschicht-Träufelwicklung
2polig, 36 Nuten, 3000 n
Wickelschritt 1—14, Sternschaltung

Schaltverbindungen:

Phase I. Nute 15—4—17—6—19—1—24—35—22—33
„ II. „ 27—16—29—18—31—13—36—11—34—9
„ III. „ 3—28—5—30—7—25—12—23—10—21
Anfänge in Nute 2, 14, 26
Enden „ „ 20, 32, 8

Auf diese Art ist die Schaltung in wenigen Minuten fertiggestellt.

Wenn mit der Zeit die nötige Sicherheit erreicht ist, erübrigt sich die Bezifferung der Schaltenden. Man zeichnet nur noch die Anfangsnute 1 und zählt an Hand des Zahlenschemas die zu verbindenden Schaltenden ab.

Es ist dringend davon abzuraten, die Schaltung durch Verfolgung des Wicklungsverlaufes auf dem Schaltbild herzustellen, weil hierbei leicht Fehler unterlaufen können.

Zur Herstellung der Formspulen bedient man sich in der Regel der bekannten zweiteiligen Holzformen. Eine auf diese Art hergestellte Spule ist in Abb. 86 ersichtlich. Die Spulen haben Trapezform. Diese Form wird durch die Zwischenlage der Form gegeben. Man kann aber auch für die Spulen die Kreisform wählen und die endgültige Spulenform durch geschickte Handgriffe bei der Wickelarbeit herstellen.

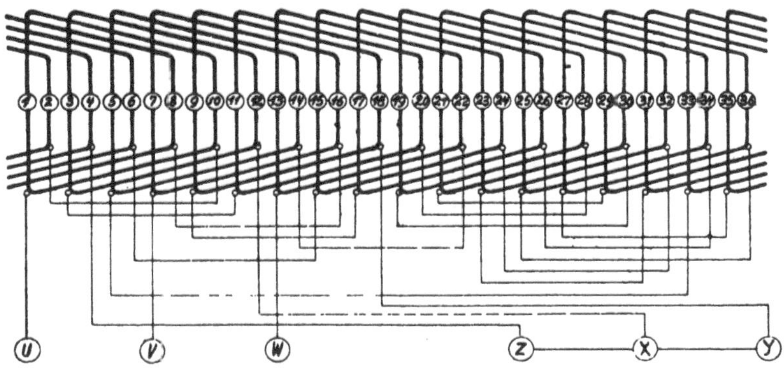

Abb. 96. Dreiphasen-Einschicht-Träufelwicklung
4polig, 36 Nuten, 1500 n
Wickelschritt 1—10, Sternschaltung

Schaltverbindungen:

Phase I. Nuten 10—2—29—21—30—19—28—20—11—3
„ II. „ 16—8—35—27—36—25—34—26—17—9
„ III. „ 22—14—5—33—6—15—24—32—23—31

Anfänge in Nuten: 1, 7, 13
Enden „ „ : 12, 18, 4

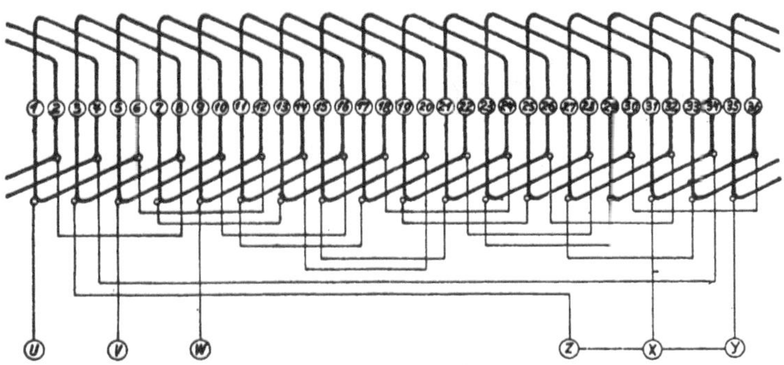

Abb. 97. Dreiphasen-Einschicht-Träufelwicklung
6polig, 36 Nuten, 1000 n
Wickelschritt 1—6, Sternschaltung

Schaltverbindungen:

Phase I. Nuten 6—12—7—13—18—24—19—25—30—36
„ II. „ 10—16—11—17—22—28—23—29—34—4
„ III. „ 14—20—15—21—26—32—27—33—2—8

Anfänge in Nuten: 1, 5, 9
Enden „ „ : 31, 35, 3

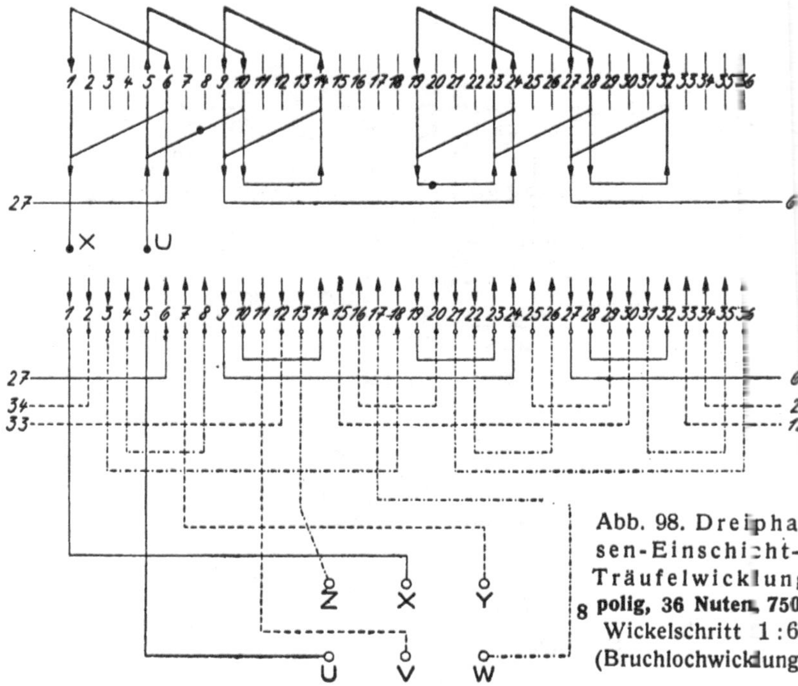

Abb. 98. Dreiphasen-Einschicht-Träufelwicklung 8 polig, 36 Nuten, 750 n Wickelschritt 1 : 6 (Bruchlochwicklung)

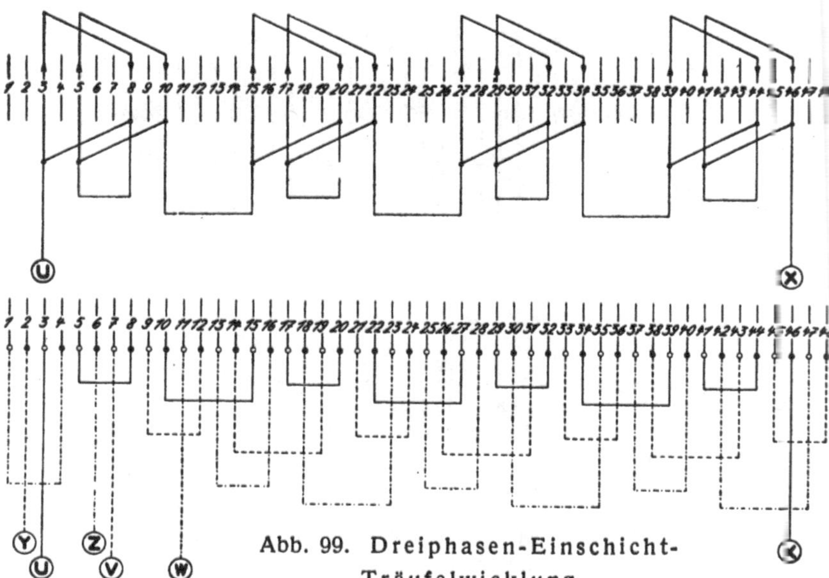

Abb. 99. Dreiphasen-Einschicht-Träufelwicklung 8 polig. 48 Nuten. 750 n. Wickelschritt 1 : 6

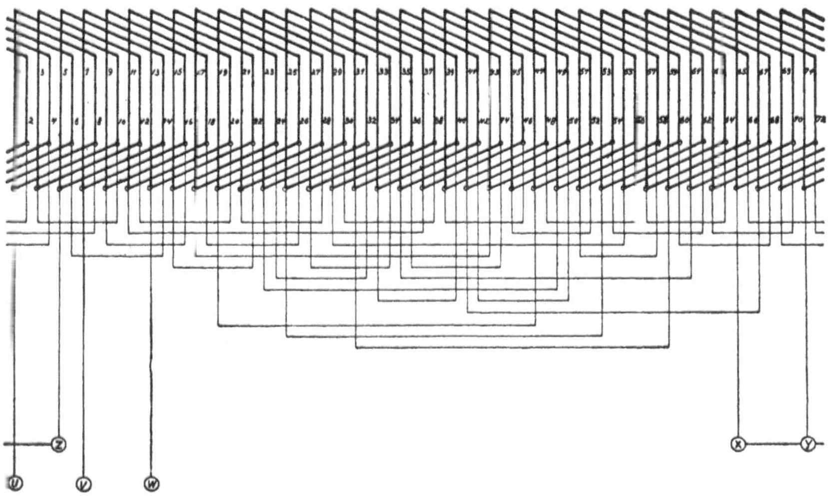

Abb. 100. Dreiphasen-Einschicht-Träufelwicklung
8polig, 72 Nuten, 750 n
Wickelschritt 1—10, Sternschaltung.

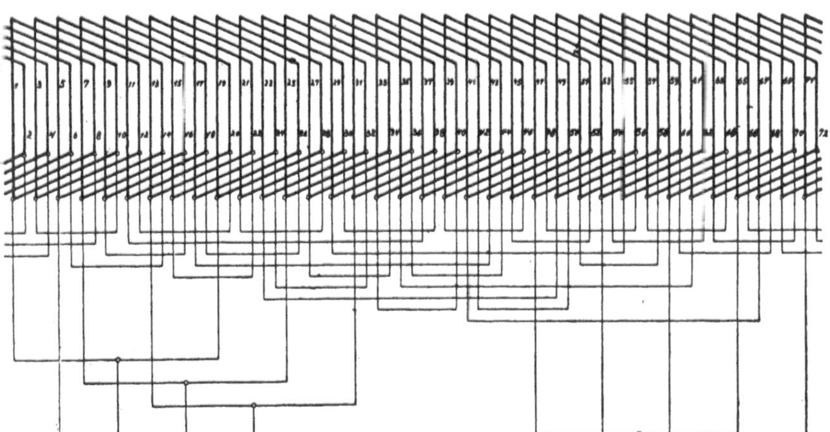

Abb. 101. Dreiphasen-Einschicht-Träufelwicklung
8polig, 72 Nuten, 750 n
Wickelschritt 1—10, je Phase 2 Stränge parallel, Sternschaltung.

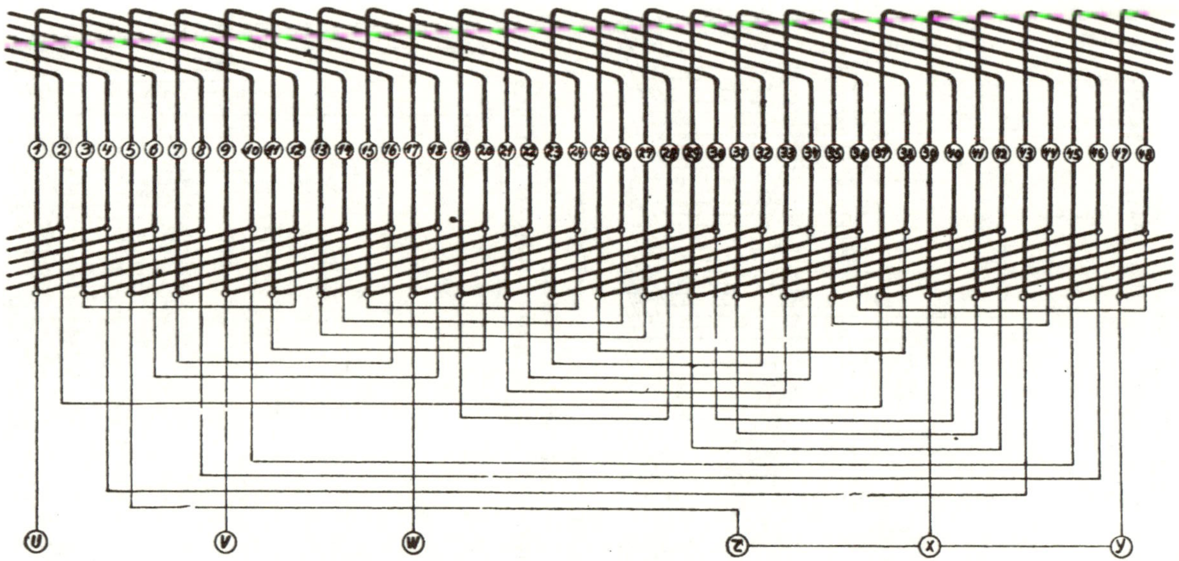

Abb. 102. Dreiphasen-Einschicht-Träufelwicklung
4polig, 48 Nuten, 1500 n
Wickelschritt 1—12, Sternschaltung

Schaltverbindungen:
Phase I. Nuten 12—3—14—26—15—24—13—27—38—25—36—48—37—2
„ II. „ 20—11—22—34—23—32—21—33—44—35—46—8—45—10
„ III. „ 28—19—30—40—29—42—31—41—43—6—18—7—16
Anfänge in Nuten: 1, 9, 17
Enden „ „ : 39, 47, 5

Die Dreiphasen(Drehstrom)-Zweischichtenwicklungen mit Spulen gleicher und ungleicher Weite (Formspulenwicklungen).

Das Bestreben der Konstrukteure und Berechner elektrischer Maschinen, durch Einsparung von aktiven und passiven Baustoffen gewichtsmäßig leichtere und somit preiswertere Maschinen herzustellen, war bisher lediglich durch die VDE-Vorschriften (REM und RET) hinsichtlich Erwärmung und Gütewerte der Isolierstoffe begrenzt.

Betrachtet man die im Drehstrommotorenbau bisher angewandten Wicklungsarten, so läßt sich leicht das Bestreben der Erbauer feststellen, die jeweils für den Aufbau einer Wicklung notwendigen aktiven Leiter mit geringstem Zeitaufwand in einen möglichst kleinen Wickelraum betriebssicher anzuordnen. Die Maschineneinheiten sind, bezogen auf Bauart, Leistung und Drehzahl, durch den entwicklungsmäßigen Fortschritt im Elektromaschinenbau gewichtsmäßig und räumlich immer kleiner geworden. Hieraus ergab sich ganz zwangsläufig auch eine Verkleinerung des Wickelraumes, der in vielen Fällen durch die Anordnung eines Lüfters auf der Läuferwelle noch weiter eingeengt wurde.

Es waren also einerseits entwicklungsmäßig bedingte Faktoren, andrerseits aber auch rein wirtschaftliche Erwägungen, die zur Anwendung solcher Wicklungsarten führten, welche den geringsten Wickelraum beanspruchen und bezüglich Arbeitszeitaufwand anderen Wicklungsarten überlegen sind.

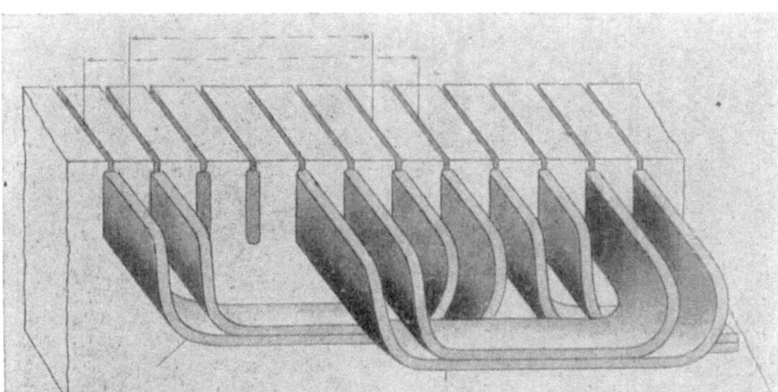

Abb. 103. Dreiphasen-Einschicht-Zweietagenwicklung mit Mehrfachspulen (Zweilochwicklung) ungleicher Weite.

Die Entwicklung auf diesem Spezialgebiete begann mit der Einschicht-Zweietagen-Handwicklung mit Spulen ungleicher Weite (Abb. 103), die sich aus den Kinderjahren des Drehstrommotors bis zum heutigen Tage behaupten konnte.

Die Vorteile dieser Wicklungsart liegen erfahrungsgemäß in der hohen Betriebssicherheit, der einfachen Schaltung und der leichten Auswechselbarkeit einzelner Wicklungselemente bei späteren Instandsetzungen. Als Nachteil gegenüber neuzeitlichen Wicklungsarten kann zunächst der relative Raumbedarf, Werkstoff- und Arbeitszeitaufwand angeführt werden, der vergleichsweise erheblich größer ist, als bei den neuzeitlichen Zweischichtenwicklungen. Aber auch die Ungleichheiten in den gestreckten Längen der einzelnen Wicklungselemente unter sich (obere und untere Wicklungslage), insbesondere der Kühleffekt (Abgabe der Stromwärme an die Kühlluft) dieser Wicklungsart, führten im Zuge des entwicklungsmäßig bedingten Fortschrittes im Elektromaschinenbau allmählich zur fast restlosen Aufgabe derselben.

In der Absicht, die Wicklung in einen noch kleineren Raum anzuordnen, die Wickelzeiten herabzusetzen und Wickelmetall zu sparen, gewann zunächst die Einschicht-Formspulenwicklung mit Spulen gleicher Weite eine (allerdings vorübergehende) Bedeutung. In der Abbildung 104 ist diese Wicklungsart schematisch dargestellt.

Man war sogar geneigt, die Vorteile der Einschicht-Formspulenwicklung gegebenenfalls durch Einbuße an Betriebssicherheit und Lebens-

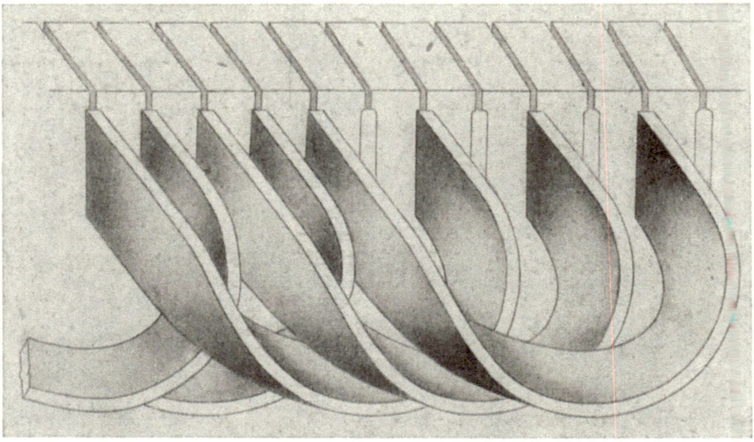

Abb. 104. Dreiphasen-Einschicht-Formspulenwicklung mit Spulen gleicher Weite.

dauer zu erkaufen. Die Rückschläge mit der Einschicht-Formspulenwicklung (Wildwicklung) waren anfänglich erheblich und eine Anwendung auf breiter Basis ist eigentlich nicht in Erscheinung getreten.

Dennoch hat die Einschicht-Formspulenwicklung mit Spulen gleicher Weite den endgültigen Übergang von der Handwicklung zur Formspulenwicklung eingeleitet.

Wenn sich die Zweischichten-Wicklung in der Drehstrommotoren-Wickelei erst in jüngster Zeit endgültig durchsetzen konnte, so liegt die Ursache hierfür einerseits an dem (allerdings nur scheinbar) komplizierten Aufbau derselben und an Ausführungsschwierigkeiten, die in der Regel beim Übergang auf diese Wicklungsart vorübergehend in Erscheinung treten. Anderseits hat es in Fachkreisen einer langen Zeit bedurft, um die mannigfachen Vorteile zu erkennen und auszuwerten, welche die Zweischichtenwicklungen gegenüber den Einschichtwicklungen bieten.

Die Vorurteile, die gegenüber den Zweischichtenwicklungen lange Zeit bei den Herstellern von Drehstrommotoren bestanden, sind in der Sparte „Instandsetzung- und Neuwicklung" noch nicht gänzlich ausgeräumt. Es besteht zweifellos noch in mancher Instandsetzungswerkstatt die Übung, gelegentlich einer Neuwicklung die vom Hersteller angewandte und vorgefundene Zweischichtenwicklung durch die bisher allgemein übliche Einschichtwicklung zu ersetzen. Die Gründe hierfür sind in der Regel die gleichen, die bereits vorstehend dargelegt wurden. Erschwerend mag hier noch der Umstand gelten, daß es zur Zeit in den Instandsetzungswerkstätten elektrischer Maschinen an Fachkräften mangelt, die auf dem Spezialgebiet der Wickelei universell ausgebildet sind und auf eine ausreichende Praxis zurückblicken können. Es fehlt vielfach auch an Formwerkzeugen und Maschinen, mit deren Hilfe die Wicklungselemente für Zweischichtenwicklungen mit Spulen gleicher und ungleicher Weite kurzfristig und vor allen Dingen einbaufertig geformt, hergestellt werden können.

Unter Berücksichtigung aller dieser Umstände kann kein Zweifel bestehen, daß in besonders gelagerten Ausnahmefällen die alte Zweietagen-Einschichtwicklung mit Spulen ungleicher Weite, sowohl der Einschichtwicklung mit Spulen gleicher Weite (Abb. 104), als auch den Zweischichtenwicklungen gegenüber vorzuziehen ist. Die Gründe hierfür können verschieden sein. Es kann sich jedoch nur um Ausnahmefälle handeln, die die Richtigkeit des Regelfalles lediglich bestätigen.

Bei den zur Zeit noch bestehenden Unklarheiten erscheint es zweckmäßig, die Dreiphasen-Zweischichtenwicklungen nach dem derzeitigen Stand der Technik ausführlich zu behandeln und Mittel und Wege aufzuzeigen, die zur Überwindung bestehender Herstellungsschwierigkeiten beitragen können.

Der konstruktive Aufbau der Zweischichtenwicklungen.

Bei den Zweischichtenwicklungen unterscheidet man solche mit Spulen gleicher und solche mit Spulen ungleicher Weite (Mehrfachspulen). In der Abbildung 105 ist diese Wicklungsart mit Spulen gleicher Weite, in den Abbildungen 106 und 109 sind die Spulen ungleicher Weite dargestellt.

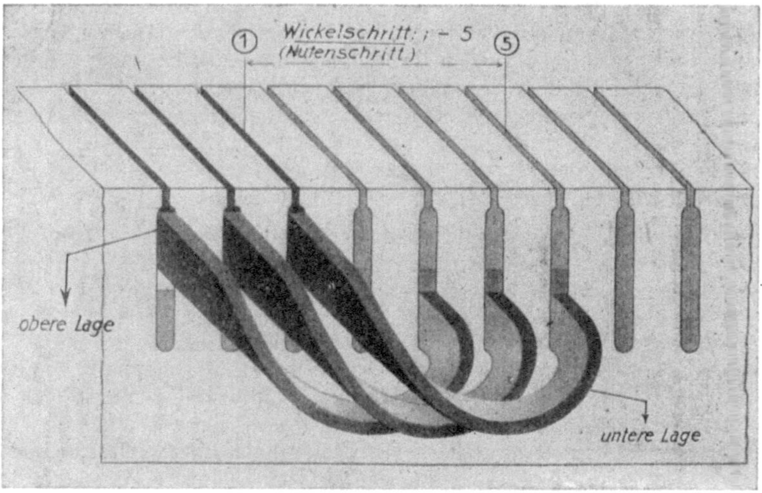

Abb. 105. **Dreiphasen-Zweischichten-Formspulenwicklung mit Spulen gleicher Weite.**

Die immer kleiner werdenden Wicklungsräume führten zunächst zur Anwendung der Zweischichtenwicklung mit Spulen gleicher Weite. Anschließend gewann die Zweischichtenwicklung mit Spulen ungleicher Weite (Mehrfachspulen) an Bedeutung. Die Einführung beider Wicklungsarten wurde auch durch die erhöhte Anwendung polumschaltbarer Drehstrommotoren beeinflußt.

Die hervorstechenden Merkmale der Zweischichtenwicklungen können etwa wie folgt zusammengefaßt werden:

a) Minimum an Raumbedarf,
b) großer Bereich an Schaltmöglichkeiten,
c) geringer Werkstoffbedarf,
d) Möglichkeit vereinfachter Schaltmethoden } geringer Zeitaufwand,
e) Möglichkeit vereinfachter Wickelmethoden }
f) Erzielung eines guten Kühleffektes.

Hinsichtlich der Schaltmöglichkeiten sei beispielsweise erwähnt, daß eine vierpolige Zweischichtenwicklung in folgenden Variationen ausgeführt werden kann:

1. 1 Draht, je Phase 4 Spulen in Serie,
2. 1 „ „ „ 2 Spulen parallel,
3. 1 „ „ „ 4 Spulen parallel,
4. 2 Drähte parallel, je Phase 4 Spulen in Serie,
5. 2 „ „ „ „ 2 Spulen parallel,
6. 2 „ „ „ „ 4 Spulen parallel,
7. 3 Drähte parallel, je Phase 4 Spulen in Serie,
8. 3 „ „ „ „ 2 Spulen parallel,
9. 3 „ „ „ „ 4 Spulen parallel.

Bei der sechspoligen Wicklung bestehen 15 Schaltmöglichkeiten.

Es ist daher möglich, mit nur einem Drahtdurchmesser vierpolige Drehstrommotoren für Leistungen von 1, 2, 3, 4, 6, 8 und 12 kW zu wickeln.

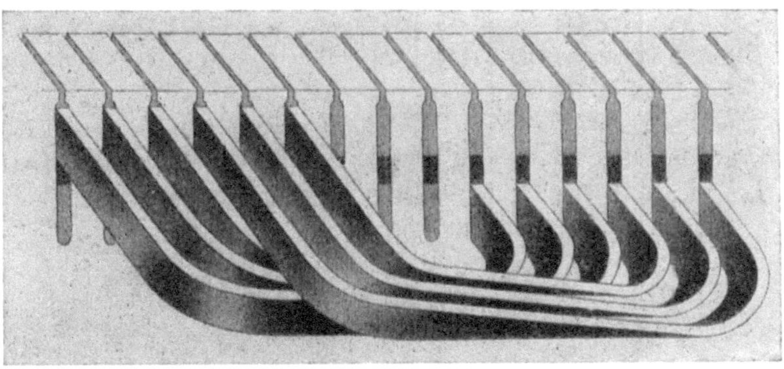

Abb. 106. Dreiphasen-Zweischichten-Formspulenwicklung mit Mehrfachspulen (Dreilochwicklung) ungleicher Weite.

Von einer großen Anzahl dieser Schaltmöglichkeiten kann in der Praxis Gebrauch gemacht werden, vor allen Dingen dann, wenn gelegentlich einer Neuwicklung 2 · Bw. oder papierisolierte Drähte vorgefunden und diese durch Lackdrähte ersetzt werden können. Auf diese Weise lassen sich Drehstrommotoren bis etwa 30 kW Leistung mit einer Zweischichten-Lackdrahtwicklung vorteilhaft ausrüsten. Die Wicklungselemente bleiben infolge der hohen Unterteilung des Leiterquerschnittes leicht formbar und die Wickelarbeit bereitet selbst bei zweipoligen Motoren keinerlei Schwierigkeiten.

Mit Rücksicht auf die derzeitigen Beschaffungsschwierigkeiten bieten die Zweischichtenwicklungen auch hinsichtlich der Lagerhaltung in Dynamodrähten und somit bezüglich der Lieferzeiten nennenswerte Vorteile. Mit relativ wenigen Drahtquerschnitten kann man einen großen Leistungsbereich erfassen.

Die Dreiphasen-Zweischichtenwicklungen können als aufgeschnittene Gleichstromanker-Formspulenwicklungen bezeichnet werden, da sie mit den Gleichstromankerwicklungen hinsichtlich der Prinzipanordnung der Spulen identisch sind. Man kann beispielsweise eine normale Gleichstromanker-Formspulenwicklung in Zweischichten-Ausführung durch einen recht einfachen Eingriff in eine Dreiphasen-Wicklung umändern, wie das beispielsweise beim Umbau einer Gleichstrommaschine in einen Einanker-Umformer für Gleichstrom/Drehstrom (bzw. Drehstrom/Gleichstrom) praktisch üblich ist. Der konstruktive Aufbau der Dreiphasen-Zweischichten-Wicklungen ist daher älter, als vielfach angenommen wird.

Bei den Wicklungen mit Spulen gleicher Weite haben alle Wicklungselemente denselben Wickelschritt (Nutenschritt). Im Gegensatz hierzu ist der Wickelschritt der mit Spulen ungleicher Weite hergestellten Dreiphasenwicklungen verschieden. Man spricht hier von Mehrfachspulen ungleicher Weite.

Die Anzahl der zu einer Spulengruppe zusammengefaßten Einzelspulen richtet sich bei beiden Wicklungsarten nach der Nutenzahl. Bei

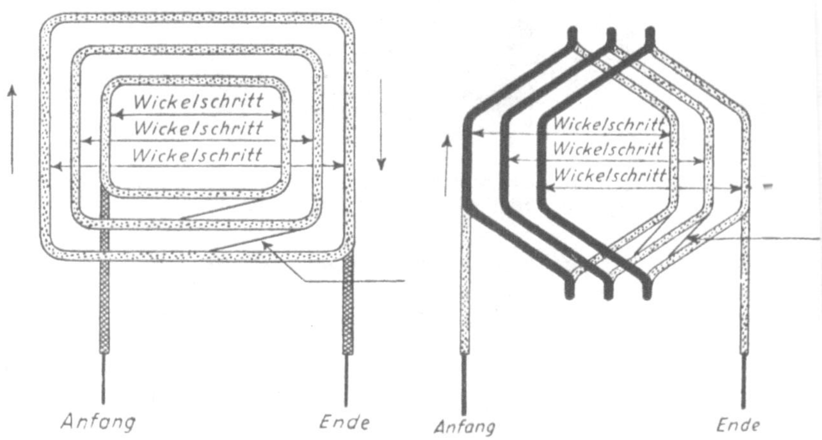

Abb. 107 u. 108. Mehrfachspule ungleicher und gleicher Weite.

36 Nuten besteht die Wicklung aus 36 Einzelspulen, bei 24 Nuten aus 24 Einzelspulen.

Entsprechend der jeweils vorliegenden totalen Spulenzahl und der Polzahl werden eine bestimmte Anzahl der Einzelspulen schalttechnisch zu einer Spulengruppe zusammengefaßt.

Die Zahl dieser Spulengruppen entspricht der jeweils vorliegenden Polzahl der Wicklung. In der Abbildung 107 sind drei Einzelspulen zu einer Spulengruppe zusammengefaßt und der Schaltsinn dieser Spulen durch Pfeile gekennzeichnet. Man spricht hier von einer Dreiloch-Wicklung.

Teilt man die vorhandene Zahl der Einzelspulen durch 3, dann erhält man die Zahl der Einzelspulen je Wicklungsphase (Wicklungsstrang). Beispielsweise entfallen bei 36 Nuten (36 Einzelspulen) = 36 : 3 = 12 Einzelspulen auf jeden der 3 Wicklungsstränge (Phasen). Teilt man nun die Zahl der Einzelspulen je Phase (Strang) durch die Polzahl, dann erhält man die Zahl der Einzelspulen, die gemäß Abbildung 108 zu einer Spulengruppe zusammengefaßt werden. Unter Beibehalt des Beispieles 36 Nuten entfallen bei einer 4poligen Wicklung 12 : 4 = 3 Einzelspulen je Pol und Phase (Dreilochwicklung), die nach Abbildung 108 zu einer Spulengruppe geschaltet werden.

Es erhellt aus diesen Darlegungen, daß hinsichtlich des Schaltprinzipes zwischen den Zweischichtenwicklungen gleicher oder ungleicher Spulenweite kein Unterschied besteht. Man kann daher für beide Wicklungsarten ein und dasselbe Schaltbild verwenden. Die Wirkung beider Wicklungsarten im magnetischen Feld ist jedoch nicht gleich. Es bestehen bezüglich der Spulenkopfstreuung gewisse Unterschiede, die sich in der Praxis (z. B. bei polumschaltbaren Motoren) bemerkbar machen können. Für den Regelfall können diese Unterschiede unbeachtet bleiben, d. h. man kann eine normale Zweischichtenwicklung mit Spulen gleicher Weite ohne Bedenken in eine solche mit Spulen ungleicher Weite ändern. Hingegen ist es ratsam, bei polumschaltbaren Motoren und anderen Sonderausführungen die vom Hersteller gewählte Wicklungsart grundsätzlich beizubehalten.

Der Nuten-(Wickel)schritt entspricht bei Zweischichtenwicklungen genau oder annähernd (verkürzter Wickelschritt) der Polteilung. Bei einer 4poligen Zweischichtenwicklung mit 36 Nuten kann der Wickelschritt 36 : 4 = 9 (Nute 1—10), oder verkürzt beispielsweise 1—8 gewählt werden. Indessen kann der vom Hersteller gewählte Wickelschritt nicht ohne weiteres geändert werden. Wird der Wickelschritt aber aus irgendeinem Grunde geändert, dann muß auch die Leiterzahl je Nute entsprechend der vorgenommenen Verkürzung (oder Verlängerung) des vorgefundenen Schrittes korrigiert werden. Bei einer Verkürzung muß die Leiterzahl erhöht, bei einer Verlängerung (kommt praktisch kaum in Betracht) herabgesetzt werden.

In der Praxis entspricht also eine Verkürzung des Wickelschrittes (Sehnung) einer Herabsetzung der Leiterzahl, d. h. der Magnetisierungsstrom (Leerlaufstrom) der Ständerwicklung fällt höher aus und die Leistungscharakteristik des Motors ändert sich entsprechend.

Ist der Wickelschritt genau gleich der Polteilung, dann liegen in jeder Nute nur solche Spulenhälften, die zur gleichen Phase gehören. Bei verkürztem Wickelschritt liegen ungleichphasige Spulen zusammen in einer Nute. Im ersteren Falle ist die Spannungsdifferenz zwischen der oberen und unteren Wicklungslage nur ein Bruchteil der Netzspannung.

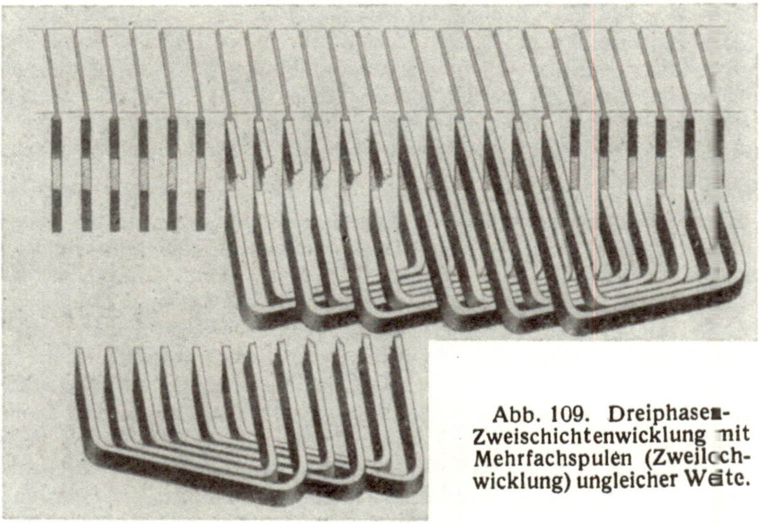

Abb. 109. Dreiphasen-Zweischichtenwicklung mit Mehrfachspulen (Zweilochwicklung) ungleicher Weite.

Bei verkürztem Wickelschritt treten zwischen der oberen und unteren Wicklungslage Spannungsdifferenzen bis zur Höhe der Netzspannung (Betriebsspannung) auf.

Die Anordnung der einzelnen Spulen bzw. Spulengruppen innerhalb und außerhalb des aktiven Eisens (Nuten) muß so getroffen werden, daß die höchsterzielbare Betriebssicherheit erreicht wird. Zwischen der oberen und unteren Wicklungslage werden daher im Regelfalle schmiegsame Isolations-Zwischenlagen eingefügt.

Die praktische Herstellung der Wicklungen.

Die Spulen werden mit Hilfe geeigneter Wickelgeräte einbaufertig geformt. Hierauf werden die zu einer Spulengruppe gehörenden Einzelspulen (Ein-, Zwei-, Drei-, Vier-Lochwicklung usw.) zusammenhängend (siehe Abb. 108) dem Wickelgerät entnommen und in das aktive Eisen nach dem Träufelverfahren eingebaut.

Die Dreiphasen-Zweischichtenwicklungen sind Formspulenwicklungen. Der sogenannte Nuten-Füllfaktor (das ist das Verhältnis des effektiven Nutenquerschnittes zum effektiven Leiterquerschnitt je Nute) ist bei diesen Wicklungen ungünstiger, als bei den von Hand geformten, im Einlegeverfahren oder Einfädelverfahren hergestellten Einschicht-Zweietagen-Wicklungen (Abb. 103). Die durch den Nutenschlitz eingeträufelten Wicklungen gelten für den Regelfall als sogenannte „Wildwicklungen", d. h. die einzelnen Windungen innerhalb und außerhalb der Nuten liegen nicht sauber neben- und übereinander, wie das bei den von Hand, sorgfältig Windung nach Windung eingelegten Einschicht-Zweietagen-Wicklungen der Fall ist. Demnach sind die Spannungsdifferenzen zwischen den einzelnen Windungen und Lagen innerhalb und außerhalb der Nuten bei geträufelten Wicklungen höher als bei den letzteren.

Mit Rücksicht hierauf soll der sogenannte Anlagedruck innerhalb und außerhalb des aktiven Eisens bei geträufelten Wicklungen möglichst gering gehalten werden. Ein zu hoher Anlagedruck innerhalb der Nuten kann aus den dargelegten Gründen zu einem vorzeitigen Wicklungsschaden führen.

Die für eine möglichst hohe Betriebstüchtigkeit erforderliche Kurzschlußfestigkeit der Wicklungen, muß nach der eigentlichen Wickel- und Schaltarbeit durch Anwendung besonders geeigneter backfähiger Tränk-Isolierlacke erzielt werden. Die Geeignetheit des zur Anwendung kommenden Tränk-Isolierlackes, das Vorhandensein einer zweckdienlichen Imprägnier- und Trockeneinrichtung und die Anwendung der richtigen Imprägniermethode stehen im engen Zusammenhang mit der erfolgreichen Anwendung der Zweischichten-Formspulenwicklungen überhaupt. In dieser Hinsicht hat es langwieriger und zeitraubender Versuche bedurft, um den derzeitigen Stand der Technik auf diesem Gebiete zu erreichen.

Je günstiger die Platzverhältnisse innerhalb und außerhalb der Nuten, je besser sind die Aussichten auf eine möglichst hohe Betriebssicherheit und Lebensdauer der geträufelten Wicklungen. Das bezieht sich ganz besonders auf die Verwendung von Lackdrähten, die aus vielen Gründen mit Recht im Vordergrunde des Interesses stehen. Sind alle erforderlichen

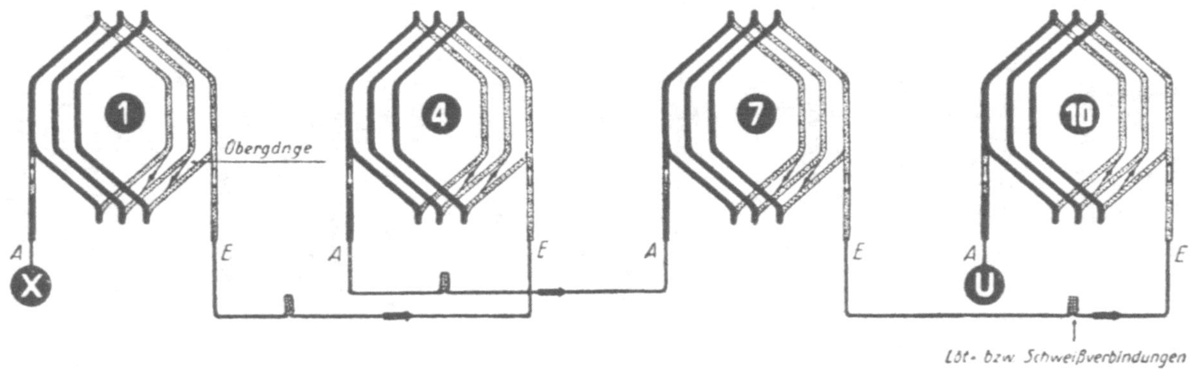

Abb. 110.

Schaltplan
für die Wicklungsphase X—U einer Dreiphasen-Zweischichten-Formspulenwicklung mit Spulen gleicher Weite, Dreilochwicklung, 4 polig, 36 Nuten

Voraussetzungen gegeben, dann lassen sich Zweischichten-Lackdrahtwicklungen bis zu etwa 30 kW Leistung ohne erhöhtes Risiko herstellen.

Die Schaltung der Zweischichten-Wicklungen.

Die Herstellung der Schaltungen an den Zweischichten-Wicklungen erfordert zweifellos mehr Aufmerksamkeit und Fachwissen, als bei den Einschicht-Zweietagen-Handwicklungen oder anderen Einschichtwicklungen. Der Verfasser hat jedoch eine Methode gefunden, die jegliche Schwierigkeit aus dem Wege räumt und deren Anwendung sogar kurzfristig angelernten Hilfsfachkräften eine ausreichende Schaltsicherheit vermittelt. Unbeschadet dessen, ob es sich um Zweischichtenwicklungen mit Ein- oder Mehrfachspulen gleicher oder ungleicher Weite handelt, gilt das in Abbildung 110 dargestellte Schaltprinzip.

In Abbildung 110 ist einer der drei Wicklungsstränge (Phasen) einer 4poligen Dreiphasen-Zweischichtenwicklung mit Mehrfachspulen gleicher Weite dargestellt. Die totale Spulenzahl eines Stranges (Phase) ist = 12 (total 36 Nuten = 36 Einzelspulen). Je drei Einzelspulen sind zu einer Mehrfachspule (Spulengruppe) zusammengefaßt. Die vier Mehrfachspulen je Phase sind nach dem Schaltprinzip:

Ende mit Ende
Anfang mit Anfang

in Serie geschaltet und mit den Zahlen 1, 4, 7, 10 beziffert.

Man findet die zu einer Wicklungsphase gehörenden Mehrfachspulen bei allen vorkommenden Polzahlen, wenn man mit der Zahl 1 beginnt und jeweils nach rechts 3 hinzuzählt.

Beispiel: 4polige Dreiphasen-Zweischichtenwicklung, 36 Nuten, 36 Einzelspulen.

a) Zahl der Einzelspulen je Phase = 36 : 3 = 12
b) Zahl der Einzelspulen einer Spulengruppe = 12 : 4 = 3
c) Bezifferung der Spulengruppen Phase I:
   (1) + 3 = (4) + 3 = (7) + 3 = (10)
d) desgl. für Phase II:
   (5) + 3 = (8) + 3 = (11) + 3 = 14 — 12 = (2)
c) desgl. für Phase III:
   (9) + 3 = (12) + 3 = 15 — 12 = (3) + 3 = (6).

Die Zahl für die Anfangsgruppe der Phase II ergibt sich, wenn man zu der Anfangsgruppe 1 die Zahl 4 hinzuzählt. Desgleichen verfährt man bei Phase III, indem man zur Spulengruppe 5 + 4 hinzuzählt.

Die zusammengefaßten Schaltangaben lauten:

Vereinfachter Schaltplan
für eine vierpolige Dreiphasen-Zweischichtenwicklung.
36 Nuten, 36 Einzelspulen

Phase I: (X)-Spule 1 — 4 — 7 — 10 — (U),
Phase II: (Y)-Spule 5 — 8 — 11 — 2 — (V),
Phase III: (Z)-Spule 9 — 12 — 3 — 6 — (W).

An den Klemmen X, Y, Z und U, V, W des Klemmbrettes liegen nur die Anfänge der Spulen (siehe Abb. 111). Die Verbindungen zwischen den Spulengruppen einer Phase sind nach dem Schaltprinzip: Ende mit Ende, Anfang mit Anfang herzustellen, z. B. Ende Spule 1 mit Ende Spule 4, Anfang Spule 4 mit Anfang Spule 7, Ende Spule 7 mit Ende Spule 10, Anfang Spule 10 zum Klemmbrett (U).

Die Schaltarbeit kann noch wesentlich dadurch vereinfacht werden, indem Anfang und Ende der Spulengruppen durch Anhängen kleiner Pappschildchen, z. B. mit A 1, E 1, A 2, E 2 usw. bezeichnet werden. Nach dieser vorbereitenden Maßnahme beschränkt sich die Schaltarbeit auf die Herstellung der Schaltverbindungen nach Maßgabe des Schaltplanes:

Ende Spule 1 mit Ende Spule 4,
Anfang Spule 4 mit Anfang Spule 7,
Ende Spule 7 mit Ende Spule 10 usw.

Die Merkschildchen werden zweckmäßig in verschließbaren Kästchen aufbewahrt und jedem Wickler ein solches Kästchen zusammen mit dem Schaltplan ausgehändigt.

Bei Anwendung der Mehrfachspulen ungleicher Weite erübrigt sich das Anhängen der Merkschildchen, da man nach Fertigstellung der Wicklung die einzelnen Spulengruppen der Reihe nach verfolgen kann. Im übrigen hat die Erfahrung gezeigt, daß begabte Wickler nach einer bestimmten Anlaufzeit die normalen 2- bis 8poligen Schaltungen ohne jegliche Schaltunterlage in wenigen Minuten herstellen können, wenn die Anleitung nach der dargelegten Methode erfolgte. Bei polumschaltbaren Wicklungen sollte indessen grundsätzlich nach dem zugehörigen Schaltplan gearbeitet werden.

Vereinfachte Schaltpläne für Dreiphasen-Zweischichtenwicklungen.

2polige Dreiphasen-Zweischichtenwicklung total 6 Spulengruppen, je Phase 2 Spulengruppen in Serie

Phase I. Anfang Spule 1 an Klemme X,
Ende Spule 1 mit Ende Spule 4,
Anfang Spule 4 an Klemme U.

8 polige Dreiphasen-Zweischichtenwicklung
mit Spulen gleicher oder ungleicher Weite, für alle Nutenzahlen und Wickelschritte verwendbar. Serienschaltung.

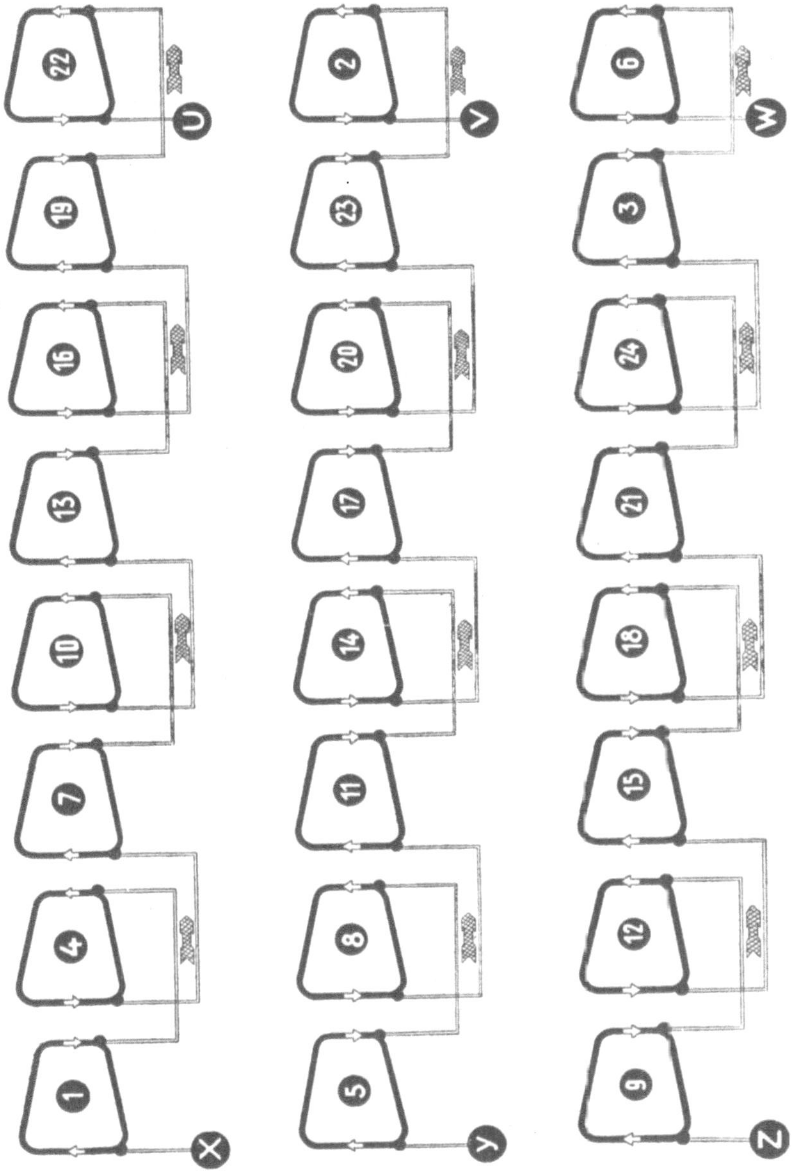

Abb. 111.

Phase II.	Anfang Spule 3 an Klemme Y, Ende Spule 3 mit Ende Spule 6, Anfang Spule 6 an Klemme V.
Phase III.	Anfang Spule 5 an Klemme Z, Ende Spule 5 mit Ende Spule 2, Anfang Spule 2 an Klemme W.

Die Schaltbilder nehmen der leichteren Übersicht halber keine Rücksicht auf Spulen gleicher oder ungleicher Weite. Die Darstellungen beziehen sich der Einfachheit halber auf Einloch-Wicklungen. Bei 2, 3, 4 und Mehrloch-Wicklungen bleibt das Schaltprinzip unverändert bestehen. Die Zahl der zu einer Spulengruppe gehörenden Einzelspulen ergibt sich zwangsläufig aus der jeweils vorhandenen Nuten- und Polzahl. Die nachstehenden Tabellen können als Hilfsmittel dienen:

Polzahl 2			*Tabelle Nr. 1*		
Nutenzahl	Totale Anzahl der Einzelspulen	Zahl der Spulengruppen	Zahl der Einzelspulen je Spulengruppe	Zahl der Lötverbindungen	Es entsteht eine? Loch-Wicklung?
12	12	6	2	3	Zweiloch
18	18	6	3	3	Dreiloch
24	24	6	4	3	Vierloch
36	36	6	6	3	Sechsloch
48	48	6	8	3	Achtloch
Polzahl 4			*Tabelle Nr. 2*		
24	24	12	2	9	Zweiloch
36	36	12	3	9	Dreiloch
48	48	12	4	9	Vierloch
60	60	12	5	9	Fünfloch
Polzahl 6			*Tabelle Nr. 3*		
36	36	18	2	15	Zweiloch
54	54	18	3	15	Dreiloch
72	72	18	4	15	Vierloch
Polzahl 8			*Tabelle Nr. 4*		
48	48	24	2	21	Zweiloch
72	72	24	3	21	Dreiloch
96	96	24	4	21	Vierloch

Schaltmöglichkeiten

für Dreiphasen-Zweischichten-Formspulenwicklungen

mit Spulen gleicher oder ungleicher Weite, für alle Wickelschritte und Nutenzahlen (normale Motoren für Dauerleistung), Netzspannung: 380/220 Volt, 50 Hertz.

1	2	3	4	5	6	7	8	9	10	11	12	13	14
Motor-Dauerleistung		Drahtdurchmesser bei einer Stromdichte von Amp./qm Kupfer				Totale Anzahl der Mehrfachspulen bei Polzahl:				Schaltmöglichkeiten der Mehrfachspulen je Phase: Polzahl:			
PS	kW	3	4	5	6	2	4	6	8	2	4	6	8
1	0,75									— —	————	------	--------
2	1,47									2 Sp. // oder 2 Dr. //	2 Sp. // oder 2 Dr. //	2 Sp. // oder 2 Dr. //	2 Sp. // oder 2 Dr. //
3	2,2									3 Dr. //	3 Dr. //	3 Sp. // oder 3 Dr. //	3 Dr. //
4	2,94									2 Dr. // und 2 Sp. //	2 Dr. // und 2 Sp. //	2 Dr. // und 2 Sp. //	2 Dr. // und 2 Sp. //
6	4,4					6	12	18	24	3 Dr. // und 2 Sp. //	3 Dr. // und 2 Sp. //	1 Dr. 6 Sp. //	3 Dr. // und 2 Sp. //
8	5,9	0,9 mm Ø	0,75 mm Ø	0,7 mm Ø	0,6 mm Ø					÷	2 Dr. // und 4 Sp. //	÷	8 Sp. //
9	6,6									÷	÷	3 Dr. // und 3 Sp. //	÷
12	8,8									÷	3 Dr. // und 4 Sp. //	2 Dr. // und 6 Sp. //	3 Dr. // 4 Sp. //
16	11,8									÷	÷	÷	2 Dr. // und 8 Sp. //
18	13,25									÷	÷	3 Dr. // und 6 Sp. //	÷
24	17,66									÷	÷	÷	3 Dr. // und 8 Sp. //

Abb. 112. Dreiphasen-Zweischichten-Wicklungen
(Werkbild SSW.)

Abb. 113. Wickelgerät nach Raskop.
Größe 1, einfache Ausführung, für die formgerechte Herstellung von Mehrfachspulen ungleicher Weite.

Abb 114.

Drehstrom-Zweischichten-Formspulenwicklung

2 polig. 12 Nuten. Wickelschritt 1 5

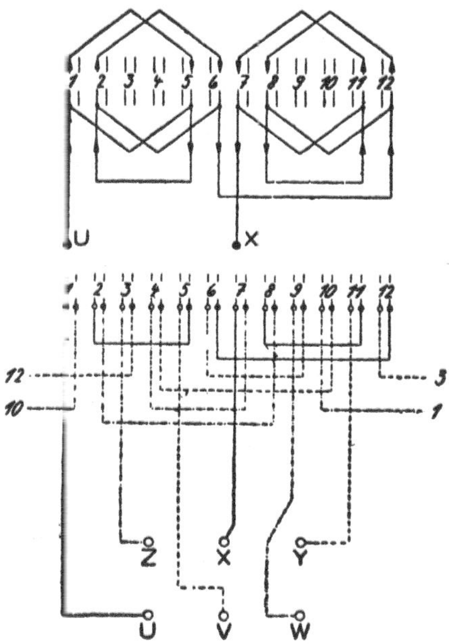

Abb. 115.

Drehstrom-Zweischichten-Formspulenwicklung

2 polig. 18 Nuten. Wickelschritt 1 8

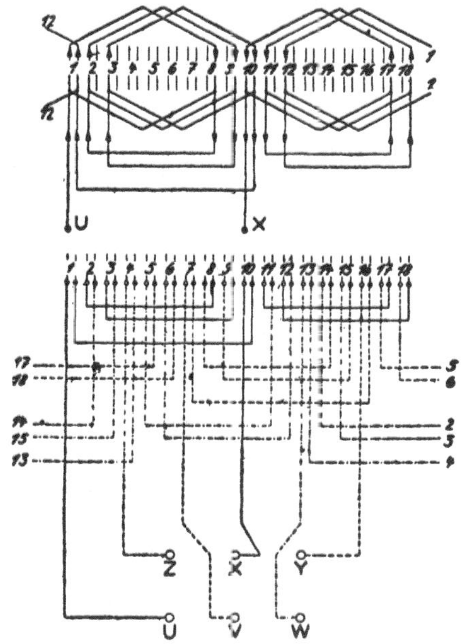

Abb. 116.

Drehstrom-Zweischichten-Formspulenwicklung

2 polig. 24 Nuten. Wickelschritt 1:9

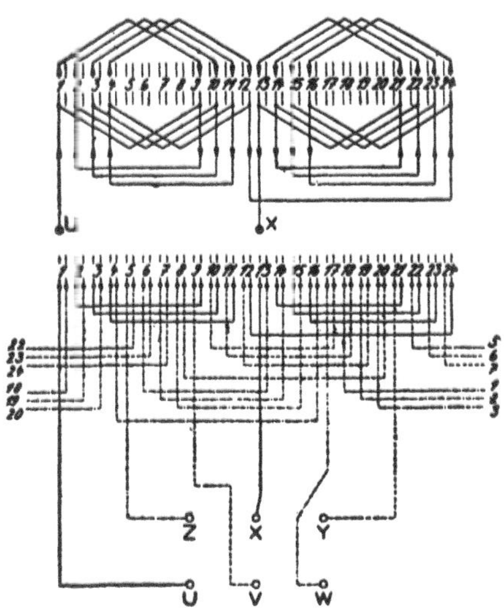

Abb. 117.

Drehstrom-Zweischichten-Formspulenwicklung

4 polig. 24 Nuten. Schritt 1:7

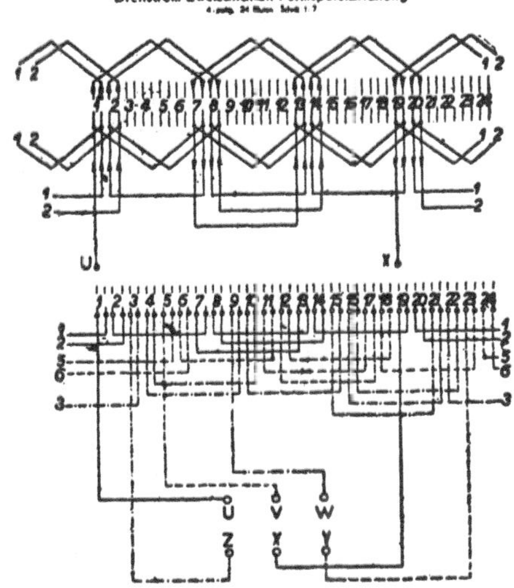

Abb. 118. **Dreiphasen-Zweischichten-Formspulenwicklung**

2 polig, 36 Nuten, Wickelschritt 1 13

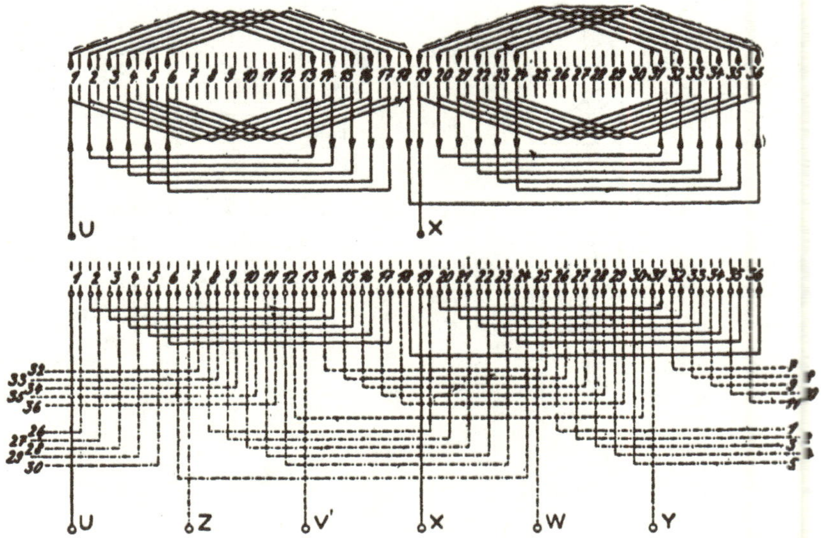

Abb. 119. **Drehstrom-Zweischichten-Formspulenwicklung**

4 polig, 36 Nuten, Wickelschritt 1 : 10

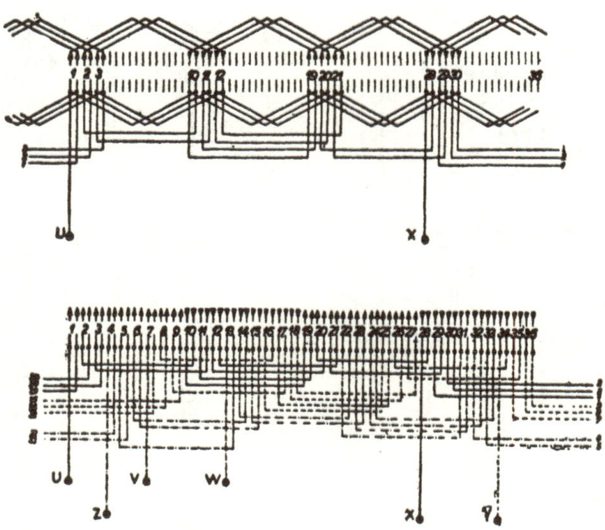

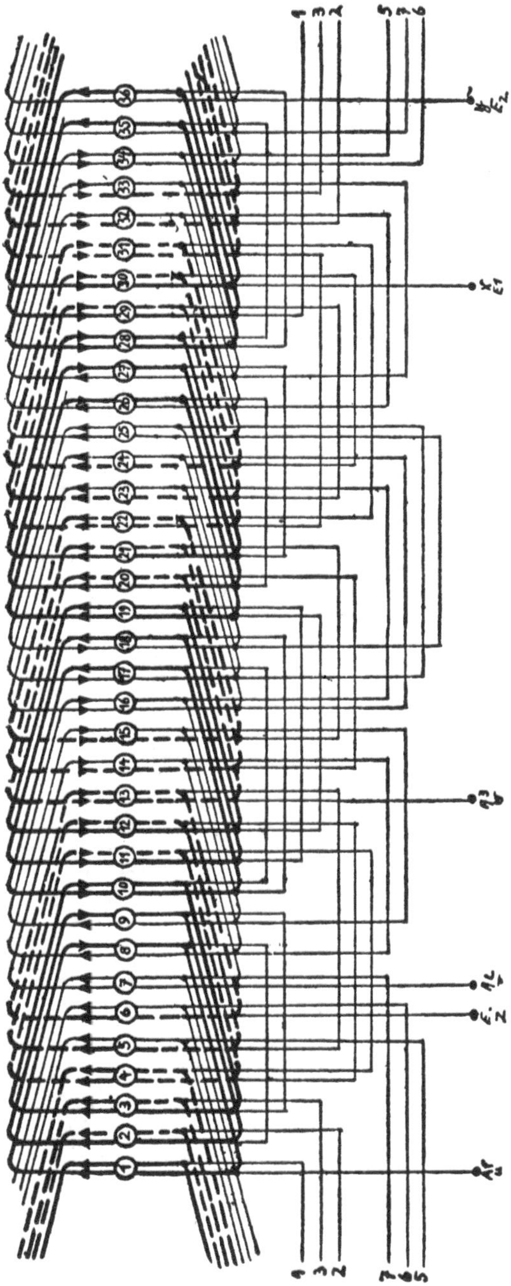

Abb. 120. Dreiphasen-Zweischichten-Formspulen-Wicklung
36 Nuten, 4 polig, Wickelschritt 1—8.

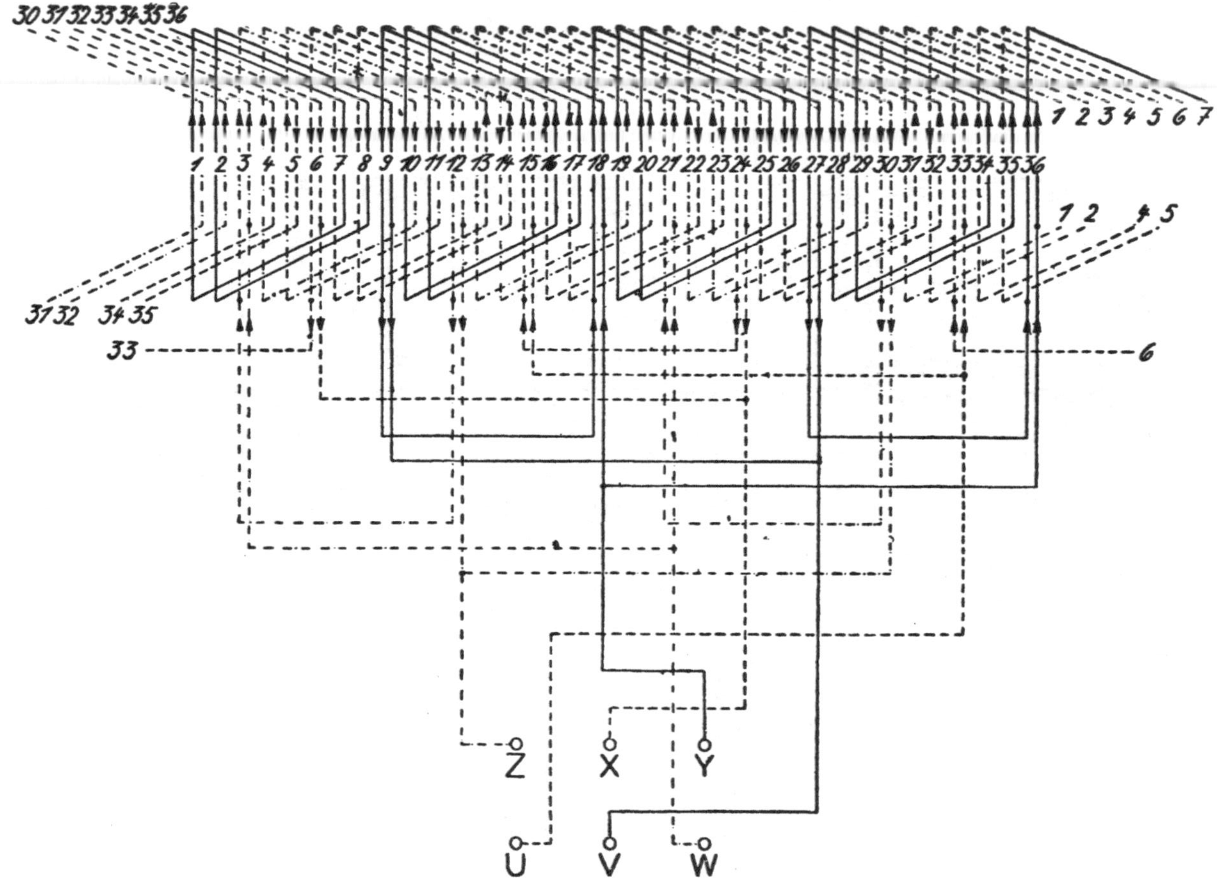

Abb. 121. Drehstrom-Zweischichten-Formspulenwicklung, **4polig, 36 Nuten**
Wickelschritt 1—8, je Phase 2 Stränge parallel.

Abb. 122. **Drehstrom-Zweischichten-Formspulenwicklung**

4 polig. 48 Nuten. Wickelschritt 1 13

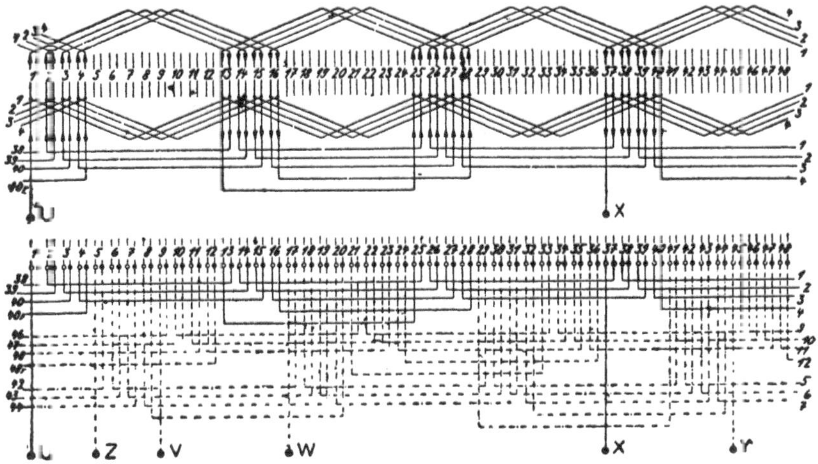

Abb. 123. Drehstrom-Zweischichten-Formspulenwicklung

6 polig, 24 Nuten, 24 Spulen

Wickelschritt 1: 5, Bruchlochwicklung

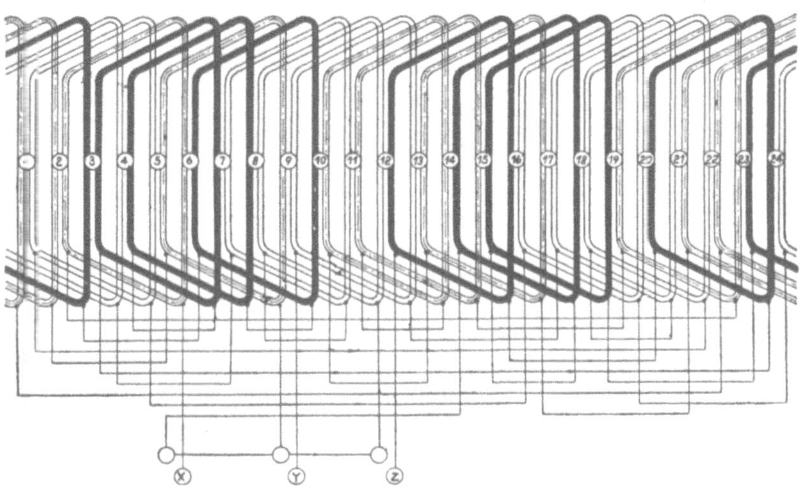

Abb. 124.

Drehstrom-Zweischichten-Formspulenwicklung

6 polig, 36 Nuten, Wickelschritt 1:7

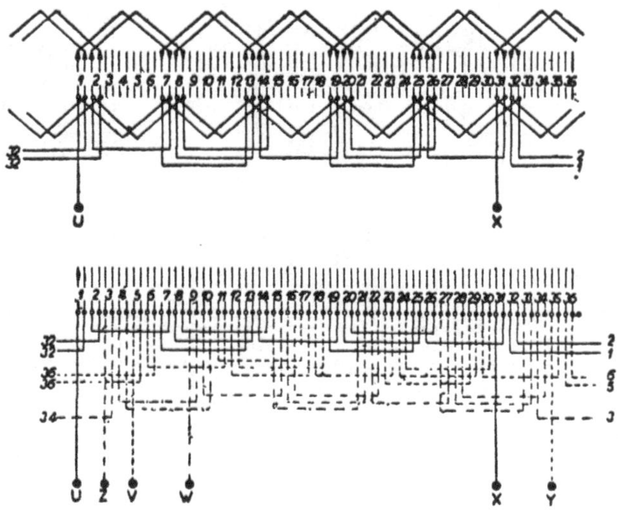

Abb. 125.

Drehstrom-Zweischichten-Formspulenwicklung

6 polig, 54 Nuten, Wickelschritt 1:10

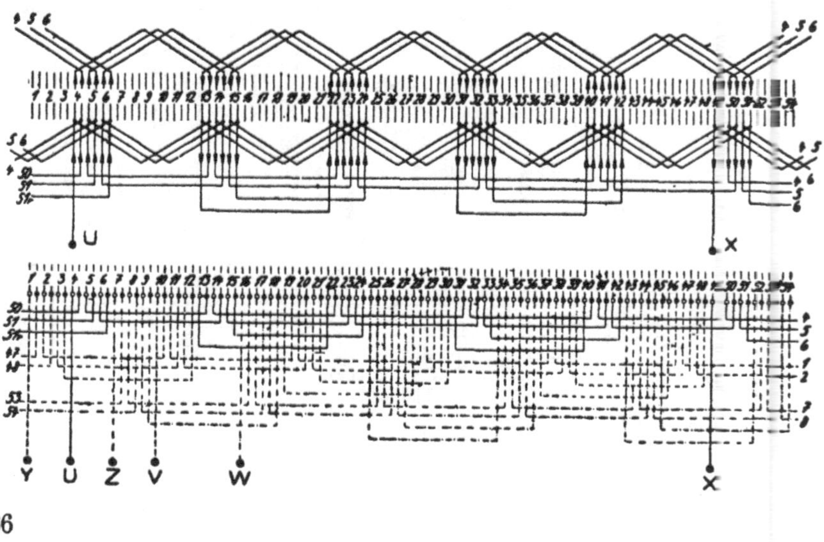

Abb. 126.

Drehstrom - Zweischichten - Formspulenwicklung

6 polig. 72 Nuten. Wickelschritt 1 13

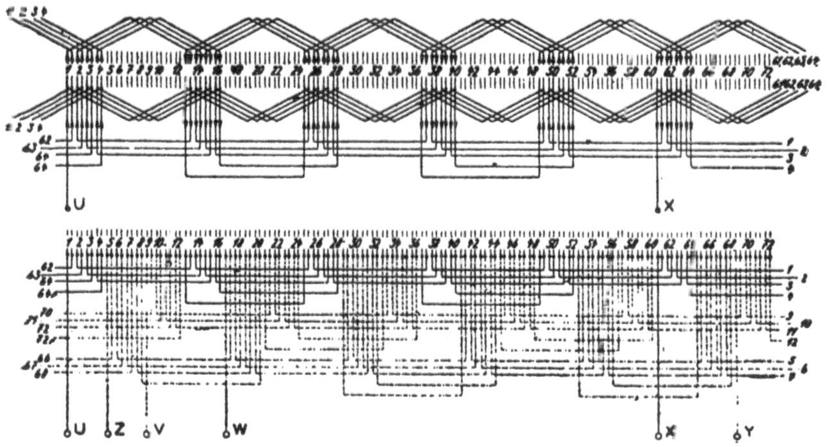

Abb 127.

Drehstrom-Zweischichten-Bruchlochwicklung

6-polig. 36 Nuten. Schritt 1; 5

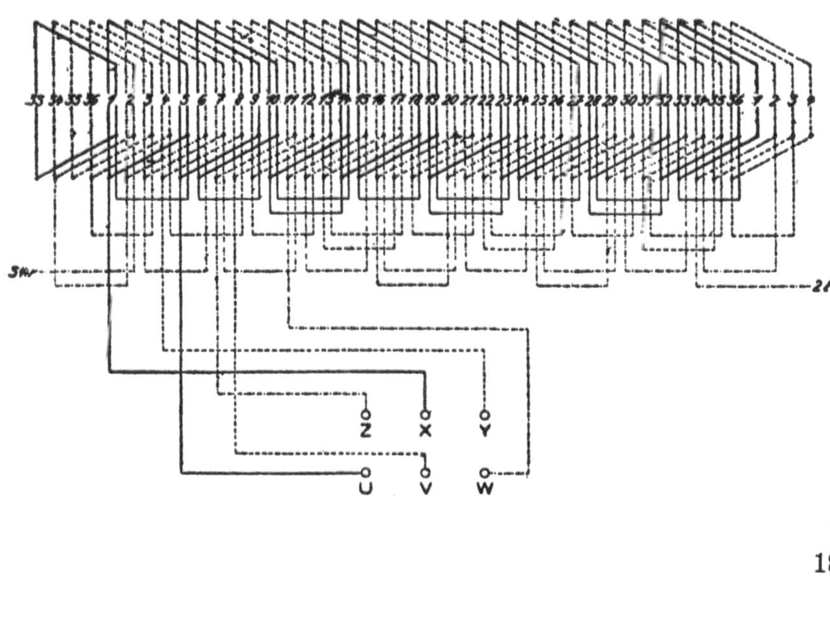

Abb. 128.

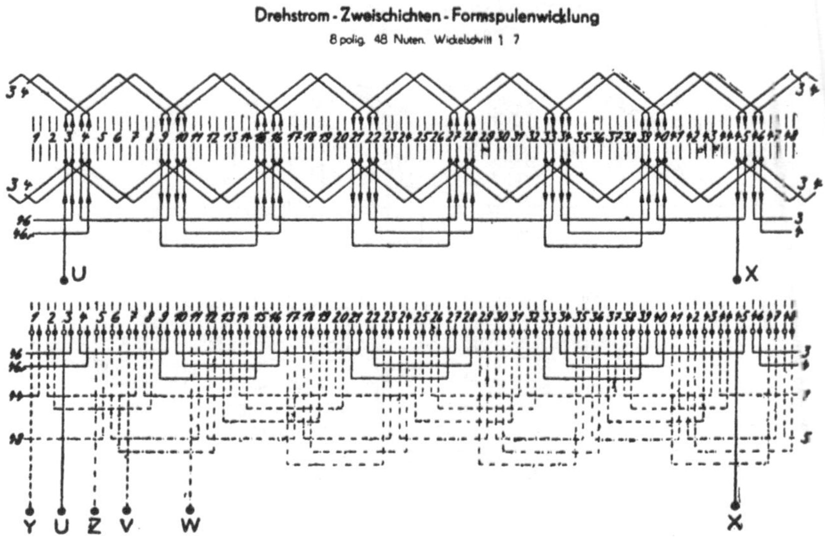

Abb. 129.

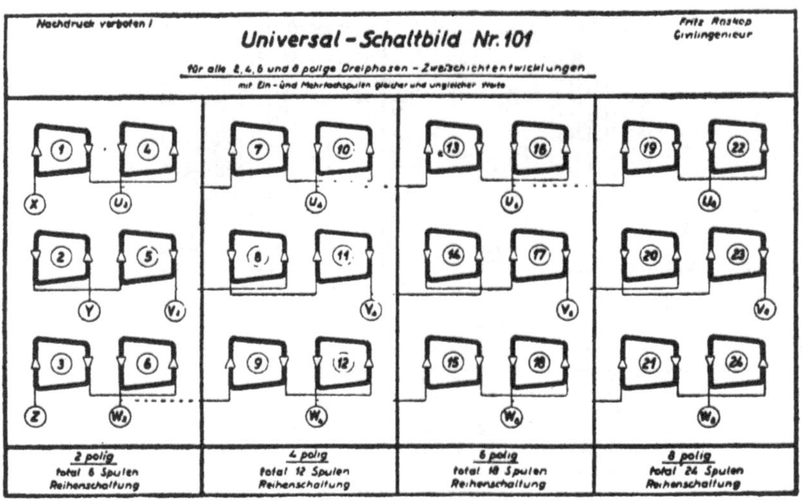

Abb. 130.

Drehstrom-Zweischichten-Formspulenwicklung

8 polig. 72 Nuten, Wickelschritt 1 10

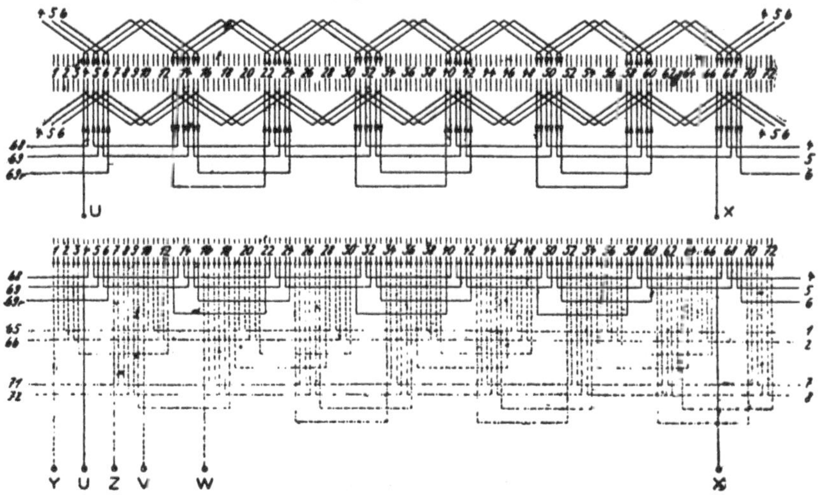

Drehstrommotoren mit polumschaltbaren Wicklungen und die Bedeutung derselben für das Elektromaschinenbauer-Handwerk.

Die polumschaltbaren Drehstrommotoren haben in jüngster Zeit eine erhöhte Bedeutung erlangt. Der Fall, daß solche Motoren zur Instandsetzung oder Neuwicklung gegeben werden, tritt immer häufiger in Erscheinung, und in Zukunft wird sich jeder Instandsetzungsfachmann mit den hierbei anfallenden Fachfragen zu befassen haben.

Aus zahlreichen Anfragen ist bekannt, daß die Herstellung polumschaltbarer Wicklungen mit kleineren oder größeren Schwierigkeiten verbunden ist. Die Überwindung dieser Schwierigkeiten wirkt sich mangels genügender Erfahrung und infolge Fehlens geeigneter Anleitungen und Schaltbilder zu mehr oder weniger großen Verlusten an Arbeitslöhnen aus. Die hiermit verbundenen Fehl- und Nacharbeiten sind nicht geeignet, das Ansehen des Elektromaschinenbauer-Handwerkes zu heben.

Damit fällt den nachstehenden Ausführungen eine wichtige Aufgabe zu, nämlich die, Fehlarbeiten bei der Herstellung polumschaltbarer Wicklungen zu vermeiden, das Konto „unproduktive Löhne" herabzusetzen und das Ansehen sowie die Leistungssteigerung des Elektromaschinenbauer-Handwerkes zu fördern.

I. Im Jahre 1897 erteilte das Reichspatentamt an Dahlander und Lindström das DRP. 98417, und zwar auf eine polumschaltbare Dreiphasenwicklung für das Polzahlverhältnis 2 : 1.

Der Gedanke, den Nachteil des Drehstrom-Asynchronmotors, nämlich die Schwierigkeiten der verlustlosen Drehzahlregelung durch polumschaltbare Wicklungen zu überbrücken, ist also älter, als vielfach angenommen wird.

Die von Dahlander und Lindström im Jahre 1897 gefundene Lösung der Drehzahlregelung durch Polumschaltung verdient deswegen besonders hervorgehoben zu werden, weil es sich hier um eine Patentlösung im wahren Sinne des Wortes handelt.

Obgleich in den verflossenen Jahren eine große Anzahl von polumschaltbaren Drehstrom-Wicklungen in Fach- und Patentschriften beschrieben und damit der Fachwelt bekanntgegeben wurden, haben sich nur sehr wenige in der Praxis durchsetzen können. Für das Polzahlverhältnis 2 : 1 ist die Dahlander-Schaltung hinsichtlich Einfachheit, Ausnutzung des Motors und dessen betrieblichen Eigenschaften bisher von keiner anderen Schaltungsart erreicht, geschweige denn übertroffen worden.

Wenn diese interessante und bedeutsame Erfindung bis vor kurzer Zeit in den Kreisen der Elektromaschinenbauer-Handwerker fast unbekannt war, so liegt dies offenbar daran, daß das Anwendungsgebiet für polumschaltbare Drehstrommotoren bis zum Durchbruch des sogenannten Einzelantriebes für Werkzeugmaschinen sehr klein war.

Der entwicklungsmäßige Fortschritt im Bau von Werkzeugmaschinen hat nun den polumschaltbaren Drehstrommotoren ein ungeahnt großes Anwendungsgebiet erschlossen. Während noch vor wenigen Jahren der polumschaltbare Drehstrommotor eine große Seltenheit in den Instandsetzungswerkstätten war, wird diese Motorenart in der letzten Zeit immer häufiger zur Instandsetzung oder Neuwicklung gegeben. Diese Erscheinung ist ein Beweis dafür, daß der polumschaltbare Drehstrommotor in ständig wachsendem Maße zur Verwendung gelangt.

Hieraus ergibt sich für den Instandsetzungsfachmann die Notwendigkeit, den polumschaltbaren Drehstrommotoren erhöhte Aufmerksamkeit zu schenken und in der Werkstatt alle Vorkehrungen zu treffen, die für eine störungslose, fach- und sachgemäße Instandsetzung oder Neuwicklung solcher Motoren erforderlich sind.

Hierzu gehört in erster Linie ein sorgfältiges Studium des konstruktiven Aufbaues, der Wicklungen und Schaltungen, der Leistungsverhältnisse bei den verschiedenen Drehzahlen und ganz besonders des Verhaltens beim Anlauf.

Es gibt heute bereits eine beachtliche Zahl von Arten polumschaltbarer Drehstrommotoren und es ist wahrscheinlich, daß zu den heute bekannten Ausführungen noch weitere hinzukommen werden.

Überall da, wo bereits polumschaltbare Drehstrommotoren in den Instandsetzungswerken aufgetaucht sind, hat man sich mehr oder weniger mit den Besonderheiten dieses Motorentypes befassen müssen und in verhältnismäßig vielen Fällen war die Instandsetzung oder Neuwicklung derselben mit kleineren und größeren Schwierigkeiten verbunden. Wer sich vor unliebsamen Überraschungen bei der Ausführung solcher Arbeiten schützen will, der befasse sich recht eingehend mit den konstruktiven Einzelheiten der polumschaltbaren Drehstrommotoren, insbesondere aber mit deren Wicklungen und den Polumschaltern, die einen wichtigen Bestandteil dieses Motorentyps darstellen.

Ganz allgemein betrachtet, können die polumschaltbaren Motoren in normaler Gruppenwicklung oder Ein- bzw. Zweischichten-Formspulenwicklung ausgeführt werden. Vorwiegend findet man die Zweischichten-Formspulenwicklung vor, weil diese (aufgeschnittene Gleichstromwicklung) sich für solche Fälle am besten eignet.

In der Regel sind die polumschaltbaren Dreiphasenwicklungen für eine bestimmte Polzahl (Wickelschritt) ausgelegt. Durch Umschalten der Wicklungsteile mit Hilfe eines Polumschalters wird die Wicklung dann für

3—4 Polzahlen „geschaltet". Bei diesen zusätzlichen Polzahlen, die durch Umschalten erzielt werden, ist die Feldverteilung unter den einzelnen Polen in der Regel ungleich. Es treten starke Oberfelder auf, die das Kippmoment und besonders das Hochfahrmoment derart herabsetzen, daß ein Anfahren mit diesen zusätzlichen Polzahlen oft nicht möglich ist.

In manchen Fällen, besonders dann, wenn das Verhältnis der Polzahlen z. B. 3: 2 oder 4:3 ist (um kleine Drehzahlstufen zu erzielen), sieht der Hersteller von der Anwendung nur einer Wicklung ab und wählt für jede Polzahl eine besondere Wicklung. Da aber stets nur eine dieser Wicklungen im Betrieb ist, so ist die Ausnutzung solcher Motoren gering und der Wirkungsgrad schlecht.

Die Auslegung der Wicklungen und deren Schaltungen richtet sich aber auch vielfach nach der Leistung, die der Motor bei den verschiedenen Drehzahlen abgeben soll.

Die Auslegung des aktiven Eisens (Blechpakete) geschieht durch den Erbauer nach verschiedenen Gesichtspunkten. Normale Blechschnitte lassen sich selten für polumschaltbare Drehstrommotoren verwenden. Es ist beispielsweise im Regelfall nicht möglich, den Blechschnitt eines normalen 4poligen Drehstrommotors z. B. für einen polumschaltbaren Motor 2/4 Pole zu verwenden, weil der Querschnitt des Ständerjoches für den 2poliger Motor nicht ausreicht. Auch die Wickeldaten eines normalen 4poligen Motors können z. B. für gleiche Spannung nicht für die Dahlander-Schaltung 2/4 Pole usw. angewandt werden, weil die Leiterzahl im Ständer hierbei für die höchste Polzahl (niedrigste Drehzahl) schon für Dreieckschaltung ausgelegt werden muß. Diese Feststellung ist für solche Fälle wichtig, wo die Umwicklung normaler Drehstrommotoren in solche für Polumschaltung erwogen wird.

Aber selbst dann, wenn diese Faktoren berücksichtigt werden, ist eine Umwicklung normaler Drehstrommotoren in solche für Polumschaltung bedenklich, weil für diesen Zweck fast ausschließlich Käfigläufermotoren in Betracht kommen und ein unvorteilhaftes Nutenzahlverhältnis zwischen Ständer und Läufer nicht überwindbare Anlaufschwierigkeiten zur Folge haben kann.

Die Möglichkeit, einen normalen Drehstrommotor mit polumschaltbarer Wicklung auszurüsten, kann also nur bei gegebenen Voraussetzungen und unter sorgfältigster Beachtung aller Faktoren als vorhanden bezeichnet werden.

Es wurde bereits erwähnt, daß das sogenannte Hochfahrmoment bei der Grundpolzahl einer Wicklung einwandfrei, bei den zusätzlichen (durch Polumschaltung erzielten) Polzahlen aber oft nicht für den Anlauf ausreichend ist. Man muß also in der Regel den Motor mit der höchsten Polzahl

(Grundpolzahl) anfahren, um dann durch Umschalten die höheren Drehzahlen (niedrigeren Polzahlen) zu erzielen.

Hieraus ergibt sich für den Instandsetzungsfachmann die Notwendigkeit, bei Instandsetzungen oder Neuwicklungen polumschaltbarer Drehstrommotoren **grundsätzlich den zugehörigen Polumschalter einzufordern.** Fehlt dieser Umschalter bei dem Probelauf des wiederhergestellten Motors, so können Schwierigkeiten entstehen, weil der Läufer bei der einen oder anderen zusätzlichen Polzahl trotz richtiger Schaltung der Wicklung nicht anläuft.

Es ist auch durchaus nicht gleichgültig, welcher Polumschalter bei dem Prüffeldversuch verwendet wird. Die Polumschalter sind, abgesehen von der Klemmenzahl, auch in der inneren Schaltung sehr verschieden. Die eine Wicklung kann von dem Hersteller für Dreieck/Doppelstern, die andere für Dreieck/Dreieck usw. ausgelegt sein, je nachdem für welche Leistungsabgabe und für welche Betriebsverhältnisse der Motor bestimmt ist.

Für die erfolgreiche Wiederherstellung instandsetzungsbedürftiger pol umschaltbarer Drehstrommotoren ist weiter die Erkenntnis wichtig, **daß die jeweils vom Hersteller gewählte Wicklungsart nicht ohne weiteres in eine andere Wicklungsart geändert werden darf.** Beispielsweise soll eine vorgefundene Zweischichten-Formspulenwicklung nicht durch eine normale Gruppenwicklung ersetzt werden. Hierdurch werden im Regelfall die ursprünglichen Gütewerte und Betriebseigenschaften des Motors nachteilig geändert. Insbesondere können Anlaufschwierigkeiten entstehen. Es ist beispielsweise möglich, daß eine durch normale Gruppenwicklung ersetzte Zweischichten-Dahlander-Wicklung einwandfreie Anlaufverhältnisse ergibt. Es ist aber irrig anzunehmen, daß solche Ergebnisse für alle Fälle erwartet werden können.

Diese Hinweise mögen genügen, um zu erkennen, daß die Instandsetzung und Neuwicklung polumschaltbarer Drehstrommotoren stets mit größter Vorsicht und Überlegung in Angriff genommen werden muß, wenn Fehl- und Nacharbeiten und damit Verluste vermieden werden sollen.

II. Die Dahlander-Schaltung.

Die für das Polzahlverhältnis 2 : 1 bestimmte Dahlander-Schaltung besteht aus 6 Wicklungsteilen, wovon je 2 zu einer Wicklungsphase zusammengefaßt werden.

Die Wicklung wird grundsätzlich für die höchste Polzahl (niedrigste Drehzahl) ausgelegt und die Schaltenden werden so angeordnet, daß die Polumschaltung mit nur 6 Klemmen erfolgen kann.

An dem Klemmbrett der Ständerwicklung liegen 12 Wicklungs-Schaltenden derart angeordnet, daß die Wicklung für die höhere Polzahl (niedrige

Drehzahl) im Dreieck, für die niedrige Polzahl (höhere Drehzahl) in Doppelstern geschaltet ist.

In Abb. 131 ist die Dahlander-Prinzipschaltung dargestellt.

Die zu einer Phase gehörenden Wicklungsteile können nach dem dargestellten Prinzip bei entsprechender Auslegung der Wicklung für alle Polzahlverhältnisse 2 : 1 z. B. 4/2, 8/4, 12/6 Pole usw. geschaltet werden. Es ist demnach auch möglich, einen polumschaltbaren Drehstrommotor z. B. für 4 verschiedene Polzahlen herzustellen, wenn der Ständer zwei Dahlander-Wicklungen mit 12 Klemmem erhält. Von dieser Möglichkeit wird seitens der Herstellerfirmen auch häufig Gebrauch gemacht.

Das Leistungsverhältnis bei der Dahlander-Schaltung ist etwa 1 :1,5. Beträgt beispielsweise die Leistungsabgabe bei der hohen Polzahl (niedrige

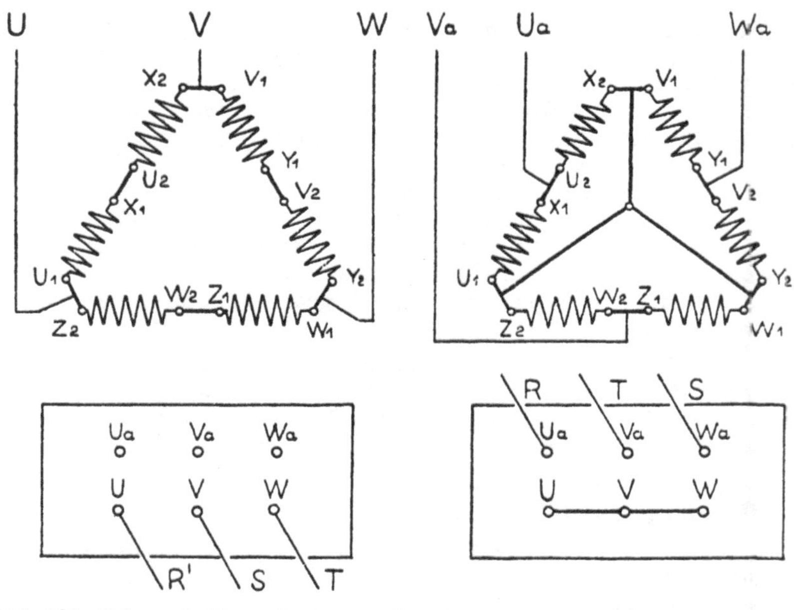

Abb. 131. Polumschaltbare Drehstrom-Wicklung für das Polzahlverhältnis 2: 1 (Dahlander-Schaltung). 2 Drehzahlen, 6 Klemmen.

Links das Schaltbild für die Grundpolzahl (höhere Polzahl — niedrigere Drehzahl), Dreieckschaltung, Rechts das Schaltbild für die zusätzliche Polzahl (niedrigere Polzahl — höhere Drehzahl). Doppelsternschaltung. Darunter die Verbindungen am Klemmbrett (6 Klemmen) und die Anordnung der Netzzuleitung. Leistungsverhältnis 1 : 1,5.

Drehzahl) 12 kW, dann beträgt dieselbe bei der niedrigen Polzahl (doppelt so hohe Drehzahl) = 16 kW.

Das Umschaltungsprinzip bei der Dahlander-Schaltung ist in Abb. 132 dargestellt.

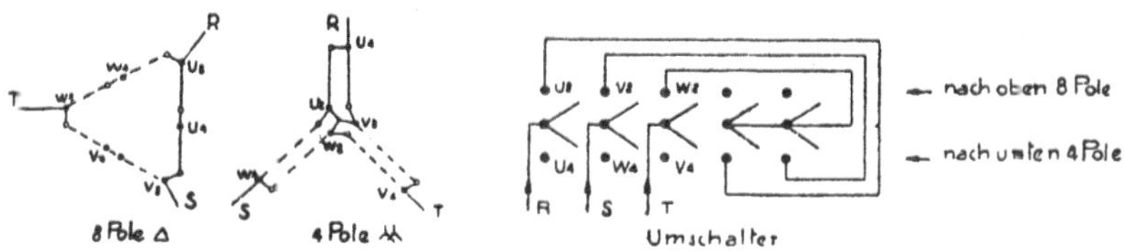

Abb. 132. Polumschaltbare Drehstromwicklung.
8/4 Pole mit Polumschalter (Dahlander-Schaltung).

Es ist zu beachten, daß bei der Dahlander-Polumschaltung eine Umkehrung des Drehfeldes stattfindet. Wenn dieser Vorgang nicht bei der Auslegung des Polumschalters berücksichtigt wird, dann nimmt der Läufer beim Umschalten der Ständerwicklung eine umgekehrte Drehrichtung an. Die Phasenfolge am Klemmbrett des Motors muß bei der niedrigen Drehzahl RST und bei der höheren Drehzahl RTS sein. Bei der Instandsetzung und Neuwicklung polumschaltbarer Drehstrommotoren tritt die Umkehrung der Läuferdrehrichtung in Erscheinung, wenn die Prüfung des Motors behelfsmäßig, d. h. ohne Polumschalter, oder mit einem anderen, als den zum Motor gehörigen Umschalter geschieht.

Aus dieser Abbildung ist ersichtlich, daß die Wicklung (z. B. bei 8/4 Pole) bei der niedrigen Drehzahl im Dreieck, bei der hohen Drehzahl in Doppelstern, geschaltet ist und daß 12 Anschlüsse zu je 2 an 6 Klemmen verteilt angeordnet sind.

Bei der niedrigen Drehzahl (höhere Polzahl) sind 3 Klemmen des Klemmbrettes (U 8, V 8, W 8) weder an das Netz angeschlossen, noch miteinander verbunden.

Sofern im gegebenen Falle die Absicht besteht, durch Umwicklung eines vorhandenen Motors einen polumschaltbaren Motor mit Dahlander-Schaltung herzustellen, müßte bei gleichbleibender Netzspannung (z. B. 380 Volt Sternschaltung) die Leiterzahl, zunächst grob betrachtet, mit 1,73 multipliziert und der Leiterquerschnitt im gleichen Verhältnis herabgesetzt werden. Nur in diesem Falle wird man die angestrebten Verhältnisse erreichen.

Würde man beispielsweise einen vorhandenen normalen 8poligen Käfigläufermotor 380 Volt mit Hilfe der Dahlander-Schaltung 4polig schalten, so würden die gewünschten Drehzahlen zweifellos erreicht. Indessen würden sich hinsichtlich Stromaufnahme, Leistungsfaktor, Wirkungsgrad und Erwärmung für Dauerbetrieb unbrauchbare Werte ergeben.

Unter Beibehalt des Beispieles sei erwähnt, daß solche Umwicklungen grundsätzlich nur nach vorheriger, rechnerischer Prüfung durchgeführt werden können.

Polumschaltbare Drehstrom-Gruppenwicklung
4/8 Pole (Dahlander Schaltung)

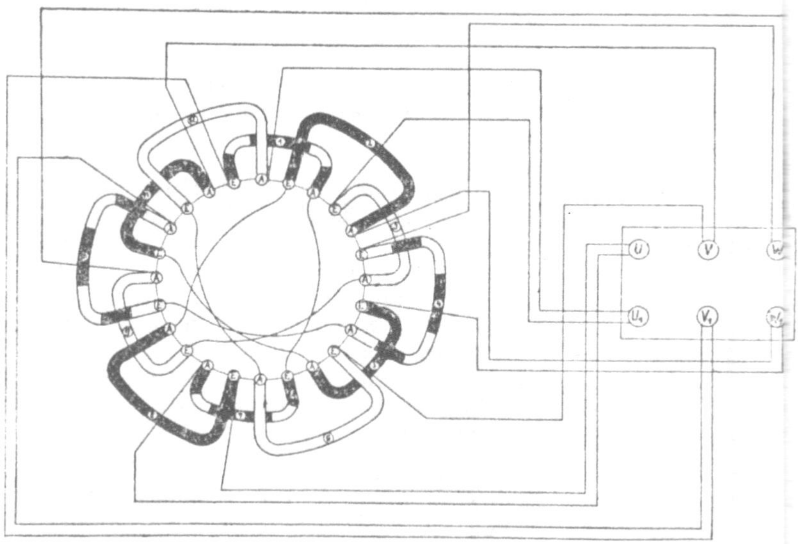

Abb. 133.

III. Polumschaltbare Zweischichten-Formspulenwicklungen.

Die Dahlander-Schaltung kann sowohl bei normaler Gruppen-, als auch bei Ein- und Zweischichten-Formspulenwicklung angewandt werden.

Für Motoren mit mehr als 2 Drehzahlen und solche mit anderem Polzahlverhältnis als 2 : 1, wird vorwiegend die Zweischichten-Formspulenwicklung (aufgeschnittene Gleichstrom-Ankerwicklung) angewandt.

Es ist beispielsweise möglich, mit nur einer Zweischichten-Formspulenwicklung 3 und mehr Drehzahlen zu erzielen.

Die zu diesen Wicklungen notwendigen Polumschalter müssen aber eine verhältnismäßig hohe Klemmenzahl erhalten. Über 3 Drehzahlen geht man seitens der Hersteller selten hinaus. In der Regel handelt es sich um die Polzahlen 2/4/8 oder 2/4/6.

Die Schaltung ist hierbei entweder Dreieck/Dreieck/Dreieck oder Doppelstern/Doppelstern/Dreieck oder ähnlich. Bei dieser Schaltart kommen in der Regel 15 bzw. 18 Klemmen in Betracht.

Die Leistungsverhältnisse liegen hierbei wesentlich anders, als bei der Dahlander-Schaltung und stehen u. a. mit der jeweils vorliegenden Schaltart im Zusammenhang.

IV. Polumschaltbare Drehstrommotoren mit mehreren Wicklungen.

Wenn das Leistungsverhältnis 1 : 1,5 für den gegebenen Fall ausreicht, dann wird man bei 4 Drehzahlen oft die Anordnung von 2 Dahlander-Wicklungen vorziehen.

In manchen Fällen wird aber bei der höheren Drehzahl eine noch höhere Leistungsabgabe gefordert. Für solche Fälle wählt der Hersteller vielfach 2 voneinander getrennte Wicklungen, die so ausgelegt werden können, daß bei der höheren Drehzahl etwa die doppelte Leistung der niedrigen Drehzahl erzielt wird.

Es ist aber auch möglich, daß bei 3 Drehzahlen je eine Dahlander-Wicklung und eine gesonderte Wicklung angeordnet wird. Dieser Fall kommt vor, wenn der Motor beispielsweise für 4/6/8 Pole hergestellt werden soll.

Durch geeignete Kombination ergeben sich also für 2 getrennte Wicklungen eine große Anzahl von Schalt- und Leistungsmöglichkeiten. Es ist selbstverständlich, daß bei gegebenen Verhältnissen auch 3 voneinander getrennte Wicklungen angewandt werden können. Von dieser Möglichkeit wird aber sehr selten Gebrauch gemacht.

Zum Schluß sei noch eine polumschaltbare Wicklung erwähnt, die der AEG. patentiert ist.

Es handelt sich hier um eine aus einer Vierschichten-Wicklung abgeleitete Zweischichten-Wicklung, welche die Schwächen der Zweischichten-Wicklung für mehrer Polzahlen (starke Oberfelder, schlechtes Anfahrmoment, Kippmoment usw.) beseitigt. Bei dieser Wicklung wird jede zweite Spule der Vierschichtenwicklung ausgelassen. Die Wicklung setzt sich aus normalen Zweischichtenspulen von gleicher Weite (Träufel- oder Formspulen) zusammen und unterscheidet sich von der normalen Zweischichtenwicklung nur durch die Art der Schaltverbindungen, welche lediglich die Phasenzugehörigkeit der Wicklungsteile, nicht aber den Schaltsinn der Spulen ändert. Für diese Wicklungsart sind 12 bzw. 15 Klemmen für 2 Drehzahlen erforderlich (Abb. 149).

Polumschaltbare Drehstrom-Zweischichtenwicklung

2/4/6 Pole, 54 Nuten, Wickelschritt 1:10

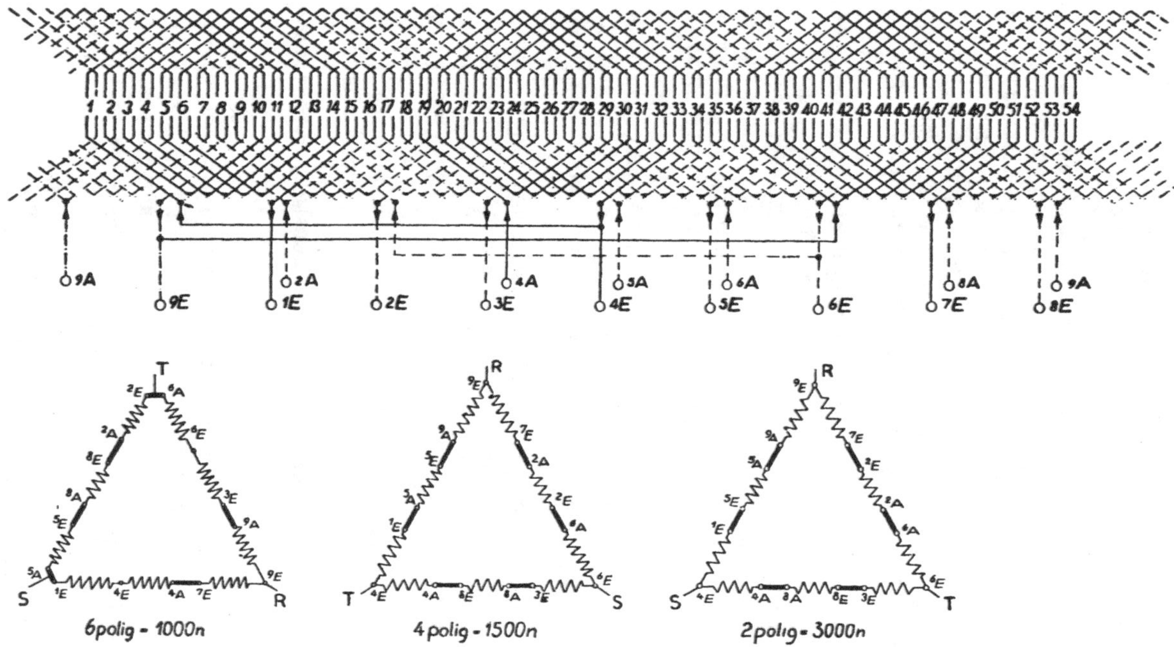

Abb. 134.

Abb. 135.

Polumschaltbare Drehstrom-Gruppenwicklung*)

2/4 Pole (Dahlander-Schaltung)

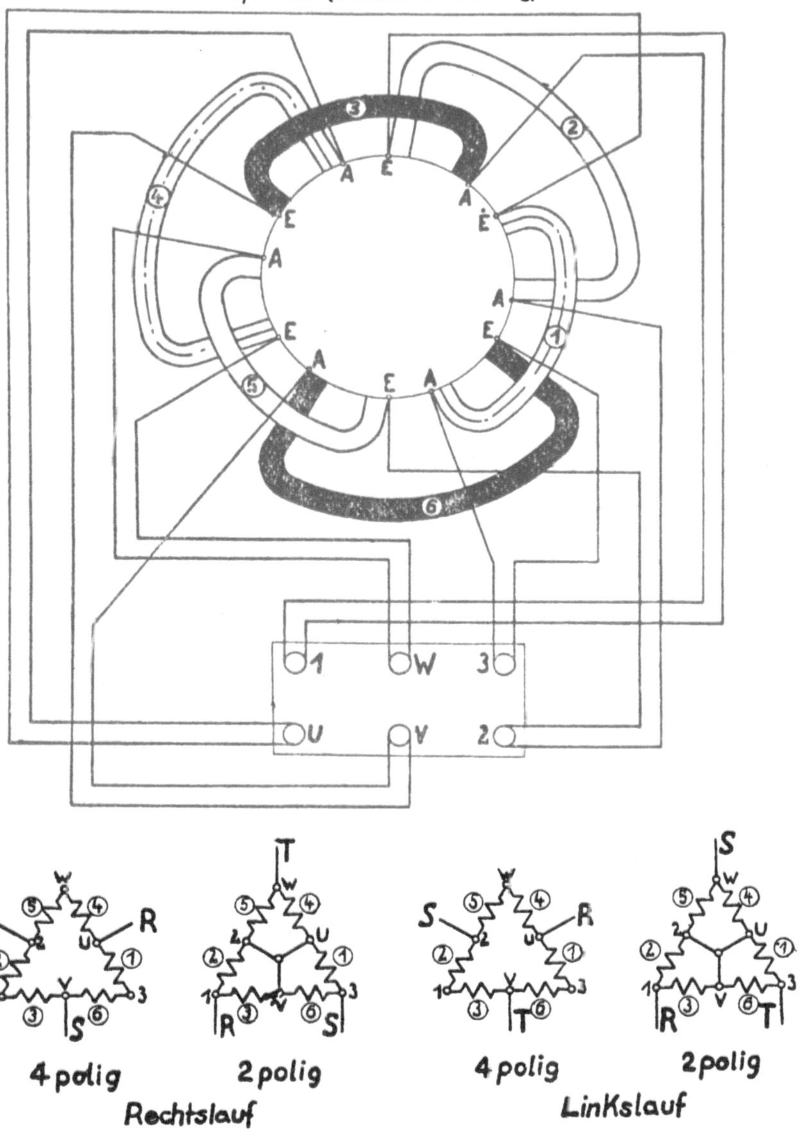

*) Polumschalter hierzu Seite 218.

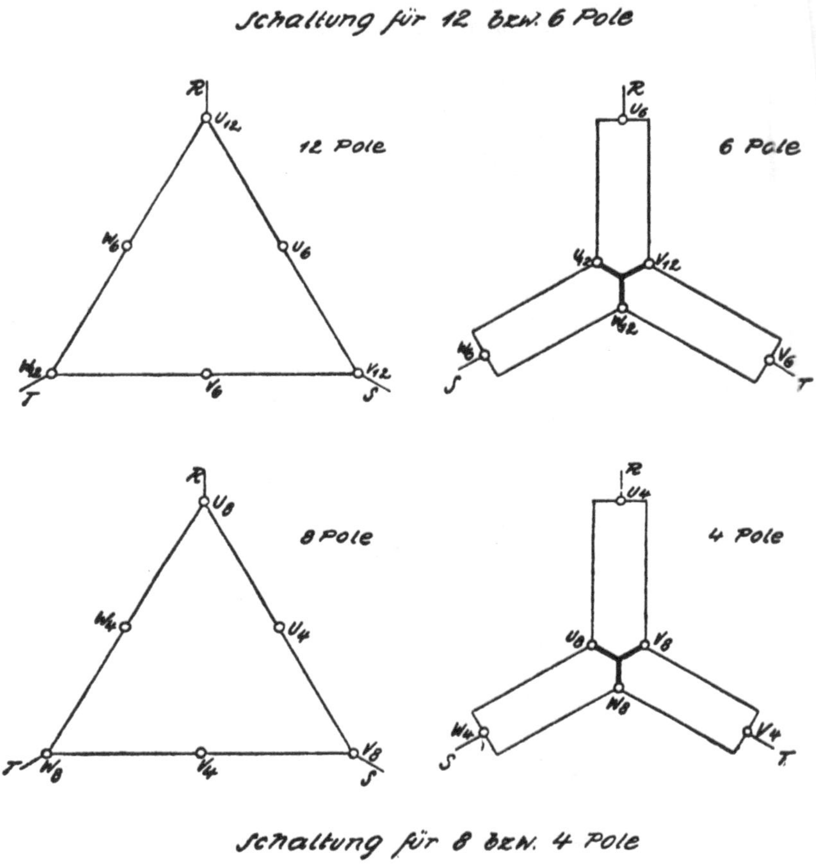

Abb. 136. 2 Wicklungen — 4 Drehzahlen nach Dahlander
(12 Anschlußklemmen erforderlich)

Zusammenfassung:

Bei der Instandsetzung oder Neuwicklung polumschaltbarer Drehstrommotoren sind folgende Punkte besonders zu beachten:

1. Die vom Hersteller gewählte, beim Abbau vorgefundene Wicklungsart soll grundsätzlich beibehalten werden. Eine willkürliche Änderung der Wicklungsart birgt die Gefahr, daß Anlauf- und sonstige mit Zeitverlust und Kosten verbundene Schwierigkeiten in Erscheinung treten.

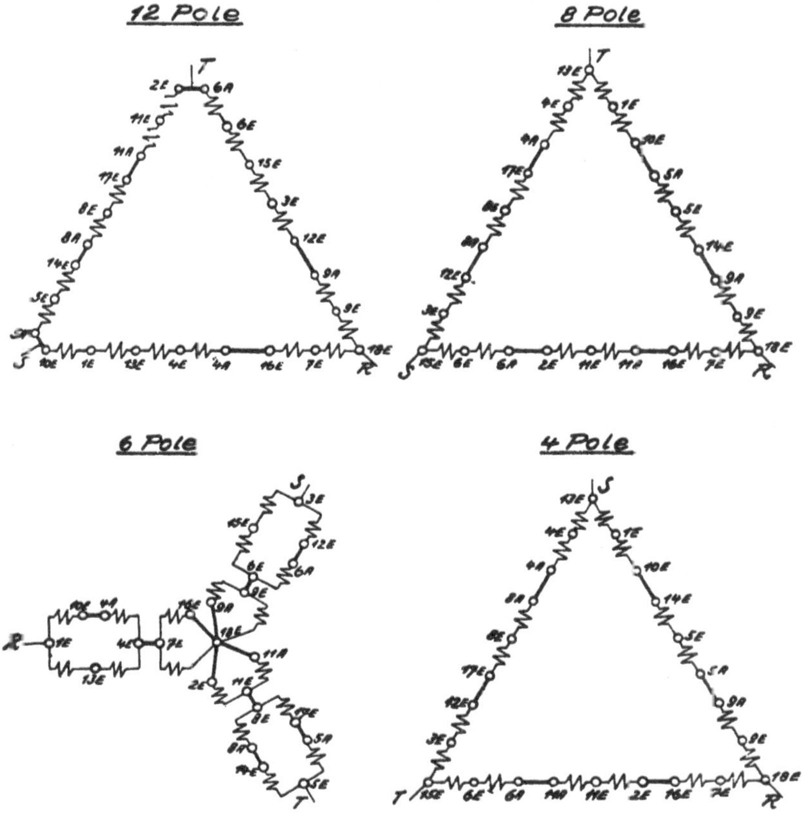

Abb. 137. 1 Wicklung — 4 Drehzahlen
Einwicklungsausführung nach SSW-Weinert
(24 Klemmen erforderlich).

2. Der vom Hersteller gewählte Polumschalter soll in jedem Falle zusammen mit dem instandsetzungsbedürftigen Motor vom Auftraggeber eingeliefert werden. Dieser Polumschalter ist beim Probelauf des neugewickelten Motors nach sorgfältiger Beachtung des zugehörigen Schaltbildes zu verwenden. Behelfsmäßige Prüfungen ohne Polumschalter oder die Verwendung eines anderen Polumschalters birgt die Gefahr unliebsamer Lieferungsverzögerungen und die Möglichkeit finanzieller Verluste.

Abb. 138. Polumschaltbare Drehstrom-Zweischichtenwicklung mit Spulen ungleicher Weite 2/4 Pole, 24 Nuten, Wickelschritt 1 : 8/2 : 7 Dahlander-Schaltung.

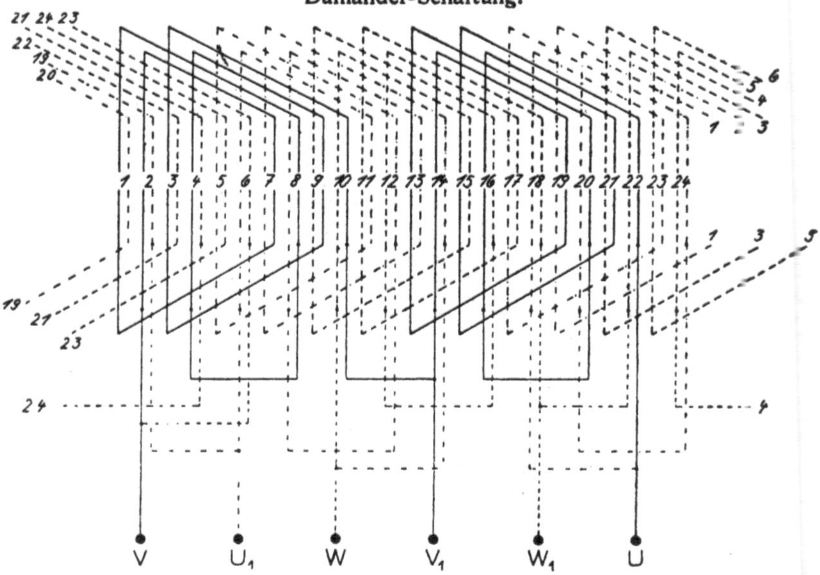

Abb. 139. Polumschaltbare Drehstrom-Zweischichtenwicklung mit Spulen gleicher Weite 2/4 Pole, 24 Nuten, Wickelschritt 1 : 7 Dahlander-Schaltung.

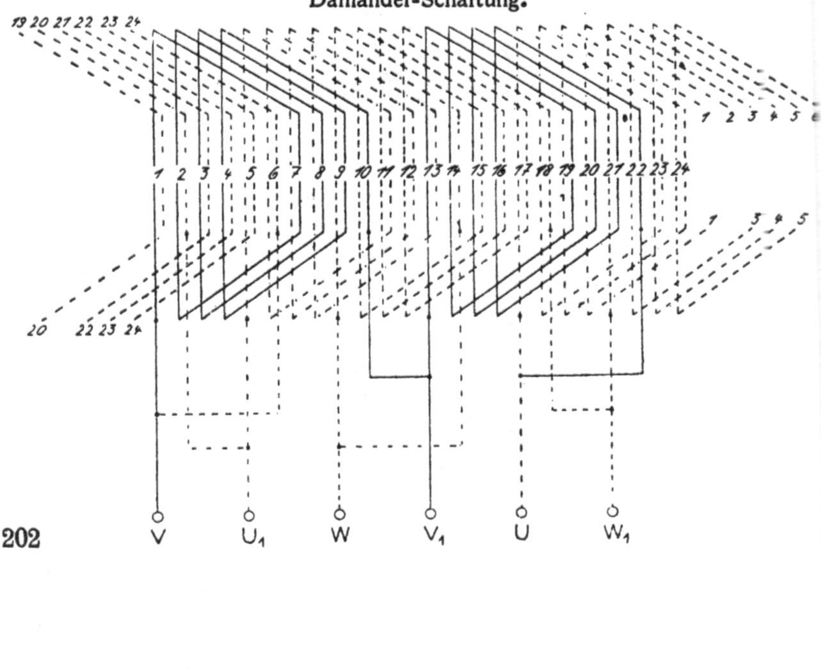

Abb. 140.

Polumschaltbare Drehstrom-Zweischichtenwicklung
2/4 Pole, 36 Nuten, Wickelschritt 1:10

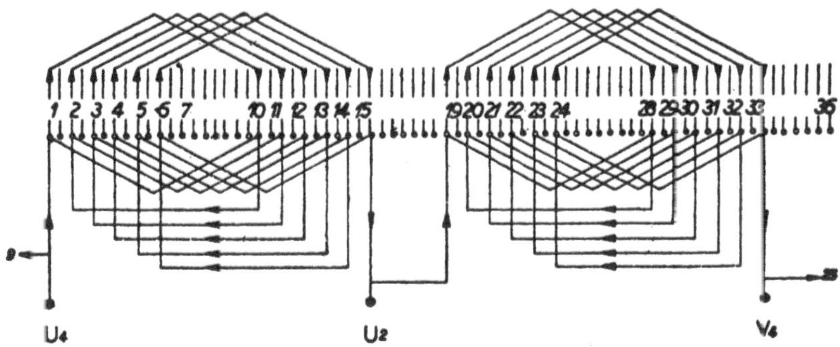

Dahlander-Schaltung.

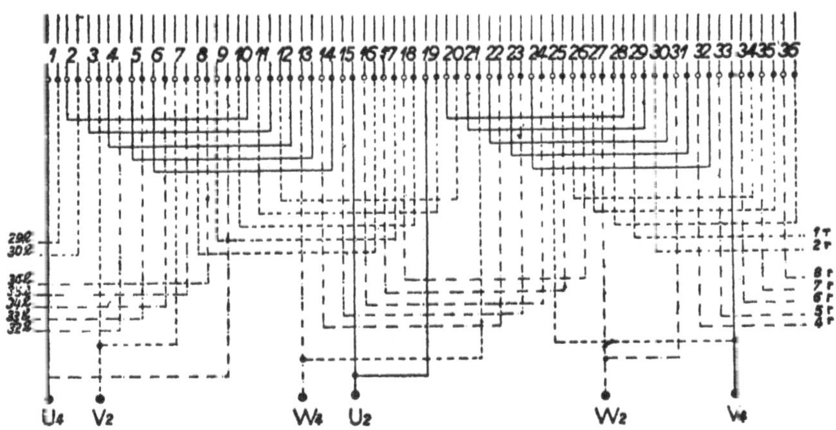

3. Ändert sich bei der Dahlander-Schaltung gelegentlich des Umschaltens auf die höhere Drehzahl (niedrige Polzahl) die Läufer-Drehrichtung, dann ist in der Phasenfolge des Netzanschlusses am Motorenklemmbrett ein Fehler unterlaufen. Dieser Fehler kann im Polumschalter, und zwar in einer falschen Verbindung in dem Umschaltemechanismus liegen. Die richtige Phasenfolge des Netzanschlusses am Motorenklemmbrett muß RST (bei der niedrigen Drehzahl) RTS (bei der höheren Drehzahl) sein.

Abb. 141. Polumschaltbare Dreiphasen-Zweischichten-Wicklung

4/8 Pole. 36 Nuten. Wickelschritt 1 6

Dahlander-Schaltung

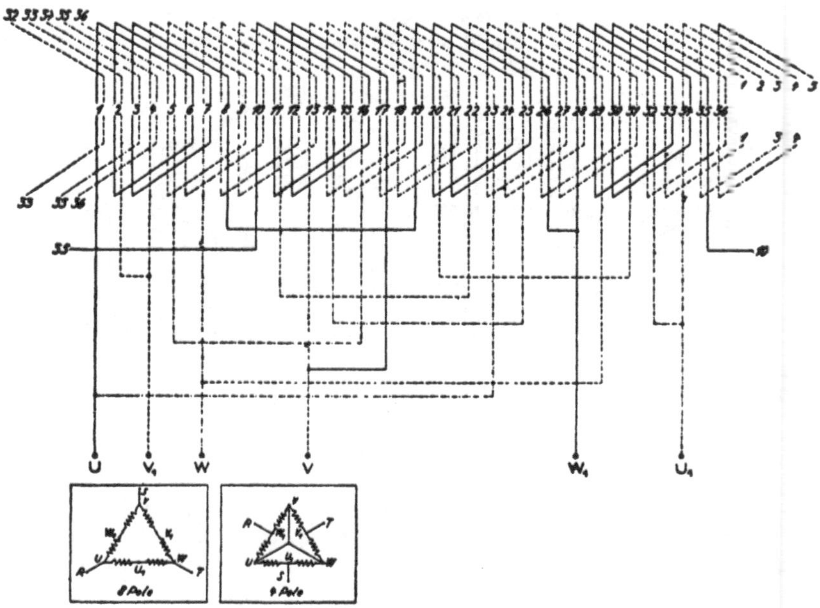

Abb. 142. Polumschaltbare Drehstrom-Zweischichtenwicklung

4/8 Pole, 48 Nuten, Wickelschritt 1,7

Dahlander-Schaltung

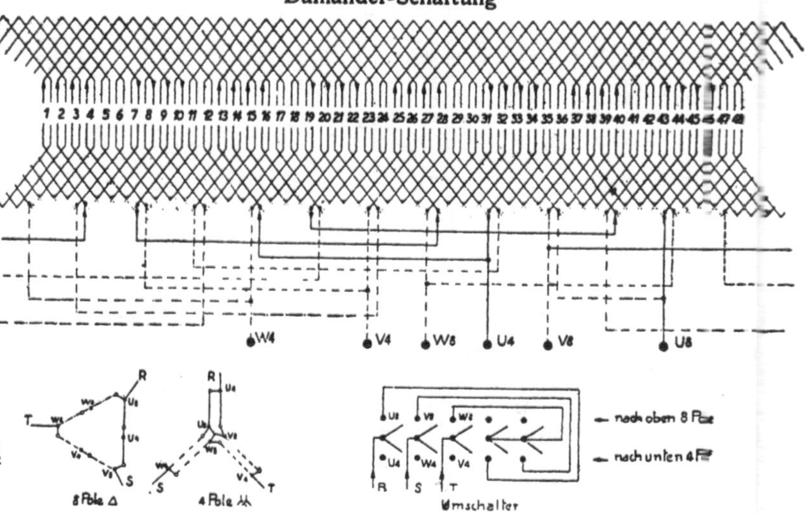

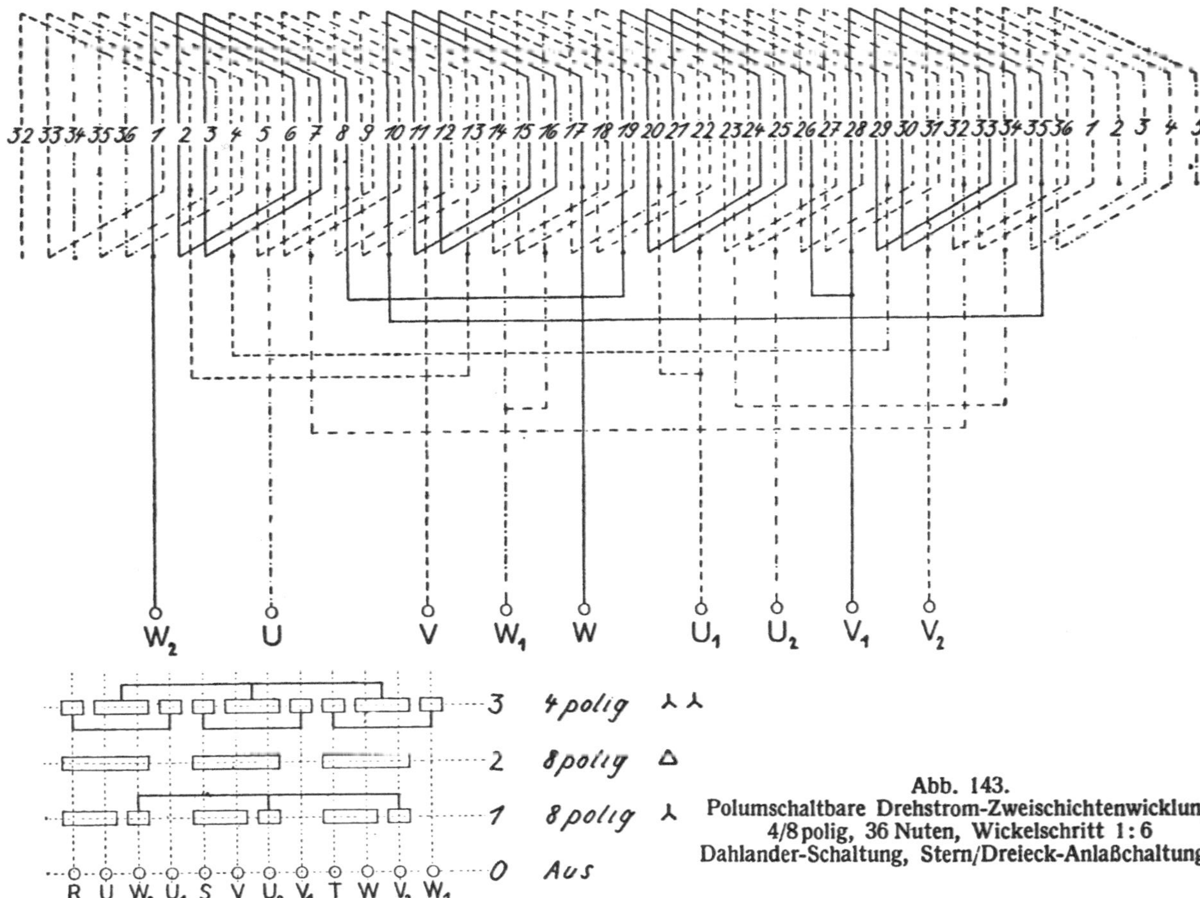

Abb. 143.
Polumschaltbare Drehstrom-Zweischichtenwicklung
4/8 polig, 36 Nuten, Wickelschritt 1 : 6
Dahlander-Schaltung, Stern/Dreieck-Anlaßschaltung.

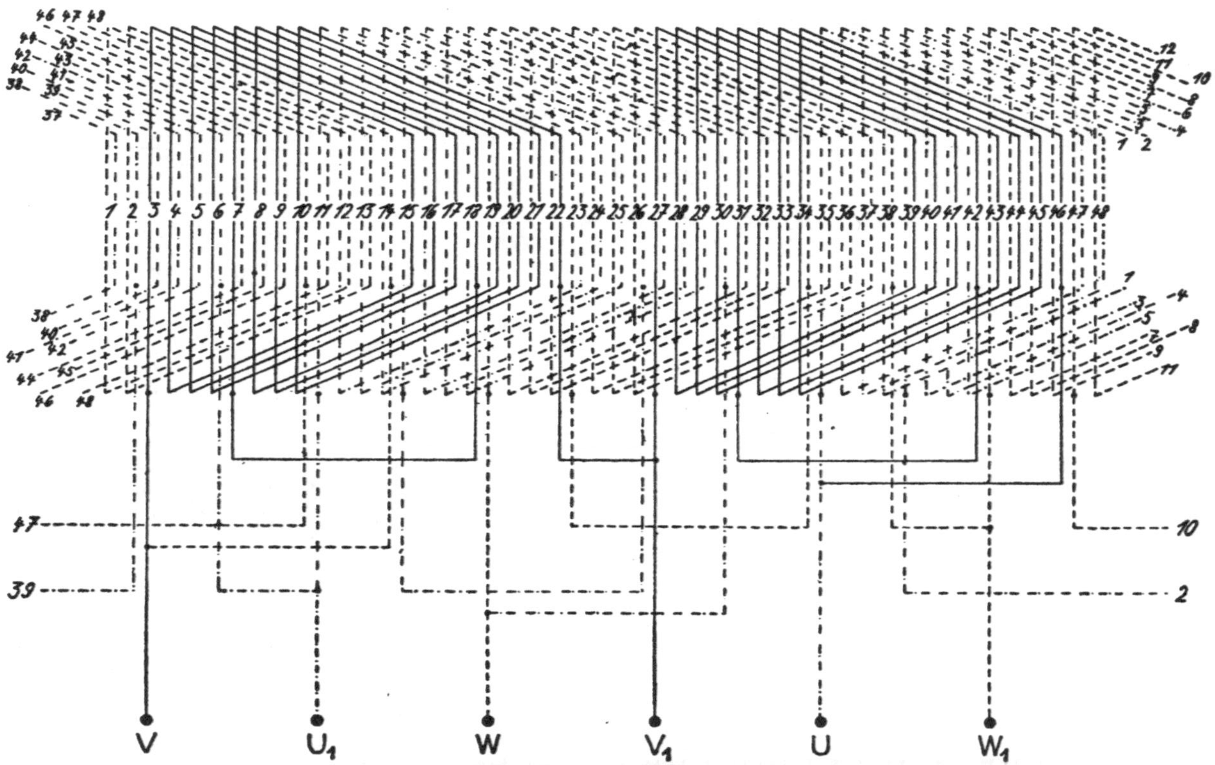

Abb. 144. Polumschaltbare Drehstrom-Zweischichtenwicklung 2/4 polig, 48 Nuten, Wickelschritt 1 : 13 Dahlander-Schaltung.

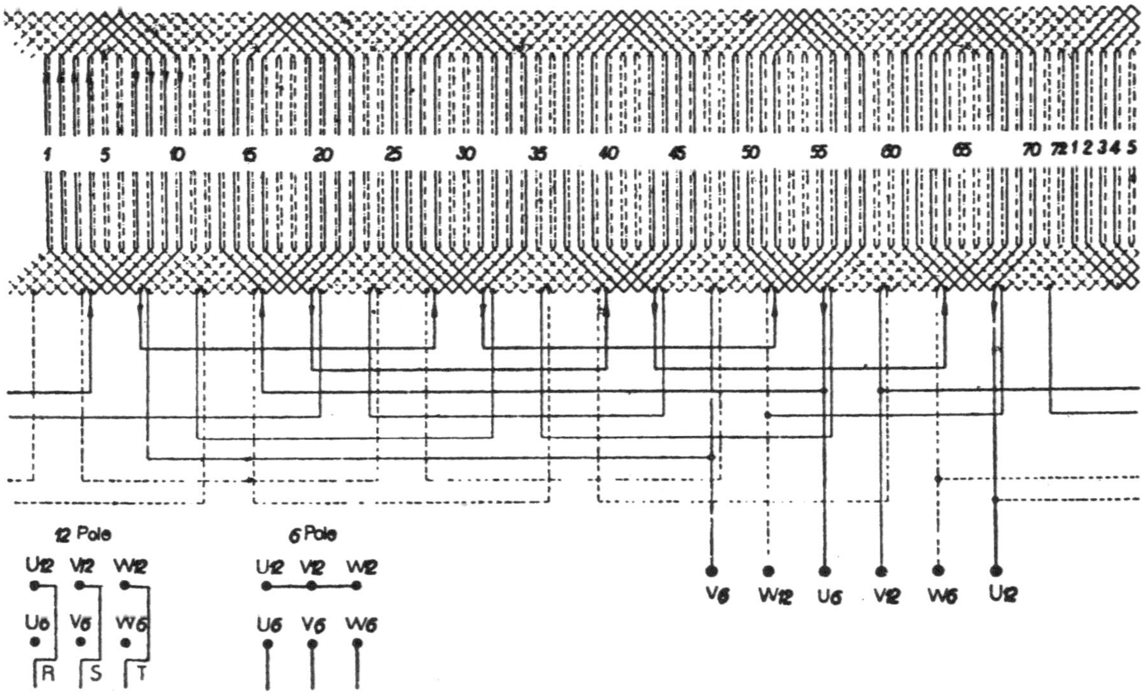

Abb. 145. Polumschaltbare Drehstrom-Zweischichtenwicklung 6/12 Pole, 72 Nuten, Wickelschritt 1:7, Dahlander-Schaltung.

Abb. 146.
Polumschaltbare Drehstrom-Zweischichtenwicklung
2/4/8-polig. 48 Nuten. Schritt 1 7

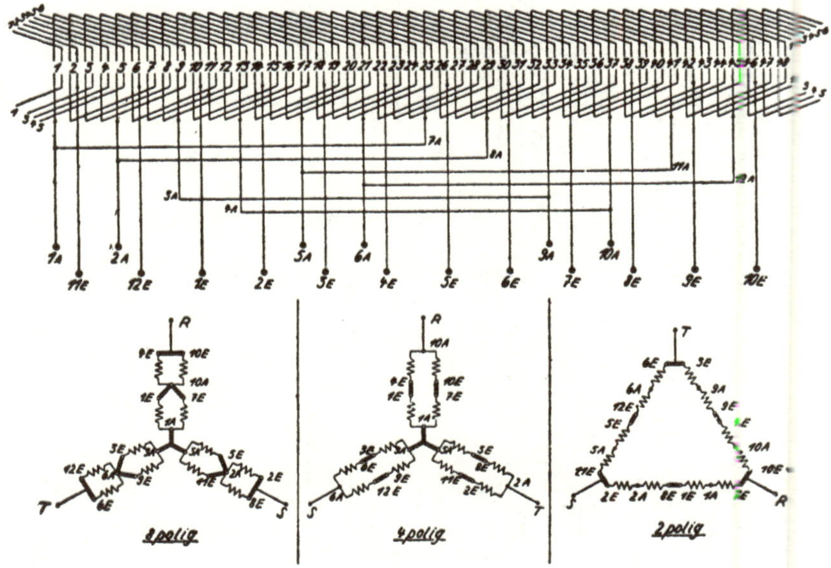

4. Bei polumschaltbaren Drehstrommotoren mit mehreren Ständerwicklungen ist darauf zu achten, daß die jeweils außer Betrieb befindlichen Wicklungen „geöffnet" sind. Der vom Hersteller gewählte Polumschalter ist in solchen Fällen mit einer entsprechenden Klemmenzahl ausgerüstet und das Schaltorgan ist so ausgelegt, daß dieser Forderung automatisch entsprochen wird. Bei einer etwa notwendigen Auswechslung des Polumschalters ist hierauf zu achten. (Siehe Abb. 154).

5. Vor Abbau der beschädigten Wicklung ist sorgfältig festzustellen, für welche Schaltung die Wicklung oder die Wicklungen ausgelegt sind. Nur bei der Dahlander-Schaltung ist die Wicklung stets in Dreieck/Doppelstern geschaltet. (Leistungsverhältnis 1 : 1,5.) Bei anderen Leistungsverhältnissen kommen andere Schaltungen, z. B. Dreieck/Dreieck usw. und folgerichtig auch andere Polumschalter in Betracht.

6. Soll ein vorhandener, normaler Drehstrommotor für Polumschaltung umgearbeitet werden, dann ist zuvor festzustellen, ob der Querschnitt des Ständerjoches für die niedrige Polzahl (hohe Drehzahl) ausreichend ist. Normalerweise ist dies nicht der Fall. Die vorgefundenen Wickeldaten sind im Regelfalle nicht für die Dahlander-Polumschaltung verwendbar. Eine Neuberechnung der Wickel- und Leistungsdaten ist unumgänglich notwendig.

Abb. 147.

Polumschaltbare Drehstrom-Zweischichtenwicklung

4/6/8 Pole. 36 Nuten. Wickelschritt 1 7

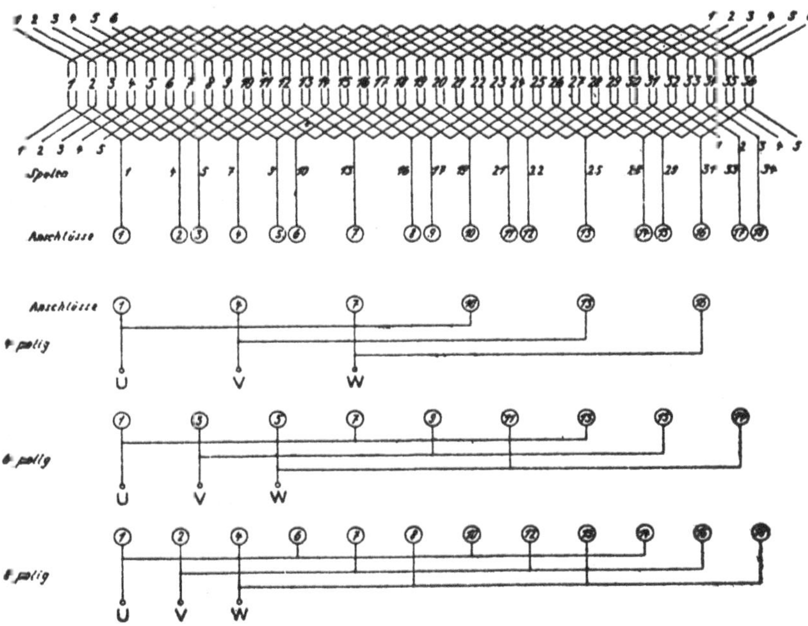

7. Soll ein polumschaltbarer Drehstrommotor mit Dahlander-Schaltung als normaler Motor verwendet werden, so ist dies unter Beibehalt der vorgefundenen Wicklung möglich, wenn die Leistungsabgabe unverändert bleibt. Soll der Motor beispielsweise für die niedrige Polzahl (hohe Drehzahl) bei höherer Leistungsabgabe verwendet werden, so ist eine Neuberechnung der Wicklung erforderlich. Derartige Neuwicklungen sind lohnend, weil bei der niedrigen Polzahl eine höhere Leistungsabnahme erzielt werden kann, wenn die Voraussetzungen (Neuberechnung der Wickeldaten) erfüllt werden.

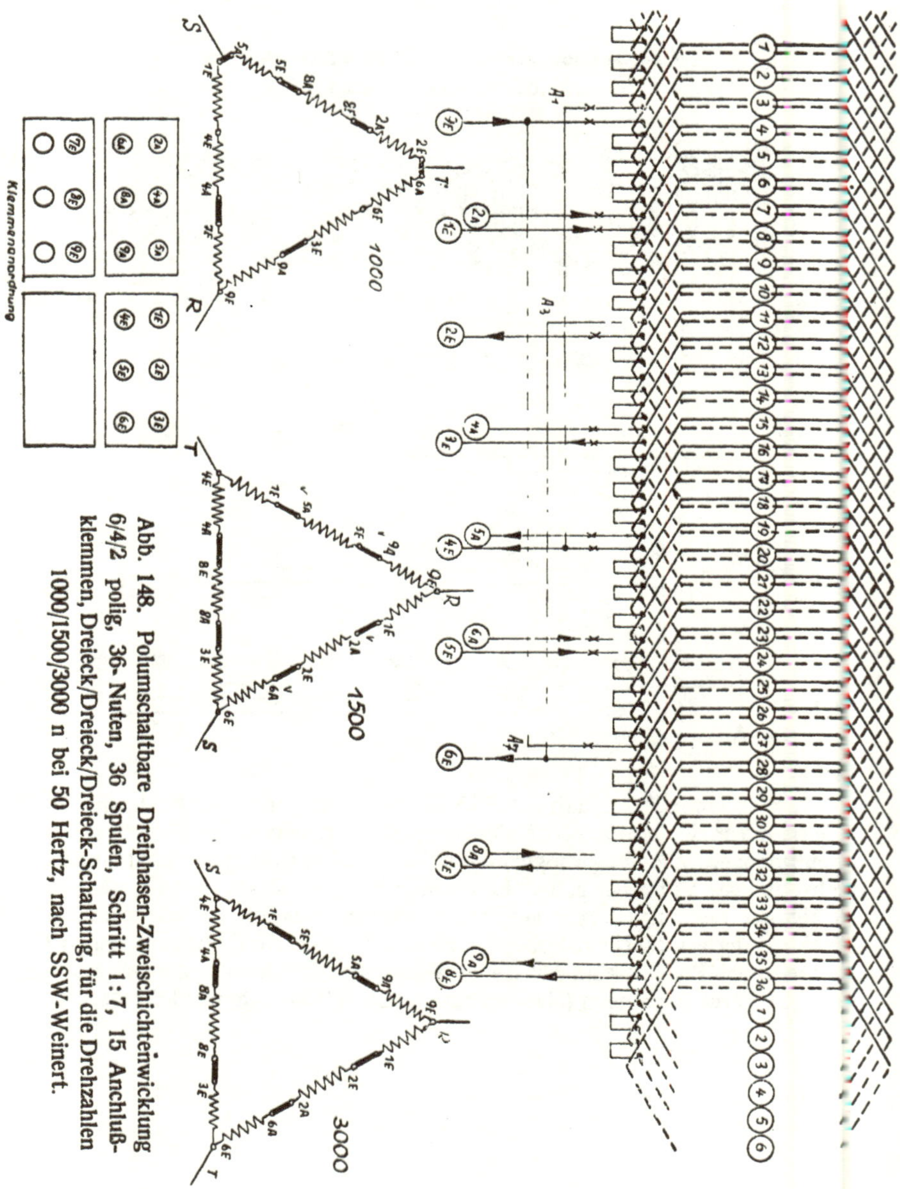

Abb. 148. Polumschaltbare Dreiphasen-Zweischichtenwicklung 6/4/2 polig, 36- Nuten, 36 Spulen, Schritt 1:7, 15 Anschlußklemmen, Dreieck/Dreieck/Dreieck-Schaltung, für die Drehzahlen 1000/1500/3000 n bei 50 Hertz, nach SSW-Weinert.

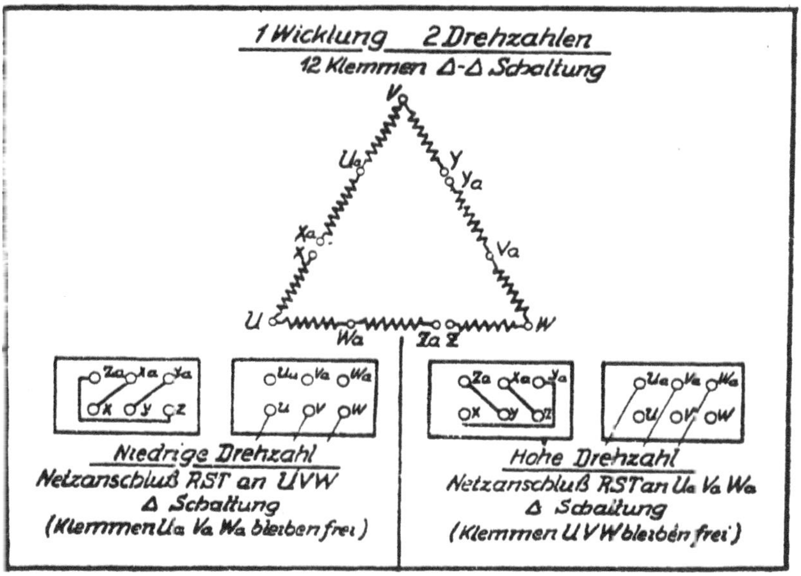

Abb. 149. (AEG)

Die Verwendung des normalen Drehstrommotors*) als Einphasen-Wechselstrommotor.

Der Einphasen-Wechselstrommotor ist im allgemeinen ein seltener Gast in den Instandsetzungswerken. Die Elektrizitätswerke, die Einphasen-Wechselstrom an ihre Abnehmer liefern, sind an der Zahl so gering, daß man sie an den 10 Fingern der Hand aufzählen könnte, wenn als Beispiel die hauptsächlichen Versorgungsgebiete des deutschen Reiches genannt werden. Man findet daher auch diejenigen Motorenfabriken, die sich insbesondere mit der Reihenherstellung von Einphasenwechselstrommotoren befassen, nur in den Gebieten, wo das städtische Elektrizitätswerk Einphasen-Wechselstrom liefert (Köln, Elberfeld usw.).

Der Einphasen-Wechselstrommotor hat bekanntlich eine Arbeits- und eine Hilfswicklung, die in dem Ständer räumlich verschoben angeordnet sind. Die Hilfswicklung ist ein notwendiges Übel, um den Läufer des Motors auf seine normale Drehzahl zu bringen. Ohne Hilfswicklung würde der

*) Siehe auch Seite 274.

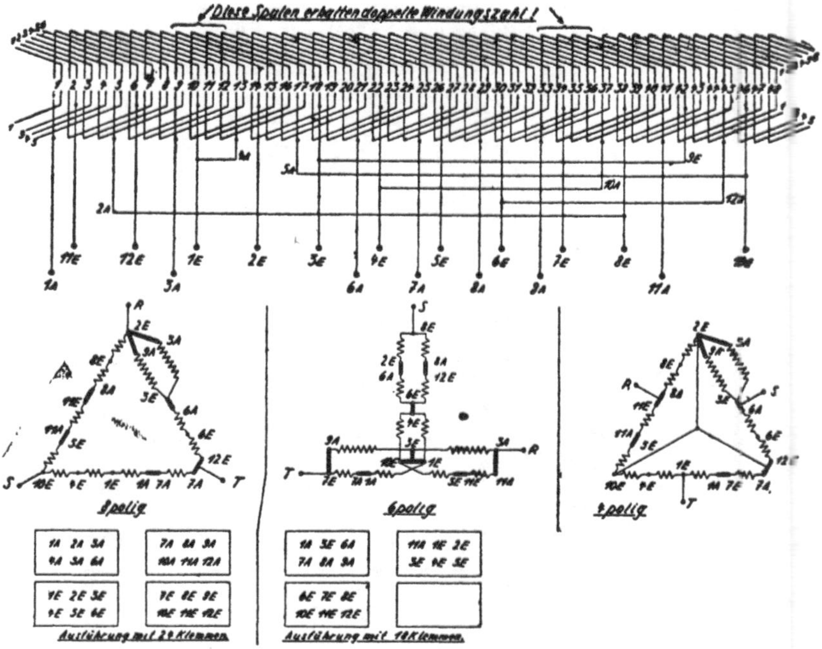

Abb. 150. Polumschaltbare Zweischichten-Wicklung 8/6/4 Pole Einwicklungsausführung nach Weinert-SSW für 48 Nuten*).

Motor nicht anlaufen. Hat der Motor seine normale Drehzahl erreicht, so wird die Hilfswicklung durch eine geeignete Schaltvorrichtung abgeschaltet und bleibt nunmehr während der Arbeitsleistung des Motors stromlos und untätig. Diese Tatsache ist allgemein bekannt.

Da ein Teil der Wicklung während der Arbeitsleistung des Motors unbenutzt bleibt, diese Wicklung aber notwendigerweise einen Teil des aktiven Eisens belegt, so ist auch ein Teil des Ständereisens bei der Arbeitsleistung des Motors nicht beansprucht und leistet somit auch keine nutzbringende Arbeit. Der Einphasen-Wechselstrommotor ist aus diesem Grunde im Verhältnis zu seiner Nennleistung zu groß dimensioniert, wenn man z. B. einen Drehstrommotor gleicher Leistung neben den ersteren stellt und die Abmessungen beider Motoren vergleicht.

Wenn man, von dieser Betrachtung ausgehend, den bei der Arbeitsleistung unbenutzten Teil des aktiven Eisens eines Einphasen-Wechselstrommotors auch mit einer Arbeitswicklung ausrüstet und die Wicklung

*) Polumschalter hierzu Seite 213.

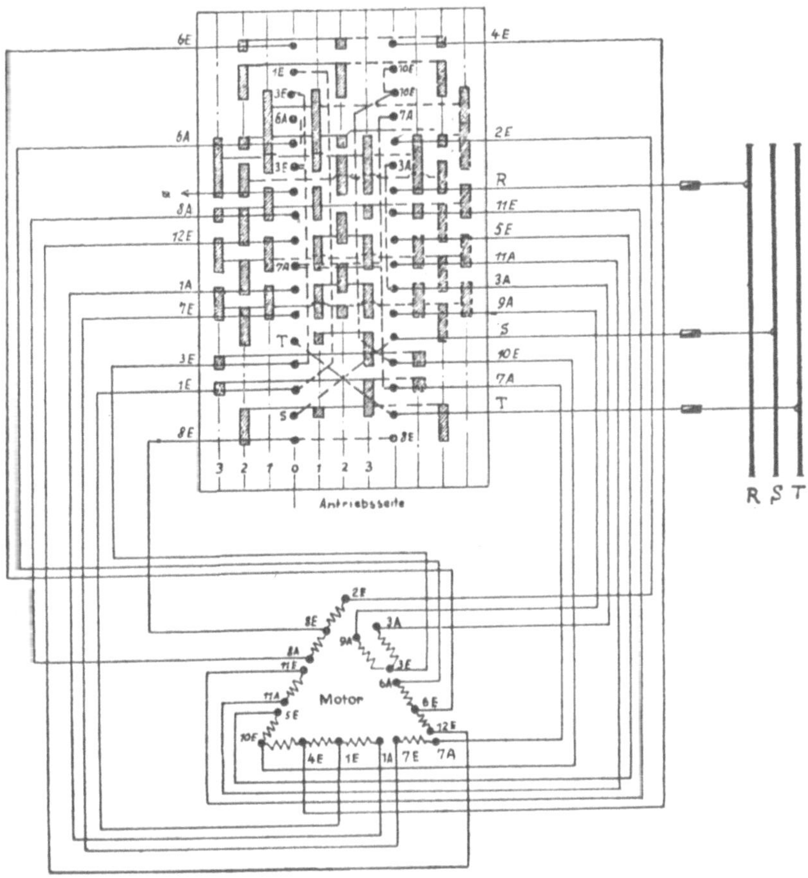

Abb. 151. Schaltverbindungen zwischen Polumschalter u. Wicklung für einen SSW-Drehstrommotor 8/6/4 Pole mit Weinert-Schaltung. Rechts- und Linkslauf. Ständer: Zweischichten-Formspulenwicklung mit Spulen gleicher Weite. 48 Nuten.

Ausführungsbeispiele und Prinzipschaltungen polumschaltbarer Drehstrommotoren.

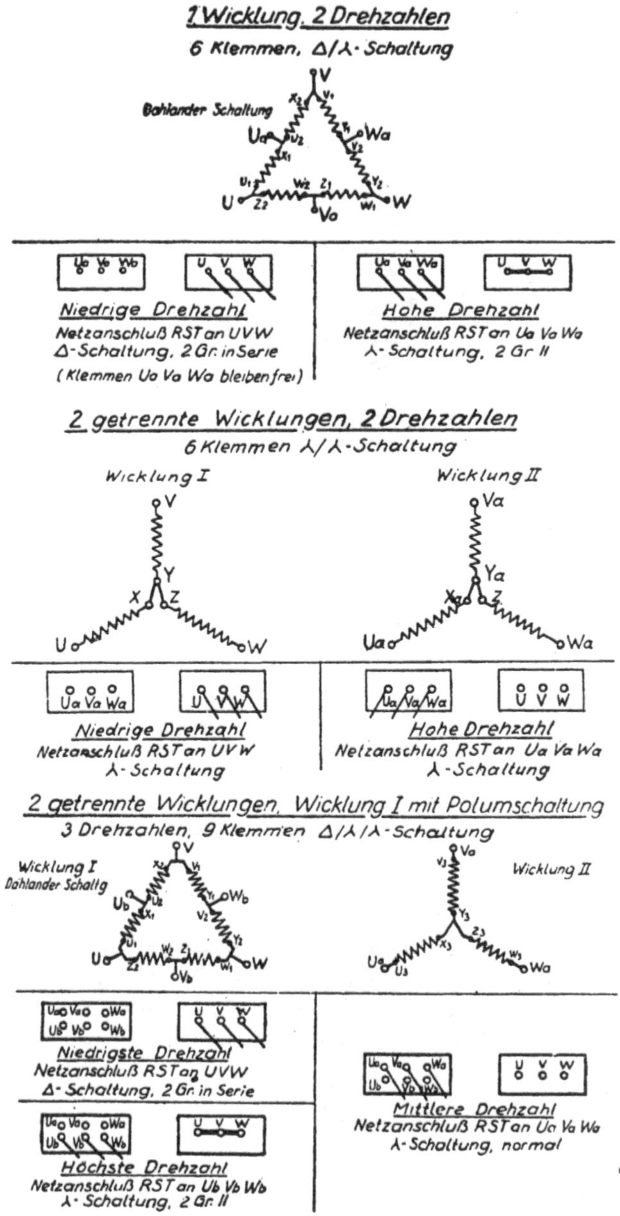

Abb. 152.

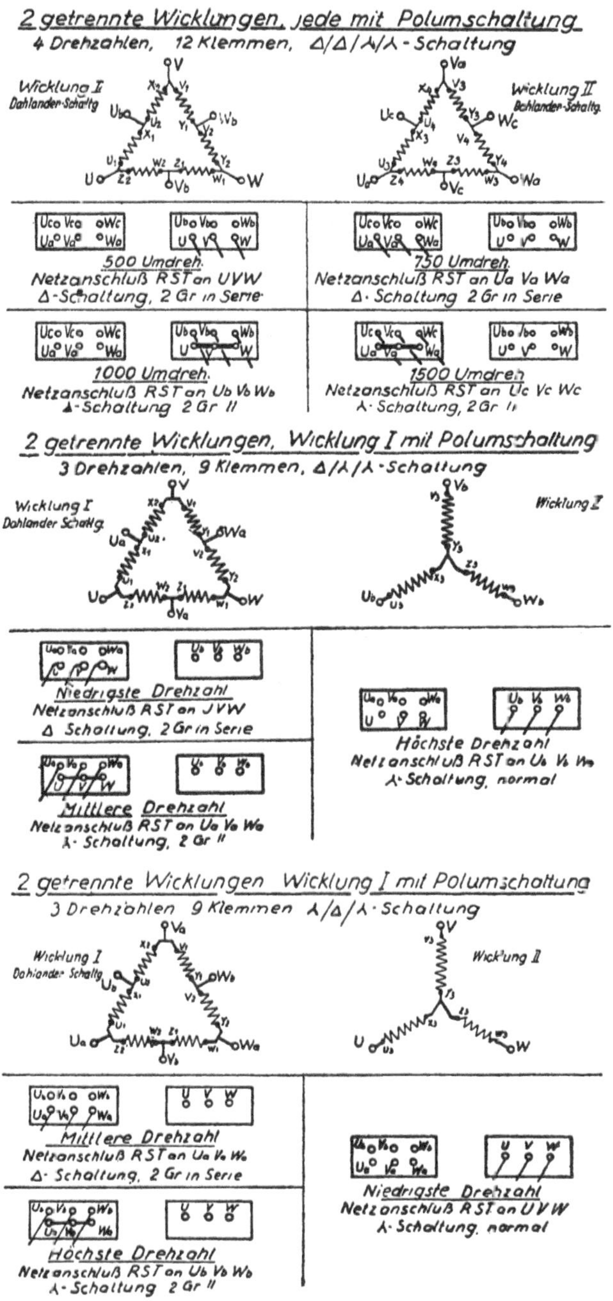
2 getrennte Wicklungen, jede mit Polumschaltung
4 Drehzahlen, 12 Klemmen, Δ/Δ/⅄/⅄-Schaltung
Wicklung I
Dahlander-Schaltg
Wicklung II
Dahlander-Schaltg.
500 Umdreh.
Netzanschluß RST an UVW
Δ-Schaltung, 2 Gr in Serie
750 Umdreh.
Netzanschluß RST an Ua Va Wa
Δ-Schaltung 2 Gr in Serie
1000 Umdreh.
Netzanschluß RST an Ub Vb Wb
⅄-Schaltung 2 Gr //
1500 Umdreh.
Netzanschluß RST an Uc Vc Wc
⅄-Schaltung, 2 Gr //
2 getrennte Wicklungen, Wicklung I mit Polumschaltung
3 Drehzahlen, 9 Klemmen, Δ/⅄/⅄-Schaltung
Wicklung I
Dahlander Schaltg.
Wicklung II
Niedrigste Drehzahl
Netzanschluß RST an UVW
Δ Schaltung, 2 Gr in Serie
Mittlere Drehzahl
Netzanschluß RST an Ua Va Wa
⅄-Schaltung, 2 Gr //
Höchste Drehzahl
Netzanschluß RST an Ub Vb Wb
⅄-Schaltung, normal
2 getrennte Wicklungen Wicklung I mit Polumschaltung
3 Drehzahlen 9 Klemmen ⅄/Δ/⅄-Schaltung
Wicklung I
Dahlander Schaltg
Wicklung II
Mittlere Drehzahl
Netzanschluß RST an Ua Va Wa
Δ-Schaltung, 2 Gr in Serie
Höchste Drehzahl
Netzanschluß RST an Ub Vb Wb
⅄-Schaltung 2 Gr //
Niedrigste Drehzahl
Netzanschluß RST an UVW
⅄-Schaltung, normal

Abb. 153.

Abb. 154.

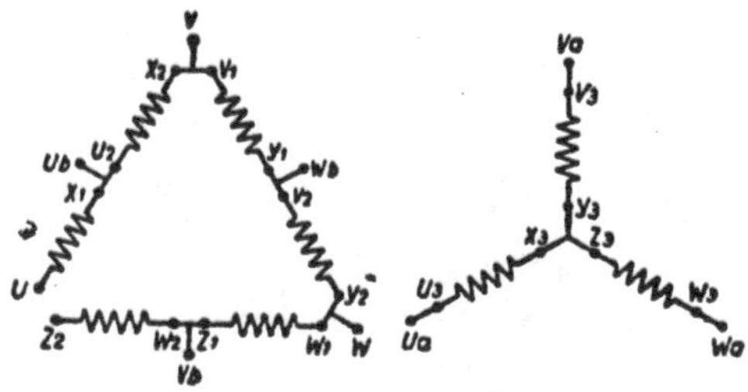

8/4 Pole 2 Pole

als Dreiphasenwicklung ausführt, den Motor aber an ein Drehstromnetz legt, so muß die Nennleistung des Motors folgerichtig bei Drehstrom höher sein als bei Einphasen-Wechselstrom, was in der Tat zutrifft. Unter der Voraussetzung, daß die Nutenzahl des Ständers bei Einphasen-Wechselstrom die Herstellung einer Dreiphasenwicklung dergestalt ermöglicht, daß sämtliche Nuten mit wirksamen Leitern belegt werden können, wird die Leistung des so hergestellten Drehstrommotors etwa 40—50% höher als die ursprüngliche Leistung des Einphasen-Motors.

Da die Wechselstromnetze immer mehr abgebaut werden und der Umbau dieser Netze für Drehstrom üblich geworden ist, so wird der Instand-

Polumschaltbare Drehstrommotoren

(Schaltverbindungen zwischen Motor und Umschalter).

1 Ständerwicklung. 2 Drehzahlen *2 Ständerwicklungen. 2 Drehzahlen*

Abb. 155.

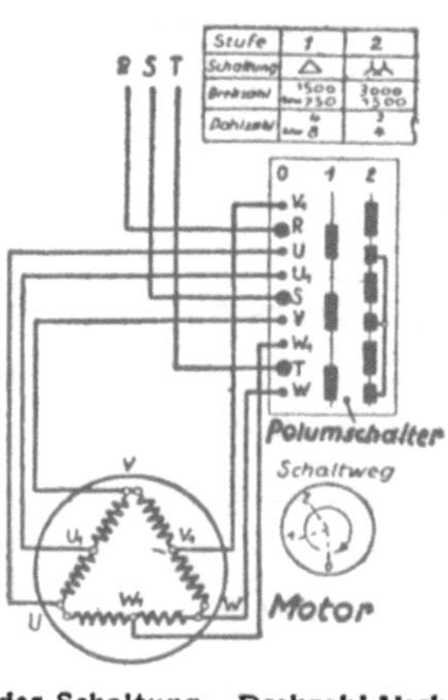

Dahlander-Schaltung. Drehzahl-Verh. 1:2.

Abb. 156.

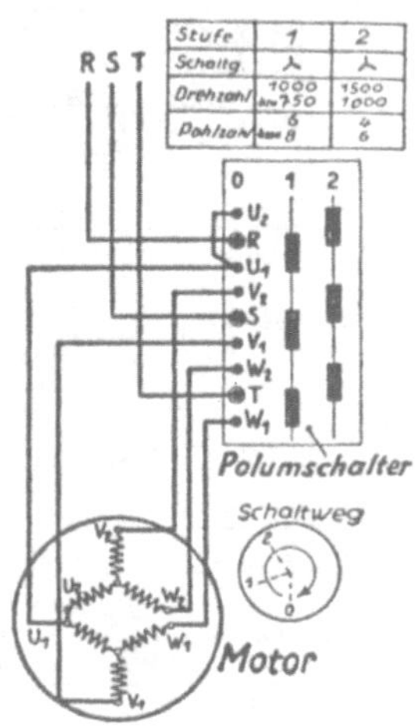

2 Ständerwicklungen. 3 Drehzahlen

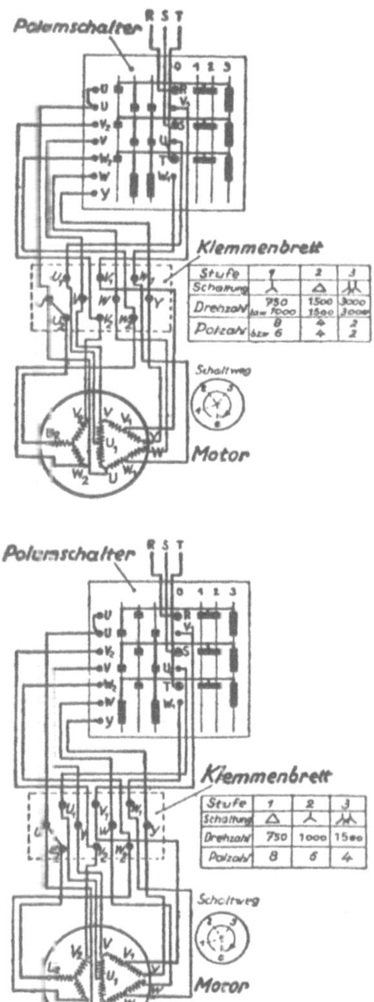

Abb. 157.

2 Ständerwicklungen. 4 Drehzahlen

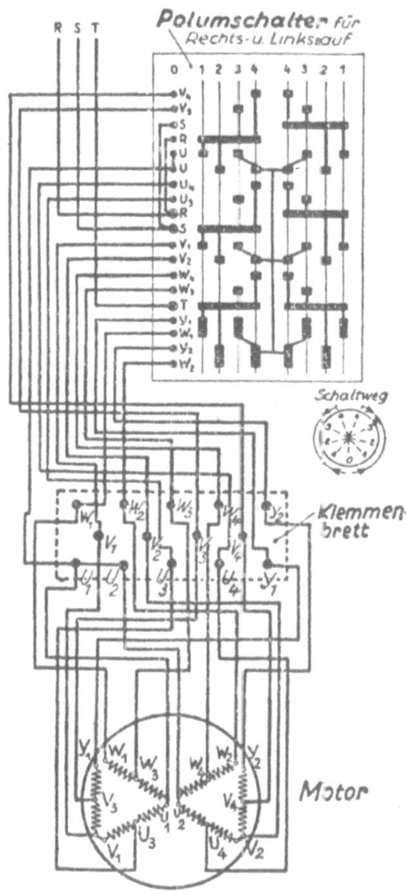

Stufe	1	2	3	4
Schaltung	△	△	⅄⅄	⅄⅄
Drehzahl	500	750	1000	1500
Polzahl	12	8	6	4

Abb. 158. Werkbild: Sachsenwerk

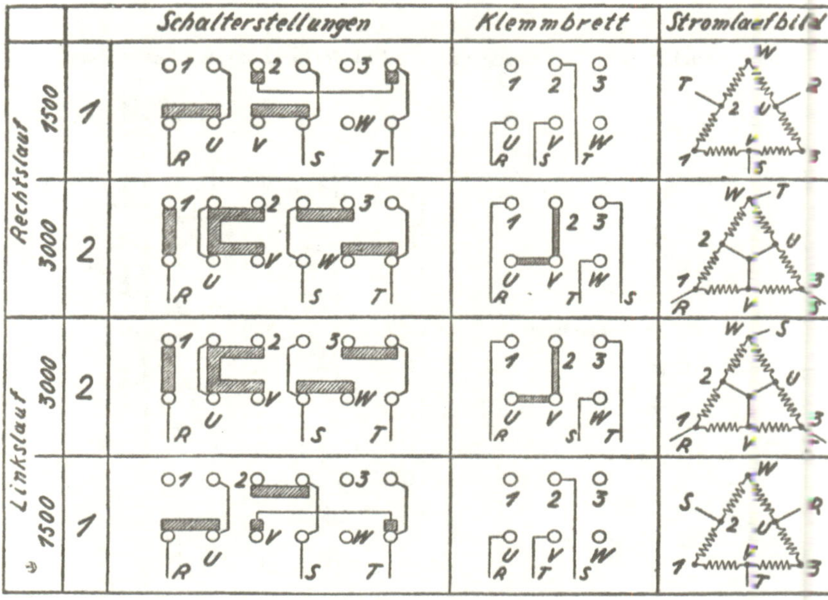

Abb. 159. **Prinzip-Schaltbild**
einer polumschaltbaren Dreiphasen-Wicklung in Dahlander-Schaltung, in Verbindung mit einem Pol-Umschalter für Rechts- und Linkslauf.

setzungsfachmann auch mehr oder weniger Interesse an der Umwicklung der Einphasen-Wechselstrommotoren in Drehstrommotoren haben. Wenn derartige Motoren gelegentlich eines Netzumbaues preiswert erworben werden können, so lohnt sich die Umwicklung derselben für ein Instandsetzungswerk immer, wenn die Voraussetzungen für die Herstellung der Dreiphasenwicklung gegeben sind und der Zustand der Motoren in mechanischer Hinsicht einwandfrei ist.

Die Leistungsverhältnisse liegen naturgemäß im umgekehrten Sinne ungünstig, wenn z. B. ein normaler Drehstrommotor als Einphasen-Wechselstrommotor hergestellt wird. Nach der vorstehenden Betrachtung muß die Leistung des Drehstrommotors um 40—50% sinken, wenn dieser Motor eine Arbeits- und Hilfswicklung erhält und an Einphasen-Wechselstrom angeschlossen wird. Ganz abgesehen davon, daß Einphasenmotoren an der Leistung gemessen immer teurer sind als Drehstrommotoren gleicher Leistung, wird man sich nur ungerne entschließen, einen Drehstrommotor in einen Einphasen-Wechselstrommotor umzuwickeln. Wenn aber berücksichtigt wird, daß Einphasen-Motoren nur selten auf dem Motorenmarkt erscheinen, so wird doch vielfach die Frage zu prüfen sein, ob man in eiligen Fällen nicht besser einen vorhandenen Drehstrommotor als Einphasenmotor umarbeiten soll.

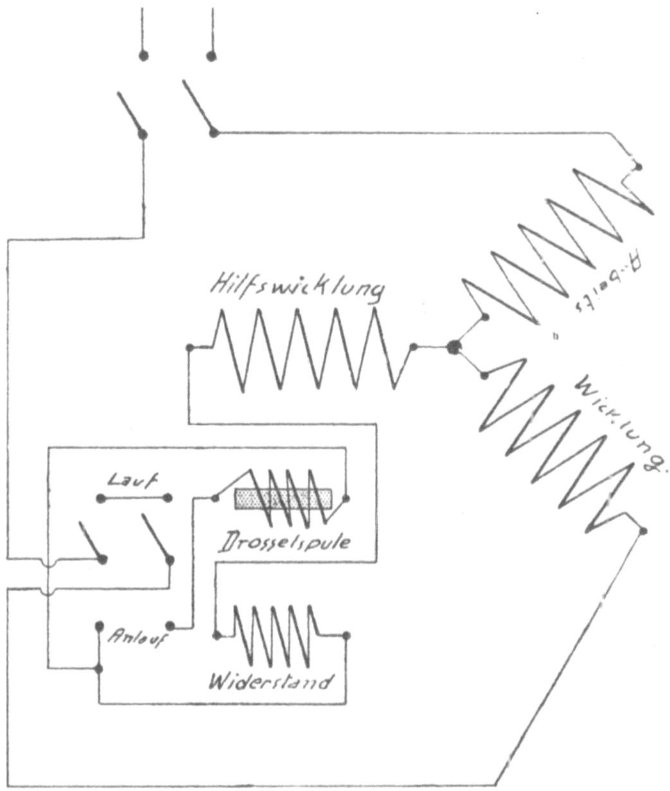

Abb. 160. Normale Dreiphasen-Ständerwicklung als Einphasenwicklung geschaltet.

Diese Frage wird um so schneller geklärt, wenn daran gedacht wird, daß jeder normale Drehstrommotor ohne Änderung der Wicklungen als Einphasenmotor benutzt werden kann. Es ist natürlich nicht zu vermeiden, daß ein Teil der Drehstromwicklung alsdann nur als Hilfswicklung für den Anlauf des Läufers Verwendung findet und während der Arbeitsleistung des Einphasen-Motors unbenutzt bleibt, die Leistung des Motors also geringer wird. In Anbetracht dessen, daß auf diese Art aber die Nachfrage nach einem Einphasenmotor schnell gedeckt werden kann, wird man sich im Bedarfsfalle gerne dieser Verwendungsmöglichkeit erinnern und von einer Umwicklung des Motors Abstand nehmen, wenn ein Einphasenmotor geliefert werden soll.

Wird ein normaler Drehstrommotor als Einphasenmotor verwendet, so entfallen $^2/_3$ der Ständerwicklung auf die Arbeits- und $^1/_3$ auf die Hilfswicklung. Die Arbeitswicklung wird von zwei Wicklungsphasen dargestellt. die in Serie geschaltet sind. Die dritte Phase ist die Hilfswicklung, die bei

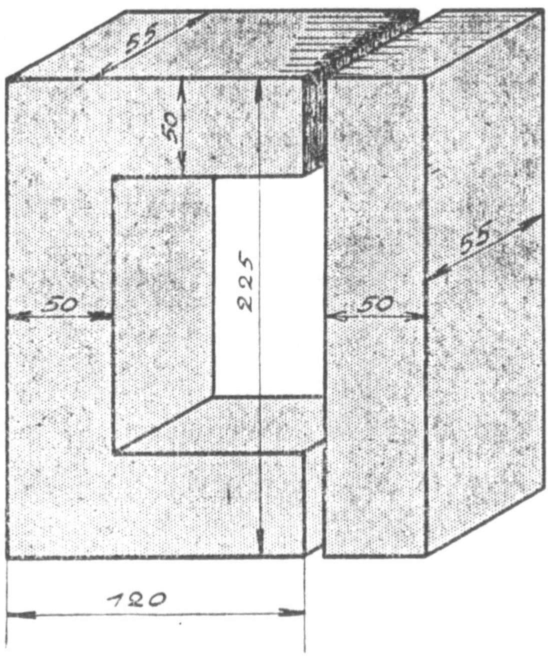

Abb. 161. Ei senkern einer Drosselspule.

Arbeitsleistung des Motors ausgeschaltet ist. Hat der Ständer des Drehstrommotors beispielsweise 36 Nuten, so belegt die Arbeitswicklung 24 Nuten und die Hilfswicklung 12 Nuten. Ähnlich liegt die Verteilung der Wicklungen auch bei normalen Einphasenmotoren. Die Nennleistung dieses Einphasenmotors ist um ca. 50% geringer als die ursprüngliche Leistung des Drehstrommotors. Diese Leistungsverminderung würde natürlich auch dann eintreten, wenn der Drehstrommotor als normaler Einphasenmotor umgewickelt würde.

Der so hergestellte Einphasenmotor hat aber leider auch mit dem normal gewickelten Einphasenmotor die unangenehme Eigenschaft, daß der Läufer ohne besondere Schaltapparate nicht anläuft. Um den Läufer auf die normale Drehzahl zu bringen, ist eine Drosselspule und ein bifilar gewickelter Widerstand (Abb. 162) erforderlich. Diese beiden Apparate werden zusammen mit einem 2poligen Hebelumschalter nach Schaltbild 160 mit den Wicklungen des Motors verbunden. Nach Einschalten des Haupthebelschalters wird der Umschalter in die Anlaufstellung gebracht. Handelt es sich um einen Motor mit Schleifringanker, so wird alsdann der Anlasser auf die Endstellung gebracht und nunmehr der Umschalter auf „Lauf" umgeschaltet. (Anlaufmethode nach Hansen.)

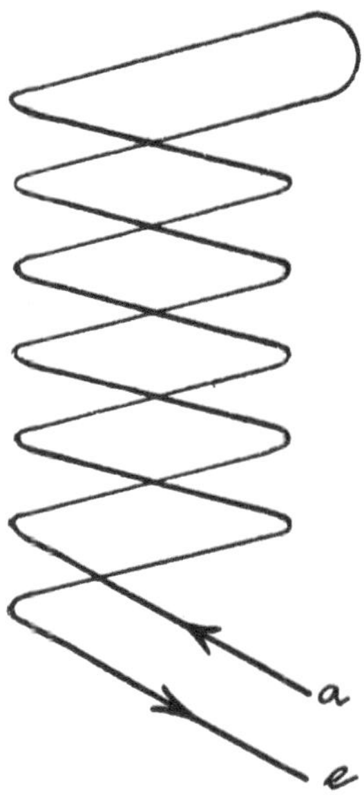

Abb. 162.
Schema für einen bifilar gewickelten Widerstand.

Die Drosselspule besteht aus einem U-förmigen, lamellierten Eisenkern aus Dynamo- oder Transformatorenblech (Abb. 161). An den freistehenden Schenkeln des Eisenkerns liegt ein Joch, welches ebenfalls aus einzelnen Blechen zusammengesetzt ist. Das Joch wird so angeordnet, daß der Luftabstand zwischen Schenkel und Joch nach Bedarf reguliert werden kann. Der U-förmige Eisenkern erhält eine Wicklung aus Dynamodraht, die nach Schaltbild 160 mit der Wicklung des Motors in Serie geschaltet und nur während des Anlaufes von Strom durchflossen wird. Die Eisenabmessungen der Drosselspule sowohl, als auch die Windungszahl und Drahtstärke derselben, richten sich nach der Leistung des Motors und sind von Fall zu Fall festzulegen. Desgleichen ist der Widerstand, der außer der Drosselspule Verwendung findet, nach den jeweilig vorliegenden Wicklungs- und Leistungsverhältnissen des Motors zu ermitteln. Man wird aber im allgemeinen nicht allein mit den errechneten Unterlagen für Drosselspule und Widerstand zum Ziele kommen, sondern wird gezwungen, sein, durch eine oder mehrere Anlaufproben die Größe des vorzuschaltenden Widerstandes und den Abstand des Joches von den Schenkeln der Drosselspule zu finden, wo der Anlauf des Läufers einwandfrei stattfindet. Geübte Fachleute werden nach Maßgabe der Leistung und Spannung des in Frage stehenden Motors die Abmessungen der Drosselspule schätzen und die Windungszahl derselben unter Berücksichtigung der Stromstärke praktisch ermitteln können. Auch die Daten des Widerstandes sind durch praktischen Versuch zu ermitteln, wenn die Drahtstärke an Hand des auftretenden Ständerstromes festgelegt und die vorzuschaltende Drahtlänge durch Versuch ermittelt wird.

Die Umwicklung einer größeren Gleichstrommaschine von 500 auf 250 Volt.

Ist die Aufgabe gestellt, eine größere Gleichstrommaschine für eine andere als die ursprüngliche Spannung umzuwickeln, so sind vor Beginn der Wickelarbeiten eine Reihe wichtiger Fragen zu klären, die nachstehend an Hand eines praktischen Beispiels behandelt werden sollen. Soweit es sich bei Umwicklungen um Maschinen mit geringen Leistungen und Polzahlen handelt, verweist Verfasser auf sein Berechnungsbuch (Verlag H. Cram, Berlin). Hier sind alle Einzelheiten erschöpfend behandelt und insbesondere ist der Gang der erforderlichen Berechnungen gemeinverständlich dargestellt.

Während es sich bei Maschinen mit kleineren Leistungen und Polzahlen im allgemeinen um die Ermittlung der Windungszahlen und des Drahtquerschnittes handelt, um unter Beibehalt des Charakters der ursprünglichen Wicklung die Herstellung derselben für eine andere Spannung durchführen zu können, liegen die Verhältnisse unter Umständen wesentlich schwieriger, wenn Maschinen mit größeren Leistungen und Polzahlen in Frage kommen. Die nachstehenden Betrachtungen beziehen sich ausschließlich auf Gleichstrommaschinen, deren Ankerwicklungen als Stabwicklungen ausgeführt sind.

Als Beispiel sei folgende Maschine gewählt:

Gleichstromdynamo 125 kW., 500 Volt, n = 460,
228 Ampere.
Polzahl (2p) = 8,
Lamellenzahl = 273,
Nutenzahl = 91,
Stabzahl je Nute = 6,
Stabquerschnitt = 30 qmm,
Wickelschritt = Nute 1 in 15,
Kollektorschritt = Lamelle 1 in 69.

Diese Maschine soll für eine Spannung von 220/260 Volt, bei gleichbleibender Drehzahl umgewickelt werden.

Der Ausgangspunkt der anzustellenden Betrachtungen für die vorzunehmende Umwicklung bilden die vorhandenen Wickeldaten. Es gilt zunächst festzustellen, welche Wicklungsart der Anker besitzt und wieviel parallele Stromzweige in der Ankerwicklung vorhanden sind. Die Form der Stäbe läßt erkennen, daß es sich nur um eine Reihen- oder Reihenparallelwicklung handeln kann, da die Schaltenden der Stäbe an der Kollektorseite auseinandergehen. Eine Parallelwicklung kommt also nicht in Frage. Unter Berücksichtigung der Spannung von 500 Volt kann als zunächstliegend angenommen werden, daß der Anker eine Reihenwicklung besitzt.

Ist dies in Wirklichkeit der Fall, so muß der Kollektorschritt nach der bekannten Formel

$$Y_k = \frac{273 - 1}{4} = 68$$

betragen. Der Schritt reicht also von Lamelle 1 + 68 nach Lamelle 69. Hieraus ist zu ersehen, daß es sich tatsächlich um eine Reihenwicklung, und zwar um eine ungekreuzte Reihenwicklung handelt, weil in der Formel über dem Bruchstrich das —-Zeichen eingesetzt wurde.

Die Anzahl der parallelen Stromzweige einer Reihenwicklung ist stets = 2, ganz gleichgültig, wie groß die Polzahl der Maschine ist.

Wenn demnach die Zahl der vorhandenen parallelen Stromzweige = 2 beträgt, so fließt in einem Ankerleiter ein Strom von

$$\frac{228 \text{ Amp.}}{2} = 114 \text{ Amp.}$$

Da der Querschnitt eines Ankerleiters 30 qmm beträgt, so ist die Stromdichte je qmm

$$114 : 30 = 3{,}8 \text{ Ampere.}$$

Aus dieser Kontrollrechnung geht hervor, daß die Verhältnisse für eine Reihenwicklung bei 500 Volt den Voraussetzungen entsprechen.

Soll die Maschine nunmehr an Stelle von 500 Volt nur 250 Volt im Mittel abgeben, so muß unter Beibehalt der ursprünglichen Reihenwicklung die Leiterzahl um $^1/_2$ vermindert, der Querschnitt eines Stabes aber verdoppelt werden, weil bei (siehe Raskop: Berechnungsbuch des Ankerwicklers) Umwicklungen für andere Spannungen sich die Leiterzahlen im Verhältnis zur Spannung ändern, wie dies im umgekehrten Verhältnis bei den Stromstärken der Fall ist. Da die Spannung $^1/_2$ der ursprünglichen wird, so muß die Leiterzahl um $^1/_2$ vermindert werden, während sich der Strom verdoppelt und der Querschnitt eines Stabes unter Beibehalt der Wicklungsart ebenfalls verdoppelt werden muß.

Da es sich aber um eine Stabwicklung handelt, so könnte die Verminderung der Leiterzahl nur dann in Frage kommen, wenn die Lamellenzahl des Kollektors ebenfalls um $^1/_2$ vermindert würde. Es käme daher eine Stabzahl von 136 in Frage. Diese Möglichkeit der Umwicklung kommt natürlich praktisch nicht in Frage, denn dann wäre das vorhandene Stabkupfer der ursprünglichen Ankerwicklung wertlos geworden und müßte durch Profilkupfer doppelten Querschnittes ersetzt und der Kollektor müßte mit 136 Lamellen hergestellt werden. Ganz abgesehen davon, daß genau genommen die Stab- und Kollektorzahl ungrade — also 135 — sein müßte, um eine 8polige Reihenwicklung bei 225 Volt herstellen zu können, wird man diesen Weg der Umwicklung schon wegen der Kostenfrage nicht beschreiten.

Aus der vorhandenen Reihenwicklung kann natürlich auch keine Parallelwicklung hergestellt werden (Kollektorschritt 1 : 2), wie dies geschehen könnte, wenn die Maschine 4polig wäre. Bekanntlich ist die Zahl der parallelen Stromzweige bei Parallelwicklungen gleich der Polzahl. Würde daher die Wicklung als Parallelwicklung ausgeführt, so erhielt die Ankerwicklung 8 parallele Stromzweige. Da die Zahl der parallelen Stromzweige bei Reihenwicklungen gleich 2 ist, so würde die Zahl der wirksamen Ankerleiter bei Parallelwicklung den 4. Teil von 273 und die hiermit erzeugte Spannung $500 : 4 = 125$ Volt rund betragen, wenn die ursprüngliche Drehzahl beibehalten würde.

Soll die vorhandene Wicklung für die Spannung von 250 Volt beibehalten werden, dergestalt, daß das Wicklungsmetall unverändert verwendet werden kann, so muß die herzustellende Wicklung 4 parallele Stromzweige erhalten. Da die Reihenwicklung bei 500 Volt bereits 2 parallele Stromzweige besitzt, so würde bei einer Reihenparallelwicklung mit 4 parallelen Stromzweigen die Zahl der wirksamen Ankerleiter $^1/_2$ von denjenigen bei 500 Volt betragen.

Es bleibt nun noch festzustellen, ob mit der vorhandenen Stab- und Lamellenzahl von 273 eine Reihenparallelwicklung mit vier parallelen Stromzweigen hergestellt werden kann.

Ist dies der Fall, so muß das Ergebnis der anzustellenden Berechnung für den Kollektorschritt eine ganze Zahl sein. Der Kollektorschritt für die angestrebte Reihenparallelwicklung mit 4 parallelen Stromzweigen errechnet sich nach der bekannten Formel:

$$\frac{273 \pm 2}{4}$$

und der Versuch zeigt, daß weder eine gekreuzte noch eine ungekreuzte Reihenparallelwicklung mit 4 parallenen Stromzweigen hergestellt werden kann, weil das Ergebnis sowohl mit dem + als auch mit dem —-Zeichen in der Formel eine gebrochene Zahl ist.

Die Voraussetzungen für die Herstellung der erforderlichen Wicklung sind indessen gegeben, wenn die Lamellenzahl auf 270 vermindert wird und 3 Stäbe der Ankerwicklung blindgelegt werden. Nach der obigen Formel ist dann der Kollektorschritt:

$$\frac{270 - 2}{4} = 67 \text{ ungekreuzt (siehe Abb. 163)}$$

und die Voraussetzungen für die Herstellung der Wicklung sind gegeben.

Zur Kontrolle soll die Stromdichte je Quadratmillimeter des Ankerstabes festgestellt werden.

Die Maschinenstromstärke beträgt bei 250 Volt doppelt soviel als bei 500 Volt, mithin = 456 Ampere. Da die Zahl der parallelen Stromzweige bei der jetzigen Wicklung 4 beträgt, so fließt in einem Ankerstab ein Strom von:

$$456 : 4 = 114 \text{ Ampere,}$$

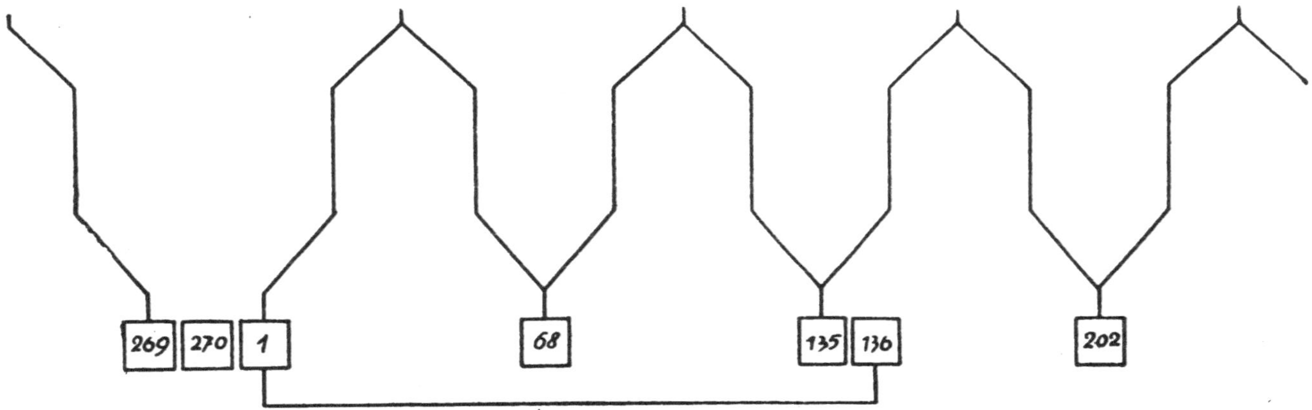

Abb. 163. 8pol. Gleichstrom-Reihenparallelwicklung, Kollektorschritt 1 : 68, Ausgleichschritt 1 : 136.

und da der Stabquerschnittt wie ursprünglich 30 qmm beträgt, so ist die Stromdichte je qmm:

$$114 : 30 = 3{,}8 \text{ Ampere/qmm},$$

woraus hervorgeht, daß die Dimensionierung der neuen Wicklung den Voraussetzungen entspricht.

Erfahrungsgemäß arbeiten Reihenparallelwicklungen — ohne Ausgleichverbindungen — nur ganz selten funkenfrei bei voller Belastung (siehe Raskop, Das Elektromaschinenbauer-Handwerk, 2. Aufl., S. 71), weshalb die oben gefundene Wicklung daraufhin zu untersuchen ist, ob die Verbindungen für die Herstellung von Ausgleichsverbindungen gegeben sind. Ist dies nicht der Fall, so ist auch kein einwandfreies Ergebnis zu erwarten.

Da die ausführliche Behandlung der Vorbedingungen für die Herstellung von Ausgleichsleitungen bei Reihenparallelwicklungen über den Rahmen der Abhandlung hinausgehen würde, so sei gesagt, daß die Vorbedingungen in der Tat gegeben sind.

Der Ausgleichsschritt bei Reihenparallelwicklungen errechnet sich nach folgender Formel:

$$\text{Ausgleichsschritt} = \frac{\text{Lamellenzahl}}{\text{halbe Zahl der parallelen Stromzweige}}$$

oder in dem vorliegenden Falle

$$270 : 2 = 135,$$

z. B. muß Lamelle 1 mit Lamelle 136 verbunden werden usw. Siehe Abb. 163.

Über die erforderliche Zahl der Ausgleichsverbindungen gibt es keine bestimmten Regeln. Erfahrungsgemäß genügt es, wenn ein Teil der vorhandenen Lamellen, etwa im vorliegenden Falle jede 2te, 4te, 6te usw., miteinander durch Ausgleichsverbindungen verbunden werden.

Der Querschnitt der Ausgleichsverbindungen kann geringer sein als der jeweilige Stabquerschnitt, weil in den Ausgleichsverbindungen nur geringe Ströme fließen.

Tabelle 1 *).

Umrechnung der Drahtstärken bei Verwendung von mehreren Leitern für Anker- und Magnetwicklungen.

1	2	3	4
Querschnitt im qmm	Drahtdurchmesser bei Verwendung von		
	1 Draht ∅	2 Drähten ∅	3 Drähten ∅
0,049	0,25	0,17—0,18	0,14—0,15
0,061	0,28	0,20	0,16
0,071	0,30	0,21	0,17—0,18
0,096	0,35	0,25	0,20
0,125	0,40	0,28	0,23
0,16	0,45	0,32	0,25—0,26
0,20	0,50	0,35	0,29—0,30
0,24	0,55	0,40	0,32
0,28	0,60	0,42	0,35
0,33	0,65	0,45—0,46	0,38
0,39	0,70	0,50	0,40
0,50	0,80	0,55—0,56	0,45
0,64	0,90	0,64—0,65	0,50—0,52
0,78	1,0	0,70	0,58
0,95	1,1	0,78—0,80	0,64—0,65
1,13	1,2	0,85	0,70
1,32	1,3	0,90—0,92	0,75
1,54	1,4	1,0	0,80
1,76	1,5	1,05	0,85
2,00	1,6	1,15	0,90
2,25	1,7	1,2	1,00
2,54	1,8	1,25	1,05
2,84	1,9	1,35	1,10
3,14	2,0	1,40	1,15
3,80	2,2	1,55	1,25
4,50	2,4	1,70	1,40
5,30	2,6	1,85	1,50
6,20	2,8	2,0	1,60
7,10	3,0	2,10	1,70
8,00	3,2	2,25	1,80—1,85
9,00	3,4	2,4	2,0
10,10	3,6	2,5	2,10
11,30	3,8	2,7	2,20
12,5	4,0	2,8	2,30

*) Die Tabelle wurde von Herrn Ingenieur W. Rasche, Suhl-Thüringen, zur Verfügung gestellt.

Tabellen über Kupfergewichte der Wicklungen usw. siehe Raskop: Berechnungsbuch des Ankerwicklers.

Tabelle 2.

Stromverbrauch der Gleich- und Drehstrommotoren.

Leistungen in PS und kW

Leistung in		Stromverbrauch in Ampere								
		Gleichstrom				Drehstrom				
PS	kW	110 Volt	220 Volt	440 Volt	500 Volt	110 Volt	220 Volt	380 Volt	500 Volt	cos φ
1/4	0,19	2,7	1,3	0,7	0,6	2	1	0,5	0,45	0,75
1/3	0,24	3	1,5	0,8	0,7	2,3	1,2	0,6	0,5	0,75
1/2	0,37	3,7	2,4	1,2	1	3,3	1,7	1	0,8	0,8
3/4	0,55	6,7	3,4	1,7	1,5	5	2,5	1,4	1,1	0,8
1	0,74	9	4,5	2,2	1,9	6,3	3,2	1,8	1,4	0,8
1,5	1,1	13	6,4	3,2	2,8	9,2	4,6	2,7	2,1	0,8
2	1,45	17,3	8,7	4,3	3,8	12	6	3,2	2,7	0,83
2,5	1,85	20,5	10,3	5,1	4,3	14,6	7,3	4,2	3,2	0,83
3	2,2	24,6	12,3	6,2	5,4	17	8,5	5	4	0,84
3,5	2,55	29	14,6	7,3	6,4	20	10	5,8	4,4	0,84
4	3	32,3	16,2	8,1	7,1	22,5	11,3	6,5	5	0,84
4,5	3,3	36,4	18,2	9,1	8	25	12,5	7,2	5,5	0,84
5	3,7	40	20	10	8,8	27,2	13,6	8	6,1	0,84
5,5	4	44	22	11	9,6	30	15	8,7	6,6	0,85
6	4,4	48	24	12	10,6	33	16,5	9,5	7,3	0,85
6,5	4,8	52	26	13	11,4	35	17,5	10	7,7	0,85
7	5,2	55,5	28	14	12,2	38	19	11	8,4	0,85
7,5	5,5	58	29	14,6	12,8	40	20	11,6	8,8	0,85
8	5,9	62	31	15,5	13,6	42	21	12,2	9,3	0,85
9	6,6	70	35	17,5	15,4	48	24	14	10,6	0,85
10	7,4	77	39	19,4	17	52	26	15	11,5	0,86
11	8,1	85	42	21,5	18,6	57	29	17	12,6	0,86
12	8,8	93	47	23,2	20,4	63	31	18	13,8	0,86
12,5	9,2	96	48	24	21,5	65	32	19	14,3	0,86
14	10,5	110	55	27,5	24	73,4	37	21	16,2	0,86
15	11	116	58	29,1	25,6	77	39	23	17	0,87
16	12	124	62	31	27	82	41	24	18	0,87
18	13	138	69	34,6	30	92	46	27	20	0,87
20	14,5	155	77	38,7	34	103	52	30	23	0,87
25	18,5	189	95	47,3	42	126	63	37	25	0,87
30	22	228	114	57,3	51	152	76	44	34	0,87
35	25,5	264	132	66	58	174	87	50	38	0,88
40	29,5	300	150	75	66	195	98	56,5	43	0,89
45	33	338	169	85	75	220	110	64	48	0,89
50	37	372	186	93	82	240	120	70	53	0,9
60	44	446	223	112	98	286	143	83	63	0,9
75	45	554	277	138	122	356	178	103	78	0,9
100	75	740	370	185	163	476	238	138	105	0,9
175	130	1296	648	324	284	830	415	240	180	0,9

Die Ursachen des schlechten Anlaufens der Kurzschlußläufer bei Drehstrommotoren.

I. Allgemeines.

Wenn heute dem Erbauer elektrischer Maschinen die Aufgabe gestellt wird, einen Drehstrommotor mit Kurzschlußläufer herzustellen, so besteht bezüglich des einwandfreien Anlaufes des Läufers keine Gefahr, weil ihm aus den gesammelten Erfahrungen und aus der Literatur die nötigen Unterlagen zur Verfügung stehen, um die Fehler zu verhüten, die früher mehr oder weniger auch von derzeit geübten Konstrukteuren begangen wurden. Man weiß heute, daß Läufer mit gewissen Nutenzahlen gar nicht, andere nur sehr schwer und manche mit starken Geräuschen anlaufen. Die theoretische Auslegung der Ursache, warum die Anlaufschwierigkeiten bei gewissen Nutenzahlen auftreten, ist auch augenblicklich noch als unsicher zu bezeichnen. Jedenfalls sind die Ansichten sehr verschieden. Es steht indessen fest, daß für alle in Frage kommenden Polzahlen eine ganze Reihe von Erfahrungswerten für Nutenzahlen zur Verfügung stehen, die den einwandfreien Anlauf der Läufer garantieren, daß bei gegebenen Polzahlen bestimmte Nutenwerte schlechten Anlauf und wieder andere Werte überhaupt keinen Anlauf des Läufers ergeben.

Aber nicht nur die Nutenzahl des Läufers, sondern auch das Verhältnis der Läufernutenzahl zur Ständernutenzahl und nicht zuletzt der Ohmsche Widerstand der Kurzschlußläuferwicklung haben einen entscheidenden Einfluß auf den Anlauf des Läufers. Es kommen in der Praxis Fälle vor, wo der Läufer trotz einwandfreier Nutenzahl im Ständer und Läufer schlecht oder überhaupt nicht anläuft und diese Erscheinung lediglich auf zu geringen Ohmschen Widerstand in der Läuferwicklung zurückzuführen ist. Wenn wir den Begriff „einwandfreier Anlauf" analysieren, so müssen wir feststellen, daß es lediglich von den Ansprüchen abhängt, ob der Anlauf „einwandfrei" ist. Im allgemeinen bezeichnet man den Anlauf des Läufers als einwandfrei, wenn derselbe nach Einschalten der Ständerwicklung seine normale Drehzahl in einigen Sekunden erreicht. Werden hingegen besondere Ansprüche gestellt, beispielsweise ein geräuschloser Anlauf mit möglichst gradlinig ansteigender Anlaufkurve, so müßte man zweifellos eine ganze Reihe im Handel befindlicher Normalmotoren bezüglich des Anlaufes als nicht oder nicht ganz einwandfrei bezeichnen. In der Praxis hat man die Beobachtung machen können, daß Kurzschlußläufer vielfach **in den Sommermonaten** zufriedenstellend, **an kalten Wintertagen** hingegen schlecht oder gar nicht anlaufen. Der Grund hierfür ist zweifellos in dem veränderten Ohmschen Widerstand der Läuferwicklung zu suchen. Auch der Anlauf dieser Motoren kann bei kritischer Betrachtung der Anlaufverhältnisse nicht als einwandfrei bezeichnet werden.

Nachstehend sollen nun die Voraussetzungen für einen einwandfreien Anlauf der Kurzschlußläufer näher erläutert und ergänzend einige Fälle aus der Praxis angeführt werden.

II. Vorbedingung für den einwandfreien Anlauf.

Die Ansichten der Fachleute über die bedingten und unbedingten Voraussetzungen für den einwandfreien Anlauf der Kurzschlußläufer sind nicht ganz einheitlich. Professor Heubach faßt seine Erfahrungen wie folgt zusammen:

1. **Die Läufernutenzahl** soll grundsätzlich kleiner sein als die Ständernutenzahl,
2. sie soll sich von der Ständernutenzahl möglichst wenig unterscheiden,
3. sie soll durch die Polpaarzahl teilbar sein,
4. sie soll eine gerade Zahl sein,
5. die Nutenunterschiede 1, 3, 5 usw. (zwischen Ständer und Läufer) sind zu vermeiden.

Im Gegensatz zu den vorstehenden Gesichtspunkten hat der Läufer des A. E. G.-Motors, Type D 20/4, 36 Ständernuten und 45 Läufernuten. Die Nutenzahl im Läufer überwiegt also, entgegen der Ansicht zu Punkt 1, die Ständernutenzahl. Die Zahl 45 läßt sich auch nicht durch die Polpaarzahl 2 restlos teilen (Punkt 3), ist auch keine gerade Zahl (Punkt 4) und ist um 9 größer als die Ständernutenzahl (Punkt 5). Erfahrungsgemäß ist der Anlauf des fraglichen Läufers aber einwandfrei.

Wählen wir als zweites Beispiel den A. E. G.-Motor, Type D 30/4. Der Ständer hat 36 Nuten, der Läufer 44. Der Motor ist 4polig. Hier ist die Nutenzahl des Läufers ebenfalls größer als die Ständernutenzahl (Punkt 1). Die Zahl 44 ist aber durch die Polpaarzahl teilbar (Punkt 3) und den Forderungen Punkt 4 und 5 ist ebenfalls entsprochen.

Der A. E. G.-Motor, Type D 30/6 hat 36 Nuten im Ständer und 44 Nuten im Läufer. Der Motor ist 6polig. Hier ist also den Forderungen Punkt 1 und 3 nicht entsprochen. Trotzdem eignen sich die Nutenzahlen 36 und 44 für 4- **und** 6polige Motoren. Verfasser hat beispielsweise bei den Nutenzahlen Ständer 36 und Läufer 29 festgestellt, daß der Anlauf des Läufers bei 4polig gewickeltem Ständer einwandfrei war, bei 6polig gewickeltem Ständer hingegen sehr zu wünschen übrig ließ. In dem letzten Falle lief der Läufer mit kurzem Ruck und starkem Geräusch an. Das Geräusch verschwand auch nicht gänzlich bei voller Nenndrehzahl des Läufers. Der sechspolige Motor war unbrauchbar. Vergleichen wir die Nutenzahlen 36 und 29 mit den oben angeführten Gesichtspunkten, so können wir feststellen, daß den

Forderungen Punkt 1, 2, 4 und 5 bei dem 4poligen Motor entsprochen ist. Trotzdem hat die Erfahrung gezeigt, daß die Läufernutenzahl 29 für den 6poligen Motor nicht in Frage kommen kann. Nehmen wir zur Erklärung des schlechten Anlaufes die oben angeführten Gesichtspunkte zu Hilfe, so können wir folgendes feststellen:

a) Ständer: 36 Nuten,
b) Läufer: 29 Nuten,
c) Motor 6polig, n = 1000 bei 50 Per.

Die Läufernutenzahl ist kleiner als die Ständernutenzahl (Punkt 1), sie unterscheidet sich nur wenig von der Ständernutenzahl (Punkt 2), ist aber nicht durch die Polpaarzahl 3 ohne Rest teilbar (Punkt 3), auch keine gerade Zahl (Punkt 4) und außerdem ist die Differenz zwischen der Ständer- und Läufernutenzahl 7 eine Zahl, die nach Punkt 5 vermieden werden soll. Wie schon bemerkt, war der Anlauf des Läufers so schlecht, daß eine Verwendung des Motors nicht möglich war. Die erste Annahme, daß der Ohmsche Widerstand der Läuferwicklung zu gering sei, bestätigte sich nicht. Der Anlauf blieb noch mangelhaft, nachdem der Ohmsche Widerstand der Wicklung durch Abdrehen der Kurzschlußringe und Herausnehmen mehrerer Kurzschlußstäbe erhöht wurde. Der Grund des mangelhaften Anlaufes war demnach in dem Nutenverhältnis zwischen Ständer und Läufer bzw. in der Läufernutenzahl zu suchen, denn mit 28 Läufernuten war der Anlauf vollkommen einwandfrei.

Wir wollen nunmehr die Nutenzahlen 36 und 28 für den sechspoligen Motor nach den Gesichtspunkten Ziff. 1—5 untersuchen und stellen fest:

a) den Forderungen Punkt 1 und 2 ist entsprochen,
b) die Zahl 28 ist jedoch nicht durch die Polpaarzahl 3 teilbar (Punkt 3),
c) der Forderung zu Punkt 4 ist entsprochen,
d) der Forderung zu Punkt 5 ist ebenfalls entsprochen.

Das Ergebnis der Untersuchung zeigt, daß die Ursache des **schlechten Anlaufes** bei 29 und die des **guten Anlaufes** bei 28 Nuten nicht ganz einwandfrei festzustellen ist. Es ist nur bewiesen, daß ein 6poliger Motor mit 36 Ständernuten und 29 Läufernuten unbrauchbar, hingegen mit 28 Läufernuten durchaus brauchbar ist.

Wie bereits in den vorstehenden Ausführungen durch Beispiele gezeigt wurde, können die vorstehenden Punkte nicht als Standardregeln gelten. Es wurde der Beweis erbracht, daß Kurzschlußläufer mit Nutenzahlen, die den vorstehenden Regeln nicht oder nur teilweise entsprechen, nachweislich einwandfrei anlaufen. Andererseits wurde aber auch an Beispielen festgestellt, daß Nutenzahlen, bei denen ein mangelhafter oder schlechter Anlauf beobachtet wurde, teilweise im Widerspruch mit den angeführten Regeln standen.

Nach Schulz sollen günstige Läufernutenzahlen durch Multiplikation einer Primzahl mit der Polpaarzahl erzielt werden, und zwar nach folgender Formel:

Primzahl · Polzahl ± 1.

Wählen wir von den Primzahlen 7, 11, 13 die Zahl 7 und berechnen die Nutenzahl für einen 4poligen Läufer, so erhalten wir die Nutenzahlen

$$7 \cdot 4 = 28 + 1 = 29 \text{ oder}$$
$$7 \cdot 4 = 28 - 1 = 27.$$

Vergleichen wir das Ergebnis mit den Werten der nachstehend aufgeführten Tabellen, über Nutenzahlen, so können wir an Hand ausgeführter Maschinen feststellen:

a) bei dem 4poligen Motor mit 24 Ständernuten und 29 Läufernuten ist ein einwandfreier Anlauf des Läufers beobachtet worden;
b) bei dem 4poligen Motor mit 24 Ständernuten und 27 Läufernuten war der Anlauf nur mittelgut.

Wir wollen dasselbe Beispiel unter Zugrundelegung der Primzahl 11 wiederholen und erhalten hiernach die Läufernutenzahlen:

$$11 \cdot 4 = 44 + 1 = 45 \quad \text{oder}$$
$$11 \cdot 4 = 44 - 1 = 43.$$

Der Vergleich mit den Tabellen ergibt folgendes Ergebnis:

a) Bei dem 4poligen Motor mit 36 Ständer- und 43 Läufernuten war der Anlauf des Läufers einwandfrei.
b) Über die Läufernutenzahl 45 liegen keine Erfahrungswerte vor.
c) Bei 48 Ständernuten und 43 Läufernuten ist der Anlauf schlecht.

Wenden wir die Primzahl 13 an, so erhalten wir die Läufernutenzahl $13 \cdot 4 = 52 + 1 = 53$.

Auch dieser Läufer läuft bei 48 Ständernuten einwandfrei an, wie aus den Tabellen zu ersehen ist.

Aus diesen Beispielen geht deutlich hervor, daß die Wahl der Läufernutenzahl nach Maßgabe der Formel

Primzahl · Polzahl ± 1

entschieden etwas für sich hat. Verbinden wir diese Regel mit dem Grundsatz, daß die Differenz zwischen der Ständer- und Läuferzahl nicht 1, 3, 5 usw. betragen soll, so erhalten wir Richtlinien, die bei der Wahl der Läufernutenzahlen mit Aussicht auf guten Erfolg angewandt werden können. Wir finden beispielsweise, daß der Anlauf des Läufers bei 48 Ständernuten und 43 Läufernuten (4polig) schlecht ist. Die Differenz zwischen den Nutenzahlen ist 5, eine Zahl, die bekanntlich vermieden werden soll.

Allerdings treffen auch diese Regeln nicht für alle Fälle zu. Bei $7 \cdot 4 = 28 + 1 = 29$ Läufernuten und 24 Ständernuten (4polig) ist der Anlauf des Läufers erfahrungsgemäß einwandfrei, trotzdem die Differenz zwischen den Nutenzahlen = 5 beträgt.

Wie schon früher erwähnt, gehen die Ansichten der Fachleute über die Voraussetzungen für einen einwandfreien Anlauf der Kurzschlußläufer in verschiedenen Punkten auseinander.

Nach Heubach soll sich die Ständernutenzahl möglichst wenig von der Läufernutenzahl unterscheiden. Im Gegensatz hierzu empfiehlt Schulz, die Differenz zwischen Ständer- und Läufernutenzahl nicht zu klein zu wählen.

Zusammengefaßt können folgende Richtlinien für die Erzielung eines einwandfreien Anlaufes als beachtenswert gelten:

1. Die Läufernutenzahlen nach der Formel Primzahl · Polzahl ± 1 sind empfehlenswert.
2. Die Differenzen 1, 3, 5, 7 usw. zwischen Ständer- und Läufernutenzahlen sind tunlichst zu vermeiden.
3. Große Differenzen zwischen Ständer- und Läufernutenzahlen, d. h. Zahlen über 10, sind ebenfalls zu vermeiden.
4. Schrägstellung der Läufernuten ist empfehlenswert für einen guten Anlauf, beeinträchtigt aber andererseits die wirtschaftliche Herstellung.
5. Der Ohmsche Widerstand der Kurzschlußläufer-Wicklung darf nicht zu gering sein.
6. Unter Beachtung der vorstehenden Punkte halte man sich tunlichst an ausgeprobte Nutenzahlen.

Nachstehend sollen nun eine Anzahl Motoren angegeben werden, deren Läufer erfahrungsgemäß schlecht oder gar nicht anlaufen.

Drehstrommotoren, deren Läufer schlecht oder nicht anlaufen.

Polzahl	Nutenzahl		Anlauf
	Ständer	Läufer	
2	36	57	schlecht
			„
4	24	25	„
4	24	27	mittelgut
4	24	28	schlecht
4	24	41	„
4	36	57	„
4	48	43	„
4	48	83	„
6	36	29	„
6	54	53	„
6	36	66	gar nicht

Als Ergänzung zu der vorstehenden Aufstellung sollen auch eine Anzahl Motoren angegeben werden, bei denen der Läuferanlauf einwandfrei ist.

Drehstrommotoren, deren Läufer einwandfrei anlaufen.

Polzahl	Nutenzahl		Anlauf
	Ständer	Läufer	
4	24	19	gut
4	24	22	,,
4	24	29	,,
4	36	28	,,
4	36	33	,,
4	36	29	,,
4	36	43	,,
4	48	41	,,
4	48	53	,,
6	36	28	,,
6	54	43	,,

Drehstrommotoren, deren Läufer bei 4- und 6poliger Ständerwicklung gut anlaufen.

Polzahl	Nutenzahl		Anlauf
	Ständer	Läufer	
4 und 6	36	28	gut
4 und 6	36	44	,,

Abb. 164. Einstab-Käfigwicklung aus Aluminium-Preßguß. Das aktive Eisen ist entfernt worden. Die Stäbe sind schräg zur Ständernute versetzt. (Werkbild SSW)

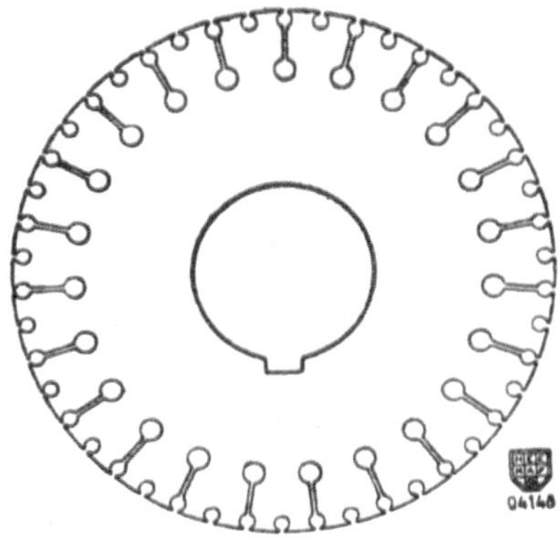

Abb. 165. Rotorblech eines Heemaf S.K.A.-Motors.

Nach den vorstehenden Ausführungen ist es für den Erbauer elektrischer Maschinen empfehlenswert, die Läufernutenzahlen für Kurzschlußläufer entweder nach Erfahrungswerten zu wählen, oder alle die Grundsätze zu beachten, die bisher von den verschiedenen Fachleuten über die Wahl der Nutenzahlen bei Drehstrommotoren mit Kurzschlußläufer bekanntgegeben wurden. Der in jeder Beziehung einwandfreie Läuferanlauf ist erfahrungsgemäß nur dann garantiert, wenn ausgeprobte Nutenzahlen angewendet werden. Bei der Anwendung von Nutenzahlen, die noch nicht praktisch ausprobiert sind, ist ein einwandfreier Anlauf des Läufers erfahrungsgemäß nicht mit Sicherheit zu erwarten.

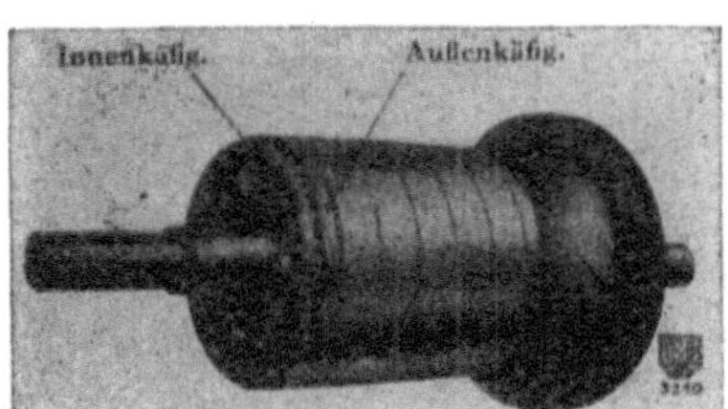

Abb. 166. Doppelkäfigläufer der Heemaf.

Abb. 167—174.

Die verschiedenen Ausführungen der Käfigläufer für Wechselstrom-Asynchronmotoren.

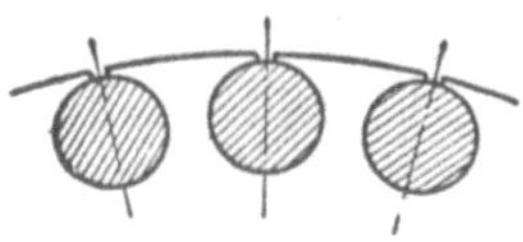

Abb. 167. Normaler Einstab-Käfigläufer.

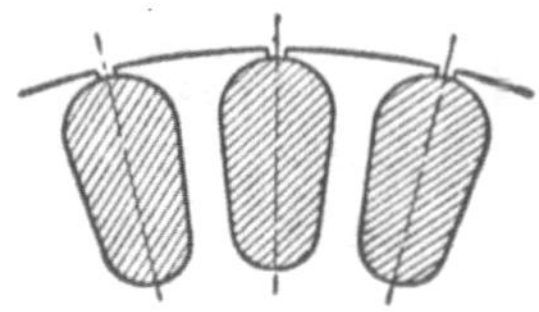

Abb. 168. Stromverdrängungs- oder Wirbelstrom-Läufer.

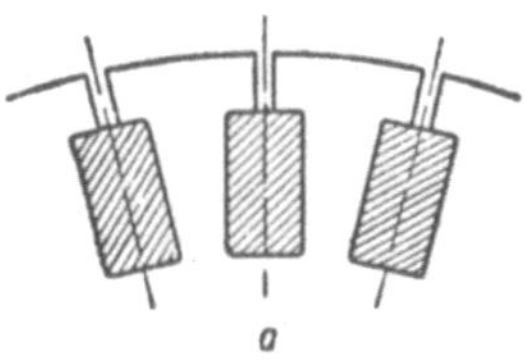

Abb. 169. Normaler Streu-Läufer.

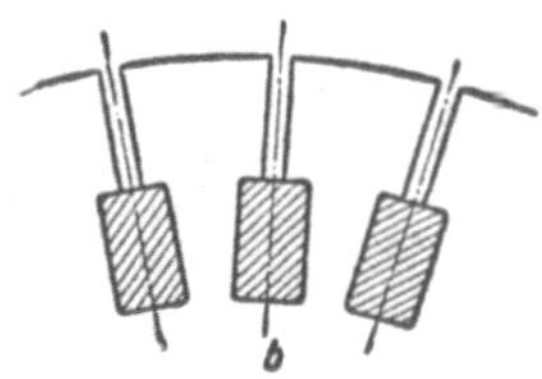

Abb. 170. Spezial-Streuläufer mit tiefer liegenden Nuten.

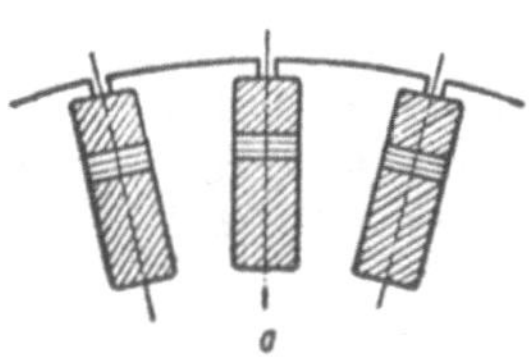

Abb. 171. Stromverdrängungs-Läufer.

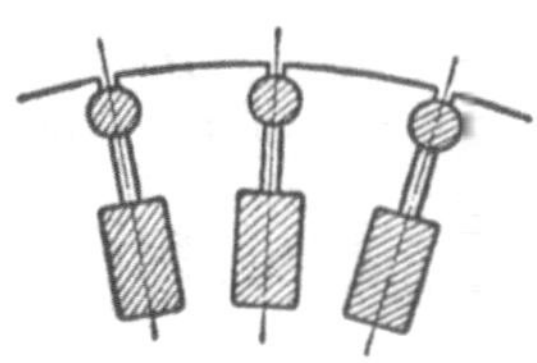

Abb. 172. Zweistab-Läufer.

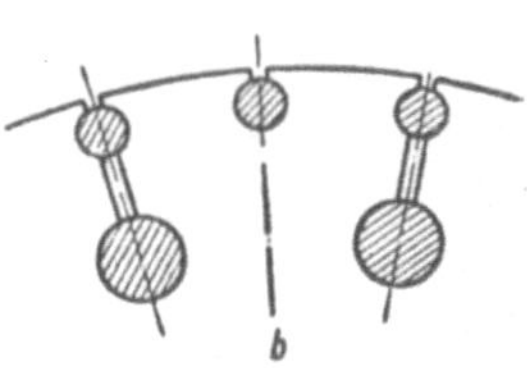

Abb. 173. Zweistab-Läufer nach Heemaf.

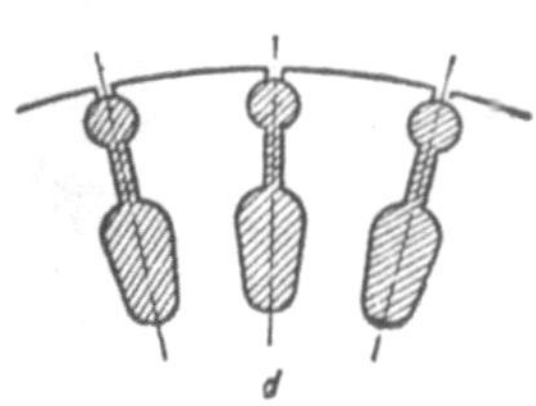

Abb. 174. Doppelnut-Läufer.

III. Mittel zur Verbesserung des Anlaufes.

Wie schon an anderer Stelle erwähnt, hat der **Ohmsche Widerstand** einen einschneidenden Einfluß auf den Anlauf des Kurzschlußläufers. Es kommt beispielsweise vor, daß Kurzschlußläufer **mit günstigen Nutenzahlen mehr oder weniger schlecht anlaufen,** weil der Widerstand der Läuferwicklung zu gering ist. Andererseits ist beobachtet worden, daß Läufer mit relativ **ungünstigen Nutenzahlen** verhältnismäßig **gut anlaufen,** wenn der Ohmsche Widerstand der Kurzschlußwicklung entsprechend groß gewählt worden ist.

Der Verfasser entsinnt sich eines Falles aus der Praxis, dessen Wiedergabe nicht uninteressant sein dürfte.

Bei der Umwicklung eines S. S. W.-Kurzschlußläufermotors wurde auch der Läufer nach den vorgefundenen Aluminiumdaten in Kupfer gewickelt. An Stelle der Kurzschlußringe wurden die freistehenden Kurzschlußstäbe auf beiden Seiten des Läufers durch einen Kupferblechring verbunden und gut verlötet. Bei dem beabsichtigten Probelauf des Motors stellte sich heraus, daß der Läufer überhaupt nicht anlief. Mit der Hand angestoßen, schlich der Läufer sehr langsam hoch. Verfasser empfahl eine Schwächung der Kurzschlußverbindungen, die auch mit Erfolg durchgeführt wurde.

In einem anderen Falle handelte es sich um einen Einphasenwechselstrommotor für 3000 n bei 50 Per. Als Drehstrommotor gewickelt traten keine Anlaufschwierigkeiten bei dem Läufer auf. Hingegen war bei gleichen Nutenverhältnissen und Einphasen-Wicklung überhaupt kein Anlauf des Läufers zu erzielen. Bei den wiederholten Anlaufversuchen nahm die Erwärmung der Läuferwicklung und somit auch der Ohmsche Widerstand derselben zu, und plötzlich lief der Läufer ohne jede Hilfe hoch. Nachdem die Läuferwicklung erkaltet war und der Versuch erneut durchgeführt wurde, war wiederum kein Anlauf zu erzielen. Verfasser hat auch in diesem Fall vorgeschlagen, die Nutenzahl zu ändern und den Ohmschen Widerstand der Läuferwicklung zu erhöhen. Über den Erfolg der vorgeschlagenen Änderung ist leider nichts bekannt geworden.

Der Anlauf eines Kurzschlußläufers kann auch durch Schrägstellung der Läufernuten verbessert werden, das sogenannte „Kleben" des Läufers wird hierdurch beseitigt. Bei der Umwicklung eines Einphasen-Wechselstrommotors in einen Drehstrommotor, dessen Läufernutenzahl nicht mehr genannt werden kann, zeigte es sich, daß der Läufer nicht anlief. Der Läufer „klebte" und lief erst dann hoch, wenn von Hand nachgeholfen wurde. Nach Schrägstellung der Nuten war der Anlauf einwandfrei. Es sei an dieser Stelle darauf hingewiesen, daß die Kurzschlußläufer der Einphasen-Wechselstrommotoren vielfach Nutenzahlen aufweisen, die von vornherein ein Anlaufen als Drehstrommotor fraglich erscheinen lassen. **Bei Umwicklungen derartiger Motoren in Drehstrommotoren ist hierauf zu achten.**

IV. Sonderfälle.

In den bisher behandelten Fällen handelte es sich ausschließlich um Kurzschlußläufer mit sogenannter Käfigwicklung. Bekanntlich kann eine Kurzschlußwicklung aber auch als Schleifen- oder Reihenwicklung hergestellt werden. Bezüglich des Anlaufes der Läufer mit Schleifen- bzw. Reihenwicklung sind die Voraussetzungen andere als diejenigen mit Käfigwicklung. Es ist also durchaus nicht zu erwarten, daß ein Läufer mit Kurzschluß-Schleifenwicklung auch mit Käfigwicklung anläuft. Beispielsweise ist bei der symmetrischen Reihen-Kurzschlußwicklung Voraussetzung für den Anlauf, daß die Läufernutenzahl ein Vielfaches der Polzahl ist. Bei der Kurzschluß-Schleifenwicklung kann auch ein von der Polteilung wenig abweichender Wicklungsschritt u. U. einen einwandfreien Anlauf geben.

Es erhellt aus den vorstehenden Darlegungen, daß ein Kurzschlußläufer mit Reihen- oder Schleifenwicklung nicht immer ohne weiteres mit einer Käfigwicklung versehen werden kann. Ein praktisches Beispiel möge als Beweis dienen:

Es handelte sich um einen 12-PS-Schuckert-Drehstrommotor, 1000 n. Der Läufer hatte ursprünglich Schleifenwicklung, die in 66 Nuten untergebracht war. Dieser Läufer wurde mit normaler Käfigwicklung versehen, nachdem die Nuten von ca. 6 mm ⊖ in 20 • 6 mm vergrößert worden waren. An Stelle des ursprünglichen Drahtdurchmessers von ca. 5,5 mm wurden für die Käfigwicklung 66 Stäbe von 20 • 5 mm verwendet. Der Querschnitt der Kurzschlußringe ist leider nicht bekannt. Bei Inbetriebnahme des Motors stellte sich heraus, daß der Läufer überhaupt nicht anlief. Man brachte nun den Läufer durch einen Hilfsmotor auf normale Drehzahl und schaltete hierauf die Ständerwicklung ein, wobei die Ständerwicklung einen übermäßig hohen Strom aufnahm und der Läufer ein starkes Geräusch von sich gab. Nach Abschalten des Hilfsmotors blieb der Läufer sofort stehen, obgleich die Ständerwicklung noch eingeschaltet war. Hierauf wurde der Läufer ausgebaut, und in dem Ständer eines anderen gleichen Motors untergebracht. Der Anlaufversuch verlief mit demselben Ergebnis. Hiernach bestand kein Zweifel, daß die Ursache der Anlaufschwierigkeit im Läufer zu suchen war.

Verfasser empfahl nun, zunächst den Widerstand der Kurzschlußwicklung durch Abdrehen der Kurzschlußringe zu vergrößern und die Kurzschlußringe beiderseitig an 3 um 120 Grad voneinanderliegenden Stellen zu durchtrennen. Der letztere Vorschlag wurde ausgeführt, und zwar mit dem Erfolg, daß der Läufer durch Hilfsmotor auf normale Drehzahl gebracht, einwandfrei und mit normaler Stromaufnahme in der Ständerwicklung arbeitete. Die Anlaufschwierigkeit war also noch nicht behoben, es war nur festgestellt, daß die Läuferwicklung einwandfrei arbeitete, wenn der Läufer künstlich auf Nenndrehzahl gebracht wurde. Es sei vorweggenommen, daß die Anlaufversuche noch nicht abgeschlossen sind. Wo mag nun die Ursache der Anlaufschwierigkeit liegen?

Der Motor hat folgende Nutenzahlen:

Ständer: 36,
Läufer: 66.

Der Ständer ist 6polig gewickelt, hat also bei 50 Per. eine Leerlaufdrehzahl von 1000. Vergleichen wir die Nutenzahlen zunächst mit den in Abschnitt II aufgeführten 5 Punkten, so finden wir:

Der Forderung Punkt 1 ist nicht entsprochen.
„ „ „ 2 „ „ „
„ „ „ 3 „ entsprochen.
„ „ „ 4 „ „
„ „ „ 5 „ „

Erinnern wir uns der Beispiele in Abschnitt II, Drehstrommotor der A. E. G., Type D 30/4, so können wir nicht annehmen, daß die Anlaufschwierigkeit des 66nutigen Läufers auf die Nichterfüllung der Forderungen Punkt 1 und 2 zurückzuführen ist. Bei dem Läufer des Motors D 30/4 ist die Zahl der Läufernuten tatsächlich größer als die Ständernutenzahl, allerdings nicht in dem Maße wie in dem vorliegenden Falle.

Die Annahme, daß der Ohmsche Widerstand im Läufer zu gering sei, wird durch die Tatsache zweifelhaft, daß die Läuferwicklung angeblich schon mit Stäben von 5,5 mm ⊖ hergestellt gewesen sein soll. Auch mit dieser Wicklung soll die Anlaufschwierigkeit bestanden haben. Verfasser hat trotzdem vorgeschlagen, die Kurzschlußringe der Käfigwicklung durch Abdrehen zu schwächen und die Läufernuten schräg zu den Ständernuten zu verstellen. Wie schon erwähnt, sind die Anlaufversuche gegenwärtig leider noch nicht abgeschlossen.

Im Zusammenhang mit den vorstehenden Ausführungen sei nachstehend noch ein Fall aus der Praxis wiedergegeben. Es handelt sich um einen Drehstrommotor mit Kurzschlußläufer, der in einer Elektromotorenfabrik hergestellt wurde. Der Motor hatte folgendes Leistungsschild:

Dauerleistung: 1 PS, 0,74 kW.
Spannung: 380/220 Volt.
Ampere: 1,8/3,2.
Drehzahl: 1500 (Leerlauf)
cos.: 0,85.

Abmessungen des aktiven Eisens:

Ständer:	außen 165 mm ⊖
	innen 95,6 mm ⊖
	lang 110 mm
Läufer:	außen 95 mm ⊖
	lang 110 mm ⊖
Luftspalt:	0,3 mm einseitig.

Nutenzahlen.

Ständer: 36.
Läufer: 31.

Wickeldaten.

Ständer: Leiter je Nute 76, Draht 0,9 mm ⊖, 2 · Bw., 2 Gruppen je Phase in Serie, Sternschaltung bei 380 Volt.

Läufer: 31 Stäbe, Durchmesser des Stabes 4,8 mm ⊖ blank, Querschnitt der Kurzschlußringe 10 · 5 mm.

Dieser Motor wurde nach Fertigstellung einer Prüfung unterzogen. Hierbei zeigte sich, daß die elektrischen Daten immerhin zufriedenstellend waren. Der Anlauf des Läufers war jedoch nicht einwandfrei. Dieser vollzog sich mit starkem, sirenenartigem Geräusch, welches auch bei voller Drehzahl des Läufers nicht verschwand. Der Motor war infolge des Anlauffehlers nicht zu verwenden.

Betrachtet man die Nutenzahlen des Ständers und Läufers sowie das Verhältnis derselben zueinander, so fällt sofort die Differenz 5 auf.

Es wurde nunmehr ein Läufer mit 28 Nuten angefertigt und außerdem die Nuten des 31er Läufers schräggestellt. Mit beiden Läufern wurde der Motor einer vorschriftsmäßigen Prüfung unterzogen und folgende interessante Ergebnisse festgestellt:

A. Läufer 31 Nuten, Nuten schräggestellt.

1. **Der Anlauf des Läufers** ist einwandfrei, das lästige Geräusch ist nicht mehr vorhanden. Die vorgenommene Schrägstellung der Nuten kann als erfolgreich bezeichnet werden.

2. **Leistungs- und Temperaturmessungen:**

Mit Hilfe der Leerlauf- und Kurzschlußergebnisse wurde das Heyland-Kreisdiagramm entwickelt und für die einzelnen Belastungspunkte folgende Werte festgestellt:

Leerlauf:

Leistungsaufnahme	87 Watt
Spannung	220 Volt Dreieckschaltung
Strom.	1,6 Amp.
Drehzahl	1480 n
Leistungsfaktor	0,16
Kupferverluste im Ständer . . .	13 Watt.

Für den normalen Belastungspunkt.

Eisen und Reibung. . . .	87 Watt
Ständerkupfer	54 „
Läufer	74 „
zusammen	215 Watt

Nutzleistung des Motors	1 PS = 736 Watt
Netzspannung	220 Volt
Strom.	3,08 Amp.
aufgenommene Leistung	960 Watt
Nutzleistung	745 Watt
Drehzahl	1365
Leistungsfaktor	0,82
Wirkungsgrad	0,776
Drehmoment.	0,53 mkg.

Bei dieser Nutzleistung gehen demnach von der Leistung, die der Motor aufnimmt, verloren:

Durch Eisen und Reibung . . .	87 Watt	= 9,07%
Durch Ständerkupfer	54 „	= 5,63%
Durch Läufer	75 „	= 7,70%
zusammen	215 Watt	= 22,40%

Der Leerlaufstrom beträgt = 1,6 Amp.
Der Strom bei Normallast = 3,08 „

Der Leerlaufstrom beträgt also das 0,52fache des Stromes bei Nennbelastung des Motors.

Die Schlüpfung bei normaler Belastung beträgt 9%.

Die Höchstleistung, die der Motor entwickeln kann, beträgt: 1,84 PS, also beinahe das Zweifache der normalen Leistung.

Das höchste Drehmoment, welches der Motor entwickeln kann, beträgt 2,04, mithin das 3,7fache des Normalen.

Dauerbelastung des Motors.

Die Nutzleistung des Motors wurde auf 1 PS eingestellt und unverändert beibehalten. Nach dreistündigem Betrieb mit dieser Belastung wurden die Temperaturen an Eisen und Kupfer wie folgt ermittelt:

Lufttemperatur = 20° C
Ständer: Eisen = 39° C
Kupfer = 44° C.

Nach Abschluß dieser Prüfung wurde nunmehr der Läufer mit 28 Nuten eingebaut und die Versuche wiederholt. Hierbei wurden folgende Ergebnisse erzielt:

B. Läufer mit 28 Nuten.

1. **Der Anlauf des Läufers** mit 28 Nuten ist nicht so geräuschlos, die Anlaufkurve aber zufriedenstellend.

2. **Meßergebnisse.**

Leerlauf.

Leistungsaufnahme	98 Watt
Spannung	220 Volt Dreieckschaltung
Strom.	1,43 Amp.
Drehzahl	1480 n
Leistungsfaktor	0,18
Kupferverlust im Ständer . . .	11 Watt
Verlust durch Eisen und Reibung .	87 „

Normallast.

Nutzleistung des Motors	1 PS = 736 Watt
Spannung	220 Volt
Strom.	3,03 Amp.
Aufgenommene Leistung	960 Watt
Verluste Eisen und Reibung . .	87 „
Ständerkupfer	57 „
Läufer	84 „
zusammen	228 Watt

Nutzleistung.

Nutzleistung . . .	732 Watt
Drehzahl	1345 n
Leistungsfaktor . .	0,83
Wirkungsgrad . . .	0,765
Drehmoment. . . .	0,53 mkg

Gegenüberstellung der Meßergebnisse.

	Läufer: 31 Nuten schräggestellt.	Läufer: 28 Nuten
Nutzleistung	1 PS = 736 Watt	1 PS = 736 Watt
Spannung	220 Volt	220 Volt
Strom	3,08 Amp.	3,03 Amp.
Aufgenommene Leistung	960 Watt	960 Watt
Gesamtverluste	215 „	228 „
Leistungsfaktor	0,82	0,83
Wirkungsgrad	0,776	0,765
Drehmoment	0,53 mkg	0,53 mkg

Bei Durchsicht der Meßergebnisse kann man zunächst feststellen, daß beide Läufer im allgemeinen gleichwertige Resultate ergeben. Interessant ist besonders, daß beide Läufer dasselbe Drehmoment entwickeln. Der Leistungsfaktor ist bei dem Läufer mit 28 Nuten etwas besser als bei dem Läufer mit 31 Nuten. Der Unterschied ist aber unwesentlich. Die Gesamtverluste sind bei dem Läufer mit 31 Nuten geringer als bei dem Läufer mit 28 Nuten, jedoch ist der Unterschied auch hier unwesentlich.

Zusammengefaßt kann gesagt werden, daß beide Läufer brauchbar sind. Man wird jedoch aus herstellungstechnischen Gründen dem Läufer mit 28 Nuten den Vorzug geben.

Leider lassen sich die Anlaufschwierigkeiten nicht durch einfaches Verschieben eines Rechenschiebers feststellen und beseitigen. Es sind auch bis heute noch keine Formeln bekannt, an Hand derer sich solche Aufgaben mit mathematischer Sicherheit lösen ließen.

Hier hilft lediglich die praktische Erfahrung und daher ist es wünschenswert, daß möglichst alle Fälle von Anlaufschwierigkeiten bei Kurzschlußläufern der Öffentlichkeit zugeführt werden.

VI. Teil.

Die Bedeutung des statischen und dynamischen Auswuchtens umlaufender Wicklungskörper in den Instandsetzungswerkstätten elektrischer Maschinen.

I. Die Begründung der Notwendigkeit des Auswuchtens in den Instandsetzungswerkstätten.

Wenn von dem richtigen Standpunkt ausgegangen wird, daß die in den Instandsetzungs-Werkstätten wiederhergestellten (neugewickelten oder teilweise instandgesetzen) Läufer elektrischer Maschinen in jeder Beziehung den ursprünglichen Zustand erhalten müssen, so ist damit eigentlich schon eine ausreichende Begründung der Notwendigkeit des Auswuchtens gegeben.

Umgekehrt läßt sich der Grundsatz aufstellen, daß nicht ausgewuchtete Läufer einen Mangel aufweisen. Die nachteilige Auswirkung dieses Mangels ist um so einschneidender, je größer die sogenannte Unbalanz bzw. je höher die Drehzahl des Läufers ist.

Bei der Betrachtung des Auswucht-Problems in den Instandsetzungs-Werkstätten elektrischer Maschinen muß zunächst einmal hervorgehoben werden, daß das dynamische Auswuchten umlaufender Wicklungskörper in neuerer Zeit auch in den kleinsten Elektro-Maschinenfabriken eine Selbstverständlichkeit geworden ist.

Es kann heute also im Regelfalle damit gerechnet werden, daß die zur Instandsetzung oder Neuwicklung gelangenden Anker ursprünglich in einem ausgewuchteten Zustand vom Hersteller geliefert worden sind.

Aber selbst dann, wenn dies nicht der Fall wäre, gehört „das Auswuchten umlaufender Wicklungskörper" zu denjenigen Aufgaben des Instandsetzungs-Fachmannes, die unter dem Begriff: „Leistungssteigerung" gelöst werden müssen. Es kann überdies nur zur Hebung des Ansehens des Elektro-Maschinenbauer-Handwerks beitragen, wenn auch einmal ein ursprünglich nicht ausgewuchteter Anker gelegentlich der Instandsetzung oder Neuwicklung fach- und sachgemäß ausgewuchtet, also in einen technisch vollkommenen Zustand versetzt wird.

Wenn das Auswucht-Problem im Elektro-Maschinenbau in jüngster Zeit überhaupt eine solch große Bedeutung erlangt hat, so ist dies u. a. auf zwei wichtige Erscheinungen zurückzuführen. Und zwar:

a) auf das Bestreben des Elektro-Maschinenbauers, bei kleinsten Abmessungen eine höchstmöglichste Leistung zu erzielen (hohe Ankerdrehzahlen).

b) auf die entwicklungsmäßige Vervollkommnung der Auswuchtmaschinen.

Daß in der jüngsten Zeit elektrische Kleinmaschinen mit Läuferdrehzahlen bis ca. 50000 Umdrehungen in der Minute betriebssicher hergestellt werden, ist nicht zuletzt der entwicklungsmäßigen Vervollkommnung der dynamischen Auswuchtmaschinen zu verdanken.

Bei derartigen Ankerdrehzahlen spielen Unbalanzen von Bruchteilen eines Grammes bereits eine ausschlaggebende Rolle. Nicht ausgewuchtete Anker erreichen (bezogen auf den gegebenen Fall) ihre Nenndrehzahl nicht einmal im Leerlauf. Diese Tatsache veranlaßte vor einiger Zeit eine in Deutschland bekannte, ausländische Firma für Staubsauger- und Bohnerapparate ihren Kunden durch Rundschreiben nahezulegen, bei Eintritt eines Wicklungsschadens das Gerät nicht in eine beliebige Instandsetzungs-Werkstatt zu geben, sondern dem Hersteller einzusenden. Zur Begründung wurde in dem Rundschreiben angegeben, daß die Nennleistung des Gerätes nur durch eine Instandsetzung bei dem Hersteller gewährleistet werden könne.

Auf eine Anfrage bei der Herstellerfirma erklärte diese, daß z. B. der Staubsauger nur mit dynamisch ausgewuchtetem Anker seine Nennleistung (Wassersäule) erreiche und daß das Rundschreiben im wesentlichen hierauf Bezug habe. Die Berechtigung dieses Hinweises kann im Grunde nicht bestritten werden. Indessen wurde von der Herstellerfirma übersehen, daß ja auch schon viele Instandsetzungs-Werkstätten über eine Auswuchtmaschine verfügen.

Ähnlich liegen z. Zt. die Verhältnisse bei den Behörden (Staatsbahn, Post usw.) und bei den größten, industriellen Unternehmen, welche Neuwicklungs- und Instandsetzungsarbeiten zu vergeben haben.

Hier macht man in jüngster Zeit die Erteilung eines Neuwicklungsauftrages davon abhängig, daß der Auftragnehmer über eine Auswuchtmaschine verfügt bzw. den Anker ausgewuchtet abliefert.

Da die Entwicklung technischer Dinge keinen Stillstand kennt, so ist es nur eine Frage der Zeit, ob und wann der Auftraggeber generell das dynamische Auswuchten von Läufern als selbstverständlich voraussetzt.

Demgemäß erheischt das Problem des Auswuchtens erhöhtes Interesse bei den Instandsetzungs-Fachleuten.

Da der Instandsetzungs-Fachmann in erster Linie der Treuhänder des Besitzers einer elektrischen Maschine ist, so muß er bei einer Instandsetzung oder Neuwicklung auch die Gewähr dafür bieten, daß die ursprünglichen elektrischen und mechanischen Werte der ihm übergebenen Maschine durch die Instandsetzung keine Einbuße erleiden.

Auf gewisse Maschinentypen bezogen kann die Gewähr nur dann gegeben werden, wenn der Läufer schwerpunktfrei abgeliefert wird; denn sowohl die Lebensdauer, als auch der Wirkungsgrad, die Leistung und die Erwärmung einer Maschine stehen mit der Auswuchtung im engsten Zusammenhang. Damit ist ausreichend bewiesen, daß die Auswuchtung umlaufender Wicklungskörper nicht mit einer technischen Spielerei (wie leider immer noch aus Unkenntnis vereinzelt angenommen wird) verglichen werden kann. Vielmehr ist im Rahmen der Leistungssteigerung in den Instandsetzungs-Werkstätten darnach zu streben, daß das Auswuchten recht bald als eine notwendige und daher selbstverständliche Arbeitsleistung erkannt und eingeführt wird.

II. Die wickeltechnischen Voraussetzungen für eine möglichst vollkommene Auswuchtung.

Die Herstellung einer schwerpunktfreien Wicklung ist weder unter Zuhilfenahme einer Ankerwickelmaschine, noch unter Beachtung sorgfältiger Handarbeit möglich. Von Zufälligkeiten abgesehen, besitzen alle umlaufenden Wicklungskörper nach Fertigstellung der Wicklung einen mehr oder weniger bedeutungsvollen Schwerpunkt, der technisch und wirtschaftlich einwandfrei nur mit Hilfe einer dynamischen Auswuchtmaschine festgestellt und beseitigt werden kann.

Von ausschlaggebender Bedeutung für den Dauererfolg einer Auswuchtung ist die Voraussetzung, daß der auf der Auswuchtmaschine festgestellte und ausgeglichene Schwerpunkt bei späterer Arbeitsleistung des Motors seine ursprüngliche Lage nicht verändert.

Die Erfüllung dieser Voraussetzung ist durchaus nicht so einfach, wie vielfach angenommen wird. Es wäre zunächst daran zu denken, daß die Auswuchtung in der Regel im kalten Zustand des Wicklungskörpers erfolgt. Durch die spätere, vielfach hohe Betriebswärme des ausgewuchteten Ankers werden Vorgänge eingeleitet, die eine noch so sorgfältig durchgeführte Wuchtarbeit aufheben können.

In erster Linie wäre hier anzuführen, daß die notwendige Imprägnierung der Ankerwicklung eine spätere Schwerpunkts-Verlagerung hervorrufen kann. Beim Imprägnieren und anschließendem Trocknen der Wicklung entstehen innerhalb der Nuten und in den Wicklungsköpfen Lacknester. Diese erweichen beim Eintreten der Betriebswärme und können dann sowohl durch das in den Nuten und in der Wicklung auftretende Vakuum, als auch durch die auftretenden Fliehkräfte eine örtliche Verlagerung erfahren.

Die allgemein üblichen, auf Ölbasis aufgebauten Isolierlacke besitzen die Eigenschaft, daß sich zunächst an der Oberfläche der Werkstücke durch Wärme und Sauerstoff ein elastischer Film bildet.

Die Überführung des Lackes aus dem flüssigen in den festen Zustand geschieht u. a. durch einen zeitgebundenen, chemischen Prozeß (Oxydation). Es ist nun wichtig, zu wissen, daß eine restlose Durchhärtung des Lackfilmes erst nach längerer Lager- oder Betriebszeit eintreten kann. Selbst wenn die Imprägnierung nach ausreichender Ofentrocknung und nach dem Erkalten des Werkstückes als „trocken" bezeichnet wird, ist der Lack in den tieferen Wicklungslagen im Regelfall noch weich. Aber auch die näher am Körperumfang liegenden Lackschichten, insbesondere die in den Hohlräumen entstandenen Lacknester erweichen mehr oder weniger bei Eintritt der Betriebswärme.

Diese noch nicht allgemein bekannte Eigenschaft der auf Ölbasis aufgebauten Isolierlacke ist vielfach die Ursache für spätere, recht unliebsame Schwerpunkts-Verlagerungen.

Außer der Imprägnierung spielt aber auch noch die fliehkraftfeste Anordnung der Wicklung eine wichtige Rolle. Die Wicklungs-Elemente müssen fest in den Ankernuten angeordnet und die gesamte Wicklung muß durch ausreichende Bandagen, Nutenkeile usw. in ihrer Lage gesichert werden.

Die Technik des Auswuchtens umlaufender Wicklungskörper beginnt also schon bei der Herstellung der Wicklungen.

Diese wichtige Tatsache wird vielfach nicht oder nur ungenügend beachtet. Die Folge hiervon ist, daß die mit großer Sorgfalt ausgewuchteten Anker schon nach kurzer Betriebszeit einen neuen Schwerpunkt erhalten. Es treten Vibrationen, Geräusche, Funkenbildungen am Stromwender, höherer Stromverbrauch und anormaler Verschleiß im mechanischen Teil der Maschine ein. Soweit die Imprägnierung als Ursache solcher Erscheinungen in Betracht kommt, sei darauf hingewiesen, daß neuerdings Isolierlacke aus deutschen Rohstoffen hergestellt werden, die u. a. hinsichtlich ihres Verhaltens in der Trocknung Vorteile bieten.

Die auf Kunstharz-Basis (z. B. Phenol-Formaldehyd) hergestellten Lacke erhärten nämlich bereits unter dem Einfluß der Ofenhitze restlos in allen Schichten.

Die durch Hitze in den sogenannten C-Zustand überführten Lackkörper besitzen die wichtige Eigenschaft, **daß dieselben bei späterer Betriebswärme nicht mehr erweichen. Damit ist einer Schwerpunkts-Verlagerung durch die Lackkörper wirksam vorgebaut.**

Manche dieser Lacktypen besitzen allerdings auch Nachteile, die in einer mangelhaften Elastizität des Lackfilmes und in einem nicht angenehmen Karbolgeruch bestehen. Sorgfältige Auswahl der Lacke ist demnach geboten.

Eine weitere Möglichkeit zur Verhinderung von Schwerpunktsverlagerungen bietet auch die Anwendung plastischer Isoliermassen an Stelle dünnflüssiger Isolierlacke (Plastik-Imprägnierverfahren, vorzugsweise für Kleinanker).

Nach diesem unter Druck angewendeten Verfahren werden alle Hohlräume in der Wicklung und in den Nuten ausgefüllt und die Wickelköpfe äußerlich mit einer schlagfrei angeordneten Isolierschicht umgeben. Die hierbei zur Anwendung kommenden Isoliermassen sind kaltplastischer Natur, d. h., dieselben werden im kalten, plastischen Zustand angewandt und erhärten durch Zutritt von Sauerstoff und geringer Wärme. Auch diese Massen erweichen nach erfolgter Erhartung nicht mehr.

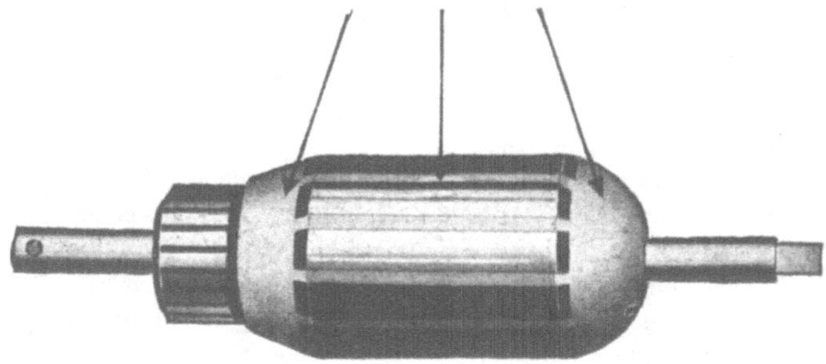

Abb. 175.

In Abb. 175 ist ein nach dem Plastik-Verfahren hergestellter Kleinanker dargestellt. Zu der Technik des Auswuchtens gehört noch die Anbringung des Ausgleichsgewichtes, welches mit Hilfe der Auswuchtmaschine festgestellt wurde.

Soweit Kleinanker in Betracht kommen, pflegt man das Ausgleichsgewicht in Form von Blechstreifen in den Anker-Nuten anzuordnen.

Ganz abgesehen davon, daß der Schwerpunkt im Regelfalle nicht in den Nuten, sondern in den Wickelköpfen außerhalb der Nuten liegt, ist diese Methode auch aus elektrischen Gründen nicht einwandfrei. Es können nämlich u. a. in den Blechen Erwärmungen durch Wirbelströme auftreten. Auch ist eine axiale Verlagerung der Bleche im Betriebszustand des Ankers möglich.

Die andere Methode, den Gewichtsausgleich durch Ausbohrungen oder durch Abschleifen der Ankerzähne herbeizuführen, ist ebenso unvollkommen, wie die vorerwähnte. Durch Abnahme des Materials an den Ankerzähnen tritt eine Erhöhung des Luftreibungswiderstandes ein und möglicherweise machen sich auch noch akustische Geräusche unliebsam bemerkbar.

Demgegenüber bietet die in Abb. 176 hergestellte Methode die Möglichkeit einer technisch vollkommenen Auswuchtung. In dem Bestreben, das Ausgleichsgewicht da anzuordnen, wo es im Regelfall hingehört, nämlich auf den Wickelköpfen, sind unter Anwendung plastischer Isoliermassen Ausgleichringe auf den Wickelköpfen befestigt.

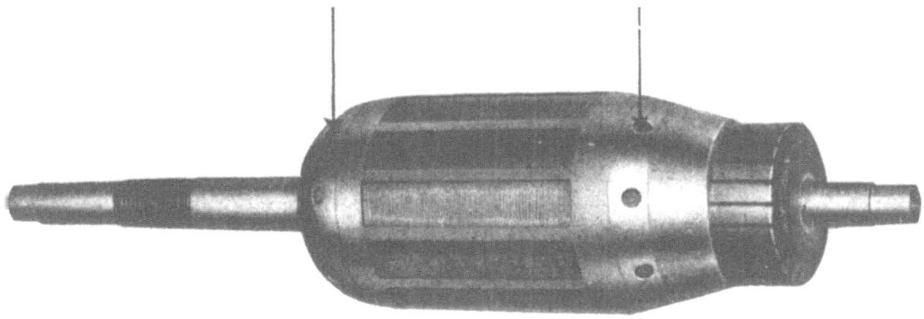

Abb. 176.

Diese Ausgleichringe, die auch durch vollständige Metallkappen ersetzt werden können, werden mit Hilfe einer Imprägniermaschine zusammen mit der eigentlichen Imprägnierung der Wicklung schlagfrei und haftfest auf den Wickelköpfen angeordnet. Man kann nun das Ausgleichsgewicht in Form von Zinntropfen auflöten, oder aber bei Anwendung massiver Ringe den Schwerpunkt mittels eines Handfraswerkzeuges entfernen.

III. Apparate und Maschinen für die statische und dynamische Auswuchtung umlaufender Wicklungskörper

In der Technik des Auswuchtens unterscheidet man

a) die statische und

b) die dynamische Methode.

Unter „Statik" versteht man die Gewichtslehre und unter „Dynamik" die Lehre von bewegenden Kräften. Ist das Gewicht eines sich um seine Achse bewegenden Körpers nicht genau gleichmäßig um die Achsenmitte verteilt, so ist derselbe mit einem Gleichgewichts-Fehler behaftet. Diesen Gleichgewichtsfehler nennt man allgemein „Unbalanz". Man unterscheidet in der Auswucht-Technik eine statische und eine dynamische Unbalanz. Unter der statischen Unbalanz versteht man den Gleichgewichtsfehler eines Drehkörpers, der beim Ausschwingen den Körper in eine ganz bestimmte Ruhelage einstellt. Diese Unbalanz ruft bei der Drehbewegung des Körpers eine umlaufende Zentrifugalkraft hervor. In Abb. 177 ist eine statische Unbalanz dargestellt. Eine dynamische Unbalanz kann man auf 2 Gewichtsfehler zurückführen, die sich gegenüber, indessen nicht an der gleichen Stelle der Achsenmitte liegen. Diese Unbalanz ruft bei Drehbewegung des Körpers infolge der auftretenden Zentrifugalkräfte ein Kräftepaar hervor. Im ruhenden Zustand gleichen sich diese Gewichtsfehler aus und sind daher nicht feststellbar (Abb. 178).

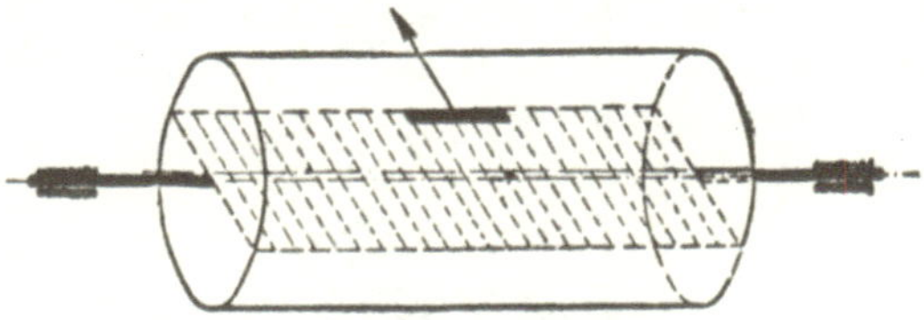

Abb. 177.

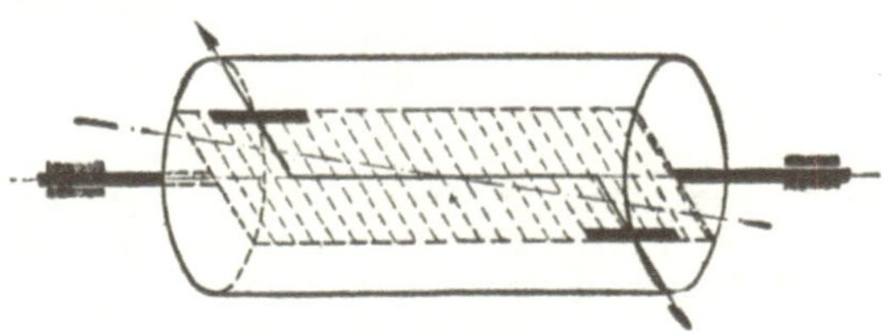

Abb. 178.

Im Regelfall sind umlaufende Wicklungskörper (Anker, Läufer) sowohl mit statischen, als auch mit dynamischen Gewichtsfehlern behaftet.

Die Auswirkung derartiger Fehler ist in Abb. 179 dargestellt. Während man bei scheibenförmigen Drehkörpern in der Regel den Gewichtsfehler unter Anwendung der statischen Auswuchtsmethode technisch vollkommen beseitigen kann, kommt für umlaufende Wicklungskörper wohl nur die dynamische Auswuchtmethode in Betracht.

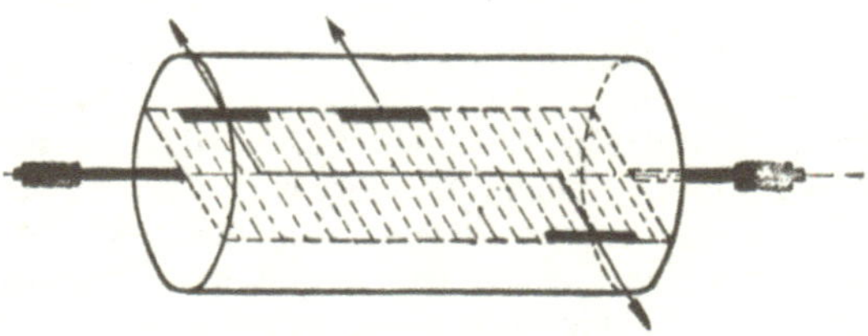

Abb. 179.

Der Vollständigkeit halber ist in der Abb. 180 ein Apparat für die statische Auswuchtung dargestellt. Die Körper werden gemäß Abb. 180 auf den Wuchtapparat gelegt. Mit Hilfe einer Auswucht-Kittmasse, die versuchsweise als Gegengewicht zu den Schwerpunktfehlern gegenüber des Fehlerortes aufgeklebt wird, kann die Größe des Ausgleichsgewichtes festgestellt werden. Die Wuchtversuche gelten als beendet, wenn der Körper in jeder Lage, in die man ihn durch Drehungen von Hand bringt, liegen bleibt.

Abb. 180.

Nunmehr wird die Auswuchtmasse gewogen und das gleiche Gewicht in Metall haftfest an der durch Versuche gefundenen Stelle angeordnet.

Daß diese Methode bei umlaufenden Wicklungskörpern in der Regel nicht zu einer idealen Auswuchtung führt, dürfte erklärlich sein. Immerhin lassen sich bei entsprechender Übung und Geschicklichkeit brauchbare Ergebnisse erzielen.

Weitaus zuverlässigere Ergebnisse lassen sich mit einer dynamischen Auswuchtmaschine erzielen. Abb. 181 zeigt eine derartige Maschine. Die Drehbewegung des auszuwuchtenden Ankers wird durch einen umlaufenden Keilriemen erzielt, welcher durch die Scheibe des Antriebsmotors in Bewegung gesetzt und durch eine mit Handgriff versehene Schwenkvorrichtung mit dem auszuwuchtenden Anker in Berührung gebracht werden kann.

Die Unbalanzen des Ankers werden auf den links und rechts angeordneten Ablese-Vorrichtungen angezeigt.

Ausführliche Anwendungs-Vorschriften, die sich jeweils auf die Bauart der Maschine beziehen, werden von den Herstellern mitgeliefert.

Mit Rücksicht auf die zu gewährleistende Präzision des Auswuchtens können solche Auswuchtmaschinen nur für bestimmte Ankergewichte hergestellt werden. Die in Abb. 181 dargestellte Maschine wird z. B. für Ankergewichte von 0,1—1 kg, 1—10 und 5—30 kg hergestellt.

Abb. 181.

Für Gewichtsbereiche von beispielsweise 8—100, 10—250, 100—3000 und 1000—15000 kg sind die Maschinen entsprechend kräftiger und in ihrer konstruktiven Ausführung verschieden.

Da in den Instandsetzungs-Werkstätten bekanntlich elektrische Maschinen jeglicher Größe, Spannung, Stromart und Gattung instandgesetzt bzw. neu gewickelt werden müssen, so wird man im Regelfalle mit einer Maschinengröße nicht auskommen.

VII. Teil.

Die Instandsetzung und Neuwicklung von Kleinmotoren.

I. Allgemeines.

Die elektrischen Kleinantriebe (Bohrmaschinen, Schleifmaschinen, Staubsauger, Büro- und Haushaltmaschinen) haben in den letzten Jahren gewaltig an Umfang zugenommen, und es kann kein Zweifel darüber bestehen, daß auch in naher und ferner Zukunft mit einer weiteren Zunahme elektrischer Kleinantriebe gerechnet werden muß.

Aus diesem Grunde hat die Instandsetzung und Neuwicklung von Kleinmotoren im Rahmen der Instandsetzungsunternehmen eine große Bedeutung erlangt.

Die leider verbreitete Meinung, daß es bei der Kleinheit der Motoren nicht so genau darauf ankomme und der jüngste Lehrling berufen sei, Arbeiten an Kleinmaschinen auszuführen, ist durchaus irrig. Sie führt aber vielfach dazu, daß infolge Unkenntnis über die Auswirkungen z. B. an Stelle eines Drahtes von 0,17 mm ⊖ ein solcher von 0,15 oder 0,2 mm ⊖ für eine Kleinanker-Wicklung zur Anwendung gelangt. Andererseits nimmt man es auch mit den Windungszahlen, Wickel- und Kollektorschritt, sowie mit der Behandlung des mechanischen Teiles solcher Maschinen vielfach nicht so genau.

Die Folge hiervon ist die bedauerliche Tatsache, daß sich das Heer der Kleinmotoreninvaliden in beängstigender Weise vergrößert und in den Kreisen der Verbraucher das Vertrauen zu dem Können der Fachleute in gefahrdrohender Weise untergraben wird.

Aber auch die berufenen Instandsetzungsfachleute leiden unter den geschilderten Verhältnissen. Vielfach werden solche Kleinmotor-Invaliden ohne besonderen Hinweis zur Instandsetzung eingeliefert und nichtsahnend nach Maßgabe der vorgefundenen Wickeldaten (aber bereits von anderer Seite geänderten) neugewickelt.

Das Ergebnis ist dann naturgemäß negativ. Ärger, Verdruß, finanzielle Verluste, mitunter auch noch eine gerichtliche Auseinandersetzung sind dann die Folgen einer Unkenntnis, zu deren Beseitigung dieser Abschnitt beitragen soll.

Man könnte sich hier eines Beispieles bedienen, und die Frage aufwerfen, ob es wohl schwieriger sei, eine winzig kleine Damen-Armbanduhr — oder eine Standuhr herzustellen oder instandzusetzen. Würde man diese Frage dem Laien vorlegen, so würde man zweifellos die richtige Antwort erhalten. Um so merkwürdiger ist es, daß in der Instandsetzung und Neuwicklung von elektrischen Kleinmaschinen solch ein großes Maß von Unkenntnis besteht, wie leider immer wieder festgestellt werden muß. Es sei deshalb zunächst einmal darauf hingewiesen, welch große Bedeutung die Wickeldaten bei den Kleinmotoren haben und wie dieselben vom Erbauer ermittelt werden.

Die immer noch vorherrschende Annahme, daß die Standard-Wickeldaten durch Anwendung einfacher Formeln, also durch Vorausberechnung ermittelt werden können, ist ein Irrtum. Wenn diese Annahme für den Regelfall bei Maschinen von etwa ab 1 PS zutrifft, so ist dieses bei Klein- und Kleinstmaschinen durchaus nicht der Fall. Ganz besonders aber nicht bei den sogenannten Universalmotoren, für Gleich- und Wechselstrom, die ja hauptsächlich Gegenstand einer Betrachtung sein sollen.

Obgleich der Erbauer dieser Kleinmaschinen die ersten Daten auch durch Berechnung ermittelt, ist es als ein überaus seltener Zufall zu bezeichnen, wenn die errechneten Daten den gestellten Anforderungen restlos entsprechen. **Indessen ist es der Regelfall, daß die errechneten Daten nach den Prüffeldergebnissen wiederholt geändert werden müssen und oft erst nach langen Versuchen die eigentlichen Standard-Daten gefunden werden.**

Aus dieser, leider nicht genügend bekannten Tatsache, ergibt sich der große Wert der Original-Wickeldaten, aber auch die katastrophale Auswirkung von Änderungen der Daten, die infolge Unkenntnis so oft vorgenommen werden.

Was der Erbauer von Klein- oder Kleinstmaschinen mit großem Aufwand an Spezialkenntnissen, Zeit und Kosten, sowie mit Hilfe besonders feiner Meßinstrumente und Einrichtungen an Wickeldaten ermittelt hat, darf unter keinen Umständen durch Gleichgültigkeit oder Unkenntnis vernichtet werden. Die Folgen können sonst unabsehbar sein.

Wie jedes Ding seine Licht- und Schattenseiten hat, so darf auch im vorliegenden Falle darauf hingewiesen werden, daß den berufenen Instandsetzungsunternehmen durch die Beherzigung des alten Sprichwortes „Der kluge Mann baut vor!" eine Handhabe gegeben ist, die unlautere Konkurrenz zu verdrängen und aus den heute noch obwaltenden Verhältnissen Vorteile zu ziehen. Es ist ja nicht unbedingt nötig, ausgerechnet durch Schaden klug zu werden, obgleich es im Regelfalle so ist, wie das Sprichwort sagt. Deshalb heißt es auch wohl der „kluge" Mann baut vor. Der wirksamste Schutz gegen die Gefahren, die den Instandsetzungsfachleuten im Sinne der vorstehenden Ausführungen drohen, ist die frühzeitige Einrichtung eines

Wickeldatenarchivs für Kleinmotoren.

Wenn ein Kapital gut verzinslich angelegt wird, so sind es die relativ geringen Kosten, die bei der Einrichtung eines Wickeldatenarchives festgelegt werden. Es ist ja hier zu beachten, daß der Umfang der elektrischen Kleinantriebe von Tag zu Tag wächst und daß mit dem Anwachsen des Bestandes auch die Aussicht auf Beschäftigung durch Instandsetzung von Kleinmotoren stetig günstiger wird. Diese Arbeiten sind aber erfahrungsgemäß nur dann zu den Verdienstgeschäften zu zählen, wenn die Voraussetzungen hierfür gegeben sind.

Für die Instandsetzung und Neuwicklung von Klein- und Kleinstmotoren lassen sich folgende Richtlinien aufstellen:

1. Sofort mit der Einrichtung eines Wickeldatenarchives für Klein- und Kleinstmotoren beginnen.
2. Grundsätzlich die komplette Maschine einfordern, auch dann, wenn nur der Anker oder eine Feldspule usw. instandgesetzt werden soll.
3. Sofort nach Eingang der Maschine den Umfang der Instandsetzung und die entstehenden Kosten feststellen und dem Kunden Mitteilung machen.
4. Hierbei peinlichst darauf achten, ob noch die Original-Wicklung vorhanden ist oder nicht. Im letzteren Falle die Daten mit dem Wickeldatenarchiv vergleichen, und evtl. berichtigen.
5. Eine spezielle Prüfeinrichtung für Klein- und Kleinstmotoren anschaffen und jede Maschine vor Versand fach- und sachgemäß prüfen (z. B. bei Staubsauger Wassersäule messen).
6. Drahtstärke bei Anker- und Magnetwicklungen mit größter Genauigkeit messen und schriftlich festlegen. Desgleichen Leiterzahl, Wickel- und Schaltschritt. Verlegung der Schaltenden usw. sorgfältig in das Wickeldatenarchiv eintragen.
7. Größte Sorgfalt auf den mechanischen Teil verwenden.
8. Dem Kapitel „Lackdraht", Imprägnierung von Lackdraht-Wicklungen, Ofenkonstruktion usw. erhöhtes Interesse zuwenden.

II. Die Bedeutung des Lackdrahtes und der Imprägnierung von Lackdrahtwicklungen *).

Bei der Instandsetzung und Neuwicklung von Kleinmotoren steht der Emaillelackdraht und der Imprägnierlack im Vordergrund des Interesses. Beide Werkstoffe und die Methode der Anwendung können leicht die Ursache von Fehlschlägen sein und daher soll hierauf ausführlich eingegangen werden.

*) Siehe auch Raskop, „Isolierlacke", Verlag H. Cram, Berlin W 35.

Emaille-Lackdraht.

Unter Emaille-Lackdraht versteht man allgemein einen Dynamodraht, der an Stelle der Baumwolle- oder Seidenumspinnung eine Isolierschicht aus Lack besitzt. Diese Lackschicht wird auf sogenannten Emailliermaschinen bei einer Temperatur von etwa 300—400 Grad C eingebrannt.

Die Einbrennzone einer solchen Emailliermaschine ist bei horizontal angeordneten Heizkanälen etwa 2 m lang. In der Regel erhält der Emailledraht 5 Lackauflagen. Die hierdurch erzielte Isolationszunahme ist außerordentlich gering. Sie beträgt z. B. bei einem Draht von 0,5 mm ⊖ nur 0,036—0,04 mm. Bei sogenannten Stark- oder Doppelschichtdrähten liegt die Zunahme etwa 80—100% höher. Für die Herstellung der Lackschicht werden sogenannte Drahtemaillen in schwarzen oder rubinroten Farbtönen verwendet. Diese, bisher allgemein üblichen Drahtemaille-Lacke sind auf Ölbasis aufgebaut und weisen mit den allgemeinen üblichen Öl-Isolierlacken hinsichtlich ihrer rohstofflichen und rezeptlichen Zusammensetzung eine gewisse Ähnlichkeit auf.

In jüngster Zeit stellt man auch Drahtemaille-Lacke auf Kunstharzbasis her.

Die Gütewerte der Emaillelack-Drähte *).

Der Verband Deutscher Elektrotechniker hat für die Herstellung und Bewertung von Emaillelack-Drähten besondere Richtlinien aufgestellt. Als entscheidende Merkmale sind hier:

a) Durchschlagsfestigkeit der Lackschicht,
b) Fehlerzahl in der Lackschicht,
c) Elastizität der Lackschicht,
d) Alterungsbeständigkeit der Lackschicht,
e) Lösungsmittelfestigkeit der Lackschicht

genannt. Hiernach sollen Lackdrähte z. B. eine Durchschlagsfestigkeit von mindestens 500 Volt aufweisen. Die Fehlerzahl in der Spezial-Siemens-Meßbrücke darf 1 Fehler auf 1 m Länge betragen. Der Draht muß sich um einen Dorn von etwa 2,5fachen Drahtdurchmesser wickeln lassen, ohne daß die Lackschicht einreißt. Diese Wickelprobe soll der Draht auch noch aushalten, wenn derselbe ca. 10 Stunden bei 100 Grad C gealtert ist. Die Lackschicht darf sich in Benzin (20 Grad C) in einem Zeitraum von 24 Stunden nicht nachteilig verändern.

Die auf dem Markt befindlichen, rubinroten Lackdrähte weisen Durchschlagsfestigkeiten von 1500—3500 Volt auf. Die Fehlerzahl ist ganz wesentlich geringer, als die Richtlinien vorschreiben und auch die übrigen Mindestwerte der Vorschrift liegen bei diesen Drähten praktisch günstiger.

*) Nähere Einzelheiten hierüber siehe Raskop, „Isolierlacke", Verlag H. Cram, Berlin W 35.

Indessen läßt sich hieraus nicht folgern, daß solche Drähte vorbehaltlos den Anforderungen im Elektromaschinenbau entsprechen. Für die Herstellung von Kleinankerwicklungen aus Emaillelackdraht spielt die Durchschlagsfestigkeit des unverarbeiteten Drahtes keine ausschlaggebende Rolle. Es kommt lediglich darauf an, welchen Isolationswert der Draht nach der Verarbeitung und nach der Imprägnierung aufweist.

Es wird nämlich bei der Beurteilung der Lackdrähte vielfach übersehen, daß beispielsweise die fertige Ankerwicklung in einem hochwertigen Isolierlack getränkt und der imprägnierte Körper im Ofen bei etwa 90 Grad C mehrere Stunden getrocknet werden muß.

Da der Anker bei der Tauchung in den Imprägnierlack ebenfalls auf etwa 50-60 Grad C erhitzt ist, so ergibt sich hieraus, daß der erhitzte Isolierlack über einen Zeitraum von mehreren Stunden auf die Lackschicht des Drahtes einwirkt.

In dem Isolierlack sind nun Lösungs- und Verdünnungsmittel enthalten, welche im gewissen Grade lösend auf die Lackschicht einwirken. Die Lösekraft dieser Elemente ist unter Zutritt von Wärme (40—90 Grad C) ungleich größer, als bei Raumtemperatur (etwa 18—20 Grad C).

Da nun, wie bereits erwähnt, der allgemein übliche Drahtemaillelack, hinsichtlich seiner Zusammensetzung mit dem Isolierlack verwandt ist, so ist es erklärlich, daß die Lösungsmittel des Isolierlackes die Lackschicht des Drahtes mehr oder weniger angreifen.

Legt man z. B. einen guten, rubinroten Emaillelackdraht in erhitzten (ca. 50—60 Grad C) Isolierlack, so wird man vielfach schon nach einem Zeitraum von 10 Minuten feststellen, daß die Lackschicht des Emailledrahtes mittels eines Tuches leicht abgezogen werden kann.

Diese, der Praxis im Elektromaschinenbau entsprechende Prüfung zeigt, daß Lackdrähte, die die Benzinprobe bei einer Dauer von 24 Stunden und 20 Grad C gut überstehen, noch keine vorbehaltlose Gewähr für die Verwendung im Elektromaschinenbau bieten. Das Anlösen der Lackschicht des Emailledrahtes hängt im wesentlichen von der Lösekraft des Isolierlack-Lösungs- und Verdünnungsmittels ab.

Die allgemein üblichen, auf Ölbasis aufgebauten Isolierlacke besitzen durchweg Lösungs- und Verdünnungsmittel mit einem gewissen Gehalt an Benzol-Kohlenwasserstoff. Je höher dieser Anteil im Lösungsmittel ist, um so höher ist auch die Lösekraft. Aber nicht nur die Lösungs- und Verdünnungsmittel, sondern auch die übrigen Bestandteile des Isolierlackes oder deren Kombinationen, können lösend auf die Lackschicht des Emailledrahtes wirken. Daher ist die z. Z. noch übliche Lösungsmittelprobe bei 20 Grad nicht geeignet, über die Güte des Lackdrahtes eine zutreffende Entscheidung zu fällen. Die Isolierlackfabriken stellen aus den dargelegten Gründen Isolierlacke her, die die Lackschicht des Emaillelackdrahtes möglichst wenig beeinflussen. Indessen ist es praktisch nicht möglich, einen

Isolierlack auf Ölbasis herzustellen, welcher der Lackschicht des Drahtes überhaupt nicht gefährlich werden kann, im übrigen aber allen sonstigen Anforderungen entspricht.

Das gelindeste Lösungsmittel ist Leichtbenzin. Kraftstoffgemische und Benzol, Spiritus (Alkohol) und Aceton sind hinsichtlich des Anlösens wesentlich gefährlicher.

Imprägnierfeste Emaille-Lackdrähte.

Aus den vorangegangenen Darlegungen läßt sich die Erkenntnis ableiten, daß sich für die Herstellung von Wicklungen an elektrischen Maschinen nur solche Lackdrähte eignen, die eine möglichst hohe Lösungsmittelfestigkeit besitzen. Aus diesem Grunde scheiden schwarze Lackdrähte für die zur Betrachtung stehenden Fälle aus.

Im Rahmen der letzten Zeit sind von den hierzu berufenen Fachleuten unter gänzlichem Verzicht auf pflanzliche Öle und Naturharze sogenannte synthetische Emaille-Drahtlacke ausgearbeitet worden. Die unter Verwendung solcher Drahtlacke auf normalen Emailliermaschinen hergestellten Drähte sind gütemäßig den bisherigen Öllackdrähten gegenüber nicht nur gleichwertig, sondern in mancher Hinsicht sogar überlegen. Leider kann aber auch bei diesen Drähten z. Z. noch nicht von einer für alle Fälle ausreichenden Imprägnierfestigkeit gesprochen werden. Die Forschung nach Drahtemaillelacken, mit deren Hilfe wirklich imprägnierfeste Lackdrähte hergestellt werden können, ist und bleibt eine wichtige Aufgabe der hierzu berufenen Fachleute.

Das Imprägnieren von Lackdrahtwicklungen*).

Sofern für die Herstellung der Wicklungen gute, rubinrote Lackdrähte verwendet wurden, kommen für die Imprägnierung nur ofentrocknende Spezial-Isolierlacke mit leichtem Lösungs- und Verdünnungsmittel in Betracht.

Wurden sogenannte „ölfreie Drähte" verwendet, so ist es mit Rücksicht auf die immerhin noch bedingte Lösungsmittelfestigkeit solcher Drähte ebenfalls empfehlenswert, nur Spezial-Isolierlacke anzuwenden. Eine 100%ige Sicherheit dafür, daß keine Anlösung der Draht-Lackschicht stattfindet, ist auch bei diesen Drähten nicht gegeben.

Nur bei wirklich „imprägnierfesten Lackdrähten" können unterschiedslos alle hochwertigen, ofentrocknenden Isolierlacke Anwendung finden. Unter imprägnierfeste Lackdrähte sind solche zu verstehen, deren Lackschicht gegen heißen Isolierlack beständig ist.

*) Siehe auch die laufenden Veröffentlichungen des Verfassers in der Fachzeitschrift „Die elektrische Maschine", Heft 3, 4, 5, 8 u. 11. Jahrgang 1939 sowie Heft 2, 6 u. 12. Jahrgang 1940, Verlag H. Cram, Berlin.

Die für Lackdrahtwicklungen geeigneten Imprägnierlacke sollen außerdem noch besonders günstige Trockeneigenschaften und ein ausreichendes Backvermögen besitzen.

Es dürfte verständlich sein, daß die Imprägnierung in möglichst kurzer Zeit durchgeführt werden soll. Je länger die Lösungs- und Verdünnungsmittel des Imprägnierlackes auf die Lackschicht des Drahtes einwirken, desto größer ist auch die Gefahr des Anlösens. Auch die Temperatur des Isolierlackes ist ein beachtenswerter Faktor.

Aus dieser Betrachtung erscheint es empfehlenswert, die im Trockenofen bei einer Temperatur von ca. 90—100 Grad C einige Stunden vorgetrockneten Wicklungskörper erst auf etwa 20—30 Grad C abkühlen zu lassen, bevor dieselben in den Imprägnierlack getaucht werden. Auch der Imprägnierlack selbst, soll entgegen der bei Wicklungen aus umsponnenen Drähten gewohnten Erwärmung, höchstens Zimmertemperatur (18—20 Grad C) aufweisen.

Damit der Imprägnierlack trotzdem gut und schnell in das Innere der Wicklungen eindringt, muß für eine geeignete Viskosität des Lackes durch vorherige, sorgfältige Verdünnung gesorgt werden. Hierzu verwendet man einen Viskosimeter und eine Stoppuhr. Der Viskosimeter wird vielfach von den Isolierlackfabriken mitgeliefert. Derselbe besteht gewöhnlich aus einem kleinen, mit Boden versehenen Hohlzylinder. In dem Boden dieses Meßgefäßes befindet sich eine Auslauföffnung von etwa 2—3 mm Durchmesser. Der Viskosimeter wird in den Lackbehälter getaucht und mit Lack gefüllt. Alsdann hebt man den gefüllten Viskosimeter aus dem Lackbad, setzt gleichzeitig eine Stoppuhr in Gang und stellt die Zeit fest, in welcher sich das Meßgerät entleert. Je dickflüssiger der Lack ist, desto längere Zeiten werden gemessen.

Die Isolierlackfabriken geben in der Regel die normale Viskosität der Lacke in Sekunden oder Stoppuhreinheiten bezogen auf 20 Grad C an. Ist nun die Entleerungszeit zu hoch, so muß dem Lackbad soviel Verdünnung zugesetzt werden, bis die vorgeschriebene Zeit erreicht ist. Die Temperatur von 20 Grad C ist beim Einstellen des Imprägnierlackes zu beachten.

Für die Verdünnung dieser Lacke verwende man nur die vom Lackhersteller empfohlenen Verdünnungsmittel und beachte die Verdünnungs-Vorschriften, welche der Lacklieferant im Regelfall mitliefert.

Die Dauer der Tauchung richtet sich nach der Größe der Werkstücke, nach der Drahtstärke und Windungszahl der Wicklungen, sowie nach der Wicklungsart. Sie soll so kurzfristig wie praktisch möglich gehalten werden.

Zeigen sich an der Oberfläche des Lackbades keine Luftblasen mehr, so kann angenommen werden, daß der Imprägnierlack die Wicklungen durchdrungen hat.

Alsdann werden die getränkten Wicklungskörper aus dem Lackbad genommen, ausgeschwenkt, zum Abtropfen noch eine kurze Zeit zur Seite gestellt und alsdann in den Trockenofen gebracht.

Die Trocknung der Emailledrahtwicklungen.

Eine sachgemäße Trocknung der imprägnierten Werkstücke ist nur in einem, den Anforderungen entsprechenden Trockenofen möglich.

Die Temperatur des Trockenofens muß durch einwandfrei arbeitende Wärmemesser und Regler ablesbar und regelbar sein. Der Ofen muß eine ebenfalls regulierbare Be- und Entlüftungseinrichtung besitzen.

Nach den neuesten, gewerbepolizeilichen Vorschriften muß der Trockenofen indirekt beheizt und die Abgase müssen in einem, eigens für den Trockenofen bestimmten Kamin geleitet werden.

Es ist nun noch wichtig zu wissen, daß die Trocknung aller auf Ölbasis hergestellten Isolierlacke in zwei Abschnitten, und zwar in einen physikalischen und einen chemischen Vorgang zerfällt. In dem ersten Abschnitt verdunsten die Lösungs- und Verdünnungsmittel. Dieser Vorgang wird bei der Herausnahme der Werkstücke aus dem Lackbad eingeleitet, da die Lösungsmittel bereits bei einer Temperatur von etwa 20 Grad C lebhaft vergasen.

Der hieran anschließende zweite Abschnitt der Trocknung vollzieht sich in einer Oxydation der noch weichen Lackmasse zu einem festen, elastischen Film. Diese Oxydation wird durch Zutritt von Sauerstoff eingeleitet und aufrechterhalten.

Durch Zutritt von Wärme werden beide Vorgänge beschleunigt.

Da die Trocknung nach den vorstehenden Darlegungen sich naturgemäß von außen nach innen vollzieht, so besteht die Gefahr, daß die Filmbildung an den Außenflächen des imprägnierten Werkstückes zu früh und zu schnell erfolgt. Tritt dieser Fall ein, so besteht die Möglichkeit, daß die in den tieferen Wicklungslagen eingeschlossenen Lösungsmittel nicht nach außen entweichen können, also von dem äußeren Lackfilm eingeschlossen werden. Damit kommt aber auch der Oxydationsprozeß zum Stillstand, weil der von außen zugeführte Sauerstoff nicht in den inneren Teil der Wicklung gelangen kann.

Hieraus erklärt sich die Tatsache, daß vielfach äußerlich als „trocken" bezeichnete Wicklungen im Innern noch feucht sind und somit Anlaß zu Betriebsstörungen geben.

Zur Vermeidung solcher Fehlschläge empfiehlt es sich, die Trockentemperatur anfänglich in mäßigen Grenzen zu halten (etwa 40—50 Grad C) und für reichliche Frischluftzufuhr Sorge zu tragen. Erst nach Beendigung der Vortrocknung ist die Ofentemperatur auf den jeweils vom Lacklieferanten vorgeschriebenen Nennwert (ca. 80—100 Grad C) zu erhöhen.

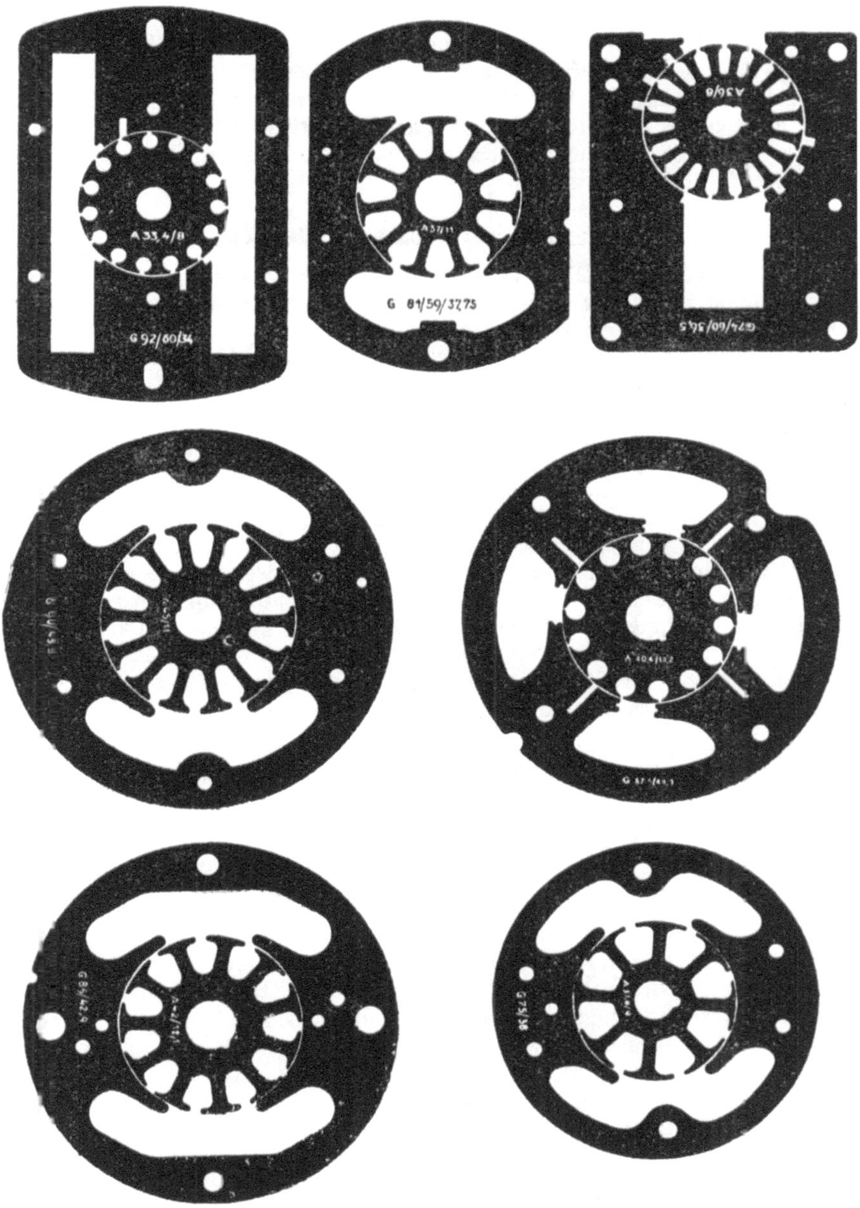

Abb. 182. Blechschnitte für Kleinmotoren

Die Trockenzeiten sind stets reichlich zu bemessen. Dieselben bewegen sich je nach der rohstofflichen und rezeptlichen Zusammensetzung der Isolierlacke, sowie nach der Größe der Werkstücke usw. um etwa 8—24 Stunden.

Nach beendigter Trocknung sind die Werkstücke allmählich abzukühlen und können nunmehr mit einem schnelltrocknenden Überzugs- oder Schutzlack überzogen werden.

Isolierlacke aus deutschen Rohstoffen.

An Stelle der auf Ölbasis hergestellten Isolierlacke bringen die Isolierlackfabriken neuerdings auch solche auf den Markt, die auf Zellulose- oder Kunstharzbasis aufgebaut sind.

Die ersteren besitzen stark wirkende Lösungs- und Verdünnungsmittel. Sie kommen daher im Regelfall für die Imprägnierung von Emailledrahtwicklungen nicht in Betracht.

Die auf Kunstharzbasis hergestellten Isolierlacke enthalten als Verdünnungsmittel vielfach Spiritus. Sie kommen daher nur für die Imprägnierung von Lackdrahtwicklungen in Betracht, wenn diese aus einigermaßen lösungsmittelfesten Lackdrähten hergestellt sind.

Die Kunstharz-Isolierlacke sind hinsichtlich der Trocknung, Backfähigkeit und Trockenzeiten den Öl-Isolierlacken weit überlegen. Daher eignen sich diese Isolierlacke im hohen Maße für die Imprägnierung von Kleinankerwicklungen. Da neuerdings wirklich lösungsmittelfeste Lackdrähte hergestellt werden können, so sind die Voraussetzungen für die Kombination

„lösungsmittelfeste Lackdrähte und Kunstharz-Isolierlack"

gegeben (siehe auch „Das dynamische Auswuchten usw., Seite 244).

III. Die verschiedenen Arten und Schaltungen von Kleinmotoren.

Unter den Kleinmotoren stehen die sogenannten

Universal-Motoren

an erster Stelle. In ihrem Aufbau unterscheiden sich dieselben nur unwesentlich von einem Gleichstrom-Hauptschlußmotor. Anker und Magnetfeld sind in Reihe geschaltet (Abb. 183). Da diese Motoren sowohl an einem Gleich- als auch Wechselstromnetz von gleicher Spannung angeschlossen werden sollen, so ist das Magnetjoch (Polkern und Joch) aus einzelnen Blechen hergestellt (Abb. 182).

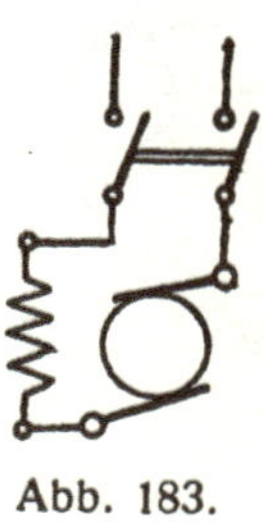

Abb. 183.

Es ist sehr wichtig zu wissen, daß diese Motoren bei Betrieb mit Wechselstrom eine geringere Leistungsabgabe haben, als die Nennleistung bei Gleichstrombetrieb. Die Leistungsabgabe beträgt nämlich bei Wechselstrombetrieb nur etwa 70—80% der Gleichstromleistung.

Um diesen Nachteil zu beseitigen, können solche Motoren mit zwei voneinander getrennten Magnetwicklungen ausgerüstet werden.

Für Wechselstrombetrieb besitzt die Magnetwicklung eine geringere Windungszahl und einen stärkeren Drahtquerschnitt, als die Magnetwicklung für Gleichstrombetrieb.

Im übrigen gelten für die Instandsetzung und Neuwicklung dieselben Grundsätze, die für normale Gleichstrommaschinen maßgebend sind.

Charakteristisch für die Instandsetzung solcher Universalmotoren ist folgender Fall aus der Praxis:

Ein interessanter Fall an einer SSW-Universal-Handbohrmaschine.

Eine 500-Watt-Handbohrmaschine für Gleich- und Wechselstrom wurde zur Instandsetzung gegeben. Die Untersuchung ergab eine Beschädigung der Ankerwicklung.

An Hand der vorgefundenen Daten wurde der Anker neugewickelt. Auf dem Prüffeld zeigte sich jedoch starkes Bürstenfeuer, welches weder durch Verstellen der Bürsten, noch durch sauberes Abdrehen des Kollektors usw. zu beseitigen war.

Die Untersuchung der Magnetspulen (Kollektor-Hauptstrommotor) ergab gleichen ohmschen Widerstand beider Spulen und da die Spulen äußerlich völlig in Ordnung, sogar noch „Original" waren, wurde die Möglichkeit ausgeschaltet, daß hier in den Magnetspulen der Sitz des Fehlers sein könnte.

Mit Gleichstrom betrieben war die Funkenbildung am Kollektor schwächer, jedoch war die Drehzahl des Ankers anscheinend höher, als normal. Als Hauptstrommotor konnte man die Drehzahl der Bohrspindel nicht ohne Belastung feststellen.

In der Annahme, daß die Daten des Ankers nicht stimmen würden (zu geringe Leiterzahl), wickelte man denselben nochmals mit höherer Leiterzahl. Hierauf arbeitete die Bohrmaschine mit Gleichstrom normal und ohne Funkenbildung. Sobald die Maschine an Wechelstrom angeschlossen wurde, zeigte sich jedoch eine zu hohe Stromaufnahme und Funkenbildung am Kollektor. Aus dieser Feststellung mußte gefolgert werden, daß die Feldspulen fehlerhaft seien und in der Tat ergab der Ausbau der Spulen, daß beide Spulen teilweise verbrannt waren und Windungsschluß hatten. Nach Ersatz der Spulen arbeitete die Maschine dann auch mit Wechselstrom völlig einwandfrei. Die Erklärung der Fehlererscheinung ist darin zu suchen, daß die durch Windungsschluß der Magnetspulen ausgeschalteten Windungen bei Betrieb mit Gleichstrom lediglich eine Feldschwächung hervorrief, die eine höhere Ankerdrehzahl zur Folge hatte.

Sobald die Maschine aber mit Wechselstrom betrieben wurde, entstand in den kurzgeschlossenen Windungen der Magnetspulen durch Induktion ein besonderer Stromverbrauch, der sich am Amperemeter bemerkbar machte. Jede Feldspule arbeitete für sich als Transformator.

Durch die hierdurch hervorgerufenen Streuflüsse wurde die Kommutierung gestört, es zeigte sich Funkenbildung am Kollektor, die naturgemäß nicht durch Veränderung der Bürstenstellung usw. beseitigt werden konnte.

Dieser Fall hat für alle Instandsetzungsfachleute größtes Interesse. Wenn Universal-Motoren bei Betrieb mit Wechselstrom Funkenbildung am Kollektor zeigen, so ist bei einwandfreier Ankerwicklung, richtiger Bürstenstellung usw. stets eine Öffnung der Magnetspulen zu empfehlen. Hier soll man sich nicht durch äußerlich „gutes Aussehen" der Spulen irreführen lassen.

Bürstenstellung.

Die Bürstenstellung bei Universal-Motoren regelt sich nach den Grundsätzen für Gleichstrommotoren. Die Bürsten stehen in der neutralen Zone (siehe Raskop, Das Elektromaschinenbauer-Handwerk, 2. Aufl., Seite 61).

In der Regel sind die Universalmotoren 2polig ausgeführt. Nur in Ausnahmefällen findet man die 4polige Anordnung (z. B. bei zahnärztlichen Bohrmaschinen).

Im ersteren Falle besitzen die Anker normale Schleifenwicklung mit Kollektorschritt 1 : 2. Im anderen Falle Reihenwicklung.

Die Bürstenhalter sind vorwiegend unverstellbar angeordnet. Es ist daher mit größter Sorgfalt auf die Verlegung der Schaltenden vom Austritt aus den Ankernuten bis zum Kollektor zu achten. Wird dies unterlassen, so ist mit Bürstenfeuer zu rechnen, da ein nachträgliches Einstellen der Bürsten selten möglich ist.

Umwicklung von Universalmotoren.

Es taucht in den Instandsetzungswerkstätten vereinzelt die Frage auf, ob die Möglichkeit der Umwicklung von normalen Gleichstrommotoren in Universalmotoren gegeben sei. Die Umwicklung von Gleichstrommotoren für den Betrieb mit Einphasen-Wechselstrom ist nur dann möglich, wenn sowohl die Polkerne, als auch das Magnetgestell aus einzelnen Blechen zusammengesetzt sind (siehe Abb. 182).

Ist diese grundlegend wichtige Voraussetzung gegeben, dann kann für dieselbe Netzspannung die Gleichstrom-Ankerwicklung fast immer unverändert beibehalten werden. Lediglich die Windungszahl der Magnetspulen, sofern dieselben bereits für Hauptstrombetrieb ausgelegt sind, müssen herabgesetzt und der Drahtquerschnitt erhöht werden.

In manchen Fällen genügt es, die vorhandenen Hauptstrom-Magnetspulen zu zweien parallel und mit dem Anker in Serie zu schalten. Andernfalls ist eine Neuberechnung der Wickeldaten notwendig.

Die Übernahme und Ausführung solcher Arbeiten ist selten lohnend, da das Objekt zu klein und das Risiko zu groß ist. Günstiger liegen die Verhältnisse, wenn es sich um die Umwicklung von Universalmotoren für eine andere Betriebsspannung handelt.

Die Berechnung der Wickeldaten geschieht dann nach den Grundsätzen, die für Gleichstrommotoren maßgebend sind. Unter Beibehalt des Wickel- und Kollektorschrittes ändert sich die Leiterzahl im Anker und in den Magnetspulen im Verhältnis der Spannungen zueinander. Im umgekehrten Verhältnis ändern sich die Leiterquerschnitte (siehe Berechnungsbuch des Ankerwicklers).

Die Herstellung der Ankerwicklungen an Kleinmaschinen.

Für die Herstellung der Ankerwicklungen verwendet man auch in Instandsetzungswerkstatten vorwiegend Ankerwickelmaschinen. Die auf

Abb. 184.

Abb. 185.

dem Markt befindlichen Konstruktionen sind durchweg praktisch und wirtschaftlich verwendbar.

In den Abb. 184—186 sind einige Ausführungen dargestellt.

Abb. 186.

Zur Erleichterung der Schaltarbeit werden die Schaltenden der Ankerwicklung zweckmäßig mit verschiedenfarbigem Glanzgarn oder Seidenhohlschlauch überzogen.

Das Abreißen der Schaltenden bei schnellaufenden Kleinankern.

In dem Bestreben, mit möglichst geringem Gewicht an aktiven Eisen höchste spezifische Leistungen zu erzielen, wurde die Ankerdrehzahl bei Kleinmotoren bis etwa 50000 n gesteigert.

Bei diesen außergewöhnlich hohen Umfangsgeschwindigkeiten treten starke Fliehkräfte auf, die u. a. die betriebstüchtige Anordnung der Kollektor-Schaltenden erschweren. Auch bei Kleinankern mit Drehzahlen von etwa

10—20000 n treten sehr häufig Schwierigkeiten derart in Erscheinung, daß die Schaltenden nach kürzerer oder längerer Betriebszeit abreißen.

Als wirksame Maßnahme hiergegen hat sich das in der Abb. 187 dargestellte Verfahren bewährt. Die Schaltenden werden hierbei an dem Wickelkopf der Antriebsseite durch Anlöten feindrähtiger, isolierter Litzen von geringem Querschnitt verstärkt. Die Lötstellen werden so angeordnet, daß dieselben etwa 1 cm von der Stirnfläche des Ankers entfernt in die Nuten hineinragen. Hier werden dieselben gut isoliert angeordnet und durch einen passenden, trockenen Holz- oder Fiberkeil in ihrer Lage fixiert.

Die Schaltunterlage an der Kollektorseite muß schlagfrei hergerichtet werden und nach dem Ankermittelpunkt zu festen Halt haben. Die Schaltdrähte werden in leichert S-Form auf der Schaltunterlage angeordnet und vor dem Löten wird eine Kordelbandage über die Schaltenden gezogen.

Die S-förmige Anordnung der Schaltenden stellt eine Sicherheitsmaßnahme gegen Torsionsspannungen dar, die im Augenblick des stufenlosen Einschaltens zwischen Kollektor und Ankerkörper entstehen. Die hierdurch hervorgerufene Zugbeanspruchung der Schaltenden soll durch die S-Form aufgefangen werden.

Einen wesentlichen Teil der angestrebten Betriebstüchtigkeit schnelllaufender Kleinanker hat die sach- und fachgemäße Imprägnierung der Wicklung zu übernehmen. Hier haben sich härtbare Kunstharzlacke hervorragend bewährt. Wird für die Herstellung der Wicklungen Lackdraht verwendet, dann sind die auf Seite 255 dargelegten Punkte sorgfältig zu beachten.

Im Kleinmotorenbau und in den Instandsetzungswerkstätten elektrischer Maschinen sucht man seit vielen Jahren nach Verfahren, Werkzeugen und sonstigen Hilfsmitteln die geeignet sind, das Blankmachen der Schaltenden bei Lackdrahtwicklungen zu erleichtern oder die bisher üblichen Methoden zu verbessern.

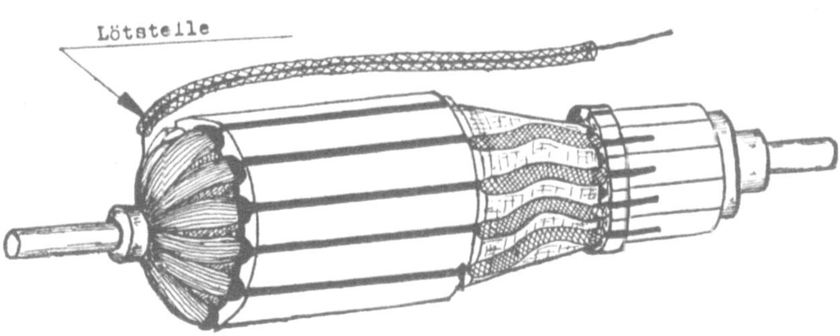

Abb. 187.

Wie bekannt, birgt die Anwendung des Kratzmessers, besonders bei dünnen Drähten von 0,1—0,25 mm Durchmesser die Gefahr, daß Einkerbungen an der Drahtoberfläche entstehen, die ein Abbrechen der Schaltenden begünstigen. Andererseits werden die Schaltenden aber auch durch solche mechanische Beanspruchungen hart und spröde.

Die Schwächen dieses Verfahrens führen bei der Herstellung von Wicklungen an Kollektorankern mit hohen Drehzahlen (bis 50000 n) sehr häufig zu unliebsamen Reklamationen, Zeit- und Materialverlusten.

Mit Rücksicht auf die zur Zeit gebotene Sparsamkeit mit Werkstoffen und Arbeitszeit und in dem Bestreben, unzulängliche Arbeitsmethoden durch bessere zu ersetzen, erscheint es empfehlenswert, auf die in Abb. 189 dargestellte Einrichtung aufmerksam zu machen.

Abb. 188.

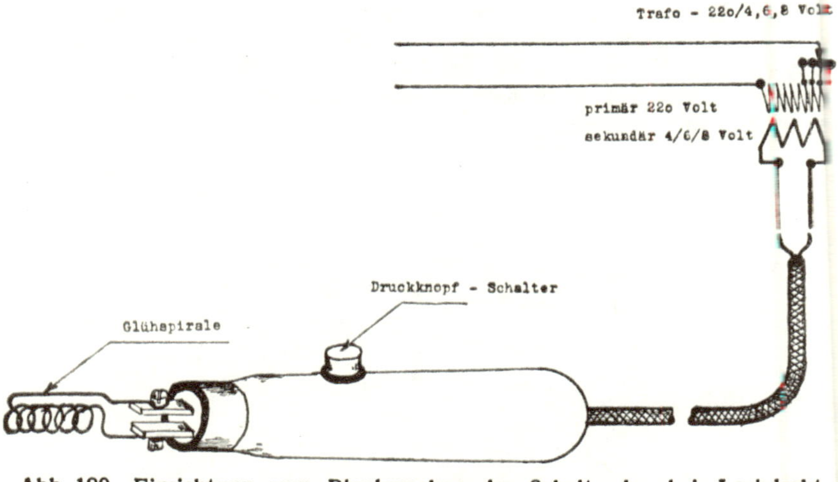

Abb. 189. Einrichtung zum Blankmachen der Schaltenden bei Lackdrahtwicklungen.

Die Entfernung der Lackschicht von den Schaltdrähten geschieht nach Abb. 189 mit Hilfe einer Chromnickel-Glühspirale, die aus der Sekundärwicklung eines Kleintrafos von etwa 75—100 Watt gespeist wird. Der Trafo besitzt eine mit 2—4 Anzapfungen versehene Primärwicklung für 110 oder 220 Volt Wechselstrom. Das Übersetzungsverhältnis wird zweckmäßig so gewählt, daß mit einer Sekundärspannung von 4—8 Volt gearbeitet werden kann. Die Anzapfungen der Primärwicklung brauchen nicht einmal vorhanden zu sein, da man die Länge und den Drahtquerschnitt der Glühspirale ohne Schwierigkeit durch Versuche ermitteln kann. Derartige Kleintrafos sind handelsüblich und können daher von Trafo-Spezialfabriken preiswert bezogen werden. Die Glühspirale hat einen lichten Durchmesser von etwa 3—4 mm und eine gerollte Länge von etwa 20—30 mm. Die Drahtstärke (Chromnickeldraht) kann etwa 0,5—0,7 mm betragen.

Das Einschalten des Sekundärstromkreises kann mit Hilfe eines im Handgriff oder in der Zuleitung angeordneten Druckknopfschalters erfolgen. Die hellrot glühende Spirale wird über die Schaltenden geschoben und die Lackschicht des Drahtes hierdurch in wenigen Sekunden entfernt.

Das Beseitigen der verbrannten Lackreste von der Oberfläche des Drahtes kann mit Hilfe eines in Benzin oder besser Benzol leicht angefeuchteten, sauberen Lappens geschehen. Die Lötsicherheit wird indessen durch folgendes Verfahren erhöht.

Man taucht etwa 3 mm starke, runde Holzstäbchen von etwa 100 mm Länge an einem Ende etwa 30—40 mm tief in ein Gemisch von Leim und feinkörnigen Schmirgel und trocknet die aufgebrachte Reibschicht an der Luft oder im Ofen bei etwa 50—60 Grad Celsius. Das Schmirgel-Leim-Gemisch muß so eingestellt sein, daß an der Oberfläche der runden Holzstäbchen eine glatte, saubere Schicht von etwa 0,3 mm Stärke entsteht. Mit Hilfe dieser Reibstäbchen werden die Schaltenden allseitig leicht bestrichen und somit die Lackreste und die Oxydhaut von der Drahtoberfläche befreit. Das Glühverfahren hat den großen Vorteil, daß die Lackschicht von der Drahtoberfläche, gänzlich losgelöst und die Schaltenden gleichzeitig ausgeglüht, also weich gemacht werden.

Es bestehen keine Bedenken, das vorbeschriebene Verfahren auch bei umsponnenen Drähten anzuwenden.

Ersatz der Kollektoren bei Kleinankern.

Ist ein Ersatz des Kollektors erforderlich, so lohnt es sich nicht, die Neubelegung selbst vorzunehmen. Kleinkollektoren werden von Spezialwerkstätten in allen gangbaren Größen und Lamellenzahlen sehr preiswert hergestellt.

Das Auswuchten der Kleinanker.

In dem Bestreben, bei möglichst kleinen Abmessungen eine hohe Leistungsabgabe zu erzielen, werden heute Universal-Motoren mit Ankerdrehzahlen bis ca. 50000 n hergestellt. Es handelt sich hier um elektrische Handwerkszeuge von vielseitiger Verwendung (Fräsen, Bohren, Schraubenzieher usw.).

Aber auch bei Hochleistungsbohrmaschinen, Staubsauger usw. findet man Ankerdrehzahlen von etwa 10—30000 n.

Diese Anker müssen sehr sorgfältig dynamisch ausgewuchtet werden (siehe „Dynamische Auswuchtung usw." Seite 244).

Einphasen-Wechselstrommotoren mit Käfiganker.

In dem Bereich der Klein- und Kleinstmotoren steht der Einphasen-Asynchronmotor an zweiter Stelle. An Stelle des Kollektorankers tritt hier der unempfindliche Kurzschluß-(Käfig-)Anker.

Die Ständerwicklung kann sowohl in Nuten eingebettet, als auch um ausgeprägte Pole angeordnet sein.

In Abb. 190 ist das aktive Eisen eines mit **ausgeprägten Polen** ausgelegten Einphasen-Asynchronmotors dargestellt. Um die Pole werden Spulen angeordnet, die nach dem Prinzip der Gleichstrom-Magnetwicklung geschaltet sind.

Einphasen-Asynchronmotoren laufen bekanntlich nicht von selbst an. Daher müssen solche Motoren im Ständer außer der Arbeitswicklung noch eine Hilfswicklung (Anlaufwicklung) besitzen.

Gewöhnlich wird die Hilfswicklung nach Beendigung des Anlaufes abgeschaltet. Bei sehr kleinen Motoren, wo der Wirkungsgrad keine Rolle spielt, bleibt vielfach die Anlaufwicklung auch während des Betriebes eingeschaltet.

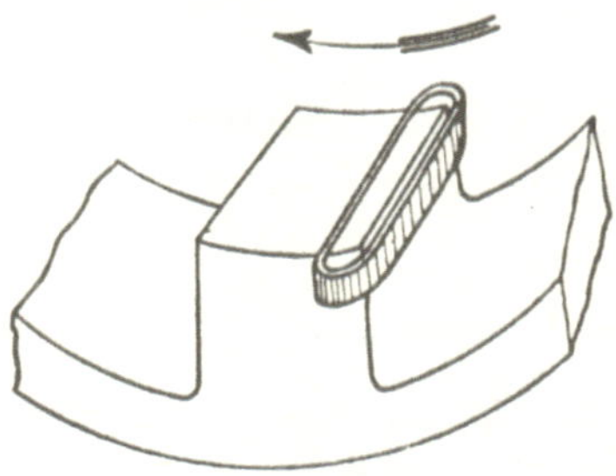

Abb. 190.

Bei den Motorentypen nach Abb. 190 besteht die Anlaufwicklung aus einer in sich kurzgeschlossenen, blanken Windung, die gemäß der Darstellung jeweils um einen Pol angeordnet ist. Da in diesen blanken Windungen nur eine sehr geringe Spannung, aber ein hoher Strom fließt, so müssen die Verbindungen geschweißt oder hart gelötet werden. Bei schlechten Verbindungen entstehen Anlaufschwierigkeiten.

Man findet solche Kleinmotoren als Ventilatoren ausgelegt.

Beachtenswert ist hier der Fall, wenn die Drehrichtung des Ankers geändert werden soll. Eine Änderung der Drehrichtung läßt sich nämlich nur dadurch erreichen, indem der Anker ausgebaut und der Antriebs-Wellenstumpf auf die gegenüberliegende Seite angeordnet wird.

Eine ebenfalls in sich kurzgeschlossene, nicht abschaltbare Hilfswicklung zeigt Abb. 191.

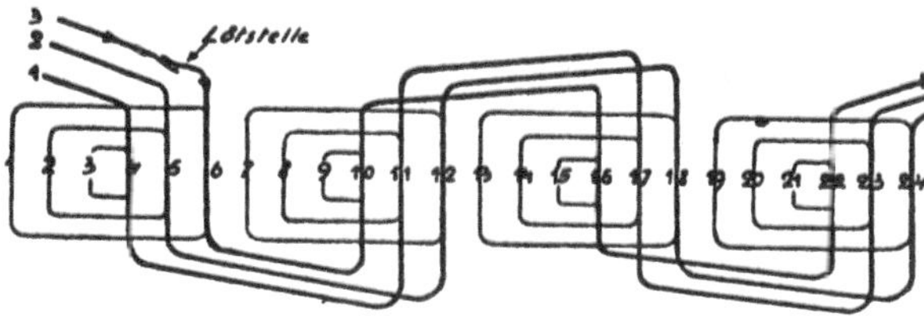

Abb. 191.

Diese Anordnung findet man beispielsweise bei **Bergmann-Ventilatoren Typ KF 22.** Der Ständer dieses Motors hat 24 Nuten und ist 4polig gewickelt. Bei 220 Volt sind die Windungen einer Dreilochspule wie folgt verteilt:

innere Nute = 120 Windungen
mittlere Nute = 150 „
äußere Nute = 190 „

Die Drahtstärke der Arbeitswicklung beträgt 0,45 mm ⊖.

Der Innendurchmesser des Ständers ist = 85 mm, die Packlänge beträgt = 38 mm. Der Flügeldurchmesser des Ventilators ist = 400 mm.

Die Hilfswirkung ist gemäß Abb. 191 angeordnet.

Bei Einphasen-Asynchron-Kleinmotoren etwas größerer Leistung ist die Hilfswicklung abschaltbar.

Das Abschalten geschieht entweder von Hand oder durch einen Fliehkraftschalter, wie in Abb. 192 dargestellt.

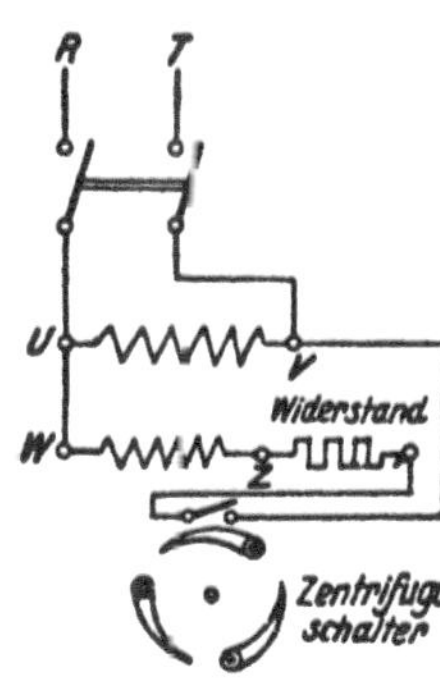

Abb. 192.

Die Anordnung dieser abschaltbaren Hilfswicklungen kann verschieden sein. In Abb. 194 ist die Hilfswicklung z. B. teils mit der Arbeitswicklung zusammen, teils in besonderen Nuten angeordnet. Es handelt sich hier um den Santo-Staubsauger Motor 220 Volt, 1000 n. Die eigenartige Staffelung der Leiterzahlen hat den Zweck, einen möglichst guten Anlauf zu erzielen.

Das Umkehren der Anker-Drehrichtung kann durch Vertauschen der Hilfs- oder Arbeitswicklung erreicht werden (umpolen).

Abb. 190 **Einphasen-Zweischichten-Formspulenwicklung**

mit Anlauf-Wicklung und Kondensator, für 220 und 110 Volt, Rechts- und Linkslauf

4-polig. 36 Nuten, Schritt 1:10

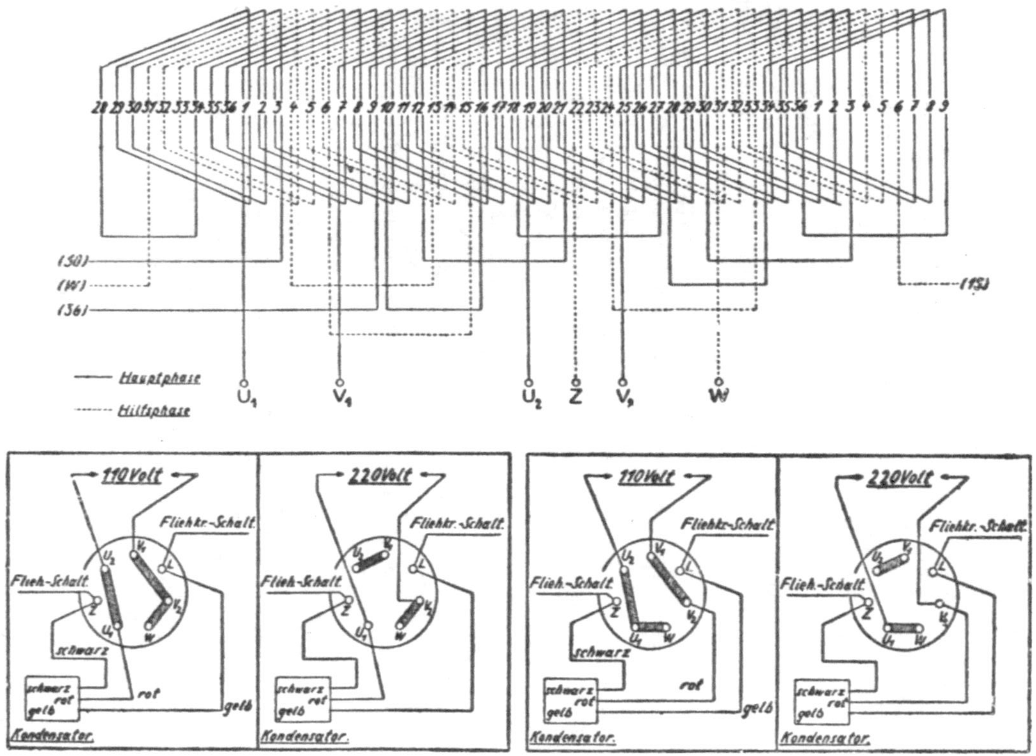

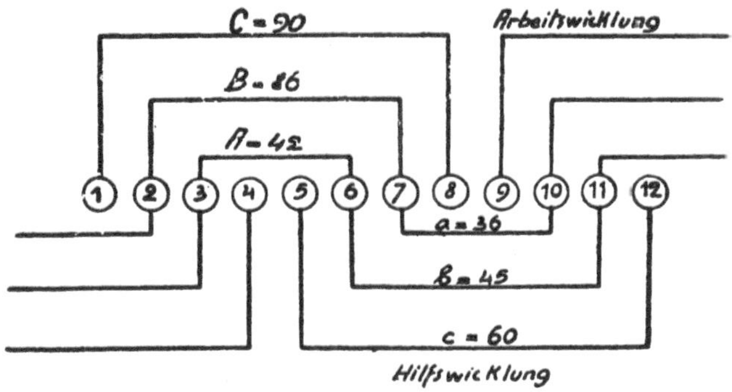

Abb. 194.

Hilfsmittel zur Erzielung des Anlaufes.

Eine genaue Vorausberechnung von Wickeldaten, welche einen sicheren Anlauf des Käfigankers garantieren, ist nicht möglich. Im Regelfall müssen für die Erzielung des Anlaufes noch zusätzliche Hilfsmittel angewandt werden

So findet man z. B. bei dem Schorch-Motor Typ EKOS, 220 Volt folgende Wicklung (Seite 276):

Anlaufschaltungen und Hilfsmittel für den Anlauf bei Einphasen-Wechselstrom-Asynchronmotoren.

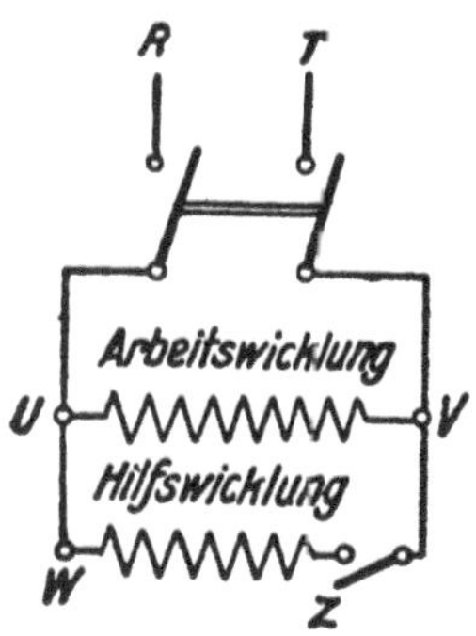

Abb. 195. Einphasen-Motor mit abschaltbarer Hilfsphase.

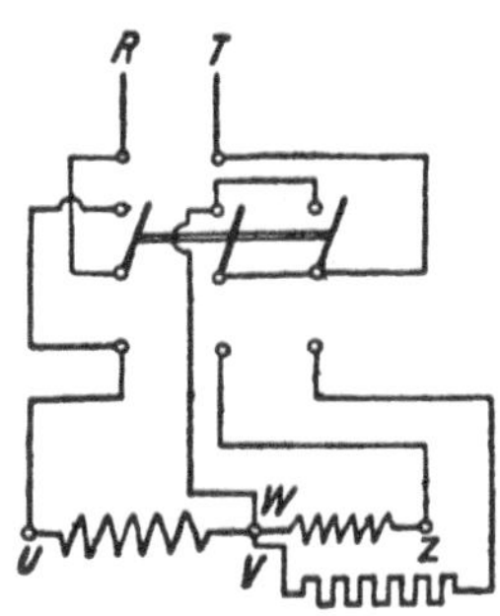

Abb. 196. Einphasen-Motor mit Anlaufwiderstand parallel zur Haupt- und Hilfsphase.

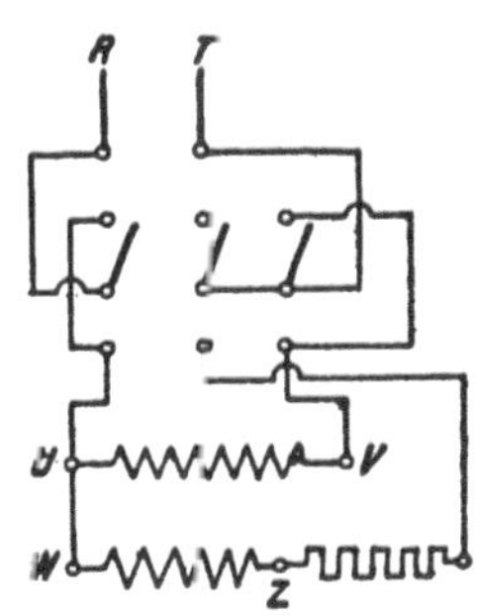

Abb. 197. Einphasen-Motor mit Anlaufwiderstand in Serie mit der Hilfsphase.

Anlaufschaltungen und Hilfsmittel für den Anlauf bei Einphasen-Wechselstrom-Asynchronmotoren

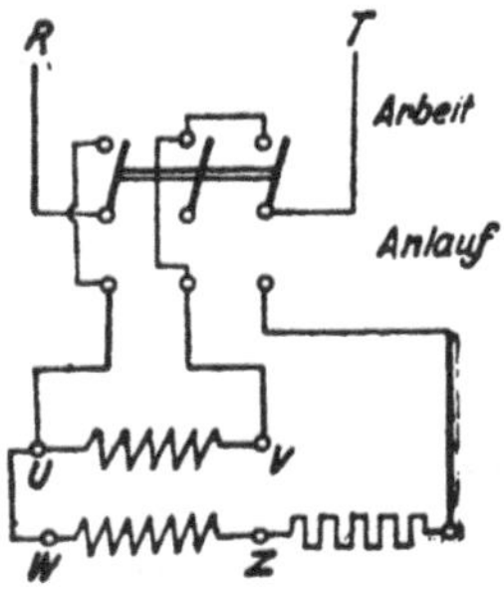

Abb. 198. Einphasen-Motor mit Anlaufwiderstand in Serie mit der Hilfsphase.

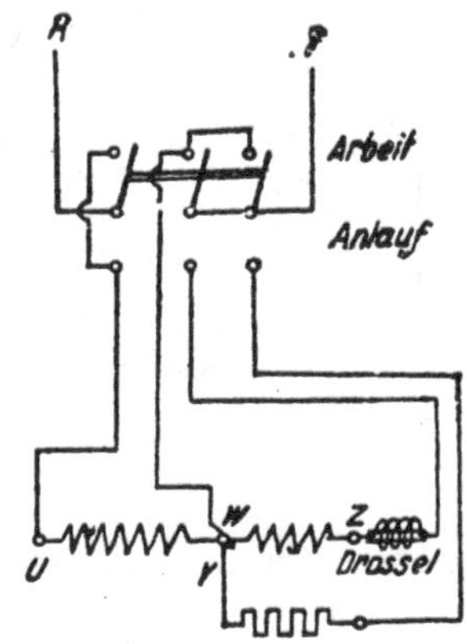

Abb. 199. Einphasen-Motor mit Anlaufwiderstand parallel zur Haupt- und Hilfsphase, Drossel in Serie mit der Hilfswicklung.

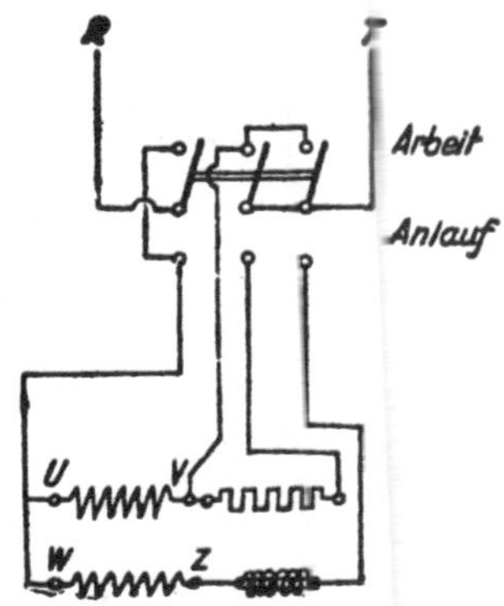

Abb. 200. Einphasen-Motor mit Anlaufwiderstand in Serie mit der Hauptphase und Drossel in Serie mit der Hilfsphase.

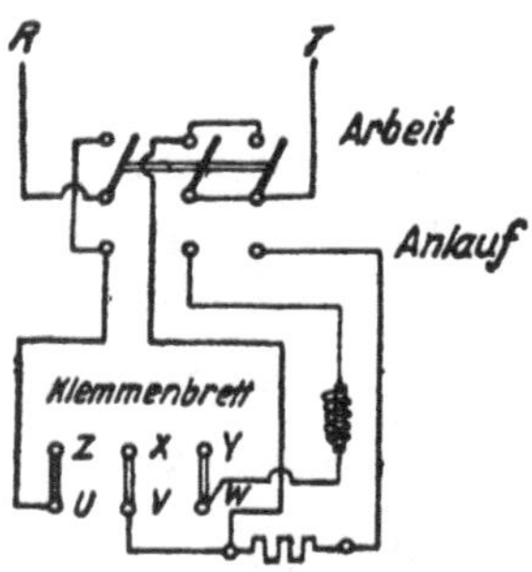

Abb. 201.

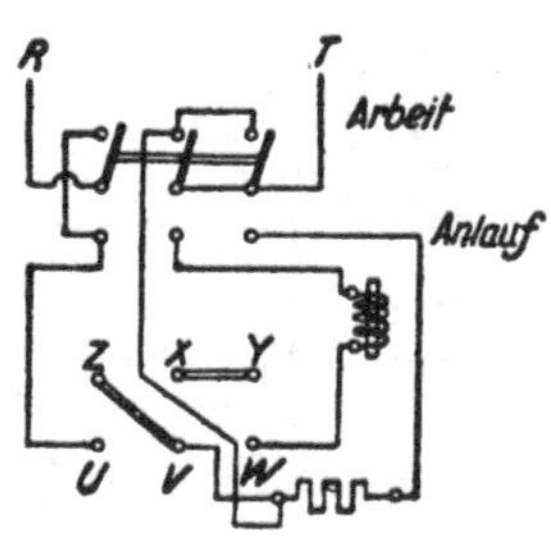

Abb. 202.

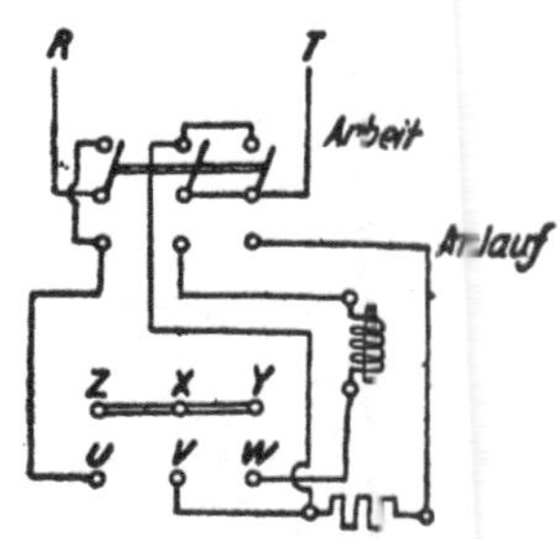

Abb. 203.

Einphasen-Motor mit normaler Dreiphasenwicklung.

Anlaufschaltungen und Hilfsmittel
für den Anlauf bei Einphasen-Wechselstrom-Asynchronmotoren.

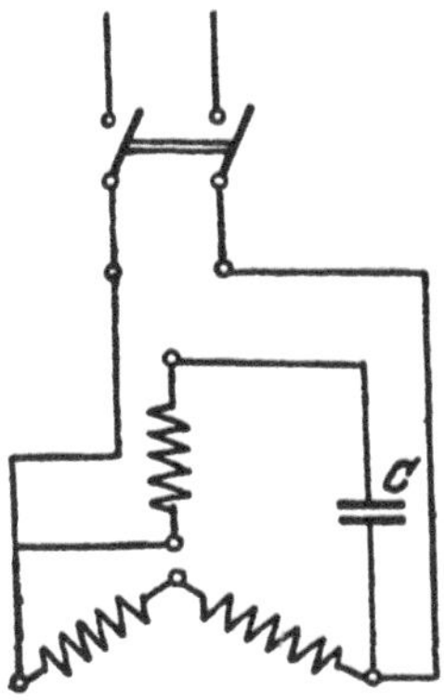

Abb. 204.

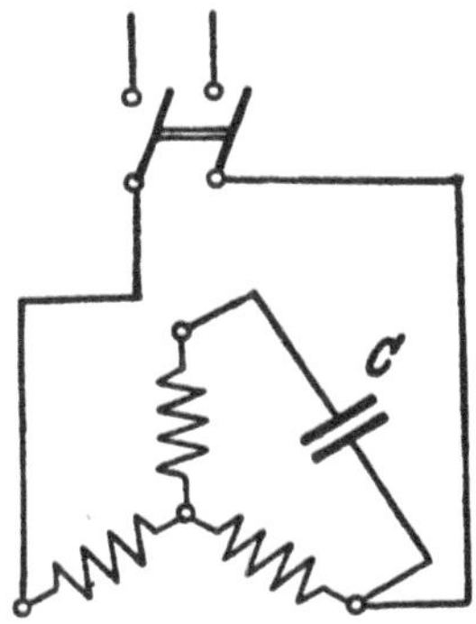

Abb. 205.

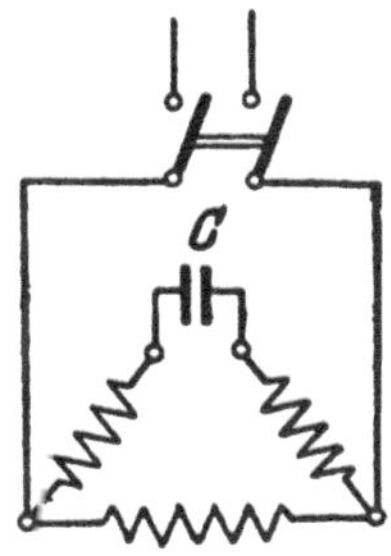

Abb. 206.

Einphasen-Motor mit Dreiphasenwicklung und Anlaufkondensator.

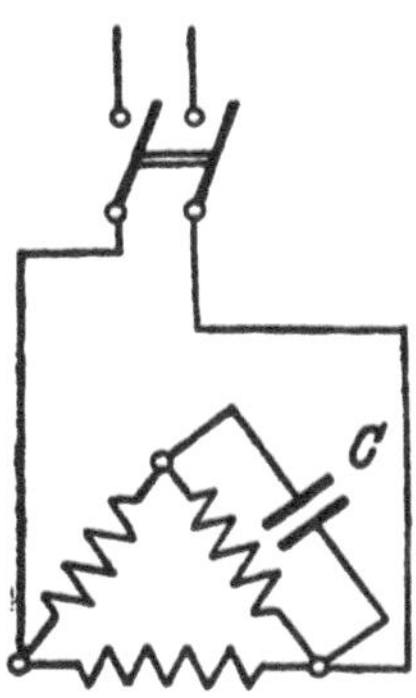

Abb. 207. Einphasen-Motor mit Dreiphasenwicklung und Anlaufkondensator.

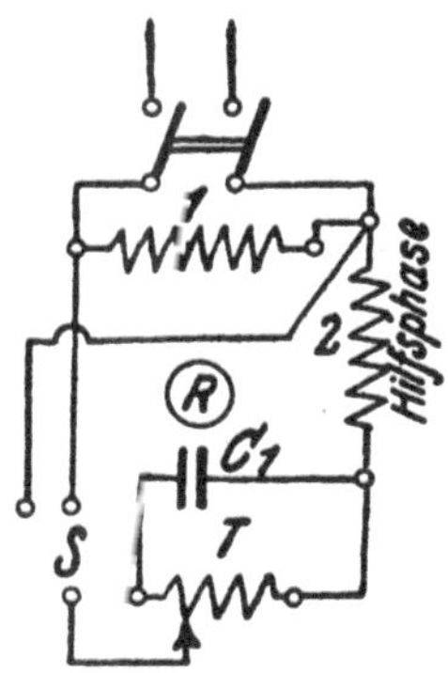

Abb. 208. Einphasen-Motor mit Hilfsphase, Anlaufkondensator und Anlauftrafo.

Anlaufschaltungen und Hilfsmittel für den Anlauf bei Einphasen-Wechselstrom-Asynchronmotoren.

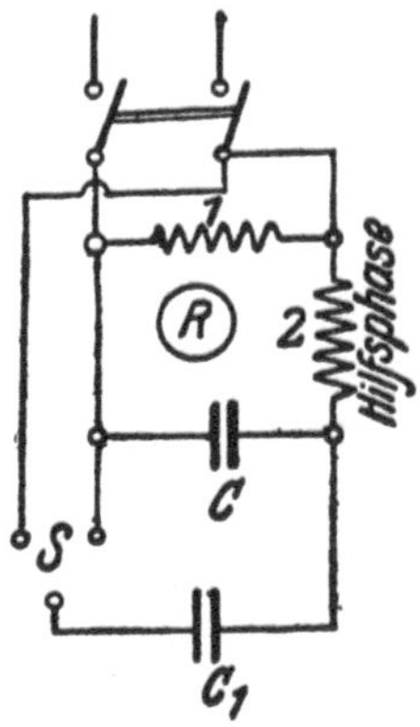

Abb. 209. Einphasen-Motor mit Hilfsphase und 2 Kondensatoren.

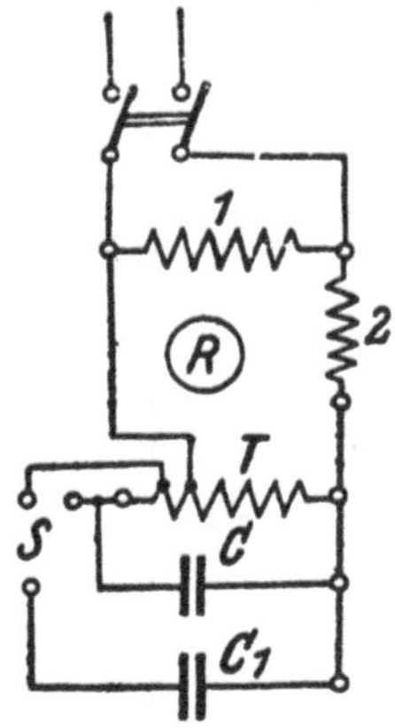

Abb. 210. Einphasen-Motor mit Hilfsphase, 2 Kondensatoren und Anlauftrafo.

Hauptphase:

24 Nuten, je Nute 43 Leiter, 2 Drähte parallel, Draht 0,65 mm ⊖ (Kupferdraht isol. 0,8 mm ⊖). 86 Drähte je Nute.

Hilfsphase:

12 Nuten, je Nute 30 Leiter, 3 Drähte parallel, Draht 0,6 mm ⊖ (Eisendraht verzinnt, isol. 0,75 mm ⊖). 90 Drähte je Nute.

Zu beachten ist die Tatsache, daß die Hilfswicklung aus verzinntem Eisendraht hergestellt ist. Wird an Stelle des Eisendrahtes z. B. Kupferdraht gewählt, so läuft der Motor nicht an.

Bei anderen Fabrikaten findet man auch, daß ein Teil der Hilfswicklung aus Nickelin- oder Chromnickel-Drähten hergestellt ist. Hierauf ist stets zu achten.

Als weitere Hilfsmittel für die Erzielung eines guten Anlaufes kommen noch in Betracht:

induktionsfrei gewickelte Widerstände,
Drosselspulen,
Kondensatoren.

Die induktionsfreien Widerstände finden gemäß Abb. 196—203 Anwendung.

In den Abb. 204—210 ist die Kondensator-Anlaufschaltung in Verbindung mit einer Dreiphasen-Wicklung dargestellt. Auf diese Weise lassen sich auch normale Drehstrommotoren als Einphasen-Motoren verwenden (siehe auch „Katechismus" Seite 211).

Die Leistung des Einphasenmotors beträgt bei Anwendung von Kondensatoren gemäß Abb. 204—210 etwa 80—90% der Drehstrom-Nennleistung. Eine Kondensator-Schaltung für Einphasen-Asynchronmotoren mit normaler Wicklungsanordnung zeigt Abb. 209.

Der Kondensator C 1 wird nach erzieltem Anlauf durch den Schalter S abgeschaltet. Der Kondensator C bleibt auch während des Betriebes eingeschaltet.

Einphasen-Repulsions-Kleinmotoren.

Der Repulsionsmotor findet als Kleinmotor nur selten Verwendung. Als besonderes Kennzeichen besitzen diese Motoren einen genuteten Ständer mit normaler Einphasen-Arbeitswicklung, die direkt an das Netz angeschlossen ist. Der Anker unterscheidet sich in keiner Weise von einem normalen Gleichstromanker.

Die auf dem Kollektor schleifenden Bürsten sind metallisch miteinander verbunden. Der Anker erhält keinen Netzstrom. Vielmehr wird die durch die Ständerwicklung im Anker induzierte Spannung durch die Bürsten kurzgeschlossen (Abb. 211).

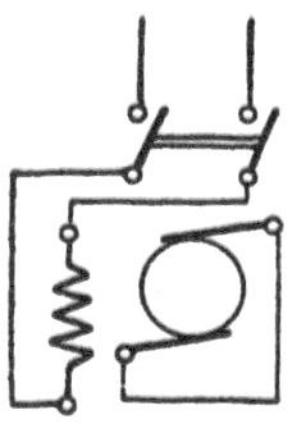

Abb. 211.

Der Anlauf ist bei diesen Motoren sehr günstig und ohne jegliches Hilfsmittel zu erzielen. Nachteilig ist der empfindliche Kollektor.

Eine Kombination von Repulsions- und Asynchronmotor stellt der amerikanische Century-Motor dar, den man in den Frigidaire-Kühlschränken als Kompressor-Antriebsmotor vorfindet.

Dieser Motor läuft als Kollektormotor an. Nachdem der Anker seine Nenndrehzahl erreicht hat, werden die Lamellen durch einen Fliehkraftschalter kurzgeschlossen. Der Motor arbeitet so als Asynchronmotor.

Die Wickeldaten eines solchen Motors von 0,5 PS Leistung, 220/110 Volt, 4polig, 1400 n lauten:

Ständer: 20 Nuten, $2^1/_2$-Lochwicklung, 4 Gruppen, innere Nuten = 45 Drähte, mittlere Nuten = 60 Drähte, äußere Nuten = 2 × 30 Drähte, Draht 1,15 mm ⊖.

Läufer: 28 Nuten, Schaltung 1 : 2, Wickelschritt 1 : 7, Kollektorschaltung 1 : 29, 56 Lamellen, je Spule 10 Windungen, Draht 1,0 mm ⊖.

Im Zusammenhang hiermit wird auf den Abschnitt „Die Ursachen des schlechten Anlaufens der Kurzschlußläufermotoren" Seite 229 hingewiesen.

Anhang zu Teil VII.

Wickeldaten einiger Kleinmotoren.

Staubsauger.

1. **Elektrolux, Typ 7/220, 220 Volt.**

Anker: 12 Nuten, je Nute 200 Drähte, Draht 0,2 mm ⊖. 2 × S. Wickelschritt 1 : 6, Kollektorschritt 1 : 2.

Magnetfeld: je Spule 280 Windungen, Draht 0,3 mm ⊖, Spulen in Serie.

2. **Fabr. Sachsenwerk. 220 Volt.**

Anker: 12 Nuten, 24 Lamellen, je Nute 180 Drähte, Draht 0,25 mm ⊖. Wickelschritt 1 : 6, Kollektorschritt 1 : 2.

Magnetfeld: je Spule 260 Windungen, Draht 0,45 mm ⊖, Spulen in Serie.

Ankerdurchmesser = 43 mm
Packlänge = 40 mm

3. **Fabr. Orion, 220 Volt.**

Anker: 13 Nuten, 26 Lamellen, je Nute 200 Drähte, Draht 0,18 mm ⊖. Wickelschritt 1 : 7, Kollektorschritt 1 : 2.

Magnetfeld: je Spule 300 Windungen, Draht 0,4 mm ⊖, Spulen in Serie.

4. **Fabr. Minco-Rekord, 220 Volt.**

Anker: 11 Nuten, 22 Lamellen, je Nute 150 Drähte, Draht 0,25 mm ⊖. Wickelschritt 1 : 6, Kollektorschritt 1 : 2.

5. **Fabr. Rex, 220/240 Volt.**

Anker: 11 Nuten, Wickelschritt 1 : 6, je Nute 160 Drähte, Draht 0,25 mm ⊖, 22 Lamellen, Kollektorschritt 1 : 2.

Ankerdurchmesser = 37 mm
Packlänge = 41 mm

6. **Fabr. „Rotarex" 220 Volt (Staubsauger).**

Anker: 45 mm ⊖, 29 mm lang, 11 Nuten, Schritt 1 : 6, je Nute 320 Wdg., Draht 0,18 mm ⊖.
Feldwicklung: 280 Wdg., je Spule, Draht 0,38 mm ⊖.

Ventilatoren:

1. **Fabr. AEG, Typ TUV 3, 220 Volt (Tischventilator).**

Anker: 12 Nuten, 24 Lamellen, je Spule 120 Windungen, 2880 Windungen total, Draht 0,16 mm ⊖, 2 × S. Wickelschritt 1 : 6, Kollektorschritt 1 : 2.

Magnetwicklung:

a) für Wechselstrom: je Spule 380 Windungen, Draht 0,35 mm ⊖, Emailledraht.

b) für Gleichstrom: je Spule 750 Windungen, Draht 0,16 mm ⊖, Emailledraht.

Typ OVU 2, 110 Volt.

Anker: 12 Nuten, 24 Lamellen, je Spule 75 Windungen, total 1800 Windungen, Draht 0,17 mm ⊖, 2 × S. Wickelschtitt 1 : 6.

Magnetwicklung:

a) Gleichstrom: je Spule 500 Windungen, Draht 0,18 mm ⊖, Emailledraht.

b) Wechselstrom: je Spule 225 Windungen, Draht 0,28 mm ⊖, Emailledraht.

2. **Fabr. Dr. M. Levy, 220 Volt, 1500 n, Typ 2563, Wechselstrommotor.**

a) Ständer:

4 Spulen in Serie, je Spule 440 Windungen, Draht 0,25 mm ⊖, 2 × S.

Anlaufwicklung: je Pol 1 Windung blank, kurzgeschlossen.

b) Anker: Käfiganker.

Ankerdurchmesser = 41 mm
Packlänge = 40 mm

3. **Fabr. AEG. Universal-Ventilator Typ NOVU 2 S. 129, 40 Watt, 220 Volt.**

Anker: 12 Nuten, 24 Lamellen, 150 Wdg, total 600 Wdg, Draht 0,12 mm ⊖ Email.

Feldwicklung: 470 Wdg., Draht 0,20 mm ⊖ je Spule (für Wechselstr.), 930 Wdg. je Spule, Draht 0,12 mm ⊖ (für Gleichstr.) in Serie.

Handbohrmaschinen.

1. **Fabr. SSW, Typ BC 15, 220 Volt.**

Anker: 18 Nuten, 36 Lamellen, Wickelschritt 1 : 9, Kollektorschritt 1 : 2, je Nute 80 Drähte, Draht 0,45 mm ⊖.

Magnetfeld: 24 Nuten, je Nute 44 Windungen, Draht 0,5 mm ⊖, Schritt 1 : 10, 2polig.

2. **Fabr. BBC, Typ BC 10, 220 Volt.**

Anker: 12 Nuten, 24 Lamellen, je Nute 160 Drähte, Draht 0,22 mm ⊖, Emaille 1 × S. Wickelschritt 1 : 6, Kollektorschritt 1 : 2.

Magnetfeld: je Spule 215 Windungen, Draht 0,45 mm ⊖.

Ankerdurchmesser = 40 mm
Packlänge = 62 mm

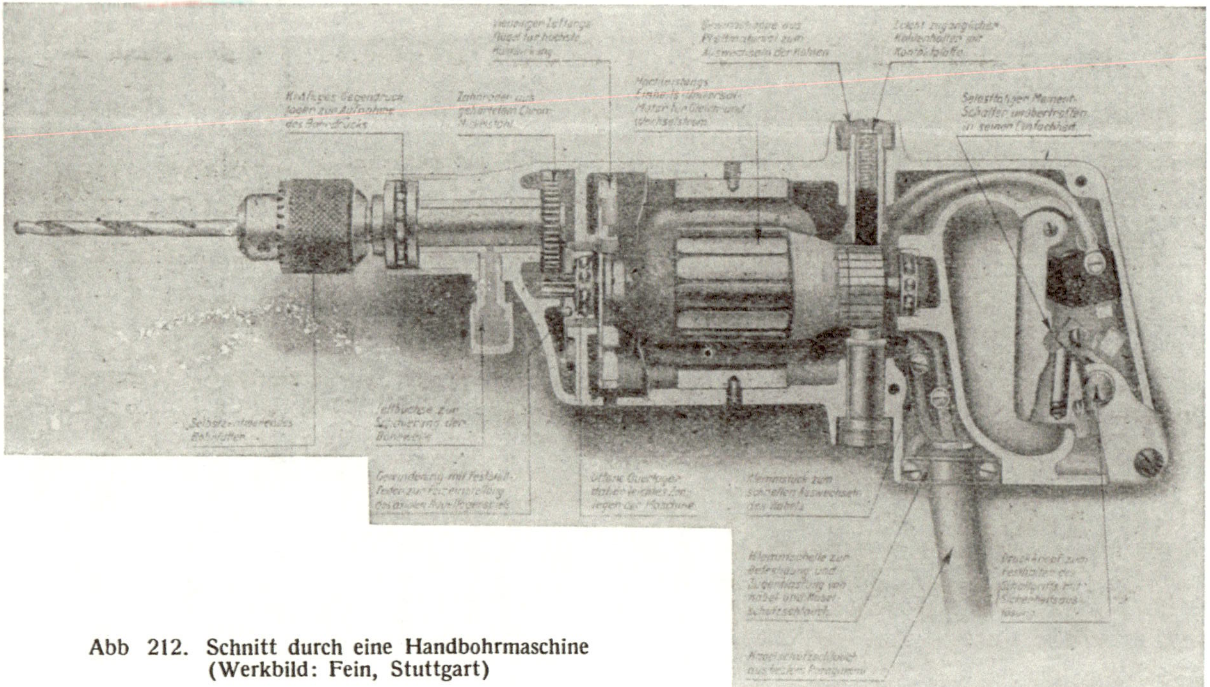

Abb 212. Schnitt durch eine Handbohrmaschine
(Werkbild: Fein, Stuttgart)

Bohnerapparate:

1. **Fabr. Protos (SSW) Typ VST, 220 Volt.**

Anker: 12 Nuten, 24 Lamellen, je Nute 200 Windungen, Draht 0,22 mm ⊖, Wickelschritt 1 : 6, Kollektorschritt 1 : 2.

Magnetfeld: je Spule 280 Windungen, Draht 0,4 mm ⊖, Spulen in Serie.

Ankerdurchmesser = 40 mm
Packlänge = 43 mm

2. **Desgl. ältere Type.**

Anker: je Nute 160 Windungen, Draht 0,22 mm ⊖.

Ankerdurchmesser = 40 mm
Packlänge = 60 mm

Verschiedene Kleinmotoren.

1. **Fabr. AEG (Gebläse) Typ SV 2, 220 Volt.**

Anker: 12 Nuten, 24 Lamellen, je Nute 264 Drähte, Draht 0,17 mm ⊖. 2 × S, Wickelschritt 1 : 6, Kollektorschritt 1 : 2.

Magnetfeld: 2 Spulen, je Spule 360 Windungen, Draht 0,32 mm ⊖, Spulen in Serie.

2. **Fabr. AEG, Wechselstrommotor Typ WVW, 3, 220 Volt.**

Anker: 16 Nuten, je Nute 500 Drähte, Draht 0,16 mm ⊖, Wickelschritt 1 : 8, Kollektorschritt 1 : 2.

Magnetfeld: je Spule 500 Windungen, Draht 0,38 mm ⊖, 2 × S.

VIII. Teil.

Werbung im Elektro-Maschinenbauer-Handwerk.

Der Wert einer zugkräftigen Werbung ist in den Kreisen der Elektromaschinenbauer noch nicht im vollen Umfang erkannt. Vielfach bestehen aber auch über Art und Umfang einer zweckmäßigen Werbung, sowie über die hier in Frage kommenden Werbemittel unklare Auffassungen.

Durch die zweckmäßige Werbung sollen die bestehenden Geschäftsverbindungen erhalten und ausgebaut, darüber hinaus neue Verbindungen angeknüpft werden. Ob die Werbemittel „schön" sind oder nicht, ob sie uns selbst gefallen, ob die Theoretiker sie für gut halten oder nicht, ist belanglos. Die Hauptsache ist und bleibt, daß die Werbung ihren Zweck erfüllt.

Für den Elektromaschinenbauer steht die Anwendung der Verbindung „Bild und Text" im Vordergrund des Interesses. Hier ist die glückliche Idee für Wort und Bild in der Regel ausschlaggebend für den Erfolg. Bei der Wahl des Bildes kommt es nicht so sehr auf die Wirklichkeitstreue der Darstellung, als auf die Gesamtwirkung an. Der Empfänger eines solchen Werbemittels soll möglichst auf den ersten Blick erkennen, daß es sich um Dinge handelt, die ihn selbst angehen.

Der sogenannte „Blickfang" ist bei der Bildwerbung von hoher Bedeutung und die Wirkung desselben kann leicht durch eine „Schlagzeile" wesentlich gesteigert werden.

Aber selbst dann, wenn die Notwendigkeit der Werbung erkannt und der Wille zur Durchführung derselben vorhanden ist, scheitert die Tat oft mangels einer guten Idee für Bild und Text. Für die Einleitung eines aussichtsreichen Werbefeldzuges sind Anregungen vielfach von großem Wert. Die im Rahmen dieses kleinen Abschnittes veröffentlichten Bilder und Texte sollen daher als Anregung für die Durchführung einer Postkartenwerbung dienen.

In Abb. 213 ist der Augenblick dargestellt, wo der Elektromotor einen Betriebsschaden erlitten hat und der Motorenbesitzer die Hilfe eines Instandsetzungsfachmannes benötigt. Durch die lebensnahe Darstellung der sich hieraus für den Motorenbesitzer ergebenden Situation, ist die Wirkung der Werbung gewährleistet. Es ist also nicht erforderlich, zu der bildlichen Darstellung noch ergänzenden Text hinzuzufügen.

Abb. 213.

Abb. 214.

Indessen kann die Wirkung einer solchen Bildwerbung durch Anwendung eines Mehrfarbendruckes noch nennenswert gesteigert werden. Auf der Vorderseite der Postkarte können auf der linken Hälfte außer der Firma, Fernruf usw. noch werbende Zusätze z. B.: Geprüfter Elektromaschinenbauermeister, gegründet im Jahre ..., Prüffeld bis ... Volt, Ersatzmaschinen stehen zur Verfügung, Schnellste Hilfe durch Tag- und Nachtdienst usw. angeordnet werden.

Bei der bildlichen Darstellung in Abb. 214 ist davon ausgegangen, daß der Empfänger mit elektrischen Maschinen im gewissen Grade vertraut ist. Links im Hintergrund ist das Polrad eines größeren Wechselstrom-Generators, rechts ein Transformator und im Vordergrund ein auseinander gebauter Drehstrommotor dargestellt. Diese Zusammenstellung soll erkennen lassen, daß der Absender der Werbepostkarte alle Arten und Größen elektrischer Maschinen instandsetzt, bzw. neuwickelt. Deshalb würde es sich empfehlen, in dem unteren Teil des sogenannten Satzspiegels einen Zusatz anzuordnen, aus dessen Inhalt hervorgeht, daß der Absender auch größere Maschinen bis ... kW Leistung zur Instandsetzung in Auftrag nimmt. Die Anführung eines Beispieles über eine oder mehrere bereits ausgeführte Arbeiten kann nichts schaden.

Abb. 215.

Abb. 216.

Abb. 217

Abb. 218.

Die beiden Entwürfe Abb. 213 und 214 unterscheiden sich von den nunmehr folgenden in verschiedener Hinsicht. An Stelle der sogenannten realistischen Zeichnung wurde für die Abb. 215, 216, 217 und 218 die Karrikatur gewählt, und somit an Stelle des Ernstes die lustige Note bevorzugt. Die Anwendung eines bekannten Sprichwortes im Zusammenhang mit der bildlichen Darstellung trägt hier wesentlich zu der Gesamtwirkung und zu einem blitzschnellen Erfassen des Dargebotenen bei.

Ist die Aufmerksamkeit des Empfängers durch Bild und Schlagzeile erreicht, dann wird auch der erweiterte Untertext gelesen und hiermit die Wirkung der Werbung sichergestellt.

Wichtig ist für den Erfolg einer solchen Postkartenwerbung die sorgfältige Auswahl der Empfänger, der Zeitpunkt des Versandes und die Wiederholung.

Beispielsweise wird man die Entwürfe Abb. 215 und 218 in erster Linie an private Haushalte zum Versand bringen und bei Abb. 218 darauf achten, daß der Versand zur Zeit des üblichen Hausputzes geschieht.

Der Entwurf Abb. 217 ist dagegen nur für Landwirtschaft bestimmt. Auch hier ist der Zeitpunkt des Versandes sehr wichtig.

Von der Jahreszeit unabhängig ist der Versand der Entwürfe Nr. 213, 214 und 215. Jedoch wäre bei Abb. 216 zu beachten, daß der Versand nicht während der Reisezeit erfolgt.

Sogenannte Schwarz-Weiß-Zeichnungen (Abb. 215—218) eignen sich für den Abdruck auf normalen Postkartenkarton. Die Wiedergabe kann mit Hilfe sogenannter Strichätzungen in jedem Farbton (Einfarbendruck) erfolgen. Der schwarze und braune Farbton ergibt hierbei die beste Wirkung.

Wird bei Herstellung eines Bildstockes als Bildvorlage z. B. ein Foto verwendet, so ist an Stelle der Zinkätzung eine Autotypie anzufertigen. Der wirkungsvolle Abdruck eines solchen Bildstockes setzt indessen im Regelfall die Verwendung eines Kunstdruckpapiers voraus.

Da mit der Werbung alle Kunden, bzw. Interessenten erfaßt werden sollen, so ist es ratsam, von vornherein Werbemittel vorzusehen, die unterschiedslos für alle Kunden und Interessenten in Betracht kommen. Zwischendurch erfolgt der Versand spezieller Werbemittel, die nur für einen Teil der Kunden und Interessenten bestimmt sind. Der Erfolg jeder Werbung ist sorgfältig festzustellen, denn hieraus können wichtige Rückschlüsse aller Art gezogen und die erforderliche Dauerwirkung erzielt werden.

Auszug
aus
Regeln für die Bewertung und Prüfung von elektrischen Maschinen.
R.E.M. 0530/XII. 37.

Einleitung.

I. Gültigkeit.

§ 1.
Geltungsbeginn.

Diese Regeln gelten für die in § 3 genannten Maschinen, deren Herstellung nach dem 1. Januar 1930 begonnen wird [1]).

Diese Regeln können auch in englischer, französischer, spanischer und portugiesischer Sprache vom VDE bezogen werden.

[1]) Angenommen durch die Jahresversammlung 1929. Veröffentlicht: ETZ 1928, S. 591 und 630; 1929 S. 829, 951 und 1135. — Änderung von §§ 9, 19, 22, 34, 38, 43, 44, 60, 82, und 87 genehmigt durch den Vorsitzenden des VDE im Dezember 1934 mit Gültigkeit ab 1. Januar 1935. Veröffentlicht: ETZ 1934, S. 970 und 1282.

Vorher haben verschiedene andere Fassungen der Maschinennormen bestanden. Über die Entwicklung gibt nachstehende Tafel Aufschluß:

Fassung:	Beschlossen:	Gültig ab:	Veröffentlicht ETZ:
1. Fassung	28. 6. 01	1. 7. 01	01 S. 798
1. Änderung	13. 6. 02	1. 7. 02	02 S. 764
2. Änderung	8. 6. 03	1. 7. 03	03 S. 684
3. Änderung	7. 6. 07	1. 7. 07	07 S. 826
4. Änderung	3. 6. 09	1. 1. 10	09 S. 788
2. Fassung	19. 6. 13	1. 7. 14	13 S. 1038
3. Fassung	17. 10. 22	1. 1. 23	22 S. 657, 1442
4. Fassung	8. 7. 29	1. 1. 30	28 S. 591, 630; 29 S. 829, 951, 1135
1. Änderung	22. 12. 34	1. 1. 35	34 S. 970, 1282
2. Änderung	12. 37	1. 1. 38	37 S. 1021, 1382

§ 2.

Gültigkeit.

Diese Regeln gelten allgemein. Abweichungen hiervon sind ausdrücklich zu vereinbaren. Die Bestimmungen §§ 81 bis 86 über die Schildangaben müssen jedoch immer erfüllt sein.

§ 3.

Geltungsbereich.

Diese Regeln gelten für die nachstehend angeführten Arten von umlaufenden Maschinen sowie von Maschinensätzen, die aus solchen bestehen, ausgenommen Maschinen, die auf Bahn- und anderen Fahrzeugen verwendet werden:

1. Gleichstrommaschinen,
2. Synchronmaschinen,
3. Einankerumformer,
4. Asynchronmaschinen,
5. Kaskadenumformer,
6. Wechselstrom-Kommutatormaschinen,
7. Blindleistungsmaschinen.

II. Begriffserklärungen.

§ 4.

Bestandteile.

Ständer ist der feststehende Teil, Läufer der umlaufende Teil der Maschine.

Anker ist der Teil der Maschine, in desssen Wicklungen durch Umlauf in einem magnetischen Felde oder durch Umlauf eines magnetischen Feldes elektrische Spannungen erzeugt werden.

Bei Asynchronmaschinen wird zwischen Primär- und Sekundäranker unterschieden. Sofern nichts anderes angegeben ist, wird in den folgenden Bestimmungen vorausgesetzt, daß der Ständer den Primäranker, der Läufer den Sekundäranker bildet.

§ 5

siehe § 7.

§ 6.

Nennbetrieb.

Der Nennbetrieb ist gekennzeichnet durch die Werte, die auf dem Schilde genannt sind. Diese Werte und die aus ihnen abgeleiteten werden durch den Zusatz „Nenn-" gekennzeichnet (Nennleistung, Nennspannung, Nennfrequenz, Nenndrehzahl, Nennleistungsfaktor usw.).

§ 7.

Spannung und Strom.

Der Ausdruck Wechselstrom umfaßt sowohl Einphasen- als auch Mehrphasenstrom.

Drehstrom ist verketteter Dreiphasenstrom.

Spannungs- und Stromangaben bei Wechselstrom bedeuten Effektivwerte, sofern nichts anderes angegeben ist.

Spannung ist bei Drehstrom die verkettete, bei Zweiphasenstrom die Spannung zwischen zwei Leitern eines Stranges.

Läuferspannung bei Asynchronmaschinen mit umlaufendem Sekundäranker ist die in der offenen Sekundärwicklung im Stillstand auftretende Spannung zwischen zwei Schleifringen, Läuferstrom bei Asynchronmaschinen mit umlaufendem Sekundäranker ist der bei Nennbetrieb auftretende Schleifringstrom.

Durchmesserspannung bei geschlossenen Gleichstromwicklungen ist die Wechselspannung zwischen zwei um eine Polteilung entfernten Punkten der Wicklung.

Stoßkurzschlußstrom ist der höchste Augenblickswert des Stromes, der bei plötzlichem Klemmenkurzschluß bei -Leerlauferregung im ungünstigsten Schaltaugenblick auftreten kann.

Stoßkurzschluß-Wechselstrom ist der Wechselstromanteil des Stoßkurzschlußstromes. Er wird als Effektivwert angegeben.

Dauerkurzschlußstrom ist der Dauerstrom, der sich bei Klemmenkurzschluß und der dem Nennbetrieb entsprechenden Erregung einstellt

Stoßkurzschluß-Verhältnis ist das Verhältnis des Stoßkurzschluß-Wechselstromes zum Nennstrom bei Klemmenkurzschluß des Generators Diese ist auch gleich dem Verhältnis der Nennspannung zur Stoß-Streuspannung.

Der Kehrwert dieses Verhältnisses heißt relative Stoß-Streuspannung.

§ 8.

Arbeitsweise.

Generator (Stromerzeuger) ist eine umlaufende Maschine, die mechanische Leistung in elektrische Leistung umwandelt.

Motor ist eine umlaufende Maschine, die elektrische Leistung in mechanische Leistung umwandelt.

Umformer ist eine umlaufende Maschine oder ein Maschinensatz zur Umwandlung elektrischer Leistung in elektrische Leistung.

Einankerumformer ist ein Umformer, in dem die Umwandlung in einem Anker stattfindet.

Kaskadenumformer ist ein Umformer, der aus Asynchron- und Gleichstrommaschine mit elektrisch und mechanisch gekuppelten Läufern besteht.

Motorgenerator ist ein Umformer, der aus je einem oder mehreren direkt gekuppelten Motoren und Generatoren besteht.

Sofern nichts anderes angegeben ist, wird in den folgenden Bestimmungen bei Umformern die Arbeitsweise Wechselstrom-Gleichstrom vorausgesetzt.

Blindleistungsmaschine (Phasenschieber) ist eine Maschine, die vorwiegend Blindleistung abgibt (Magnetisierungs- und Ladestrom); hinsichtlich der Blindleistung ist sie wie ein Generator, hinsichtlich der Wirkleistung bei Abgabe als Generator, bei Aufnahme als Motor zu betrachten.

§ 11.

Leistung.

Abgabe ist die abgegebene Leistung an den Klemmen bei Generatoren, an der Welle bei Motoren und an den Sekundärklemmen bei Umformern.

Aufnahme ist die aufgenommene Leistung an der Welle bei Generatoren, an den Klemmen bei Motoren und an den Primärklemmen bei Umformern.

Die Einheit der Leistung ist das Watt (W), das Kilowatt (kW) oder das Megawatt (MW).

Scheinleistung ist das Produkt aus Strom und Spannung mal Phasenfaktor (bei Drehstrom gleich $\sqrt{3}$).

Die Einheit der Scheinleistung ist das Voltampere (VA), das Kilovoltampere (kVA) oder das Megavoltampere (MVA).

§ 12.

Leistungsfaktor.

Leistungsfaktor ($\cos \varphi$) ist das Verhältnis von Leistung in W, kW oder MW zu Scheinleistung in VA, kVA oder MVA.

§ 13.

Wirkungsgrad.

Wirkungsgrad ist das Verhältnis von Abgabe zur Aufnahme.

§ 16.

Erregung.

Unterschieden werden:

1. Selbsterregung: Erregung einer Maschine durch einen von ihr selbst erzeugten Strom,
2. Eigenerregung: Erregung einer Mâschine durch eine mit ihr unmittelbar oder mittelbar gekuppelte Erregermaschine, die nur diesem Zwecke dient,
3. Fremderregung: Erregung einer Maschine durch eine andere als die vorstehend genannten Stromquellen.

Nenn-Erregerspannung bei Eigen- und Fremderregung ist die auf dem Schilde der Maschine genannte Spannung, für die die Erregerwicklung bemessen ist.

§ 18.

Kühlungs- und Lüftungsarten.

Unterschieden werden:

1. Selbstkühlung: Die Kühlluft wird durch die umlaufenden Teile der Maschinen ohne Zuhilfenahme eines besonderen Lüfters bewegt.
2. Eigenlüftung: Die Kühlluft wird durch einen am Läufer angebrachten oder von ihm angetriebenen Lüfter bewegt.
3. Fremdlüftung: Die Kühlluft wird durch einen Lüfter mit eigenem Antriebsmotor bewegt.
4. Wasserkühlung: Die Maschine wird durch fließendes Wasser gekühlt.

   Eine Maschine, bei der nur die Lager wassergekühlt sind, fällt nicht in diese Gruppe.

§ 19.

Schutzarten.

Folgende Schutzarten werden unterschieden (siehe auch DIN VDE 50):

I. Allgemeine Schutzarten.

A. Schutzarten gegen Berührung und Eindringen fester Fremdkörper.

Schutzart		Erklärung
Ohne Berührungsschutz	ohne Schutz gegen feste Fremdkörper	Zufälliges oder fahrlässiges Berühren der Spannung führenden und der inneren bewegten Teile, sowie das Eindringen von Fremdkörpern jeder Art ist nicht behindert.
Schutz gegen zufällige Berührung	Schutz gegen große feste Fremdkörper	Zufälliges oder fahrlässiges Berühren der Spannung führenden und der inneren bewegten Teile, sowie das Eindringen größerer Fremdkörper ist erschwert. Das Zuströmen von Kühlluft aus dem umgebenden Raum ist nicht wesentlich behindert. Gegen Eindringen von Staub, Feuchtigkeit und Gasen aus der umgebenden Luft ist kein Schutz vorhanden
	Schutz gegen kleine feste Fremdkörper	Wie „Schutz gegen große feste Fremdkörper“, aber mit besonderer Schutzverkleidung; z. B. darf bei Schutzverkleidung; aus gelochtem Blech oder Drahtgeflecht die Loch- oder Maschenweite 8 mm nicht überschreiten. Belüftungsöffnungen sind in der gleichen Weise zu schützen.
Schutz gegen absichtliche Berührung	Schutz gegen groben Staub	Geschlossen ohne besondere Dichtung. Die Spannung führenden und die inneren bewegten Teile sind allseitig abgeschlossen. Völlig luft- und staubdichter Abschluß wird jedoch wegen des unvermeidlichen Atmens nicht erreicht. Mit dem Inneren verbundene Rohrleitungen gelten als Abschluß, wenn sie in sich geschlossen sind (Kühlschlangen oder dgl.) oder wenn ihre Enden außerhalb der abzuschließenden Umgebung liegen. Für Maschinen mit offenen Abschlußstutzen gilt „Schutz gegen zufällige Berührung“, soweit sie den dort angegebenen Bedingungen entsprechen.

B. Schutzarten gegen Eindringen von Wasser.

Schutzart	Erklärung
Ohne Wasserschutz	Eindringen von Wasser ist nicht behindert.
Tropfwasserschutz	Spannung führende und innere bewegte Teile sind gegen schädigende Einwirkung senkrecht fallender Wassertropfen geschützt.
Spritzwasserschutz (Regenschutz)	Spannung führende und innere bewegte Teile sind gegen schädigende Einwirkung von Wassertropfen oder Wasserstrahlen ohne besonderen Druck von oben bis zur Waagerechten geschützt.
Schwallwasserschutz	Spannung führende und innere bewegte Teile sind gegen schädigende Einwirkung von Wassertropfen oder Wasserstrahlen ohne besonderen Druck aus beliebiger Richtung (also auch von unten) geschützt.

II. Sonderschutzarten und erweiterte Sonderschutzarten.

C. Sonderschutzarten.

Schutzart	Erklärung
Explosionsschutz	Ausführung entsprechend den Sonderanforderungen für die Verwendung in explosionsgefährdeten Betriebsstätten und Lagerräumen (siehe VDE 0165 „Leitsätze für die Errichtung elektrischer Anlagen in explosionsgefährdeten Betriebsstätten und Lagerräumen" und VDE 0166 „Vorschriften für die Errichtung elektrischer Anlagen in gefährdeten Räumen von Sprengstoffbetrieben").
Schlagwetterschutz	Ausführung entsprechend den Sonderanforderungen für die Verwendung in schlagwettergefährdeten Betriebsstätten und Lagerräumen (siehe VDE 0170 „Vorschriften für die Ausführung schlagwettergeschützter elektrischer Maschinen, Transformatoren und Geräte V. S. S.").

D. Erweiterte Sonderschutzarten.

Nachstehende Erweiterungen gelten nur in Verbindung mit den Sonderschutzarten Explosionsschutz und Schlagwetterschutz.

<table>
<tr><th colspan="3">Schutzart</th><th>Erklärung</th></tr>
<tr><td rowspan="2">Schutz gegen inneren Überdruck</td><td>durch druckfeste Kapselung</td><td>siehe § 5 von VDE 0170/1933</td><td rowspan="2">Druckfeste Kapselung, die eine Explosion der in das Innere gelangenden Gase, Dämpfe, Staube aller Art oder deren Gemische untereinander oder mit Luft aushält und die Übertragung der Explosion an die Umgebung verhindert (siehe VDE 0165 und VDE 0166).</td></tr>
<tr><td>durch Plattenschutz</td><td>siehe § 6 von DVE 0170/1933</td></tr>
</table>

§ 19a.

Betriebsarten:

Unterschieden werden:

1. Dauerbetrieb (DB): Die Betriebszeit ist so lang, daß die dem Beharrungszustand entsprechende Endtemperatur erreicht wird (siehe § 28).

2. Kurzzeitiger Betrieb (KB): Die durch Vereinbarung bestimmte Betriebszeit ist so kurz, daß die Beharrungstemperatur nicht erreicht wird.

   Die Betriebspause, während der die Maschine spannungslos ist, ist lang genug, daß die Abkühlung auf die Temperatur des Kühlmittels erreicht wird (siehe § 29).

3. Dauerbetrieb mit kurzzeitiger Belastung (DKB): Die durch Vereinbarung bestimmte Belastungszeit ist so kurz, daß die Beharrungstemperatur nicht erreicht wird.

   Die Belastungspause, während der die Maschine leerläuft, ist lang genug, daß die Abkühlung auf die Beharrungstemperatur bei Leerlauf erreicht wird (siehe § 29).

4. Aussetzender Betrieb (AB): Einschaltzeiten wechseln mit spannungslosen Pausen ab, deren Dauer nicht genügt, daß die Abkühlung auf die Temperatur des Kühlmittels erreicht wird (siehe § 30).

5. Dauerbetrieb mit aussetzender Belastung (DAB): Belastungszeiten wechseln mit Leerlaufpausen ab, deren Dauer nicht genügt, daß die Abkühlung auf die Beharrungstemperatur bei Leerlauf erreicht wird (siehe § 30).

Die gesamte Spieldauer, die sich bei

AB	DAB
aus Einschaltzeit und spannungsloser Pause	aus Belastungszeit und Leerlaufpause

zusammensetzt, beträgt höchstens 10 min.

Beide Betriebsarten werden durch die relative Einschaltdauer gekennzeichnet.

Relative Einschaltdauer ist das Verhältnis von Einschalt- bzw. Belastungszeit zu Spieldauer.

Spieldauer ist die Summe von Einschaltzeit und spannungsloser Pause bzw. von Belastungszeit und Leerlaufpause.

Bei unregelmäßiger Größe der Spieldauer und ihrer Teile wird die relative Einschaltdauer aus dem Verhältnis der Summe der Einschalt- bzw. Belastungszeiten zur Summe der Spieldauern über eine genügend lange Betriebsperiode bestimmt.

Der Betrieb ist meistens auch noch hinsichtilich der Belastung unregelmäßig.

Bei Wahl der Maschinengrößen sind die Einflüsse der wechselnden Drehmomente, der Massenbeschleunigung, der Steuerung und etwa vorhandener Wärmebestrahlung zu berücksichtigen.

Als normale Werte der relativen Einschaltdauer gelten 15, 25 und 40%.

III. Genormte Werte.

§ 9a)

Frequenzen.

Genormte Nennfrequenz ist 50 Per/s, für Einphasen-Bahnnetze $16\frac{2}{3}$ Per/s.

§ 9.

Spannungen.

Tafel I.

Genormte Nennspannungen in Volt für Maschinen über 100 V.

1	2	3	4
Genormte Betriebsspannungen nach VDE 0176	Gleichstrom		
	Nennspannung		
	für Generatoren	für Motoren	für Bahngeneratoren
110	115	110	—
220	230	220	240
440	460	440	—
550	—	—	600
750	—	—	825
1100	—	—	1200
1500	—	—	1650
3000	—	—	3300

1	2	3	4	5
Genormte Betriebs-spannung nach VDE 0176	Wechselstrom 50 Per/s		Einphasenstrom $16^2/_3$ Per/s	
	Nennspannung		Nennspannung	
	für Generatoren	für Motoren	für Generatoren	für Motoren
125	130	125	—	—
220	230	220	—	200
380	400	380	—	—
500	525	500	—	—
1000	1050	1000	—	—
(5000)	(5250)	(5000)	—	—
6000	6300	6000	6600	—
10000	10500	10000	—	—
15000	15750	15000	16500	—

Die fettgedruckten Spannungen bedeuten Vorzugsspannungen, die in erster Linie sowohl für Neuanlagen als auch für umfangreiche Erweiterungen empfohlen werden.

Die eingeklammerte Spannung von 5000 V ist in der Spannungsreihe nach VDE 0176 nicht mehr enthalten.

Die Nennspannung von 220 V für Einphasenstrom-Motoren von $16^2/_3$ Per/s wurde gewählt mit Rücksicht auf die auch in den Werkstätten zur Prüfung von Lokomotiveinrichtungen vorhandene Fahrzeug-Hilfsspannung von 220 V.

Blindleistungsmaschinen sind hinsichtlich ihrer Nennspannung stets als Generatoren zu bemessen (siehe § 8).

§ 10.
Drehzahlen.

Tafel II.

Genormte Drehzahlen und Synchron-Drehzahlen in U/min für Wechselstrommaschinen von 50 Per/s

1	2	1	2
Polzahl	Drehzahl	Polzahl	Drehzahl
2	3000	(28)	(214)
4	1500	32	188
6	1000	(36)	(167)
8	750	40	150
10	600	48	125
12	500	(56)	(107)
16	375	64	94
20	300	(72)	(83)
24	250	80	75

Für Gleichstrommaschinen gelten, so weit als möglich, die gleichen Drehzahlen.

Die eingeklammerten Werte sind, wenn möglich, zu vermeiden.

§ 20.

Leistungsfaktor.

Als genormte Leistungsfaktoren für Generatoren gelten:

1,0 0,8 0,7 0,6

Sofern nichts anderes angegeben ist, wird vorausgesetzt, daß der Nennleistungsfaktor — bezogen auf die Nennspannung an den Klemmen der Maschine — beträgt bei

Synchrongeneratoren 0,8,
Synchronmotoren 1,0,
Einankerumformern . . . . 1,0.

IV. Bestimmungen.

§ 27.

Prüfungen.

Die Prüfungen nach diesen Regeln sind nach Möglichkeit in den Werkstätten des Herstellers an der neuen trockenen, betriebsfertig eingelaufenen Maschine vorzunehmen. Prüfungen an anderen Orten sind dann zulässig, wenn auch dort die Gewähr für die richtige Messung und Beachtung der Vorschriften gegeben ist.

Maschinen sind mit ihren Lüftungsvorrichtungen zu prüfen.

Die Schutzart der Maschine darf für den Probelauf nicht geändert werden.

§ 27a.

Erdung.

An den Gehäusen von Maschinen ist ein Erdungsanschluß vorzusehen, der ausreichend bemessen, als Erdungsanschluß gekennzeichnet und leicht zugänglich sein muß.

Wellen brauchen nicht besonders geerdet zu werden, solange mindestens **ein** Lager geerdet ist.

Für die Ausführung der Erdungen gelten VDE 0141 „Leitsätze für Schutzerdungen in Hochspannungsanlagen" und VDE 0140 „Leitsätze für Schutzmaßnahmen in Starkstromanlagen mit Betriebsspannungen unter 1000 V, L.E.S. 1.".

B. Betriebsarten.

§ 28.

Dauerbetrieb.

Die Nennleistung (siehe § 6) oder Dauerleistung muß beliebig lange Zeit hindurch abgegeben werden können, ohne daß die Erwärmung die in § 39 angegebenen Grenzwerte überschreitet; dabei müssen alle anderen Bestimmungen erfüllt werden.

§ 29.

Kurzzeitiger Betrieb und Dauerbetrieb mit kurzzeitiger Belastung.

Die Nennleistung (siehe § 6) oder Zeitleistung muß die vereinbarte Zeit hindurch abgegeben werden können, ohne daß die Erwärmung die in § 39 angegebenen Grenzwerte überschreitet; dabei müssen alle anderen Bestimmungen erfüllt werden.

§ 30.

Aussetzender Betrieb und Dauerbetrieb mit aussetzender Belastung.

Die Nennleistung (siehe § 6) oder Aussetzleistung muß bei regelmäßigem Spiel mit der angegebenen relativen Einschaltdauer beliebig lange Zeit hindurch abgegeben werden können, ohne daß die Erwärmung die in § 39 angegebenen Grenzwerte überschreitet; dabei müssen alle anderen Bestimmungen erfüllt werden.

C. Erwärmung.

§ 31.

Begriffserklärung.

Erwärmung eines Maschinenteiles ist bei den Betriebsarten DB, AB und DAB der Unterschied zwischen seiner Temperatur und der des zutretenden Kühlmittels, bei den Betriebsarten KB und DKB der Unterschied seiner Temperaturen bei Beginn und am Ende der Prüfung.

§ 33.

Bestimmung der Wicklungserwärmung.

Als Erwärmung einer Wicklung gilt der höhere der beiden folgenden Werte:

1. Mittlere Erwärmung, errechnet aus der Widerstandszunahme während des Probelaufes.
2. Örtliche Erwärmung an der vermutlich heißesten zugänglichen Stelle, gemessen mit dem Thermometer.

Wenn die Widerstandsmessung untunlich ist, so wird die Thermometermessung allein angewendet.

§ 34.

Berechnung der Wicklungserwärmung aus der Widerstandszunahme.

Die Erwärmung Θ von Kupferwicklungen[1]) wird nach folgenden Formeln aus der Widerstandszunahme berechnet, in denen

ϑ_{kalt}	die Temperatur der kalten Wicklung,
$\vartheta_{\text{Kühlmittel}}$	die Temperatur des Kühlmittels (siehe § 37),
R_{kalt}	den Widerstand der kalten Wicklung,
R_{warm}	den Widerstand der warmen Wicklung

bedeutet:

1. bei allen Maschinen, ausgenommen Betriebsart KK und DKB

$$\Theta = \frac{R_{\text{warm}} - R_{\text{kalt}}}{R_{\text{kalt}}} (235 + \vartheta_{\text{kalt}}) - (\vartheta_{\text{Kühlmittel}} - \vartheta_{\text{kalt}}),$$

2. bei Maschinen der Betriebsart KB und DKB für Betrieb unter 1 h

$$\Theta = \frac{R_{\text{warm}} - R_{\text{kalt}}}{R_{\text{kalt}}} (235 + \vartheta_{\text{kalt}}),$$

wobei die Werte ϑ_{kalt} und R_{kalt} für den Beginn der Prüfung gelten.

Es ist darauf zu achten, daß alle Teile der Wicklungen bei der Messung zu R_{kalt} die gleiche mit dem Thermometer zu messende Temperatur ϑ_{kalt} haben.

Bei Maschinen der Betriebsart KB und DKB ist die Betriebsdauer (Prüfdauer) meistens so kurz und die Zeitkonstante der Maschine so groß, daß der Einfluß einer Änderung der Kühlmitteltemperatur auf die Erwärmung der Maschine während der Betriebszeit (Prüfzeit) nur sehr gering ist. Ihre Berücksichtigung würde daher zu größeren Fehlern als ihre Nichtberücksichtigung führen.

§ 35.

Erwärmungsmessung mit Thermometer.

Bei Wechselstrommaschinen mit Nennleistungen von mehr als 5000 kVA oder mit Eisenlängen von mehr als 1 m müssen mindestens 6 elektrische Thermometer (Thermoelemente oder Widerstandspulen) ins Innere des Ständers, annähernd gleichmäßig am Umfang verteilt, eingebaut werden.

Widerstandsspulen innerhalb der Nuten müssen bei Eisenlängen bis zu 1 m Länge von 25 cm, bei Eisenlängen über 1 m eine Länge von 50 cm erhalten.

---

[1]) Die Erwärmung von Aluminiumwicklungen ergibt sich aus den nachstehenden Formeln, wenn man den Zahlenwert 235 durch 245 ersetzt.

Das Thermometer soll entweder innerhalb der Nuten, aber außerhalb der Spulenisolierung, oder in der Zahnmitte halbwegs zwischen zwei Kühlschlitzen zwischen die Eisenbleche eingebaut werden.

Bei Einbau innerhalb der Nuten soll es bei Zwei- oder Mehrschichtwicklungen zwischen zwei isolierten Spulenseiten liegen. Bei Einschichtwicklungen soll es zwischen der Spulenisolation und der Innenseite der Nutenauskleidung am Nutengrunde liegen; ist jedoch ein Kühlkanal am Nutengrund vorhanden, dann soll es an der Nutenseite eingebaut werden.

Bei allen anderen Maschinen werden durch Anlegen von Thermometern nur Oberflächentemperaturen gemessen. Hierzu können Ausdehnungsthermometer (mit Quecksilber- oder Alkoholfüllung) oder elektrische Thermometer benutzt werden, doch ist im Zweifelsfalle das Quecksilber- oder Alkoholthermometer maßgebend. Hierbei ist darauf zu achten, daß die Zeitkonstante des Thermometers hinreichend klein ist, um ein sicheres Messen der auftretenden Höchsttemperatur zu ermöglichen.

In anderen Fällen muß für möglichst gute Wärmeübertragung von der Meßstelle auf das Thermometer und geringe störende Wärmeableitung von der Meßstelle fort gesorgt werden. Die Meßstelle darf von Kühlluft nicht bestrichen werden. Bei Messung von Oberflächentemperaturen sind daher Meßstelle und Thermometer gemeinsam mit einem schlechten Wärmeleiter zu bedecken.

§ 36.

Ausführung der Messungen.

Die Messung der Widerstandszunahme ist möglichst während des Probelaufes, sonst aber unmittelbar nach dem Abstellen vorzunehmen. Der Zufluß von Kühlluft bzw. Kühlwasser ist gleichzeitig mit dem Ausschalten abzustellen. Die Auslaufzeit ist, wenn nötig, künstlich abzukürzen.

Die Thermometermessung ist möglichst während des Probelaufes nötigenfalls mit Maximalthermometer, sonst aber nach dem Abstellen vorzunehmen.

Wenn auf dem Thermometer nach dem Abstellen höhere Temperaturen als während des Probelaufes abgelesen werden, so sind diese höheren Werte maßgebend. Ausgenommen hiervon sind Messungen an solchen Stellen, in deren Nähe eine höhere Erwärmung als an der Meßstelle selbst zulässig ist.

Ist vom Augenblick des Ausschaltens bis zu den Messungen soviel Zeit verstrichen, daß eine merkliche Abkühlung anzunehmen ist, so sollen die Meßergebnisse durch Extrapolation auf den Augenblick des Ausschaltens umgerechnet werden.

§ 37.

Temperatur des Kühlmittels.

Als Temperatur des Kühlmittels gilt für den Probelauf bei Maschinen

1. mit Selbstkühlung oder Eigenlüftung, die die Kühlluft dem Maschinenraum entnehmen: der Durchschnittswert der während des letzten Viertels der Versuchszeit in gleichen Zeitabschnitten gemessenen Temperaturen der Umgebungsluft.

   Zwei oder mehrere Thermometer sind zu verwenden, die in 1 bis 2 m Entfernung von der Maschine (ungefähr in Höhe der Maschinenmitte) zur Messung der mittleren Zulufttemperatur angebracht werden. Die Thermometer dürfen weder Luftströmungen noch Wärmebestrahlung ausgesetzt sein.

   Bei großen Maschinen für versenkten Einbau ist es zulässig, die Temperaturen in der Grube künstlich auf die Außentemperatur zu bringen.

2. mit Eigen- oder Fremdlüftung, denen die Kühlluft durch besondere Leitungen zuströmt, und

3. mit Wasserkühlung: der Durchschnittswert der während des letzten Viertels der Versuchszeit in gleichen Zeitabschnitten am Eintrittsstutzen gemessenen Temperatur des Kühlmittels.

   Findet bei solchen Maschinen auch eine nennenswerte Wärmeabgabe an die Umgebungsluft statt, so gilt als Temperatur des Kühlmittels ein Mittelwert nach der Mischungsregel

$$\vartheta_m = \frac{\vartheta_K W_K + \vartheta_L W_L}{W_K + W_L}.$$

Hierin bedeutet:

ϑ_L die Temperatur der Umgebungsluft,
ϑ_K die Temperatur des anderen Kühlmittels,
W_L die Wärmeabgabe an die Umgebungsluft,
W_K die Wärmeabgabe an das andere Kühlmittel.

Die an die Luft abgegebene Wärmemenge kann z. B. dadurch bestimmt werden, daß man die an das Kühlwasser abgegebene Wärmemenge feststellt und von den Gesamtverlusten abzieht. Für den Fall, daß beim Versuch die Kühlmitteltemperatur geringer als 35° war, ist dann durch Umrechnung festzustellen, ob die Erwärmung bei 35° den Bestimmungen entspricht.

§ 38.
Wärmebeständigkeit der Isolierstoffe.

Tafel III.
Wärmebeständigkeitsklassen.

	I	II	III
	Klasse	Isolierstoff	Behandlung
1	A	Baumwolle, Seide, Papier und ähnliche Faserstoffe	getränkt oder in Füllmasse [1])
2	*B*	Glimmer- und Asbestpräparate und ähnliche mineralische Stoffe	mit Bindemittel
		Lackdraht	—
3	C	Glimmer	ohne Bindemittel
		Porzellan, Glas, Quarz und ähnliche feuerfeste Stoffe	—

[1]) Eine Isolierung wird als „getränkt" bezeichnet, wenn die Luft zwischen den Fasern weitgehend durch einen geeigneten Stoff ersetzt wird. Sind diese Zwischenräume ausgefüllt, so wird die Isolierung als „in Füllmasse" bezeichnet.

Von einem brauchbaren Tränkmittel wird verlangt, daß es gute Isoliereigenschaften hat, daß es die Fasern vollständig einhüllt und sie aneinander und am Leiter haften läßt, daß es bei der zugelassenen Grenztemperatur nicht tropfbar weich wird und, daß es wärmebeständig ist.

Von einer brauchbaren Füllmasse wird verlangt, daß sie gute Wärmeleitfähigkeit und erforderliche Isoliereigenschaften hat, daß sie die Hohlräume zwischen den ilolierten Leitern praktisch ausfüllt und keine Hohlräume bildet, daß sie bei der zugelassenen Grenztemperatur nicht tropfbar weich wird und, daß sie wärmebeständig ist.

§ 39.
Grenzwerte.

Die in Tafeln IVa und IVb zusammengestellten höchszulässigen Grenzwerte der Erwärmung gelten unter der Voraussetzung, daß die Kühlmitteltemperatur 35° nicht überschreitet (Ausnahmen siehe § 65).

Für die Temperatur gelten Grenzwerte, die 35° über den Werten in Tafeln IVa und IVb liegen. Diese Grenzwerte für die Temperatur gelten immer. Die Grenzwerte für die Erwärmung dürfen nur dann überschritten werden, wenn die Kühlmitteltemperatur im Betriebe stets so niedrig bleibt, daß die Grenztemperaturen nicht überschritten werden und über die Erfüllung dieser Voraussetzung eine Vereinbarung getroffen wird. Auf dem Schilde soll in diesem Falle außer den Größen, die für den Sondernennbetrieb bei der vereinbarten höchsten Kühlmitteltemperatur kennzeichnend sind, auch diese Temperatur angegeben werden. Alle anderen Bestimmungen dieser Regeln müssen für diesen Sondernennbetrieb erfüllt sein.

Bei der Wahl oder Anordnung des Aufstellungsortes ist auf die von der Maschine abgegebene Wärmemenge Rücksicht zu nehmen.

Wenn die natürliche Kühlung einer Maschine durch Aufstellung in einen zu engen Raume oder durch einen nachträglich angebrachten Schutzkasten behindert wird, so kann die Maschine dauernd nur eine geringere Leistung oder ihre Nennleistung nur verhältnismäßig kürzere Zeit abgeben.

Tafel IVa.

Grenzerwärmungen.

	I	II	III	IV
	Wicklungen mit Isolierung nach Klasse [1])	*A*	*B*	*C*
1	Alle Wicklungen mit Ausnahme von 2	60°	80°	Nur beschränkt durch den Einfluß auf benachbarte Isolierteile
2	Einlagige Feldwicklungen allgemein, ebenso in Volltrommelläufern zweilagige Feldwicklungen	70°	90°	
3	I	II		
	Kommutatoren und Schleifringe	60°		
4	Lager	45°		
5	Eisenkerne mit eingebetteten Wicklungen	Wie die Wicklungen		
6	Eisenkerne ohne eingebettete Wicklungen	Nur beschränkt durch den Einfluß benachbarter Isolierteile		
7	Alle anderen Teile			

Meßverfahren	
Alle Wicklungen mit Ausnahme der dauernd kurzgeschlossenen	Widerstandszunahme und Thermometermessung
Dauernd kurzgeschlossene Wicklungen sowie alle anderen Teile	Thermometermessung

[1]) Ungetränkte Isolierstoffe sollen im allgemeinen nicht verwendet werden. Wenn in Ausnahmefällen davon Gebrauch gemacht wird, so sind die Grenzerwärmungen hierfür um 15° gegenüber den für Isolationsklasse A zulässigen Werten zu erniedrigen.

Tafel IVb.

Grenzerwärmungen.

Zusatzbestimmungen für Ständerwicklungen von Wechselstrommaschinen von mehr als 5000 kVA Leistung oder mehr als 1 m Eisenlänge.

	I			II	III
	Wicklungen mit Isolierung nach Klasse			A	B
8	Wicklungen bis 7000 V[1]) (Thermometer an der Nutenwand oder in der Zahnmitte)	Meßstelle	in der Mitte	55°	70°
			an den Enden	60°	80°
9	Zweischichtwicklungen (Thermometer zwischen den beiden Schichten)			60°	80°
Meßverfahren Messung mit eingebautem elektrischen Thermometer (siehe § 35)					
Auf Wunsch des Herstellers kann bei Maschinen mit Einschichtwicklungen das Thermometer innerhalb der Nutenisolation angeordnet werden. Als Erwärmungsgrenze des Kupfers gilt alsdann bei Isolierung nach Klasse A 70°, bei Isolierung nach Klasse *B* 85°.					
[1]) Anmerkung zu 8: Für Maschinen mit mehr als 7000 V werden die Grenzwerte um je 1,5° herabgesetzt für je 1000 V über 7000.					

§ 40.

Isolierung aus verschiedenen Stoffen.

Ist die Isolierung eines Teiles der Maschine aus Isolierstoffen verschiedener Klassen geschichtet, so gilt für jede Schicht die Grenztemperatur des betreffenden Isolierstoffes, wenn es möglich ist, die von jeder einzelnen Schicht erreichte Temperatur zu messen. Liegt die weniger wärmebeständige Schicht außen, so genügt für diesen Nachweis die Thermometermessung der Außentemperatur. Dagegen gilt die Grenze der niedrigsten Grenztemperatur für den betrachteten Wicklungsteil, wenn die Messung der Temperatur jeder einzelnen Schicht nicht möglich ist.

Gemeinsame Verwendung von Isolationsklasse *C* mit *A*, letztere zum mechanischen Aufbau benutzt, gilt als Isolationsklasse *B*, wenn die Isolierung durch die für Klasse *B* zulässigen Grenztemperaturen in dielektrischer und mechanischer Hinsicht dem dauernden Betrieb standhält.

Werden verschiedene Isolierstoffe in verschiedenen Teilen derselben Wicklung verwendet, so gilt für jeden dieser Teile die für den betreffenden Isolierstoff vorgeschriebene Grenztemperatur. Bei der Temperaturbestimmung aus der Widerstandszunahme gilt die für den wärmebeständigeren Isolierstoff zulässige Grenztemperatur, sofern die Thermometermessung am weniger wärmebeständigen Isolierstoff keine Überschreitung der für sie zulässigen Grenztemperatur ergibt.

E. Isolierfestigkeit.

§ 48.

Allgemeines.

Die Wicklungsisolation soll folgenden Spannungsproben unterworfen werden.

1. Wicklungsprobe nach § 50,
2. Sprungwellenprobe nach § 51 bei Wechselstromwicklungen über 2,5 kV,
3. Windungsprobe nach § 52.

Verbindungen zwischen verschiedenen Wicklungen (z. B. den drei Phasen einer Mehrphasenwicklung) oder mit dem Körper müssen bei Maschinen über 1000 V Betriebsspannung zur Vornahme der Wicklungsprobe getrennt werden. Wenn die Verbindungen nicht ohne weiteres lösbar sind, kann die Prüfung als Werkstattprüfung an der nicht ganz fertigen Maschine durchgeführt werden. Die Verbindungen brauchen nicht gelöst zu werden bei Maschinen mit abgestufter Isolation für dauernde Erdung eines Poles.

Die Prüfungen dürfen an der kalten Maschine vorgenommen werden, falls die Maschine in warmem Zustand nicht zur Verfügung steht.

Die Prüfungen sollen in der Reihenfolge 1, 2, 3 vorgenommen werden.

Die Prüfungen gelten als bestanden, wenn weder Durchschlag noch Überschlag eintritt.

Für die Prüfung der Isolation von ausgebesserten elektrischen Maschinen genügt im allgemeinen die Wicklungsprobe.

§ 49.

Ausführung der Spannungsprobe.

Bei Asynchronmaschinen und Synchronmaschinen mit Walzenläufer ist die Spannungsprobe 1 bei eingebautem Läufer vorzunehmen. Bei Gleichstrommaschinen und Synchronmaschinen mit Schenkelpolläufer darf sie bei ausgebautem Läufer vorgenommen werden.

§ 50.

Wicklungsprobe.

Die Wicklungsprobe dient zur Feststellung der ausreichenden Isolierung von Wicklungen gegeneinander und gegen Körper.

Ein Pol der Stromquelle wird an die zu prüfende Wicklung, der andere an die Gesamtheit der untereinander und mit dem Körper verbundenen anderen Wicklungen gelegt.

Die Prüfspannung soll praktisch sinusförmig, ihre Frequenz gleich der Nennfrequenz oder 50 Per/s sein:

Bei der Vornahme der Prüfung dürfen höchstens 50% der Prüfspannung durch Einschalten mittels Schalter auf das Prüfobjekt gegeben werden. Die Steigerung der Spannung vom halben Wert zum Endwert muß stetig oder in einzelnen Stufen von höchstens 5% der Endspannung erfolgen. Die Zeit der Spannungssteigerung vom halben Wert bis zum Endwert soll nicht kleiner als 10 s sein. Der Endwert der Prüfspannung ist während 1 min einzuhalten.

Wird die Prüfzeit über 1 min ausgedehnt, so soll die Prüfspannung herabgesetzt werden.

Gleitfunken dürfen vor Überschreitung der Nennspannung um 25% nicht auftreten.

Kurzschlußwicklungen brauchen nicht geprüft zu werden.

Bei der Spannungsprüfung ausgebesserter Wicklungen ist der ausgebesserte Wicklungsteil, soweit möglich, zunächst der vollen Prüfspannung nach Tafel V auszusetzen. Bei der fertig eingebauten ausgebesserten Wicklung ist die Wicklungsprobe mit einer Prüfspannung auszuführen, die innerhalb der Garantiezeit 80% und nach Ablauf der Garantiezeit 70% der Prüfspannung der neuen Maschine beträgt: die gleichen Bedingungen gelten für die Spannungsprüfung gebrauchter Maschinen.

Bei vollständiger Neuwicklung der Maschine wird die Wicklungsprobe mit der Prüfspannung für die neue Maschine ausgeführt.

Eine Wiederholung der bei der Abnahme vorgenommenen Wicklungsprobe soll vermieden werden; wird sie jedoch gewünscht, so soll sie mit 80% der Prüfspannungen nach Tafel V ausgeführt werden.

Für die Prüfspannung von Hochspannungs-Gleichstrommaschinen mit kleiner Leistung, die zur Erzeugung von Anodenspannungen und zur Isolationsprüfung dienen sollen, sind besondere Vereinbarungen zu treffen.

In Tafel V bedeutet U

1. die höchste auf dem Leistungsschild angegebene Nennspannung der Maschine, bei Feldwicklungen die Nenn-Erregerspannung,
2. bei leitend verbundenen Wicklungen einer oder mehrerer Maschinen die höchste gegen Körper beim Körperschluß eines Poles auftretende Spannung,
3. bei Läuferwicklungen von Asynchronmotoren, die dauernd in einer Richtung umlaufen, die Läuferspannung; bei Umkehr-Asynchronmotoren zum Antrieb von Werkzeugmaschinen die 1,5-fache Läuferspannung; bei Asynchronmotoren mit hoher Schleuderdrehzahl zum Antrieb von Kranen die 2,5-fache Läuferspannung,

Tafel V.

Prüfspannungen für die Wicklungsprobe.

	I	II		III	IV
	Wicklung	Bereich		Prüfspannung in Volt (der größere der Werte)	
1	Alle Wicklungen mit Ausnahme von 5 bis 8	Nennleistung kleiner als 1 kW		2 U + 500	
2		Nennleistung von 1 kW an	bis 100 V	1000	
3			bis 1000 V	2 U + 1000	1500
4			bis 3000 V	3 U	
5			über 3000 V	2 U + 3000	
6	Erregerwicklungen von Einankerumformern und Synchronmotoren	mit stets geschlossenem Erregerkreis ohne oder mit Drehstromanlauf [1]		2 U + 1000	1500
7		mit für den Anlauf unterteilter Erregerwicklung ohne oder mit Drehstromanlauf [1]		10 U + 1000	1500
8		mit abschaltbarem Erregerkreise	ohne Drehstromanlauf	10 U + 1000	1500
9			mit Drehstromanlauf	20 U + 1000, jedoch max. 8000	1500

[1]) Anmerkung zu 6 und 7: Der Erregerkreis von Einankerumformern und Synchronmotoren gilt als geschlossen, wenn der äußere Widerstand nicht mehr als das 10-fache des inneren beträgt.

Empfohlen wird, die Erregerwicklung von Einankerumformern und Synchronmaschinen stets geschlossen zu halten oder sie für den Anlauf zu unterteilen.

4. bei dauernd mit einem Außenpol geerdeten Maschinen die 1,25-fache Nennspannung [1]),
5. bei Maschinen, die im Sternpunkt kurz geerdet sind, die 0,8-fache Nennspannung.

§ 52.

Windungsprobe.

Die Windungsprobe dient zur Feststellung der ausreichenden Isolierung benachbarter Windungen gegeneinander und zum Auffinden von Wicklungsdurchschlägen, die durch die Sprungwellenprobe eingeleitet sind.

Tafel VII.

Prüfspannungen für die Windungsprobe.

	I	II
	Wicklungsart	Prüfspannung / Nennspannung
1	Wicklungen, die der Wicklungsprobe von Strang zu Strang nach § 50 nicht unterworfen werden (Wicklungen von Maschinen für weniger als 1000 V mit unlösbaren Verbindungen)	1,5
2	Wicklungen mit abgestufter Isolation für dauernde Erdung eines Poles	1,5
3	Alle anderen Wicklungen	1,3

Die Prüfung erfolgt bei Leerlauf und zwar durch Erhöhung der angelegten oder erzeugten Spannung (Motoren oder Generatoren) auf die in Tafel VII angegebenen Werte. Die Frequenz bzw. Drehzahl kann entsprechend erhöht werden. Die Prüfdauer beträgt 3 min.

Die höhere Spannung unter 1 und 2 soll ein Ersatz für die nicht durchführbare Wicklungsprobe von Strang zu Strang sein.

§ 53.

Klemmenprobe.

Die Klemmen von Maschinen müssen eine Prüfspannung gleich der 1,5-fachen Prüfspannung der Wicklung (siehe § 50) aushalten.

---

[1]) Dieser gegenüber dem früheren Wert von 1,1 (siehe R.E.M.-1923) erhöhte Wert, der in der Annahme beschlossen wurde, daß er durch die Anpassung an die entsprechende IEC-Arbeit notwendig würde, soll wieder auf 1,1 herabgesetzt werden.

Die Dauer der Prüfung beträgt 1 min.

Die Ausführung dieser Prüfung kann aber nur entweder an den zur Maschine gehörenden Klemmerbrettern vor dem Anschluß an die Wicklung oder bei Verzicht auf diese Art der Prüfung an Klemmenbrettern gleicher Type verlangt werden.

H. Drehsinn und Drehzahl.

§ 76.

Drehsinn.

Der Drehsinn einer Maschine, Rechtslauf im Uhrzeigersinn, Linkslauf entgegen dem Uhrzeigersinn, wird bestimmt:

1. Von der dem Kommutator oder der den Schleifringen entgegengesetzten Seite aus, wenn nur ein Kommutator oder Schleifringe auf nur einer Maschinenseite vorhanden sind.
2. Von der Antriebsseite (u. U. von der des stärkeren Wellenstumpfes aus), wenn die Bestimmung unter 1. nicht eindeutig ist, also bei zwei Kommutatoren oder Schleifringen auf beiden Maschinenseiten und bei Motoren mit Kurzschlußläufern.
3. Von der Schleifringseite aus, wenn Kommutator und Schleifringe gleichzeitig vorhanden sind und auf verschiedenen Maschinenseiten liegen.
4. Nach besonderer Vereinbarung, wenn die Bestimmungen unter 1., 2. und 3. nicht eindeutig sind.

Als normaler Drehsinn gilt Rechtslauf.

Bei Drehstrommaschinen bis 100 kVA Leistung soll stets die Klemmenfolge UVW der zeitlichen Phasenfolge bei Rechtslauf entsprechen; falls bei Maschinen über 100 kVA Linkslauf vereinbart wird, so soll bei diesem Drehsinn die Klemmenfolge UVW der zeitlichen Phasenfolge entsprechen; dieses ist durch einen Pfeil mit Spitze nach links (←) auf dem Leistungsschild (siehe § 82, Zu 6) kenntlich zu machen.

Die Bestimmung entbindet nicht von der Prüfung der Phasenfolge vor der Inbetriebsetzung.

§ 77.

Maschinen für beide Drehrichtungen.

Wenn Maschinen beliebig für beide Drehrichtungen verwendet werden sollen, so muß dieses besonders vereinbart werden; bei solchen, die für beide Drehrichtungen verschiedene Bürstenstellungen erfordern, sind beide Bürstenstellungen dauerhaft kenntlich zu machen.

§ 78.

Drehzahländerung.

Drehzahländerung eines Motors ist die Drehzahlerhöhung bei Übergang von Nennbetrieb auf Leerlauf, wenn Spannung und Frequenz ungeändert bleiben.

I. Ursprungszeichen und Schilder.

§ 80.

Hersteller und Firmenzeichen.

Jede Maschine muß den Namen des Herstellers oder dessen Firmenzeichen tragen. Diese Angaben können auch auf dem Leistungsschild angebracht werden.

§ 81.

Leistungsschild.

Jede Maschine muß ein Leistungsschild tragen; dieses soll so befestigt werden, daß es auch im Betriebe bequem gelesen werden kann.

Bei Motoren, die in eine Arbeitsmaschine derart eingebaut werden, daß ihr Leistungsschild nicht mehr ablesbar wäre, ist das Leistungsschild an anderer Stelle sichtbar anzubringen; in diesem Falle muß der Motor entweder ein zweites Schild tragen oder es muß der Zusammenhang zwischen dem Motor und dem getrennt angebrachten Leistungsschild durch Angabe der Fertigungsnummer auf dem Motor selbst sichergestellt sein.

Auf dem Leistungsschild sind deutlich und haltbar folgende Angaben entsprechend dem Bestell- oder Listenwert anzubringen:

a) Für alle Maschinen:

1. Modellbezeichnung oder Listennummer,
2. Fertigungsnummer,
3. Verwendungsart,
4. Nennleistung,
5. Betriebsart,
6. Nenndrehzahl.

b) Ferner die in Tafel XI aufgeführten zusätzlichen Angaben.

Die Schilder der hier nicht angeführten Maschinen müssen solche Angaben enthalten, daß ohne Nachmessung erkannt werden kann, ob sie für ein bestimmtes Netz und eine bestimmte Arbeitsleistung geeignet sind.

§ 82.

Bemerkungen zu den Leistungsschild-Angaben.

Zu 3. Als Verwendungsart müssen Stromart und Arbeitsweise angegeben werden, wobei folgende Abkürzungen zulässig sind:

A. Stromart

Gleichstrom	G
Einphasenstrom	E
Zweiphasenstrom	Z
Drehstrom	D
Sechsphasenstrom	S

B. Arbeitsweise

Generator	Gen.
Motor	Mot.
Blindleistungsmaschine	Bl. M. (Phas.)
Einankerumformer	E. U.
Kaskadenumformer	K. U.

Zu 4. Unter Nennleistung ist anzugeben:

A. Abgabe bei
sämtlichen Motoren, ferner bei
Gleichstrom- und Asynchrongeneratoren
sowie Wechselstrom-Gleichstrom-Einankerumformern
(siehe § 11),

B. Scheinleistung bei
Synchrongeneratoren,
Blindleistungsmaschinen,
Gleichstrom-Wechselstrom-Einankerumformern (siehe § 11).

Zu 5. Die Betriebsart wird in folgender Weise gekennzeichnet:

A. Dauerbetrieb: Kein Vermerk.

B. Kurzzeitiger Betrieb: KB bzw. DKB und vereinbarte Betriebs- bzw. Belastungszeit.

C. Aussetzender Betrieb: AB bzw. DAB und relative Einschaltdauer.

Zu 6. Bei Maschinen, die nur in einer Drehrichtung benutzt werden sollen und bei denen eine Änderung der Drehrichtung nur durch konstruktive Änderungen oder Änderung der inneren Maschinenschaltung möglich ist, ist der Drehzahlangabe

ein Pfeil mit Spitze nach rechts mit davorgesetztem „nur“ (nur →) für Rechtslauf,

Tafel XI.
Zusätzliche Angaben.

	I	II	III	IV
	Gleichstrommaschinen	Synchronmaschinen	Asynchronmaschinen	Einanker- und Kaskadenumformer
7	Nennspannung	Nennspannung	Nennspannung Läuferspannung	Nenngleichspannung Nennwechselspannung
8	Nennstrom	Nennstrom	Nennstrom Läuferstrom	Nenngleichstrom Nennwechselstrom
9	—	Nennfrequenz	Nennfrequenz	Nennfrequenz
10	—	Nenn-Leistungsfaktor	Nenn-Leistungsfaktor	Nenn-Leistungsfaktor
11	Bei Eigen- und Fremderregung Nenn-Erregerspannung	Bei Eigen- und Fremderregung Nenn-Erregerspannung	—	Bei Eigen- und Fremderregung Nenn-Erregerspannung
12	Erregerstrom bei Nennbetrieb bei Generatoren und bei Motoren für Drehzahlregelung	Erregerstrom bei Nennbetrieb	—	Erregerstrom bei Nennbetrieb
13	—	Schaltart der Ständerwicklung	Schaltart der Ständerwicklung	—
14	—	—	Schaltart der Läuferwicklung	Schaltart der Ankerwicklung

ein Pfeil mit Spitze nach links mit davorgesetztem „nur"
(nur ←) für Linkslauf

hinzuzufügen.

Umsetzen der Bürstenhalter ist als konstruktive Änderung anzusehen, nicht aber die Verschiebung der Bürsten.

Der Pfeil mit Spitze nach links ist auch bei Drehstrommaschinen mit Klemmenfolge UVW für Linkslauf anzuwenden (siehe § 76).

Empfohlen wird, den Drehrichtungspfeil auch noch auf der Stirn des freien Wellenstumpfes anzubringen.

Bei Generatoren mit Wasserturbinenantrieb sowie bei Motoren mit Reihenschlußverhalten ist außer der Nenndrehzahl die höchstzulässige Drehzahl (in Klammern) anzugeben, z. B. 1000 (1800).

Zu 7. Als Wechselspannung ist bei Wechselstrom-Gleichstrom-Einankerumformern die höchste Spannung zwischen zwei Schleifringen bei Nennbetrieb anzugeben.

Drehstrommotoren dürfen nur dann mit zwei Nennspannungen gestempelt werden, wenn sie sowohl in Stern- als auch in Dreieckschaltung betrieben werden können. Zu beiden Nennspannungen muß die jeweilige Schaltung (Sternschaltung, Dreieckschaltung) angegeben sein.

Zu 8. Stromangaben können abgerundet werden (da sie nicht zur Bewertung der Maschine dienen). Angaben über den Strom von Motoren, Asynchrongeneratoren und Einankerumformern sind als angenähert zu betrachten.

Die Abrundung kann betragen:

bei kleineren Motoren etwa 2 bis 3 %,
bei größeren Maschinen höchstens 1 %.

Zu 10. Bezüglich Leistungsfaktor siehe § 20. Der Leistungsfaktorangabe ist das Zeichen „u" (untererregt) hinzuzufügen bei:

Synchrongeneratoren, die voreilenden kapazitiven Blindstrom liefern sollen, und

Synchronmotoren und Blindleistungsmaschinen, die nacheilenden induktiven Blindstrom aufnehmen sollen.

Die Leistungsfaktorangaben von Asynchronmaschinen sind als angenähert zu betrachten.

Zu 12. Die Angaben für den Erregerstrom bei Nennbetrieb sind als angenähert zu betrachten, da sie nur zur Bemessung der Leitungen dienen. Nur Stromstärken über 10 A brauchen angegeben zu werden.

Zu 13. Zur Kennzeichnung der Schaltart von Wechselstromwicklungen sollen die Schaltzeichen nach DIN VDE 710 (siehe Tafel XII) verwendet werden.

Zu 14. Bei Dreiphasenläufern bleibt der Vermerk fort.

Tafel XII.

Schaltzeichen nach DIN 710

	I	II
	Benennung	Schaltzeichen
1	Einphasen-System mit 2 Leitern bzw. Klemmen	|
2	Einphasen-System mit Hilfsphase	┘
3	Zweiphasen-System mit 3 Leitern bzw. Klemmen	L
4	Zweiphasen-System mit 4 Leitern bzw. Klemmen	×
5	Dreiphasen-System in Dreieck-Schaltung . . .	△
6	Dreiphasen-System in Stern-Schaltung. . . .	Y
7	Dreiphasen-System offen	|||
8	Dreiphasen-System in Stern-Schaltung mit Nullpunktsklemme bzw. 4 Leitern	ᛘ
9	Sechsphasen-System in Doppeldreieck-Schaltung	
10	Sechsphasen-System in Sechseck-Schaltung. .	
11	Sechsphasen-System in Stern-Schaltung . . .	⚹
12	*n*-Phasen-System offen	$\|^n$
13	Durchmesserspannung	⦶

§ 83.

Mehrfache Stempelungen.

Bei Maschinen, die für zwei oder mehrere Nennbetriebe bestimmt sind, sind für alle Nennbetriebe entsprechende Leistungs-, Strom- usw. Angaben zu machen, nötigenfalls auf mehreren Schildern.

Wenn eine Maschine in einem Spannungsbereich arbeitet, der den in Abschnitt G, §§ 65 und 66, festgesetzten Bereich überschreitet, so sind die Grenzspannungen und die zu ihnen gehörenden Angaben zu vermerken.

Bei Motoren für mehrere Drehzahlen sind die Grenzdrehzahlen und die zu ihnen gehörenden Angaben zu vermerken.

§ 84.

Umwicklung.

Wird die Wicklung einer Maschine von einem anderen als ihrem Hersteller geändert (teilweise oder vollständige Umwicklung, Umschaltung oder Ersatz), so muß die ändernde Firma neben dem Ursprungsschild ein weiteres Schild anbringen, das den Namen der Firma, die neuen Angaben der Maschine nach §§ 81 u. ff. und die Jahreszahl der Änderung enthält.

ANZEIGEN

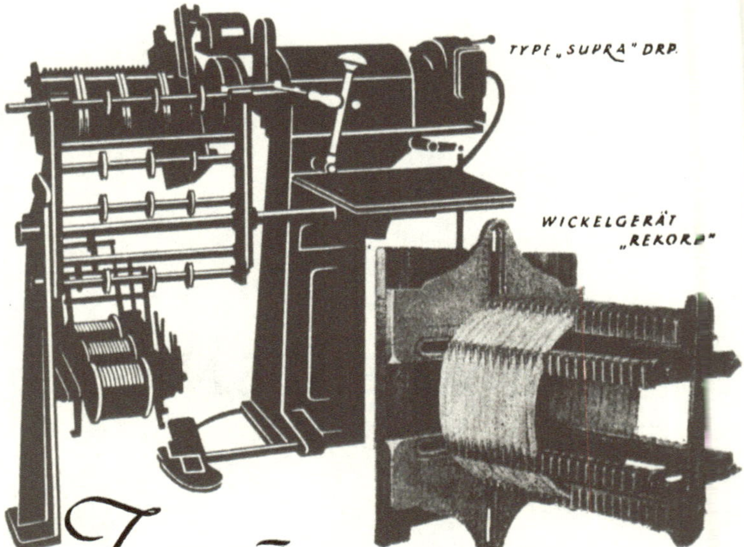
TYPE „SUPRA" DRP.
WICKELGERÄT
„REKOR

www.ingramcontent.com/pod-product-compliance
Lightning Source LLC
LaVergne TN
LVHW091726021026
849161LV00003BB/322
* 9 7 8 3 1 1 2 6 5 9 8 5 4 *